电工技术

（第4版）

主　编　吴雪琴
副主编　吴玉琴　程建新　陆春松
主　审　李　虎
参　编　曹　淳

北京理工大学出版社
BEIJING INSTITUTE OF TECHNOLOGY PRESS

内 容 简 介

本书讲述了电工技术涉及的相关知识。全书共9章，主要内容包括：电路的基本概念和基本定律、电路的分析方法、正弦交流电路、三相电路、电路暂态分析、变压器、交流电动机、供电与安全用电、电工测量等内容。本节每章各小节中均以二维码形式安排了小节基本知识测试题，同时就部分重难点知识章节安排了微视频扫码学习环节。每章最后一节安排了任务训练环节，并且每章后面都有本章小结和课后习题。书后附有部分习题的答案，且提供了几套试题及答案供参考。书中编入了较多的应用实例，增强了本书的可读性、实用性和趣味性。

本书适用于高职高专工科非电类各专业学生使用，也可供职大、夜大、电大等类型学校使用，还可供其他工科专业学者和社会读者阅读，亦可作为有关工程技术人员的参考资料。

图书在版编目（CIP）数据

电工技术/吴雪琴主编. —4 版 . —北京：北京理工大学出版社，2019. 10（2022 .12 重印）
ISBN 978-7-5682-7746-4

Ⅰ. ①电…　Ⅱ. ①吴…　Ⅲ. ①电工技术　Ⅳ. ①TM

中国版本图书馆 CIP 数据核字（2019）第 239583 号

出版发行 / 北京理工大学出版社有限责任公司
社　　址 / 北京市海淀区中关村南大街 5 号
邮　　编 / 100081
电　　话 / (010)68914775(总编室)
(010)82562903(教材售后服务热线)
(010)68944723(其他图书服务热线)
网　　址 / http://www. bitpress. com. cn
经　　销 / 全国各地新华书店
印　　刷 / 涿州市新华印刷有限公司
开　　本 / 787 毫米×1092 毫米　1/16
印　　张 / 16. 5
字　　数 / 390 千字
版　　次 / 2019 年 10 月第 4 版　2022 年 12 月第 4 次印刷
定　　价 / 42. 00 元

责任编辑 / 朱　婧
文案编辑 / 朱　婧
责任校对 / 周瑞红
责任印制 / 王美丽

图书出现印装质量问题，请拨打售后服务热线，本社负责调换

第 4 版前言

编者根据教育部对非电类紧缺人才培养方案和人力资源与社会保障部制定的有关职业标准及相关的职业技能鉴定规范，按照课程新教学大纲的内容和安排，同时结合编者 20 年来的教学和实践经验，对本书进行了第 3 次修订。本书适用于高职高专工科非电类各专业学生使用，也可供职大、夜大等类型学校使用，还可以供其他工科专业学者和社会读者阅读，是一本实用性较强的教材。

“电工技术”是非电类专业的专业基础课程。电的应用从 19 世纪进入人类社会的生产活动以来，随着电工领域的扩大，电工技术的内涵和外延也随之不断拓展。电能的应用遍及人类生产和生活的各个方面，电工技术的内容还与电子技术、自动控制技术、系统工程等相关技术学科互相渗透与交融。读者可以通过本课程的学习，得到电工技术必要的基础理论、基本知识和基本技能，了解电工技术发展的概况，为学习后续课程以及从事有关的工程技术和科学研究工作打下良好的理论和实践基础。

近些年来，高职高专毕业生越来越显现出其潜在优势，备受用人单位青睐，发展职业教育是解决“十三五”经济社会发展人才瓶颈的有效途径。希望本书从一定程度上能够解决现阶段很多高职院校的专业基础课程教材不能满足和适应社会需求的问题。

全书共分为 9 章，系统全面地介绍了电路的基本概念和基本规律、电路的分析方法、正弦交流电路、三相电路、电路暂态分析、变压器、交流电动机、供电与安全用电及电工测量等。

本书的基础理论知识由浅入深，条理清晰。在重点介绍电工技术基础知识的同时，每章节给出了一些典型的和新型的应用实例，目的是使学生易于理解和掌握所学理论知识，提高学生的实践操作能力，拓展学生的知识面，如适当增加了安全用电知识，特别对电工测量部分作了相应的介绍。

本次修订，除了保持本书特点外，在每章的每一小节后面增设了每节知识点测试并提供答案；对重难点知识制作了微视频，以二维码形式供教师教学配套和学生反复学习使用；为了便于教师的教学和读者的自学和自测，制作了本书的 PPT 课件，提供了试题集（共 6 套试卷及答案）。

本书从初版到现在的第 4 版，是一个不断完善和提高的过程。本书由江苏联合职业技术学院无锡交通分院（江苏省无锡交通高等职业技术学校）的教师负责编写，其中吴雪琴老师担任主编，编写本书第 5、6、8、9 章及各章最后 1 节的实训任务拓展章节；吴玉琴老师担任副主编，编写第 1、2、4 章；程建新老师担任副主编，编写第 3 章；陆春松老师担任副主编，编写第7章。曹淳老师担任参编，负责所有测试题复核和试题集编制。特别感谢江苏联合职业技术学院无锡交通分院（江苏省无锡交通高等职业技术学校）党委书记李虎担任本书修订主审。还要感谢无锡隆玛科技股份有限公司董事长杨朝辉高级工程师对本书实训任务拓展章节的审核，以及郑州金途科技集团股份公司赵文广董事长对本书修订的关心和帮助。

由于编者能力有限，本书修订后难免还有不妥和错误之处，希望使用本书的师生和读者们能够提出批评和修改意见。

目　录

第 1 章　电路的基本概念和基本定律

本章知识点

1. 掌握电路的概念及组成电路的理想电路元器件；
2. 深刻理解电流、电压的概念，熟练掌握电流、电压参考方向的应用；
3. 熟练掌握欧姆定律；
4. 了解电位的计算方法。

先导案例

英语中，电这个名词（Electricity）来源于希腊语中的琥珀。公元前，人们就发现，用毛皮摩擦过的琥珀能够吸引羽毛，因此有了摩擦起电。无论是摩擦起的静电，还是电池或发电机发出的电，其本质是完全相同的。在现代科技日益进步的今天，电的使用非常广泛，电能不仅为工农业生产、交通运输、国防建设、广播通信以及各种科学技术提供了强大的动力，在人们日常的文化和物质生活中也是必不可少的。可以做个实验，准备一个苹果，铜片和锌片各一块，插入苹果中，然后用导线将发光二极管（LED）的正极连接到插入苹果的铜片上，将发光二极管的负极连接到插入苹果的锌片上，会有什么现象发生？

1.1　电路与电路模型

1.1 测试题及答案

1.1.1　电路的基本组成

1. 电路

电路是由各种元器件（或电工设备）按一定方式连接起来的总体，为电流的流通提供了路径。用电源、负载、开关和导线便可组成一个最简单的电路，实际应用中电路是多种多样的，就其功能来说可归为两类：一是进行能量的转换、传输和分配，如电力系统电路，可将发电机发出的电能经过输电线传输到各个用电设备，再经过用电设备转换成热能、光能、机械能等；二是实现信号的传递和处理，如扩音器电路。

2. 电路的基本组成

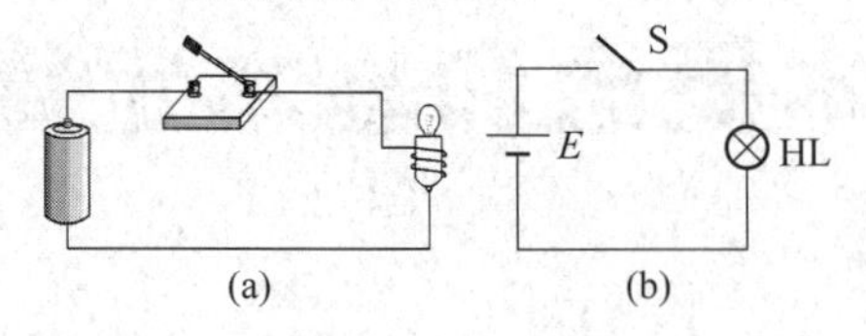

图 1.1.1　手电筒实物电路及其电路模型

（a）实物电路；（b）电路模型

如图 1.1.1 所示电路的基本组成包括以下 4 个部分。

（1）电源：为电路提供电能的设备和器件，是将其他形式的能量转换为电能的装置，如电池、发电机等。

（2）负载：也称用电器，是将电能转换为其他形式的能量的器件或设备，如灯泡等。

（3）控制器件：控制电路工作状态的器件或设备，如开关等。

（4）连接导线：将电器设备和元器件按一定的方式连接起来，如铜、铝电缆线等。

1.1.2　电路模型

实物电路都是由起不同作用的电路元件或器件所组成，为了便于使用数学方法对电路进行分析，可将电路实体中的各种电器设备和元器件用一些能够表征它们主要电磁特性的理想元件（模型）来代替，而对它实际的结构、材料、形状等非电磁特性不予考虑，将实际元件理想化。由这些理想元件构成的电路叫做实物电路的电路模型，它是对实物电路电磁性质的科学抽象和概括，也叫做实物电路的电路原理图，简称为电路图，例如，图 1.1.1 所示的手电筒电路。

各种电气元件都可以用图形符号或文字符号来表示，根据国标规定，部分常用的电气元件符号见表 1.1.1。

表 1.1.1　常用的电气元件及符号

名称	符号	名称	符号
电阻	o—▭—o	电压表	o—Ⓥ—o
电池	o—|ı—o	接地	⏚ 或 ⊥
电灯	o—⊗—o	熔断器	o—▭—o
开关	o— ╱—o	电容	o—||—o
电流表	o—Ⓐ—o	电感	o—⌒⌒⌒—o

1.2　电压和电流的参考方向

关于电压和电流的方向，有实际方向和参考方向两种，要加以区别。为此在分析与计算电路时，常可任意选定某一方向作为电流（电压）的参考方向，或称电流（电压）的正方向。

1.2.1　电流

电路中电荷的定向运动形成电流，其方向规定为正电荷移动的方向（或负电荷移动的反方向），其大小等于在单位时间内通过导体横截面的电荷量，称为电流强度（简称电流），用符号 I 或 $i(t)$ 表示，讨论电流时可用符号 i。

设在 $\Delta t = t_2 - t_1$ 时间内，通过导体横截面的电荷量为 $\Delta q = q_2 - q_1$，则在 Δt 时间内的电流强度可用数学公式表示为

$$i(t)=\frac{\Delta q}{\Delta t} \tag{1.2.1}$$

式中，Δt 为很小的时间间隔，时间的单位为秒（s）；电量 Δq 的单位为库仑（C）；电流 $i(t)$ 的单位为安培（A）。

常用的电流单位还有毫安（mA）、微安（μA）、千安（kA）等，它们与安培的换算关系为

$$1\ \text{mA} = 10^{-3}\ \text{A};\qquad 1\ \mu\text{A} = 10^{-6}\ \text{A};\qquad 1\ \text{kA} = 10^{3}\ \text{A}$$

1. 直流电流

如果电流的大小及方向都不随时间变化，即在单位时间内通过导体横截面的电量相等，则称为稳恒电流或恒定电流，简称为直流（Direct Current），记为 DC 或 dc。直流电流用大写字母 I 表示。若在 t 内通过导体横截面的电荷量是 q，则电流 I 可以用下式表示为

$$I=\frac{q}{t} \tag{1.2.2}$$

2. 交流电流

如果电流的大小及方向均随时间变化，则称为变动电流。对电路分析来说，一种最为重要的变动电流是正弦交流电流，其大小及方向均随时间按正弦规律呈周期性变化，简称为交流（Alternating Current），记为 AC 或 ac，其瞬时值用小写字母 i 或 $i(t)$ 表示，即

$$i(t)=\frac{\Delta q}{\Delta t}$$

【例 1.2.1】 某导体在 5 min 内均匀通过的电荷量为 4.5 C，求导体中的电流是多少毫安？

解：

$$I=\frac{q}{t}=\frac{4.5}{5\times 60}\text{A}=0.015\ \text{A}=15\ \text{mA}$$

3. 电流的方向

在分析或计算电路时，常常要确定电流的方向。当电路比较复杂时，某段电路中电流的实际方向往往难以确定，可先假定电流的参考方向。如图 1.2.1 所示，当电流的实际方向与其参考方向一致时，则电流为正值；当电流的实际方向与其参考方向相反时，则电流为负值。

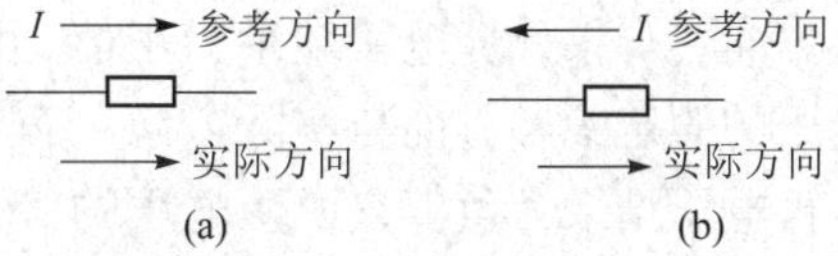

图 1.2.1　电流的方向

(a) $I>0$；(b) $I<0$

【例 1.2.2】 如图 1.2.2 所示，请说明电流的实际方向。

解：（1）如图 1.2.2（a）所示电流的参考方向由 a~b，$I_1=2\ \text{A}>0$ 为正值，说明电流的实际方向和参考方向一致，即电流的实际方向是从 a 流向 b。

（2）如图 1.2.2（b）所示电流的参考方向由 c~d，$I_2=-2\ \text{A}<0$ 为负值，说明电流的实际方向和参考方向相反，即电流的实际方向是从 d 流向 c。

（3）如图 1.2.2（c）所示电流的实际方向不能确定，因为没有给出电流的参考方向。

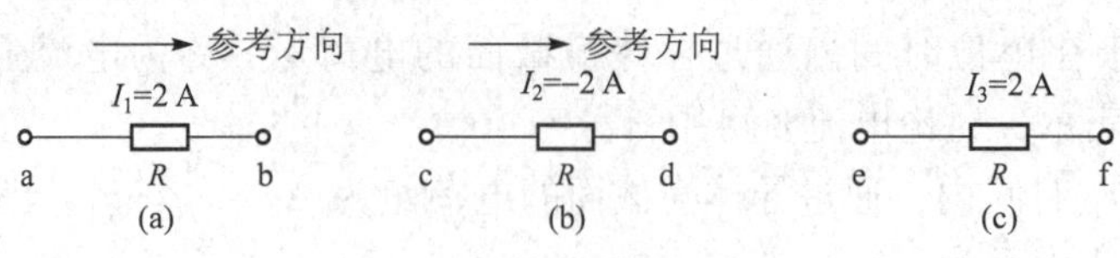

图 1.2.2　电流的实际方向

1.2.2　电压

电压是指电路中 A、B 两点之间的电位差（简称为电压），其大小等于单位正电荷因受电场力作用从 A 点移动到 B 点所做的功，电压的方向规定为从高电位指向低电位的方向。记为

$$U_{AB}=\frac{W}{q} \tag{1.2.3}$$

式中，W 为电场力由 A 点移动电荷到 B 点所做的功，单位为 J；q 为由 A 点移到 B 点的电荷量，单位为 C；U_{AB}为 A、B 两点间的电压，单位为 V。

电压的单位为伏特（V），常用的单位还有毫伏（mV）、微伏（μV）、千伏（kV）等，它们与伏特的换算关系为

$$1\ \mathrm{mV}=10^{-3}\ \mathrm{V};\qquad 1\ \mu\mathrm{V}=10^{-6}\ \mathrm{V};\qquad 1\ \mathrm{kV}=10^{3}\ \mathrm{V}$$

1. 直流电压和交流电压

如果电压的大小及方向都不随时间变化，则称为稳恒电压或恒定电压，简称为直流电压，用大写字母 U 表示。

如果电压的大小及方向随时间变化，则称为变动电压。对电路分析来说，一种最为重要的变动电压是正弦交流电压（简称交流电压），其大小及方向均随时间按正弦规律呈周期性变化，其瞬时值用小写字母 u 或 $u(t)$ 表示。

2. 电压的方向

电压不但有大小，而且也有方向。在电路图中，电压的方向也称为电压的极性，用“+”“−”两个符号表示。与电流一样，电路中任意两点之间的电压的实际方向往往不能事先确定，因此可以任意设定该段电路电压的参考方向，并以此为依据进行电路分析和计算。电压的方向规定为由高电位（“+”极性）端指向低电位（“−”极性）端，即为电压降低的方向。如果计算电压结果为正值，说明电压的假定参考方向与实际方向一致；若计算电压结果为负值，说明电压的假定参考方向与实际方向相反。

电压的参考方向有 3 种表示方法，如图 1.2.3 所示。

图 1.2.3　电压参考方向的表示方法

1.2 测试题及答案

1.3　电阻与电导

1.3.1　电阻

自然界中的各种物质，按其导电性能来分有 3 种：导体、绝缘体和半导体。通常将很容

易导电、电阻率小于 10^{-4} Ω · cm 的物质，称为导体，例如，铜、铝、银等金属材料；将很难导电、电阻率大于 10^{10} Ω · cm 的物质，称为绝缘体，例如，塑料、橡胶、陶瓷等材料；将导电能力介于导体和绝缘体之间、电阻率在 10^{-4} ~ 10^{10} Ω · cm 范围内的物质，称为半导体。常用的半导体材料是硅和锗。

金属导体中的电流是自由电子的定向移动形成的。自由电子在运动中会不断地与金属中的离子和原子相互碰撞，使自由电子的运动受到阻碍。因此，导体对于通过它的电流呈现一定的阻碍作用。反映导体对电流阻碍作用大小的物理量称为电阻，用 R 表示。

1. 电阻元件

电阻元件是对电流呈现阻碍作用的耗能元件，例如，灯泡、电热炉等电器。导体的电阻是客观存在的，它与导体两端有无电压无关，即使没有电压，导体仍然有电阻。实验证明：当温度一定时，均匀导体的电阻与导体的长度成正比，与导体的横截面积成反比，并与导体的材料性质有关，即

$$R=\rho\frac{l}{S} \tag{1.3.1}$$

式中，ρ 为制成电阻的材料电阻率，单位为 Ω · m；l 为绕制成电阻的导线长度，单位为 m；S 为绕制成电阻的导线横截面积，单位为 m^2；R 为电阻值，单位为 Ω。

经常用的电阻单位还有千欧（kΩ）、兆欧（MΩ），它们与 Ω 的换算关系为

$$1\ \text{k}\Omega = 10^3\ \Omega;\qquad 1\ \text{M}\Omega = 10^6\ \Omega$$

不同的材料有不同的电阻率，电阻率的大小反映了各种材料导电性能的好坏。电阻率越大，导电性能越差。通常将电阻率小于 10^{-6} Ω · m 的材料称为导体；电阻率大于 10^7 Ω · m 的材料称为绝缘体。生产中的导体一般用银、铜、铝等电阻率小的金属制成；为了安全，电工器具都采用电阻率较大的绝缘材料与导体隔离，如橡胶、塑料等。表 1.3.1 列出了几种常见材料的电阻率。

表 1.3.1　常见材料的电阻率

材料名称		20 ℃时的电阻率 ρ /（Ω · m）	电阻温度系数 α /（1/℃）
导体	银	1.6×10^{-8}	3.6×10^{-3}
	铜	1.7×10^{-8}	4.1×10^{-3}
	铝	2.9×10^{-8}	4.2×10^{-3}
	钨	5.3×10^{-8}	5×10^{-3}
	铁	9.78×10^{-8}	6.2×10^{-3}
	镍	7.3×10^{-8}	6.2×10^{-3}
	铂	1.0×10^{-7}	3.9×10^{-3}
	锡	1.14×10^{-7}	4.4×10^{-3}
	锰铜（铜 86%、锰 12%、镍 2%）	4.0×10^{-7}	2.0×10^{-5}
	康铜（铜 54%、镍 46%）	5.0×10^{-7}	4.0×10^{-5}
	镍铬（镍 80%、铬 20%）	1.1×10^{-6}	7.0×10^{-5}

续表

材料名称		20 ℃时的电阻率 ρ /（Ω·m）	电阻温度系数 α /（1/℃）
半导体	纯锗	0.6	
	纯硅	2 300	
绝缘体	橡胶	$10^{13}\sim10^{16}$	
	塑料	$10^{15}\sim10^{16}$	
	玻璃	$10^{10}\sim10^{14}$	
	陶瓷	$10^{12}\sim10^{13}$	
	云母	$10^{11}\sim10^{15}$	
	琥珀	5×10^{14}	
	熔凝石英	75×10^{16}	

【例 1.3.1】欲制作一个小电炉，炉丝电阻为 30 Ω，现选用直径为 0.5 mm 的镍铬丝，试计算所需镍铬丝的长度。

【解】查表 1.3.1 得镍铬丝的电阻率 $\rho=1.1\times10^{-6}$ Ω·m。

根据式（1.3.1），有

$$R=\rho\,\frac{l}{S}$$

得

$$l=\frac{RS}{\rho}=\frac{R\left(\pi r^{2}\right)}{\rho}=\frac{30\times3.14\times\left(\dfrac{\frac{1}{2}\times0.5}{10^{3}}\right)^{2}}{1.1\times10^{-6}}\ \text{m}=5.35\ \text{m}$$

故所需镍铬丝的长度为 5.35 m。

2. 电阻与温度的关系

电阻元件的电阻值大小一般与温度有关。不同的材料，当温度升高时，电阻变化的情况不同，衡量电阻受温度影响大小的物理量是温度系数。其定义为温度每升高 1 ℃时，电阻值所产生的变动值与原阻值的比值，用字母 α 表示，单位是 1/℃。

设任一电阻元件在温度 t_1 时的电阻值为 R_1，当温度升高到 t_2 时电阻值为 R_2，则该电阻在 $t_1\sim t_2$ 温度范围内的电阻温度系数为

$$\alpha=\frac{R_2-R_1}{R_1\left(t_2-t_1\right)} \tag{1.3.2}$$

如果 $R_2>R_1$，则 $\alpha>0$，将 α 称为正温度系数电阻，即电阻值随着温度的升高而增大；如果 $R_2<R_1$，则 $\alpha<0$，将 α 称为负温度系数电阻，即电阻值随着温度的升高而减小。显然 α 的绝对值越大，表明电阻受温度的影响也越大。R_2 可表示为

$$R_2=R_1\left[1+\alpha\left(t_1-t_2\right)\right] \tag{1.3.3}$$

【例 1.3.2】有一台电动机，它的绕组是铜线。在室温 26 ℃时，测得电阻为 1.25 Ω；转

动 3 h 后，测得的电阻增加到 1.5 Ω。求此时电动机线圈的温度是多少？

【解】由式（1.3.2）得

$$t_2=\frac{R_2-R_1}{\alpha R_1}+t_1=\left(\frac{1.5-1.25}{0.004\times1.25}+26\right)\ ℃=76\ ℃$$

故此时电动机线圈的温度是 76 ℃。

1.3.2　电导

电阻的倒数叫做电导，用符号 G 表示，即

$$G=\frac{1}{R} \tag{1.3.4}$$

导体的电阻越小，电导就越大，表明导体的导电性能越好。电阻和电导是导体同一性质的不同表示方法。

电导的单位是西门子，简称西，用字母 S 表示。

1.3 测试题及答案

1.4　欧 姆 定 律

1.4.1　部分欧姆定律的内容

德国科学家欧姆从大量实验中得出结论，在一段不包括电源的电路中，电路中的电流 I 与加在这段电路两端的电压 U 成正比，与这段电路的电阻 R 成反比。这一结论叫做欧姆定律，它揭示了一段电路中电阻、电压、电流三者的关系。

如图 1.4.1 所示一段电阻电路，电压、电流参考方向如图所示，则 I，U，R 三者之间满足：

$$I=\frac{U}{R}$$

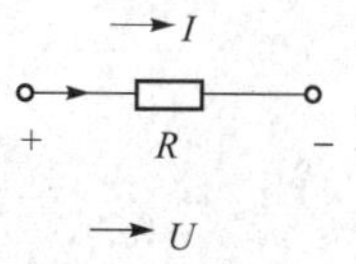

图 1.4.1　部分电路

式中，I 为电路中电流，单位为安培（A）；U 为电路两端的电压，单位为伏特（V）；R 为电路的电阻，单位为欧姆（Ω）。

由图 1.4.1 所示电路可以看出，电阻两端的电压方向是由高电位指向低电位，并且电位是逐点降落的，因而通常把电阻两端的电压称为电压降。

【例 1.4.1】运用欧姆定律对图 1.4.2 的电路列出式子，并求电阻 R。

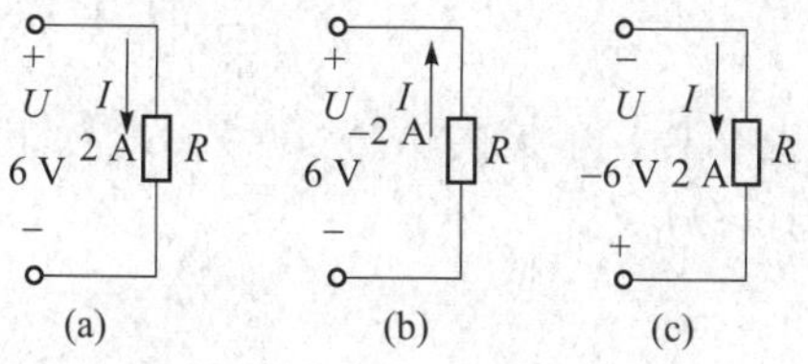

图 1.4.2　例 1.4.1 的电路图

【解】图 1.4.2（a）：$R=\frac{U}{I}=\frac{6}{2}=3\ \Omega$；

图 1.4.2（b）：$R=-\frac{U}{I}=-\frac{6}{-2}=3\ \Omega$；

图 1.4.2（c）：$R=-\frac{U}{I}=-\frac{-6}{2}=3\ \Omega$。

【例 1.4.2】有一电灯泡接在 220 V 的电压上，通过灯丝的电流是 0.8 A，求灯丝的热态电阻。

解：根据欧姆定律有：

$$R = \frac{U}{I} = \frac{220\ \text{V}}{0.8\ \text{A}} = 275\ \Omega$$

即灯丝的热态电阻为 275 Ω 。

1.4.2 线性电阻与非线性电阻

电阻值 R 与通过它的电流 I 和两端电压 U 无关（即 R = 常数）的电阻元件叫做线性电阻。如图 1.4.3 所示，其伏安特性曲线在 I-U 平面坐标系中为一条通过原点的直线。

电阻值 R 与通过它的电流 I 和两端电压 U 有关（即 $R\neq$常数）的电阻元件叫做非线性电阻，其伏安特性曲线在 I-U 平面坐标系中为一条通过原点的曲线。

通常所说的“电阻”，如不做特殊说明，均指线性电阻。

1.4.3 全电路欧姆定律

含有电源的闭合电路，叫做全电路。如图 1.4.4 所示电路是最简单的全电路。图中虚线框中部分表示电源，电流通过电源内部时与通过外电路一样，要受到阻碍，就是说电源内部也有电阻，称为电源的内阻，一般用符号 r_0 表示。为了看起来方便，通常在图上可把内电阻 r_0 单独画出（如图 1.4.4 所示）。

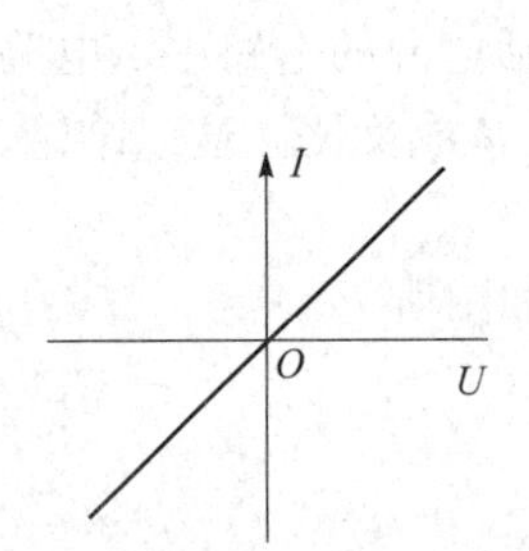

图 1.4.3 线性电阻的伏安特性曲线

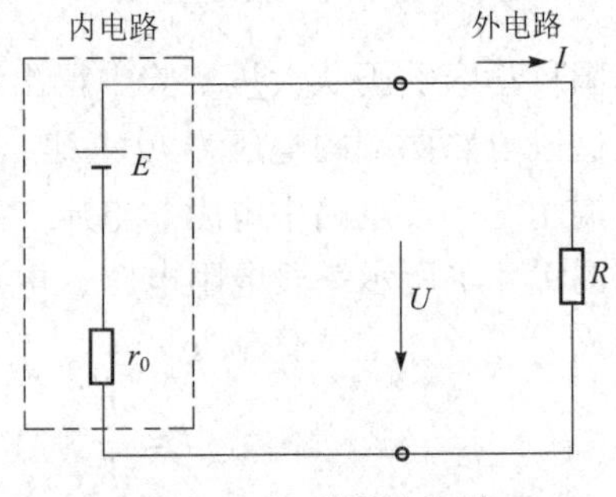

图 1.4.4 简单全电路

电源内部的电路称为内电路，电源外部的电路称为外电路。全电路欧姆定律内容是全电路中的电流 I 与电源的电动势 E 成正比，与电路的总电阻（外电路的电阻 R 和内电路的电阻 r_0 之和）成反比，即

$$I = \frac{E}{R + r_0} \tag{1.4.1}$$

式中，I 为电路中的电流，单位为安培（A）；E 为电源的电动势，单位为伏特（V）；R 为外电路电阻，单位为欧姆（Ω）；r_0 为电源内阻，单位为欧姆（Ω）。

由式（1.4.1）可得

$$E = IR + Ir_0 = U + U_{r_0} \tag{1.4.2}$$

即

$$U = E - Ir_0 \tag{1.4.3}$$

式 1.4.3 中 U 是外电路中的电压降，也是电源两端的电压，Ir_0 是电源内部的电压降。

【例 1.4.3】 在如图 1.4.4 所示电路中，已知电源电动势 $E = 24\ \text{V}$，内阻 $r_0 = 2\ \Omega$，负载电阻 $R = 10\ \Omega$，求（1）电路中的电流；（2）电源的端电压；（3）负载电阻 R 上的电压；（4）电源内阻上的电压降。

解： 根据全电路欧姆定律，有如下关系式：

（1）电路中的电流：$I = \dfrac{E}{R + r_0} = \dfrac{24}{10 + 2}\text{A} = 2\ \text{A}$

1.4 测试题及答案

（2）电源的端电压：$U = E - Ir_0 = (24 - 2 \times 2)\text{V} = 20\ \text{V}$

（3）负载 R 上的电压：$U = IR = 2 \times 10\ \text{V} = 20\ \text{V}$

（4）电源内阻上的电压降：$U_{r_0} = Ir_0 = 2 \times 2\ \text{V} = 4\ \text{V}$

1.5　电位的概念及计算

1. 电位的定义

电路的工作状态可通过电路中各点的电位反映出来，因此在电工和电子技术中经常要用到电位的计算。

电路中往往有很多元件或电源相互连接在一起，一个电气元件的工作状态常常是由两点间的电压所决定的，这一工作状态又会影响电路中其他各点的电位。而电路中各点的电位是针对参考点而言，因此，在计算电位时，必须首先选择电路中的某点作为参考点。

在电路中选定某一点 O 为电位参考点，就是规定该点的电位为零，即 $V_0 = 0$。电位参考点的选择方法是：

（1）在工程中常选大地作为电位参考点；

（2）在电子线路中，常选一条特定的公共线或机壳作为电位参考点。

在电路中通常用符号“⊥”标出电位参考点，说明已指定该点的电位为零。一个电路只能有一个参考点。

当电路中的零电位点确定后，电路中任意一点的电位等于该点与参考点之间的电位差。电路中各点电位的值是相对参考点而言的，它与参考点的选择有关。参考点改变后，各点电位也随之改变，即电位的多值性。但是无论参考点怎样变化，电路中任意两点间的电压值是不变的，电压的值是唯一的，即电压的单值性。

2. 电位的计算

电位的计算

要计算电路中某点电位，可从这一点通过一定的路径到零电位点，此路径上全部电压的代数和即等于该点的电位。该点的电位与选择的路径是无关的，但要注意确定各段路径电压的正、负号。因为电流是从高电位流向低电位，所以对于电阻两端电压如果在绕行过程中从高端到低端，则此电压取正值，反之取负值。电路中的电位也可正可负。因为参考点的电位为零，所以规定比参考点高的电位为正值，叫正电位；比参考点低的电位为负值，叫负电位。

综上所述，计算电路中某点电位的方法是：

（1）选择电位参考点的位置，确定电路中的参考点。一般来说，参考点的选择是任意的，但一个电路只能有一个参考点。通常规定大地电位为零，与接地机壳相接的点或许多元器件汇集的公共点都可确定为参考点。

（2）确定绕行路径。计算某点电位，从此点到参考点的一条绕行捷径。

（3）计算电路中的电流方向和各元器件两端电压并确定其正负极性。

（4）某点的电位等于此路径上各段电压的代数和。列出选定路径上部分电压代数和的方程，以确定该点电位，但要注意每部分电压的正、负值。

【例 1.5.1】 求如图 1.5.1 所示电路中 B 点的电位。

解：

$$I=\frac{U_A-U_C}{R_1+R_2}=\frac{6-(-9)}{(100+50)\times 10^3}\text{ A}$$

$$=\frac{15}{150\times 10^3}\text{A}=0.1\times 10^{-3}\text{ A}=0.1\text{ mA}$$

$$U_{AB}=U_A-U_B=R_2I$$

$$U_B=U_A-R_2I=[6-(50\times 10^3)\times(0.1\times 10^3)]\text{V}=(6-5)\text{V}=1\text{ V}$$

【例 1.5.2】 如图 1.5.2 所示电路，已知：$E_1=45$ V，$E_2=12$ V，电源内阻忽略不计，$R_1=5\ \Omega$，$R_2=4\ \Omega$，$R_3=2\ \Omega$。求 B、C、D 三点的电位 U_B、U_C、U_D。

解： 利用电路中 A 点为电位参考点（零电位点），电流方向为顺时针方向。

$$I=\frac{E_1-E_2}{R_1+R_2+R_3}=3\text{ A}$$

B 点电位：$U_B=U_{BA}=-R_1I=-15$ V

C 点电位：$U_C=U_{CA}=E_1-R_1I=(45-15)\text{V}=30$ V

D 点电位：$U_D=U_{DA}=E_2+R_2I=(12+12)\text{V}=24$ V

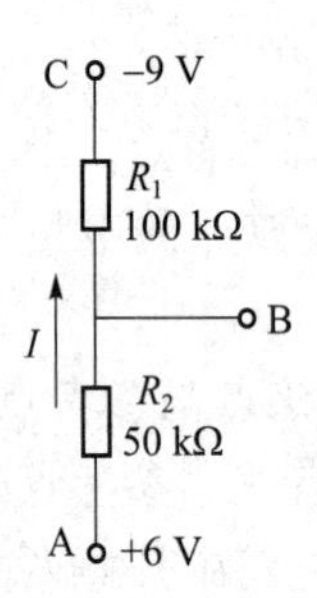

图 1.5.1 例 1.5.1 图

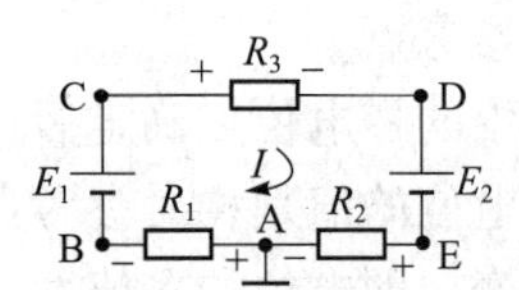

图 1.5.2 例 1.5.2 图

必须注意的是，电路中两点间的电位差（即电压）是绝对的，不随电位参考点的不同而发生变化，即电压值与电位参考点无关；而电路中某一点的电位则是相对电位参考点而言的，电位参考点不同，该点电位值也将不同。

例如，在例 1.5.2 中，假如以 E 点为电位参考点，则：

B 点的电位变为 $U_B=U_{BE}=-R_1I-R_2I=-27$ V；

C 点的电位变为 $U_C=U_{CE}=R_3I+E_2=18$ V；

D 点的电位变为 $U_D=U_{DE}=E_2=12$ V。

1.5 测试题及答案

1.6　任务训练——欧姆定律验证

一、任务目的

1. 熟悉电压、电流和电阻三者之间的关系。

2. 熟悉电压表、电流表的使用方法。

二、任务设备、仪器

任务电路板	可自制	1 块
12 V 稳压电源		1 台
直流电压表	0~50 V	1 只
直流电流表	0~100 mA	1 只
电阻器	100 Ω、200 Ω、400 Ω、1 kΩ	各 1 只

三、任务内容及步骤

1. 按图 1.6.1 接好电路。

2. 当 R 分别为 100 Ω、200 Ω、400 Ω、1 kΩ，改变稳压电源输出电压，当其分别为 0、1、2、4、6、8、10 V 时，读出电流表相应的指标数值，并记入表 1.6.1 中。

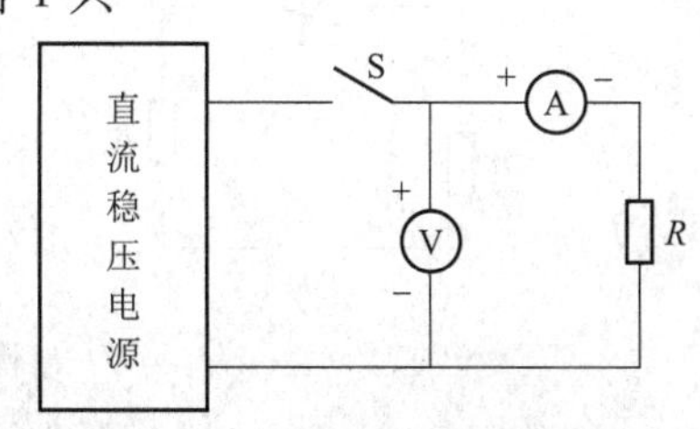

图 1.6.1　验证欧姆定律电路图

表 1.6.1　验证欧姆定律任务表

阻值	0 V	1 V	2 V	4 V	6 V	8 V	10 V
100 Ω							
200 Ω							
400 Ω							
1 kΩ							

四、任务报告

1. 根据任务表 1.6.1 中记录的数据描绘出电压、电流关系曲线；当 R 为定值时，横坐标为电压，纵坐标为电流，绘出电流随电压变化的关系曲线，说明曲线的特征。

2. 根据表格记录的数据说明电压相同时，电阻阻值与电流的关系。

3. 根据表格记录的数据说明电流相同时，电阻两端电压与阻值的关系。

电路的三种状态

以最简单的直流电路（见图 1.7.1）为例，分别讨论电源有载工作、开路与短路时的电流、电压和功率。

一、电源有载工作

1. 电压和电流

如图 1.7.1（a）所示，当开关 S 闭合后电源与负载接通，电源处于通路，电路中有电流流过，这就是电源有载工作。运用欧姆定律可列出电路中的电流：

$$I=\frac{E}{r_0+R} \tag{1.7.1}$$

和负载电阻两端的电压：

$$U=RI \tag{1.7.2}$$

并由上两式可得出：

$$U=E-r_0 I \tag{1.7.3}$$

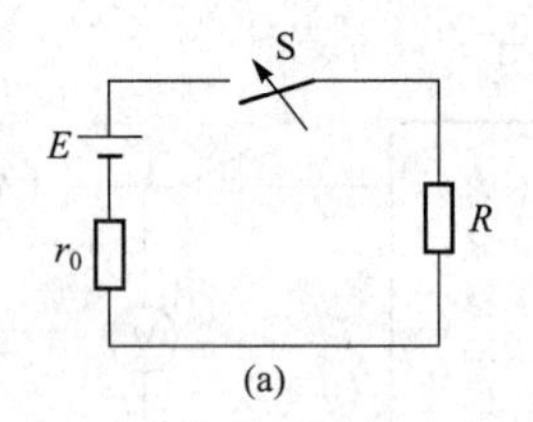

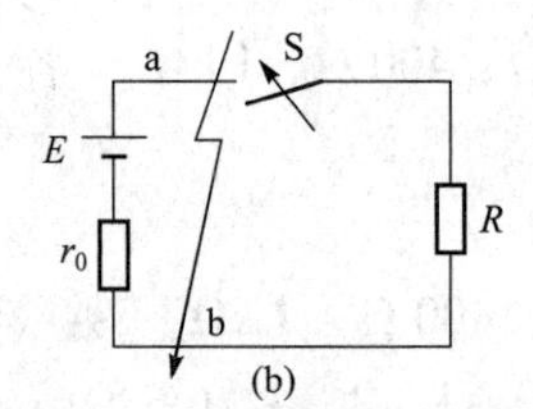

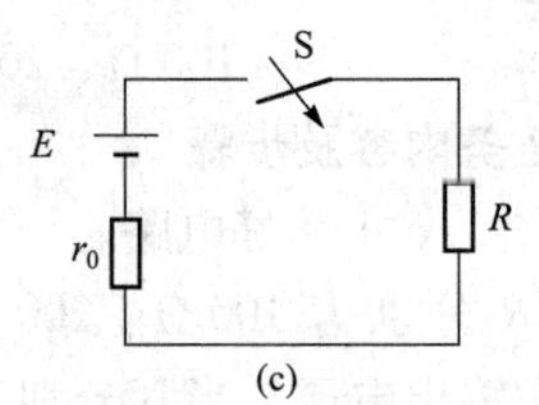

图 1.7.1 电路的三种状态

（a）通路状态；（b）短路状态；（c）开路状态

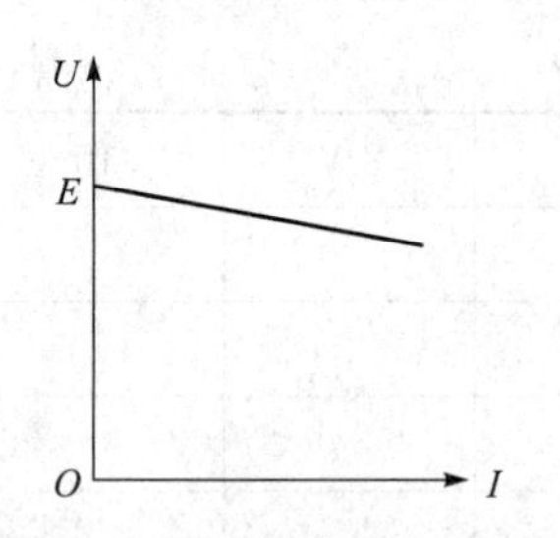

图 1.7.2 电源的外特性曲线

由上式可见，电源端电压小于电动势，两者之差为电流通过电源内阻所产生的电压降R_0I。电流越大，则电源端电压下降得越多。表示电源端电压 U 与输出电流 I 之间关系的曲线，称为电源的外特性曲线，如图 1.7.2 所示，其斜率与电源内电阻有关。电源内阻一般很小。当$r_o \ll R$ 时，则$U \approx E$。说明当电流（负载）变动时，电源的端电压变动不大，即所带负载能力强。

2. 功率

电功率（简称功率）所表示的物理意义是电路元件或设备在单位时间内吸收或发出的电能。两端电压为 U、通过电流为I的任意二端元件（可推广到一般二端网络）的功率大小为

$$P=UI \tag{1.7.4}$$

或

$$P=I^2R=\frac{U^2}{R} \tag{1.7.5}$$

功率的国际单位制单位为瓦特（W），常用的单位还有毫瓦（mW）、千瓦（kW），它们与 W 的换算关系是：

$$1\ \text{mW}=10^{-3}\ \text{W};\qquad 1\ \text{kW}=10^{3}\ \text{W}$$

发出或吸收功率的器件：一个电路最终的目的是电源将一定的电功率传送给负载，负载将电能转换成工作所需要的一定形式的能量。即电路中存在发出功率的元件（供能元件）和吸收功率的元件（耗能元件）。

习惯上，通常把耗能元件吸收的功率写成正数，把供能元件发出的功率写成负数，而储

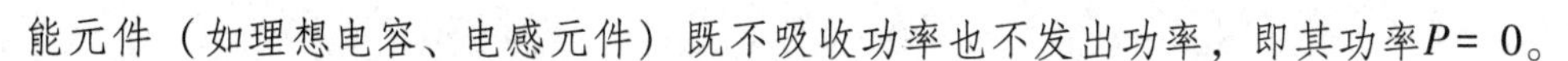

能元件（如理想电容、电感元件）既不吸收功率也不发出功率，即其功率$P=0$。

通常所说的功率P又叫做有功功率或平均功率。

3. 电能

电能是指在一定的时间内电路元件或设备吸收或发出的电能量，用符号 W 表示，其国际单位制为焦耳（J），电能的计算公式为

$$W = P \cdot t = U \cdot I \cdot t \tag{1.7.6}$$

通常电能用千瓦小时（kW · h）来表示大小，也叫做度（电）：

$$1\text{度（电）} = 1\ \text{kW} \cdot \text{h} = 3.6\times10^6\ \text{J}$$

即功率为 1 000 W 的供能或耗能元件，在 1 h 的时间内所发出或消耗的电能量为 1 度。

4. 电气设备的额定值

为了保证电气设备和电路元件能够长期安全地正常工作，规定了额定电压、额定电流、额定功率等铭牌数据。

额定电压——电气设备或元器件在正常工作条件下允许施加的最大电压。

额定电流——电气设备或元器件在正常工作条件下允许通过的最大电流。

额定功率——在额定电压和额定电流下消耗的功率，即允许消耗的最大功率。

额定工作状态——电气设备或元器件在额定功率下的工作状态，也称满载状态。

轻载状态——电气设备或元器件在低于额定功率的工作状态，轻载时电气设备不能得到充分利用或根本无法正常工作。

过载（超载）状态——电气设备或元器件在高于额定功率的工作状态，过载时电气设备很容易被烧坏或造成严重事故。

轻载和过载都是不正常的工作状态，一般是不允许出现的。使用时，电压、电流和功率的实际值不一定等于它们的额定值。

二、电源短路

如图 1.7.1（b）所示，当电源 a、b 两端的导线直接相连接，电源被短路，此时会因为输出电流过大造成电源严重过载。若没有保护措施，就会酿成不良后果，因此，要绝对避免发生短路。

电源短路时，外电路的电阻可视为零，在电流的回路中仅有很小的电源内阻r_o，此时的电流很大，称为短路电流。在电源短路时，由于负载电阻为零，所以电源的端电压也为零，这时电源的电动势全部降在内阻上。

如上所述，电源短路时的特征可用下列各式表示为

$$\left.\begin{aligned} &U = 0 \\ &I = \frac{E}{r_o} \\ &P_e = r_o I^2,\ P = 0 \end{aligned}\right\} \tag{1.7.7}$$

三、电源开路

如图 1.7.1（c）所示，电路中开关 S 断开，电路被断开没有电流通过，电源则处于开路（空载）状态，又叫断路。开路时外电路的电阻对电源来说等于无穷大，因此，电路中电流为零。这时电源的端电压等于电源电动势，电源不输出电能。

如上所述，电源开路时的特征可用下列各式表示为

$$\left.\begin{array}{l} I=0 \\ U=U_o=E \\ P=0 \end{array}\right\} \quad (1.7.8)$$

先导案例解决

这个实验就是制作了一个水果电池。水果电池就是说在水果里面插入化学活性不同的金属，这样由于水果里面有酸性电解质，可以形成一个原电池。水果电池的发电原理是两种金属片的电化学活性是不一样的，其中更活泼的那边的金属片能置换出水果中的酸性物质的氢离子，由于产生了正电荷，整个系统需要保持稳定（或者说是产生了电场，电场造成下列结果），所以在组成原电池的情况下，由电子从回路中保持系统的稳定，这样的话理论上来说电流大小直接和果酸浓度相关，在此情况下，如果回路的长度改变，势必造成回路的改变，所以也会造成电压的改变。将 LED 的正极连接到插入苹果的铜片上，将 LED 的负极连接到插入苹果的锌片上，LED 就发光了！

生产学习经验

1. 计算过程中要特别注意电流和电压的参考方向与实际方向的关系；
2. 注意理想电路元器件与实际元器件的区别；
3. 在电路分析时，先从直流电路出发，得出一般规律，然后将这些规律和结论扩展到交流电路中去。

本章小结 BENZHANGXIAOJIE

本章介绍了电路的基本概念，内容包括以下几项。

1. 电路

电路是由各种元器件（或电工设备）按一定方式连接起来的总体，为电流的流通提供了路径。电路的基本组成包括电源、负载、控制元器件和连接导线共 4 个部分。电路有通路、开路、短路 3 种状态。

由理想元器件构成的电路叫做实际电路的电路模型，也叫做实际电路的电路原理图，简称为电路图。

2. 电流

在电场力作用下，电路中电荷沿着导体的定向运动即形成电流，其方向规定为正电荷流动的方向（或负电荷流动的反方向），其大小等于在单位时间内通过导体横截面的电量，称为电流强度（简称电流）。

电流的大小及方向都不随时间变化的称为直流电流。电流的大小及方向均随时间呈周期性变化的称为交流电流。

3. 电压

电压是指电路中 A、B 两点之间的电位差，其大小等于单位正电荷因受电场力作用从 A

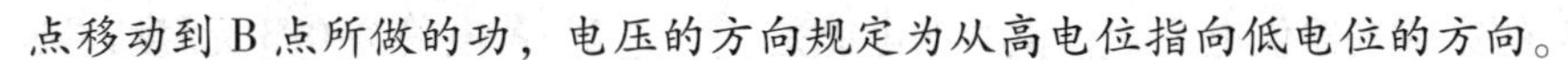

点移动到 B 点所做的功，电压的方向规定为从高电位指向低电位的方向。

电压的大小及方向都不随时间变化的称为直流电压。电压的大小及方向均随时间呈周期性变化的称为交流电压。

4. 电阻

（1）电阻元件是对电流呈现阻碍作用的耗能元件，电阻定律为 $R=\rho\frac{l}{S}$。

电阻元件的电阻值一般与温度有关，衡量电阻受温度影响大小的物理量是温度系数，其定义为温度每升高 1 ℃时电阻值发生变化的系数，即 $\alpha=\frac{R_2-R_1}{R_1(t_2-t_1)}$。

（2）电阻元件的伏安特性关系服从欧姆定律，即 $U=RI$ 或 $I=\frac{U}{R}=GU$。

其中，电阻 R 的倒数 G 叫做电导，其国际单位制为西门子（S）。

5. 电功率和电能

负载电阻所消耗的功率为

$$P=UI \text{ 或 } P=I^2R=\frac{U^2}{R}$$

6. 焦耳定律

电流通过导体使导体发热，产生的热量由焦耳定律确定，公式为：$Q=I^2Rt$。由于电阻发热等原因，各种电气设备都要规定额定值。

7. 电路中各点电位的计算

在电路中选定某一点 O 为电位参考点，就是规定该点的电位为零，即 $V_o=0$。当电路中的零电位点确定后，电路中任意一点的电位等于该点与参考点之间的电位差。

习　题

一、填空题

1. 电路是__________所经过的路径，基本由__________、__________、__________和__________四大部分组成。

2. 电路如图 1.01 所示，$R=5\ \Omega$，若 $I=1$ A，$U=$______ V；若 $U=10$ V，$I=$______ A。

3. 在一个电热锅上标出的数值是“220 V/4 A”，表示这个锅必须接 220 V 电源，此时的电流将是 4 A，则这个锅的加热元件接通后的电阻是______ Ω。

4. 电路如图 1.02 所示，开关 S 打开时，A 点电位等于______ V；开关 S 闭合时，A 点电位等于______ V。

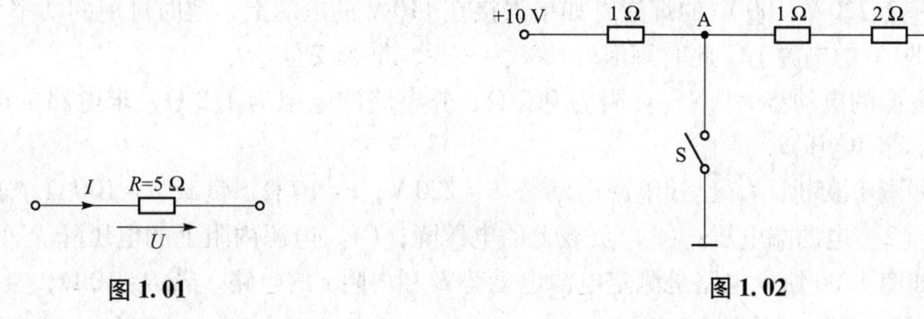

图 1.01　　图 1.02

5. 功率为 60 W 的家用电器供电三天，供给的电能是______J。若电价为 0.3 元/度，则该家用电器需付的电费是______。

6. 电动势为 2 V 的电源，与 9 Ω 的电阻接成闭合电路，电源两极的电压为 1.8 V，这时电路中的电流为______A，电源内电阻为______Ω。

二、选择题

1. 在图 1.03 中，A、B 两点间的电压为（　　）。

A. 正　　　　B. 负　　　　C. 不能确定

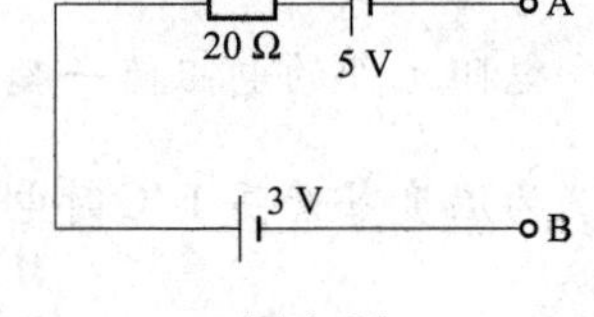

图 1.03

2. “12 V/6 W”的灯泡接入 6 V 电路中，通过灯丝的实际电流是（　　）。

A. 1 A　　　　B. 0.5 A　　　　C. 0.25 A

3. 1 度电可供“220 V、40 W”的灯泡正常发光的时间是（　　）。

A. 20 h　　　　B. 45 h　　　　C. 25 h

4. 某礼堂有 40 盏电灯，每个灯泡的功率为 100 W，问全部灯泡亮 2 h，消耗的电能为（　　）。

A. 8 kW · h　　　　B. 80 kW · h　　　　C. 800 kW · h

5. 若将一段电阻为 R 的导线均匀拉长到原来的两倍，则其电阻阻值为（　　）。

A. $2R$　　　　B. $4R$　　　　C. $\frac{1}{2}R$

6. 某直流电路的电压为 220 V，电阻为 40 Ω，其电流为（　　）。

A. 2.5 A　　　　B. 4.4 A　　　　C. 5.5 A

三、计算题

1. 电路如图 1.04 所示，已知以 O 点为参考点，$V_A = 10$ V，$V_B = 5$ V，$V_C = -5$ V。（1）求 U_{AB}、U_{BC}、U_{AC}、U_{CA}；（2）若以 B 点为参考点，求各点电位和电压 U_{AB}、U_{BC}、U_{AC}、U_{CA}。

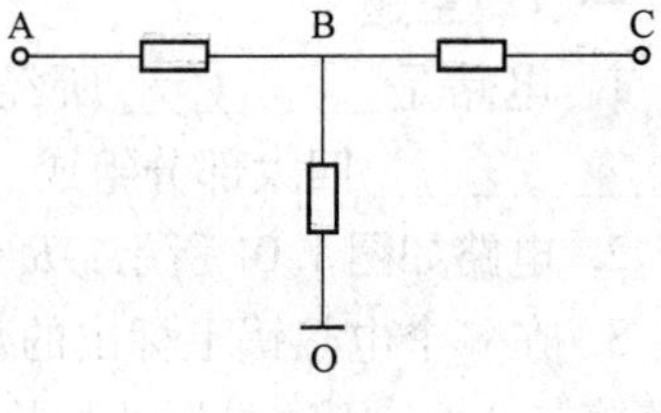

2. 一个 10 kΩ/10 W 的电阻，使用时最多允许加多大的电压？一个 10 kΩ/1 W 的电阻，使用时允许通过的最大电流是多少？

图 1.04

3. 若有一个 1 kW/220 V 的电炉，求：（1）正常工作时的电流；（2）若不考虑温度对电阻的影响，此时电炉的电阻；（3）当把它接入 110 V 电压上时的实际功率。

4. 有一条输电铝线，全长 100 km，线的横截面积为 20 mm^2，求这条输电线的电阻是多少？

5. 一个 220 V/100 W 的灯泡，如果误接在 110 V 的电源上，此时灯泡的功率为多少？若误接在 380 V 的电源上，此时灯泡的功率为多少？是否安全？

6. 电源的电动势为 3 V，内阻为 0.2 Ω，外电路的电阻为 1.3 Ω，求电路的电流和外电路电阻两端的电压。

7. 如图 1.05 所示，已知电源电动势 $E = 220$ V，$r = 10$ Ω，负载 $R = 100$ Ω，求：（1）电路电流；（2）电源端电压；（3）负载上的电压降；（4）电源内阻上的电压降。

8. 如图 1.06 所示电路是测定电源电动势 E 和内阻 r 的电路，若 $R = 10$ Ω，当合上开关 S

时，电压表的读数为 48 V；当断开 S 时，电压表读数为 50.4 V，求电源电动势 E 和内阻 r。

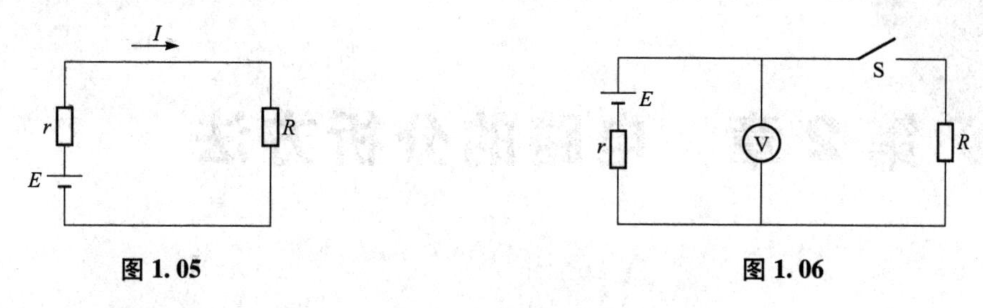

图 1.05　　图 1.06

9. 由电动势为 110 V、内阻为 0.5 Ω 的电源给负载供电，负载电流为 10 A。求通路时电源的输出电压。若负载短路，求短路电流和电源输出电压。

第 2 章　电路的分析方法

本章知识点

1. 熟练掌握电阻元件的串联和并联，深刻理解电压源与电流源的等效变换；
2. 熟练使用基尔霍夫的两大定律；
3. 熟练掌握支路电流法；
4. 理解节点电压法的应用；
5. 熟练掌握叠加定理、戴维宁定理。

先导案例

人们的生活中，道路两旁几乎都安装有路灯，细心的人会发现，晚上七八点钟时的路灯要比深夜的路灯暗一些，这是什么原因呢？

2.1　电阻串并联的等效变换

2.1.1　电阻的串联

如果电路中有两个或更多个电阻一个接一个地顺序相连，并且在这些电阻中通过同一电流，这种连接方法就称为电阻的串联，如图 2.1.1 所示。

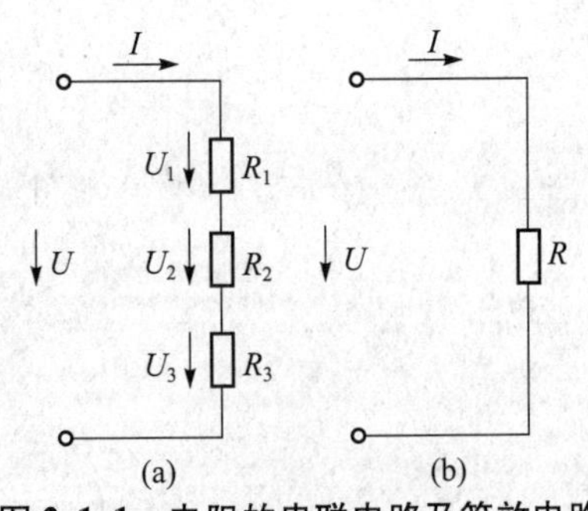

图 2.1.1　电阻的串联电路及等效电路

(a) 串联电路；(b) 等效电路

电阻的串联电路具有以下特点：

设总电压为 U，电流为 I，总功率为 P，等效电阻为 R。

(1) n 个电阻串联电路中各处的电流都相

等，即

$$I = I_1 = I_2 = I_3 = \cdots = I_n \tag{2.1.1}$$

这是因为在整个串联闭合回路中没有分支，电流只有唯一的通路，况且电荷不会在电路中任意地方积累起来，所以在相同时间内通过电路任一截面的电荷数必然相等，即各串联电阻中流过的电流相同。

（2）电路两端的总电压等于各电阻两端的电压之和，即

$$U = U_1 + U_2 + U_3 + \cdots + U_n \tag{2.1.2}$$

（3）串联电路的等效电阻等于各串联电阻阻值之和。

为了方便对电路进行分析和计算，常用等效电阻来代替电路中以一定方式连接的若干电阻。所谓等效，就是在给定条件下（端电压和总电流不变），实际负载或电路所需的功率与等效电阻所消耗的功率相等。如图 2.1.1（b）中的 3 个电阻的等效电阻 R，当 U、I 不变时，R 与 R_1、R_2、R_3 3 个电阻串联的效果相同。

如图 2.1.1（a）中，根据欧姆定律，得

$$U = RI,\ U_1 = IR_1,\ U_2 = IR_2,\ U_3 = IR_3$$

由

$$U = U_1 + U_2 + U_3 = IR_1 + IR_2 + IR_3$$

得

$$\frac{U}{I} = \frac{IR_1 + IR_2 + IR_3}{I} = R_1 + R_2 + R_3$$

如图 2.1.1（b）所示，得

$$\frac{U}{I} = R$$

故

$$R = R_1 + R_2 + R_3$$

同理，对于由 n 个电阻串联的电路来说，其等效电阻就是各串联电阻的阻值之和，即

$$R = R_1 + R_2 + R_3 + \cdots + R_n \tag{2.1.3}$$

（4）串联电路中各电阻上的电压与各电阻的阻值成正比，根据欧姆定律有：

$$I_1 = \frac{U_1}{R_1},\ I_2 = \frac{U_2}{R_2},\ I_3 = \frac{U_3}{R_3},\ \cdots,\ I_n = \frac{U_n}{R_n}$$

又

$$I = I_1 = I_2 = I_3 = \cdots = I_n$$

故

$$\frac{U_1}{R_1} = \frac{U_2}{R_2} = \frac{U_3}{R_3} = \cdots = \frac{U_n}{R_n} = \frac{U}{R} = I$$

得

$$U_n = R_n \frac{U}{R} = R_n \frac{U}{R_1 + R_2 + R_3 + \cdots + R_n} \tag{2.1.4}$$

可见串联电路中各电阻上的电压与各电阻的阻值成正比，电阻越大分配的电压越大，电阻越小分配的电压也越小，这就是串联电路的分压原理。若其中某个电阻较其他电阻小很多时，在它两端的电压也较其他电阻上的电压低很多，此时这个电阻的分压作用常可忽略不计。

在计算中，经常遇到两个或 3 个电阻串联，下面给出两个电阻串联的分压公式：

$$U_1 = \frac{R_1}{R_1 + R_2} U$$

$$U_2 = \frac{R_2}{R_1 + R_2}U$$

（5）串联电阻电路的总功率 P 等于各串联电阻所消耗的功率之和，即

$$P = I^2R = I^2(R_1 + R_2 + R_3 + \cdots + R_n) = I^2R_1 + I^2R_2 + I^2R_3 + \cdots + I^2R_n$$

所以

$$P = P_1 + P_2 + P_3 + \cdots + P_n \tag{2.1.5}$$

（6）在串联电路中，各个电阻消耗的功率与它的阻值成正比。

由 $$P_1 = I^2R_1,\ P_2 = I^2R_2,\ P_3 = I^2R_3,\ \cdots,\ P_n = I^2R_n$$

得 $$P_1 : P_2 : P_3 : \cdots : P_n = R_1 : R_2 : R_3 : \cdots : R_n$$

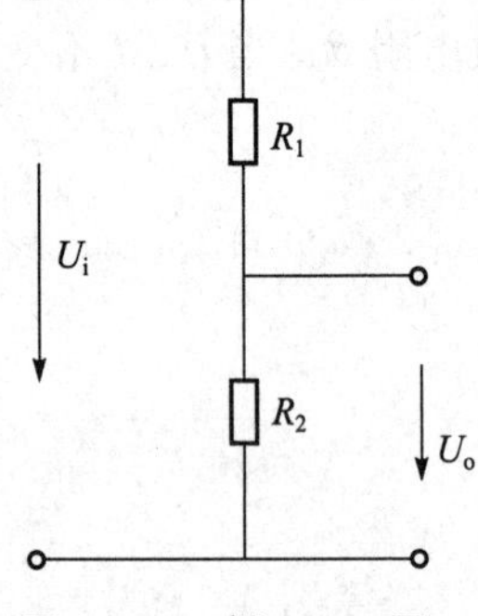

图 2.1.2　例 2.1.1 图

【例 2.1.1】图 2.1.2 所示为一个分压电路，已知 $U_i = 15$ V，$U_o = 5$ V，$R_1 = 10$ kΩ，求 R_2。

【解】由分压公式得

$$U_o = \frac{R_2}{R_1 + R_2}U_i$$

故 $$R_2 = \frac{R_1U_o}{U_i - U_o} = \frac{10 \times 10^3 \times 5}{15 - 5}\Omega = 5 \times 10^3\ \Omega = 5\ \text{k}\Omega$$

【例 2.1.2】有一盏额定电压为 $U = 40$ V，额定电流为 $I = 5$ A的电灯，应该怎样把它接入电压 $U = 220$ V 照明电路中。

【解】将电灯（设电阻为 R_1）与一只分压电阻 R_2 串联后，接入 $U = 220$ V 的电源上，如图 2.1.3 所示。

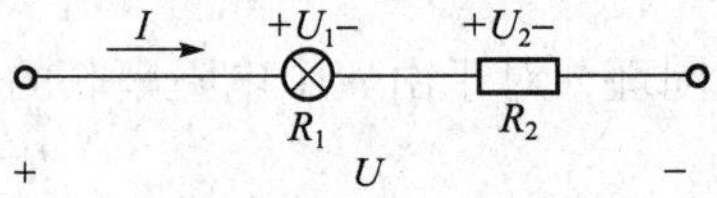

解法一：分压电阻 R_2 上的电压为

$U_2 = U - U_1 =$（220－40）V = 180 V，且 $U_2 = R_2I$，

则有：

$$R_2 = \frac{U_2}{I} = \frac{180}{5}\Omega = 36\ \Omega$$

图 2.1.3　例 2.1.2 图

解法二：利用两只电阻串联的分压公式：$U_1 = \frac{R_1}{R_1 + R_2}U$，且 $R_1 = \frac{U_1}{I} = 8\ \Omega$，可得

$$R_2 = R_1\frac{U - U_1}{U_1} = 36\ \Omega$$

即将电灯与一只 36 Ω 的分压电阻串联后，接入 $U = 220$ V 的电源上即可。

【例 2.1.3】有一只电流表，内阻 $R_g = 1$ kΩ，满偏电流为 $I_g = 100$ μA，要把它改成量程为 $U_n = 3$ V 的电压表，应该串联一只多大的分压电阻 R？

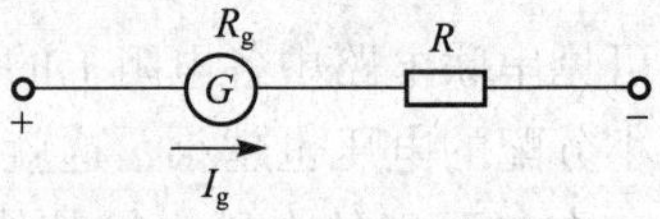

【解】如图 2.1.4 所示，该电流表的电压量程为 $U_g = R_gI_g = 0.1$ V，与分压电阻 R 串联后的总电压 $U_n = 3$ V，即将电压量程扩大到 $n = U_n/U_g = 30$ 倍。

图 2.1.4　例 2.1.3 图

利用两只电阻串联的分压公式，可得 $U_g = \frac{R_g}{R_g + R}U_n$，则

$$R=\frac{U_n-U_g}{U_g}R_g=\left(\frac{U_n}{U_g}-1\right)R_g=(n-1)R_g=29\ \text{k}\Omega$$

上例表明，将一只量程为 U_g、内阻为 R_g 的表头扩大到量程为 U_n，所需要的分压电阻为 $R=(n-1)R_g$，其中 $n=\frac{U_n}{U_g}$ 称为电压扩大倍数。

2.1.2　电阻的并联

在电路中，将若干个电阻的一端共同连接在一起，另一端也连接在一起，使每一电阻承受相同的电压，电阻的这种连接方式叫做并联，如图 2.1.5 所示。

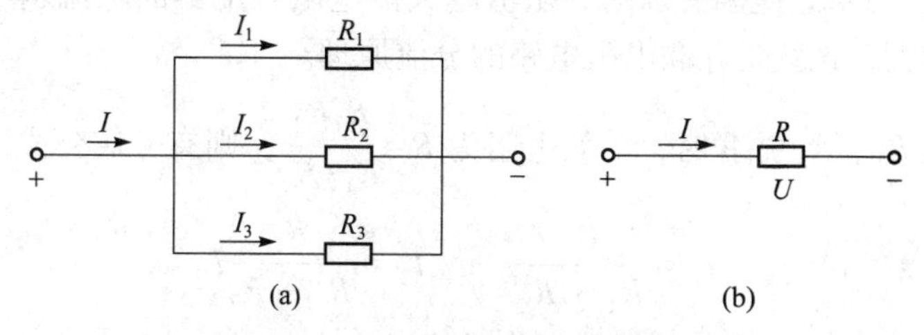

图 2.1.5　电阻的并联电路及等效电路

（a）并联电路；（b）等效电路

电阻的并联电路具有以下特点：

设总电流为 I，电压为 U，总功率为 P。

（1）电路中各支路两端的电压相等，且等于电路两端的电压，即

$$U=U_1=U_2=U_3=\cdots=U_n \tag{2.1.6}$$

（2）电路的总电流等于各并联电阻分电流之和，即

$$I=I_1+I_2+I_3+\cdots+I_n \tag{2.1.7}$$

（3）并联电路的总电阻（等效电阻）的倒数，等于各并联电阻的倒数之和，即

$$\frac{1}{R}=\frac{1}{R_1}+\frac{1}{R_2}+\frac{1}{R_3}\cdots+\frac{1}{R_n} \tag{2.1.8}$$

由式（2.1.8）可见，并联电路的等效电阻比任何一个并联电阻的阻值都小。

根据欧姆定律得

$$I=\frac{U}{R},\ I_1=\frac{U}{R_1},\ I_2=\frac{U}{R_2},\ I_3=\frac{U}{R_3},\ \cdots,\ I_n=\frac{U}{R_n}$$

代入式（2.1.7）中

$$\frac{U}{R}=\frac{U}{R_1}+\frac{U}{R_2}+\frac{U}{R_3}+\cdots+\frac{U}{R_n}$$

故

$$\frac{1}{R}=\frac{1}{R_1}+\frac{1}{R_2}+\frac{1}{R_3}+\cdots+\frac{1}{R_n}$$

在并联电路的计算中，经常出现两个电阻并联的情况，根据式（2.1.8）可得到两个电阻的并联公式如下：

$$R = R_1 // R_2 = \frac{R_1 R_2}{R_1 + R_2}$$

（4）在并联电路中，任一支路分配的电流与该支路的电阻阻值成反比，根据欧姆定律有：

$$U_1 = I_1 R_1,\ U_2 = I_2 R_2,\ U_3 = I_3 R_3,\ \cdots,\ U_n = I_n R_n$$

由

$$U = U_1 = U_2 = U_3 = \cdots = U_n$$

得

$$I_1 R_1 = I_2 R_2 = I_3 R_3 = \cdots = I_n R_n = IR$$

即

$$I_n = \frac{R}{R_n} I \tag{2.1.9}$$

由式（2.1.9）可见，电阻并联时，阻值越大的电阻分配到的电流越小，阻值越小的电阻分配到的电流越大，这就是并联电阻电路的分流原理。

如果两个电阻 R_1、R_2 并联时，等效电阻为 $R=\frac{R_1 R_2}{R_1+R_2}$，则有分流公式，即

$$I_1 = \frac{R_2}{R_1 + R_2} I,\quad I_2 = \frac{R_1}{R_1 + R_2} I$$

（5）并联电路的总功率等于各并联电路所消耗的功率之和，即

$$P = P_1 + P_2 + P_3 + \cdots + P_n \tag{2.1.10}$$

证明如下：

由

$$P = \frac{U^2}{R},\ P_1 = \frac{U^2}{R_1},\ P_2 = \frac{U^2}{R_2},\ P_3 = \frac{U^2}{R_3},\ \cdots,\ P_n = \frac{U^2}{R_n}$$

得

$$P = P_1 + P_2 + P_3 + \cdots + P_n = \frac{U^2}{R_1} + \frac{U^2}{R_2} + \frac{U^2}{R_3} + \cdots + \frac{U^2}{R_n} = \frac{U^2}{R}$$

即

$$P = P_1 + P_2 + P_3 + \cdots + P_n$$

（6）在并联电路中，各个电阻消耗的功率与它的阻值成反比。由

$$P_1 = \frac{U^2}{R_1},\ P_2 = \frac{U^2}{R_2},\ P_3 = \frac{U^2}{R_3},\ \cdots,\ P_n = \frac{U^2}{R_n}$$

得

$$P_1 : P_2 : P_3 : \cdots : P_n = \frac{1}{R_1} : \frac{1}{R_2} : \frac{1}{R_3} : \cdots : \frac{1}{R_n}$$

【例 2.1.4】 如图 2.1.6 所示，电源供电电压 U = 220 V，每根输电导线的电阻均为 R_1 = 1 Ω，电路中一共并联 100 盏额定电压为 220 V、功率为 40 W 的电灯。假设电灯在工作（发光）时电阻值为常数。试求：（1）当只有 10 盏电灯工作时，每盏电灯的电压 U_L 和功率 P_L；（2）当 100 盏电灯全部工作时，每盏电灯的电压 U_L 和功率 P_L。

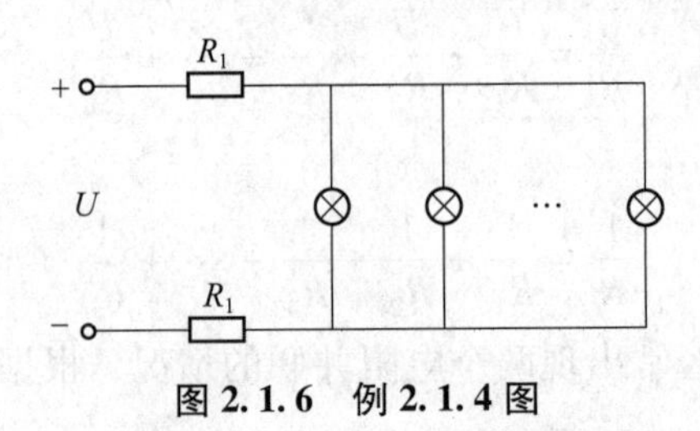

图 2.1.6 例 2.1.4 图

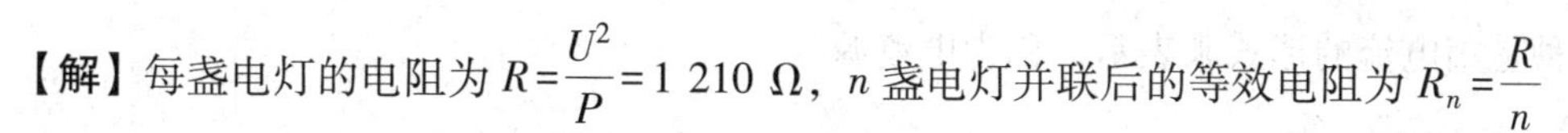

【解】每盏电灯的电阻为 $R=\frac{U^2}{P}=1\ 210\ \Omega$，$n$ 盏电灯并联后的等效电阻为 $R_n=\frac{R}{n}$

根据分压公式，可得每盏电灯的电压 $U_{\text{L}}=\frac{R_n}{2R_1+R_n}U$，功率为

$$P_{\text{L}}=\frac{U_{\text{L}}^2}{R}$$

（1）当只有 10 盏电灯工作时，即 $n=10$，则 $R_n=R/n=121\ \Omega$，因此有：

$$U_{\text{L}}=\frac{R_n}{2R_1+R_n}U\approx 216\ \text{V},\ P_{\text{L}}=\frac{U_{\text{L}}^2}{R}\approx 39\ \text{W}$$

（2）当 100 盏电灯全部工作时，即 $n=100$，则 $R_n=R/n=12.1\ \Omega$，有：

$$U_{\text{L}}=\frac{R_n}{2R_1+R_n}U\approx 189\ \text{V},\ P_{\text{L}}=\frac{U_{\text{L}}^2}{R}\approx 29\ \text{W}$$

【例 2.1.5】有一只微安表，满偏电流为 $I_{\text{g}}=100\ \mu\text{A}$，内阻 $R_{\text{g}}=1\ \text{k}\Omega$，要改装成量程为 $I_n=100\ \text{mA}$ 的电流表，试求所需分流电阻 R。

【解】如图 2.1.7 所示，设 $n=\frac{I_n}{I_{\text{g}}}$（称为电流量程扩大倍数），根据分流公式可得 $I_{\text{g}}=\frac{R}{R_{\text{g}}+R}I_n$，则：

$$R=\frac{R_{\text{g}}}{n-1}$$

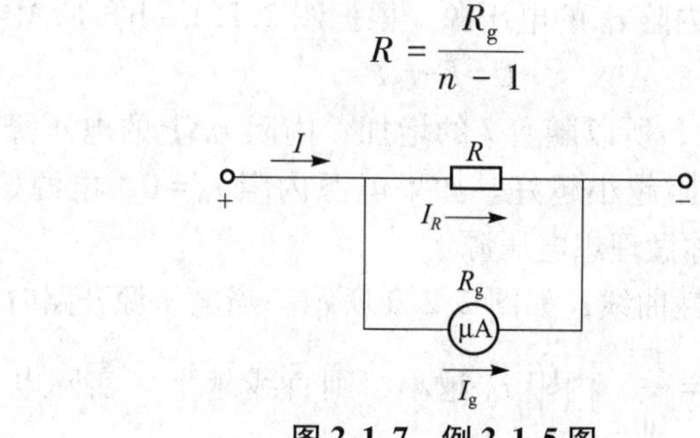

图 2.1.7　例 2.1.5 图

2.1 测试题及答案

本题中 $n=\frac{I_n}{I_{\text{g}}}=1\ 000$，则：

$$R=\frac{R_{\text{g}}}{n-1}=\frac{1}{1\ 000-1}\text{k}\Omega\approx 1\ \Omega$$

上例表明，将一只量程为 I_{g}、内阻为 R_{g} 的表头扩大到量程为 I_n，所需要的分流电阻为 $R=\frac{R_{\text{g}}}{n-1}$，其中 $n=\frac{I_n}{I_{\text{g}}}$，称为电流扩大倍数。

2.2　电压源与电流源及其等效变换

一个电源可以用两种不同的电路模型来表示，一种是用电压的形式来表示，称为电压源；一种是用电流的形式来表示，称为电流源。

2.2.1　电压源

任何一个电源，都可以用电动势 E 和 r_0 内阻串联来表示。在分析和计算电路时，由电动势 E 和内阻 r_0 串联组成的电源模型，即电压源。通常所说的电压源一般是指理想电压源，其基本特性是其电动势 E（或两端电压）保持固定不变或是特定的时间函数 $e(t)$，但电压源输出的电流却与外电路有关。当电压源电压为恒定值时，这种电压源称为恒定电压源或直流电压源，用E表示，如图2.2.1（a）。有时用图2.2.1（b）所示蓄电池的图形符号表示直流电压源，其中长线表示电源“+”端。

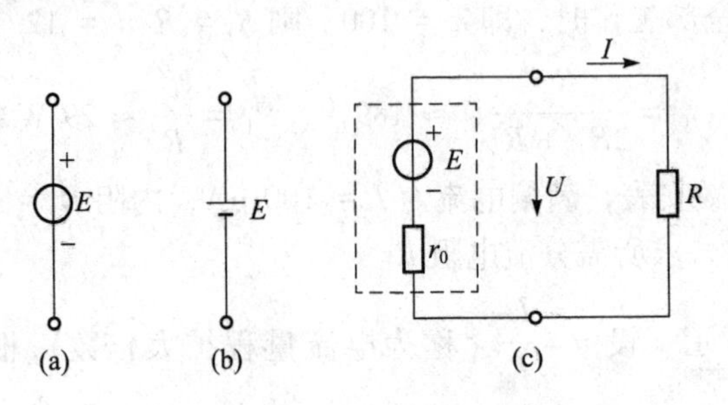

图2.2.1　电压源模型

通常实际电源是含有一定内阻 r_0 的电压源。根据图2.2.1（b）所示电路，可得出：

$$U=E-r_0I \tag{2.2.1}$$

由于式中 E 和 r_0 均为常数，所以随着 I 的增加，内阻 r_0 上的电压降增大，输出电压 U 就降低，因此要求电压源的内阻越小越好。如果电源内阻 $r_0=0$，电源始终输出恒定电压，即$U=E$，内阻 $r_0=0$ 的电压源称做理想电压源。

由此可作出电压源的外特性曲线，如图2.2.2所示。当电压源开路时，$I=0$，$U=U_0=E$；当电压源短路时，$U=0$，$I=I_S=\dfrac{E}{r_0}$，内阻 r_0 越小，则直线越平（实际电压源的内阻一般很小，所以短路电流将会很大，严重时会烧坏电源，因此实际电源绝不能在短路状态下工作）。当 $r_0=0$ 时，电压 U 恒等于电动势 E（是一定值），而其中的电流 I 则是任意的，由负载电阻 R_L 及电压 U 本身确定。理想电压源的外特性曲线是与横轴平行的一条直线。

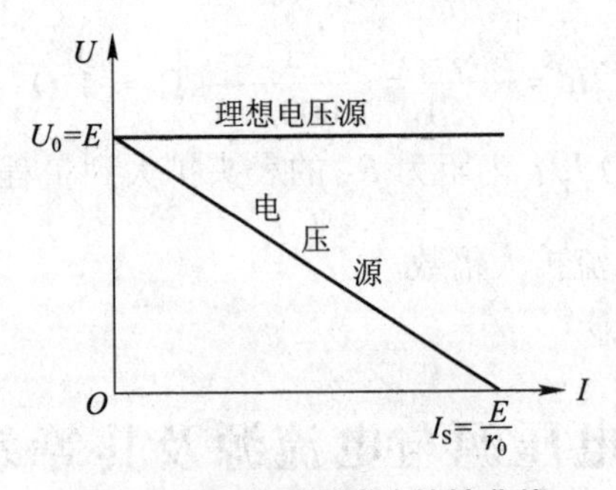

图2.2.2　电压源的外特性曲线

2.2.2 电流源

电源除可以用电压源表示外，还可以用电流源来表示。电流源是一种不断向外电路输出电流的装置。通常所说的电流源一般是指理想电流源，其基本特征是所输出的电流 I_S 固定不变，或是特定的时间函数 $i_S(t)$，与其端电压无关，而电流源的端电压却与外电路有关。

实际电流源的电流总有一部分在电池内部流动，而不能全部流出，这样实际电流源就是含有一定内阻 r_S 的电流源。由图 2.2.3 所示，可得

$$I=I_S-\frac{U}{r_S} \tag{2.2.2}$$

式中，I_S 为电流源的定值电流；$\frac{U}{r_S}$为内阻上的电流；I 为电流源的输出电流。

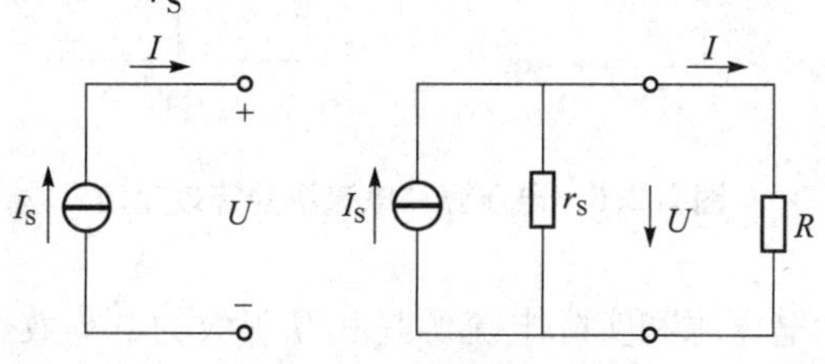

图 2.2.3 电流源模型

当电流源的定值电流 I_S 及内阻 r_S 一定时，随着输出电压的增大，内阻的分流也随之增大，从而使输出电流减小。如图 2.2.4 所示，实际电流源的特性曲线是一条下降的直线，实际电源内阻越大，内部分流就越小。当 $r_S=\infty$（相当于并联支路 r_S 断开）时，电流 I 恒等于电流 I_S，是一定值，而其两端的电压 U 则是任意的，由负载电阻 R 及电流 I_S 本身确定。这样的电源称为理想电流源或恒流源。它的外特性曲线将是一条与纵轴平行的直线。

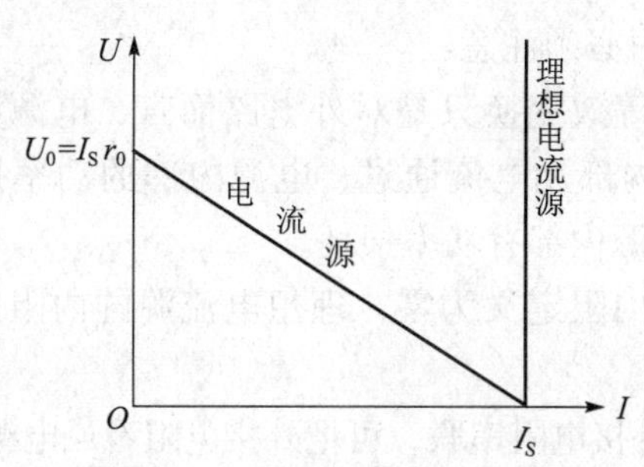

图 2.2.4 电流源的外特性曲线

2.2.3 两种电源模型之间的等效变换

由以上特性曲线可见，电压源的外特性和电流源的外特性是相同的，因此，电源的两种电路模型（即电压源和电流源）相互之间可以等效交换。但它们的等效关系是对外电路而言，即把它们分别接入相同的负载电阻电路时，两个电源的输出电压和输出电流均相等。至于电源内部，则是不等效的。因此，运用两种电源的等效变换，可以简化某些电路的计算。

实际电源可用一个理想电压源 E 和一个电阻 r_0 串联的电路模型表示，如图 2.2.5（a）

所示，其输出电压 U 与输出电流 I 之间的关系为

$$U=E-r_0 I$$

实际电源也可用一个理想电流源 I_S 和一个电阻 r_S 并联的电路模型表示，如图 2.2.5（b）所示，其输出电压 U 与输出电流 I 之间关系为

$$U=r_S I_S-r_S I$$

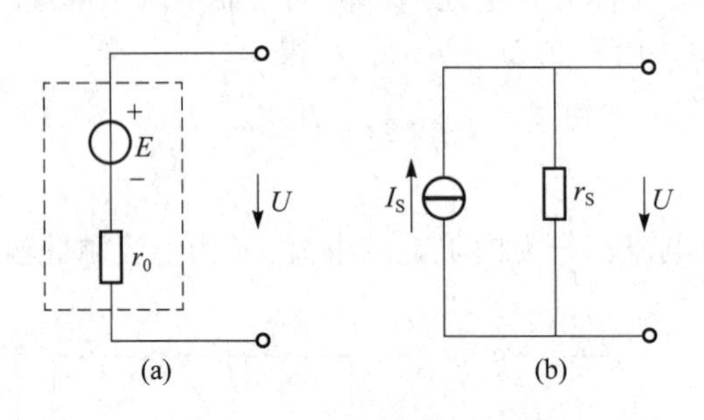

图 2.2.5　电压源和电流源的等效变换

对外电路来说，实际电压源和实际电流源是相互等效的，等效变换条件是：

$$r_0=r_S,\quad E=r_S I_S \quad 或 \quad I_S=\frac{E}{r_0}$$

由上述可见，当电压源与电流源进行等效变换时，只需把电压源的短路电流 $I_S=\frac{E}{r_0}$ 作为电流源的恒定电流 I_S，内阻数值不变，由串联改为并联，即可把电压源模型转化为电流源模型；反之，将电流源的开路电压 $r_S I_S$ 作为恒定电压 E，内阻值不变，由并联改为串联，即可把电流源模型转换为电压源模型。

在进行电源的等效变换时必须注意：

（1）电压源与电流源的等效变换只是对外电路而言，电源内部并不等效。例如，当电源两端处于断路时，电压源内部无电流通过，电源内部的功率损耗等于零，而在电流源内部，r_S 上有电流 I_S 流过，电源内部有功率损耗。

（2）由于理想电压源的内阻定义为零，理想电流源的内阻定义为无穷大，因此，两者之间不能进行等效转换。

（3）如果理想电压源与外接电阻串联，可把外接电阻看成电源内阻，即可互换为电流源形式。如果理想电流源与外接电阻并联，可把外接电阻看成电源内阻，互换为电压源形式。

（4）电压源中的电动势 E 和电流源中的恒定电流 I_S 在电路中保持方向一致，即 I_S 的方向从 E 的“-”端指向“+”端。

【例 2.2.1】如图 2.2.6 所示的电路，已知电源电动势 $E=6$ V，内阻 $r_0=0.2\ \Omega$，当接上 $R=5.8\ \Omega$ 的负载时，分别用电压源模型和电流源模型计算负载消耗的功率和内阻消耗的功率。

【解】（1）用电压源模型计算：

$I=\frac{E}{r_0+R}=1$ A，负载消耗的功率 $P_L=I^2R=5.8$ W，内阻的功率 $P_r=I^2r_0=0.2$ W。

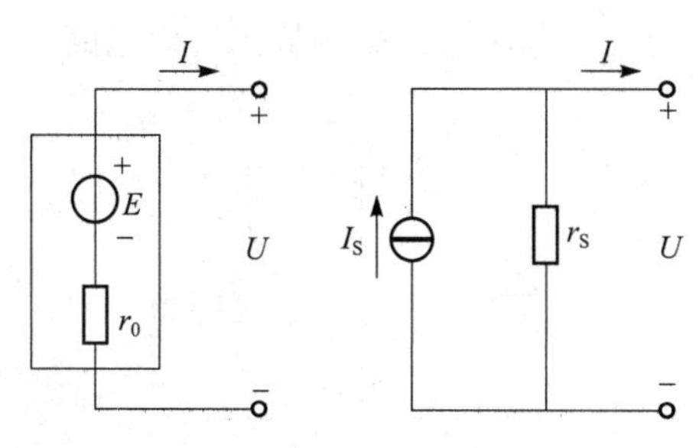

图 2.2.6　例 2.2.1 图

(2) 用电流源模型计算：

电流源的电流　　$I_S = \frac{E}{r_0} = 30\ \text{A}$

内阻　　$r_S = r_0 = 0.2\ \Omega$

负载中的电流　　$I = \frac{r_S}{r_S + R} I_S = 1\ \text{A}$

负载消耗的功率　　$P_L = I^2 R = 5.8\ \text{W}$

内阻中的电流　　$I_R = \frac{R}{r_S + R} I_S = 29\ \text{A}$

内阻的功率　　$P_R = I_R^2 r_0 = 168.2\ \text{W}$

两种计算方法对负载是等效的，对电源内部是不等效的。

【例 2.2.2】 在如图 2.2.7 所示的电路中，已知：$E_1 = 12\ \text{V}$，$E_2 = 6\ \text{V}$，$R_1 = 3\ \Omega$，$R_2 = 6\ \Omega$，$R_3 = 10\ \Omega$，试运用电源等效变换法求电阻 R_3 中的电流。

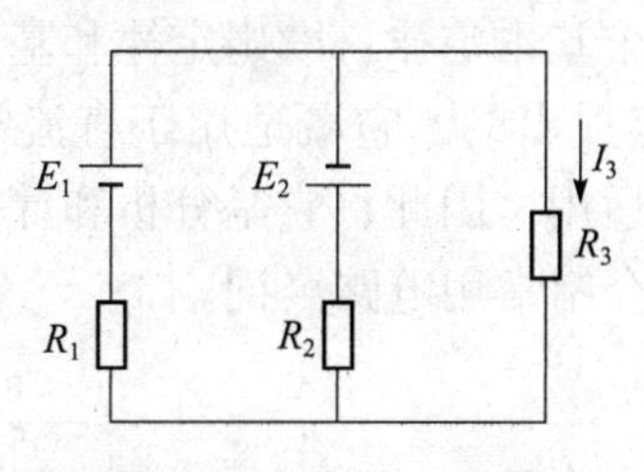

图 2.2.7　例 2.2.2 图

【解】 (1) 先将两个电压源等效变换成两个电流源，如图 2.2.8 所示，两个电流源的电流分别为

$$I_{S1} = E_1 / R_1 = 4\ \text{A}$$

$$I_{S2} = E_2 / R_2 = 1\ \text{A}$$

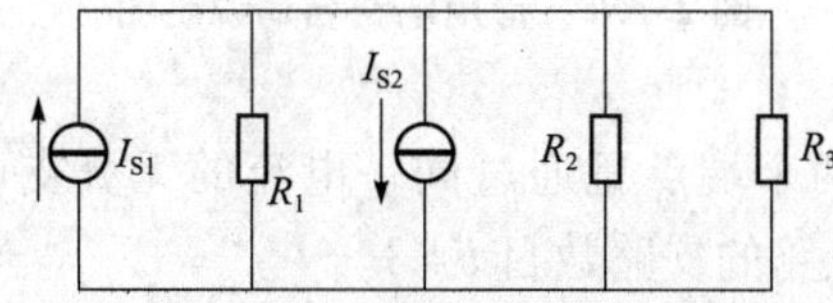

图 2.2.8　例 2.2.2 两电压源等效成两个电流源图

（2）将两个电流源合并为一个电流源，得到最简等效电路，如图 2.2.9 所示。等效电流源的电流

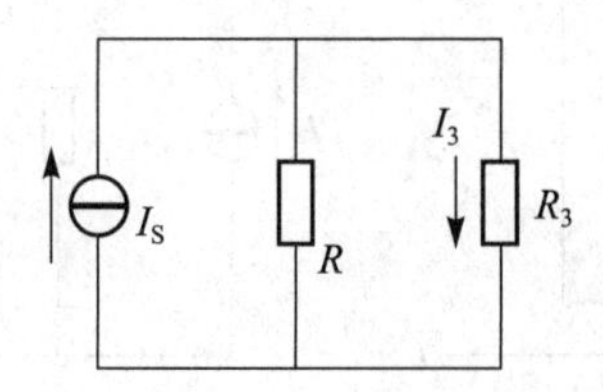

图 2.2.9　例 2.2.2 的最简等效电路

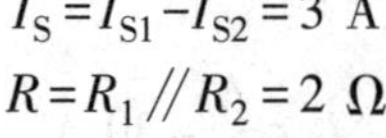

$$I_S = I_{S1} - I_{S2} = 3\ \text{A}$$

其等效内阻为

$$R = R_1 /\!/ R_2 = 2\ \Omega$$

2.2 测试题及答案

（3）求出 R_3 中的电流为

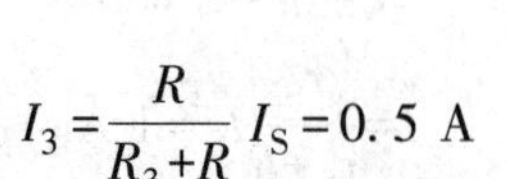

$$I_3 = \frac{R}{R_3 + R} I_S = 0.5\ \text{A}$$

2.3　基尔霍夫定律

2.3.1　常用电路名词

前面是简单的直流电路，不能用于复杂的电路计算。对于复杂的电路来说，它的计算方法有很多，但都要依据电路的两个基本定律：欧姆定律和基尔霍夫定律。基尔霍夫定律是由德国物理学家基尔霍夫于 1847 年提出的，它既适用于直流电路，也适用于交流电路，对于含有电子元器件的非线性电路也适用。因此，它是分析和计算电路的基本定律。

以图 2.3.1 所示电路为例，介绍常用电路名词。

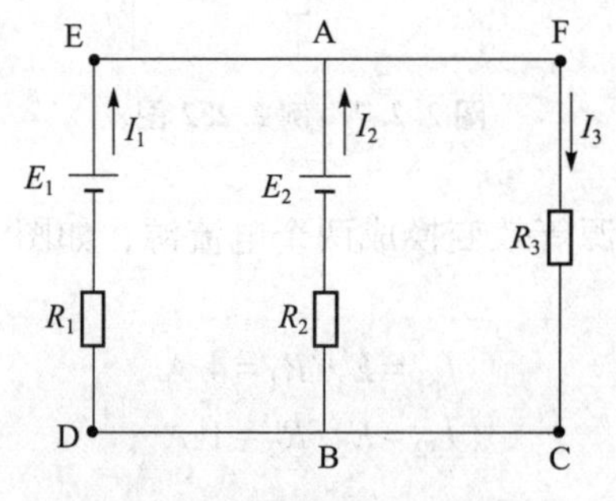

图 2.3.1　常用电路名词说明图

（1）支路：电路中具有两个端点且通过同一电流的无分支电路。如图 2.3.1 电路中的 ED、AB、FC 均为支路，该电路的支路数目 $b=3$。

（2）节点：电路中 3 条或 3 条以上支路的连接点。如图 2.3.1 电路的节点为 A、B 两点，该电路的节点数目 $n=2$。

（3）回路：电路中任一闭合的路径。如图 2. 3. 1 电路中的 CDEFC、AFCBA、EABDE 路径均为回路，该电路的回路数目 $l=3$。

（4）网孔：不含有分支的闭合回路。如图 2. 3. 1 电路中的 AFCBA、EABDE 回路均为网孔，该电路的网孔数目 $m=2$。

2. 3. 2　基尔霍夫电流定律

基尔霍夫第一定律也叫做节点电流定律，简写成 KCL。定律指出：在任何时刻，电路中流入任一节点中的电流之和，恒等于从该节点流出的电流之和，即

$$\sum I_{流入} = \sum I_{流出} \tag{2.3.1}$$

一般可在流入节点的电流前面取“+”号，在流出节点的电流前面取“-”号，反之亦可。例如图 2. 3. 2 中，在节点 A 上 $I_1+I_3=I_2+I_4+I_5$，即

$$I_1+I_3-I_2-I_4-I_5=0$$

写成一般形式为

$$\sum I = 0 \tag{2.3.2}$$

即在任何时刻，电路中任一节点上的各支路电流代数和恒等于零。

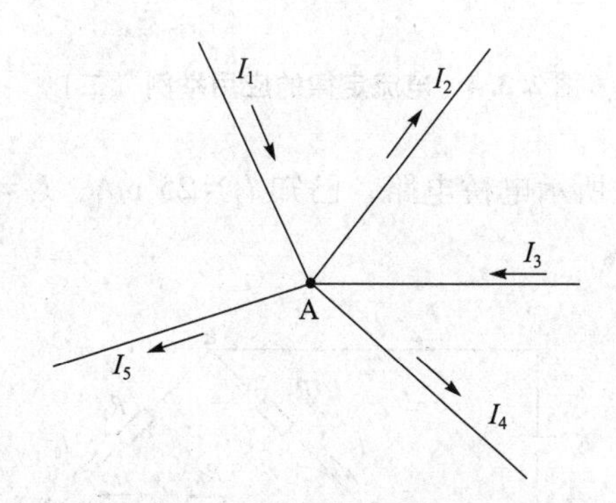

图 2. 3. 2　电流定律的举例说明图

在使用电流定律时，必须注意：

（1）对于含有 n 个节点的电路，只能列出 $n-1$ 个独立的电流方程。

（2）列节点电流方程时，只需考虑电流的参考方向，然后再代入电流的数值。

为分析电路的方便，通常需要在所研究的一段电路中事先选定（即假定）电流流动的方向，叫做电流的参考方向，通常用“→”号表示。

电流的实际方向可根据数值的正、负来判断，当 $I>0$ 时，表明电流的实际方向与所标定的参考方向一致；当 $I<0$ 时，则表明电流的实际方向与所标定的参考方向相反。

在运用基尔霍夫电流定律时，需要注意以下几点：

（1）对于电路中任意假设的封闭面来说，电流定律仍然成立。如图 2. 3. 3 中，对于封闭面 S 来说，有 $I_1+I_2=I_3$。

（2）对于网络（电路）之间的电流关系，仍然可由电流定律判定。如图 2. 3. 4 中，流入电路 B 中的电流必等于从该电路中流出的电流。

（3）若两个网络之间只有一根导线相连，那么这根导线中一定没有电流通过。

（4）若一个网络只有一根导线与地相连，那么这根导线中一定没有电流通过。

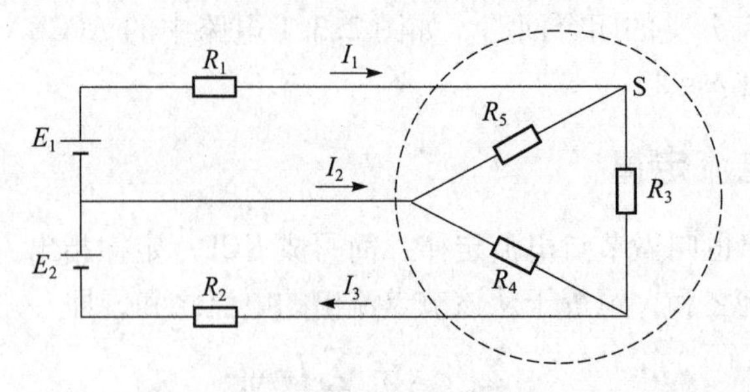

图 2.3.3　电流定律的应用举例（一）

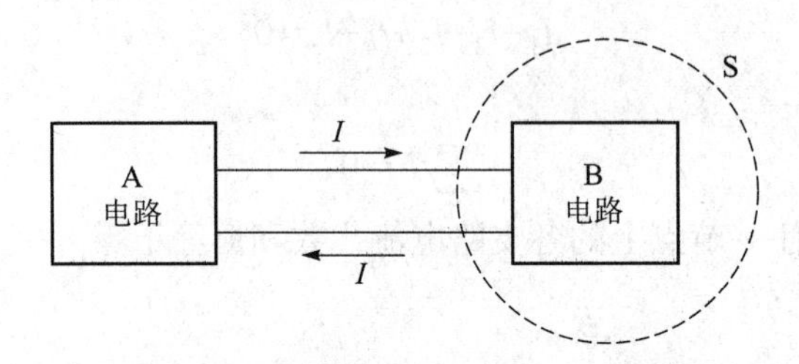

图 2.3.4　电流定律的应用举例（二）

【例 2.3.1】 如图 2.3.5 所示电桥电路，已知 $I_1=25$ mA，$I_3=16$ mA，$I_4=12$ mA，试求其余电阻中的电流 I_2、I_5、I_6。

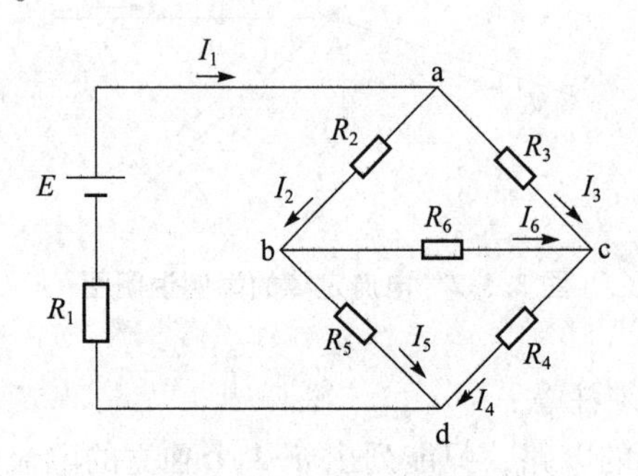

图 2.3.5　例 2.3.1 图

【解】 在节点 a 上　$I_1=I_2+I_3$，则 $I_2=I_1-I_3=(25-16)\text{mA}=9\text{ mA}$

在节点 d 上　$I_1=I_4+I_5$，则 $I_5=I_1-I_4=(25-12)\text{mA}=13\text{ mA}$

在节点 b 上　$I_2=I_6+I_5$，则 $I_6=I_2-I_5=(9-13)\text{mA}=-4\text{ mA}$

电流 I_2 与 I_5 均为正数，表明它们的实际方向与图中所标定的参考方向相同，I_6 为负数，表明它的实际方向与图中所标定的参考方向相反。

2.3.3　基尔霍夫电压定律

基尔霍夫电压定律简称 KVL，又称回路电压定律。定律指出：在任何时刻，沿着电路中的任一回路绕行方向，回路中各段电压的代数和恒等于零，即

$$\sum U = 0 \tag{2.3.3}$$

式（2.3.3）称为回路电压方程，简写为 KVL 方程。

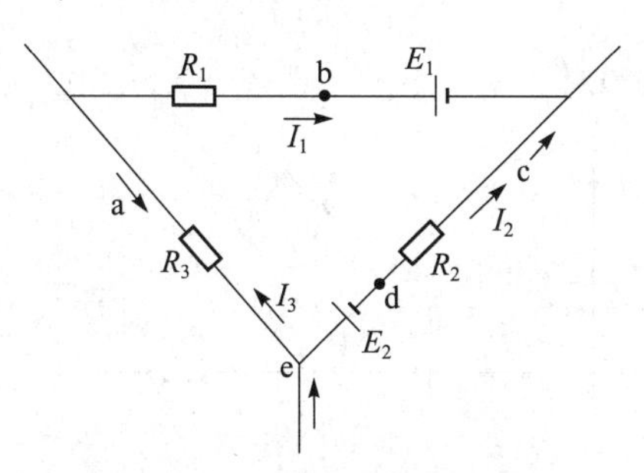

图 2.3.6　电压定律的举例说明

以图 2.3.6 所示电路说明基尔霍夫电压定律。沿着回路 abcdea 绕行方向，有

$$U_{ac}=U_{ab}+U_{bc}=R_1I_1+E_1,$$

$$U_{ce}=U_{cd}+U_{de}=-R_2I_2-E_2,$$

$$U_{ea}=R_3I_3$$

则
$$U_{ac}+U_{ce}+U_{ea}=0$$

即
$$R_1I_1+E_1-R_2I_2+R_3I_3+E_2=0$$

式（2.3.3）也可写成
$$R_1I_1-R_2I_2+R_3I_3=-E_1+E_2$$

对于电阻电路来说，任何时刻，在任一闭合回路中，各段电阻上的电压降代数和等于各电源电动势的代数和，即

$$\sum RI = \sum E \tag{2.3.4}$$

KVL 规定了电路中任一回路内电压必须服从的约束关系，至于回路内是什么元件与定律无关。无论是在线性电路还是非线性电路中，无论是直流电路或是交流电路，此定律都适用。在运用基尔霍夫电压定律时，需要注意以下几点：

（1）标出各支路电流的参考方向并选择回路绕行方向（既可沿着顺时针方向绕行，也可沿着逆时针方向绕行）；

（2）电阻元件的端电压为$\pm RI$，当电流 I 的参考方向与回路绕行方向一致时，选取“+”号；反之，选取“−”号；

（3）电源电动势为$\pm E$，当电源电动势的标定方向与回路绕行方向一致时，选取“+”号，反之应选取“−”号。

【例 2.3.2】　如图 2.3.7 所示，已知 $R_1=R_2=R_3=R_4=10\ \Omega$，$E_1=12\ \text{V}$，$E_2=9\ \text{V}$，$E_3=18\ \text{V}$，$E_4=3\ \text{V}$，用基尔霍夫电压定律求回路中的电流及 EA 两端的电压。

【解】（1）这是单回路电路，电路中各元件通过同一电流 I（参考方向如图 2.3.7 所示），按顺时针方向绕行，列出 KVL 方程为

$$-E_1+IR_1+IR_2+E_2+IR_3+E_3+IR_4-E_4=0$$

$$I=\frac{E_1-E_2-E_3+E_4}{R_1+R_2+R_3+R_4}=\frac{12-9-18+3}{4\times10}\text{A}=-0.3\ \text{A}$$

因为 I 的计算结果为负值，说明回路中电流的实际方向与参考方向相反。

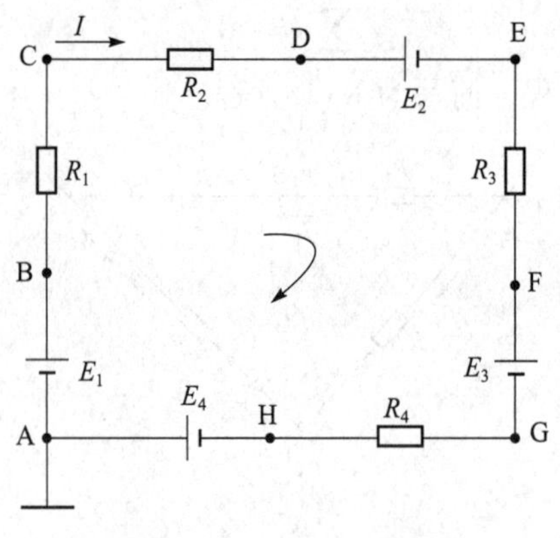

2.3 测试题及答案

图 2.3.7　例 2.3.2 图

（2）计算 U_{EA} 可以通过的两条路径：

通过 EFGHA

$$U_{EA}=IR_3+E_3+IR_4-E_4=(-0.3\times10+18-0.3\times10-3)\text{ V}=9\text{ V}$$

通过 EDCBA

$$U_{EA}=-E_2-IR_2-IR_1+E_1=(-9+0.3\times10+0.3\times10+12)\text{ V}=9\text{ V}$$

由上面的计算可见，沿不同的路径计算时，其结果是一样的，但在实际计算时，一般尽量选取较短的路径，以便计算。

2.4　支路电流法

支路电流法

支路电流法是分析复杂电路的基本方法，它以各支路电流为未知量，运用基尔霍夫定律列出节点电流方程和回路电压方程，然后解出各未知支路电流，从而可确定各支路（或各元件）的电压及功率，这种解决电路问题的方法叫做支路电流法。

列方程时，必须先在电路图上选定好未知支路电流以及电压或电动势的参考方向。以图 2.4.1 为例，来说明支路电流法的应用。首先在此电路中，支路数 $b=3$，节点数 $n=2$，共要列出 3 个独立方程。电动势和电流的参考方向如图 2.4.1 所示。

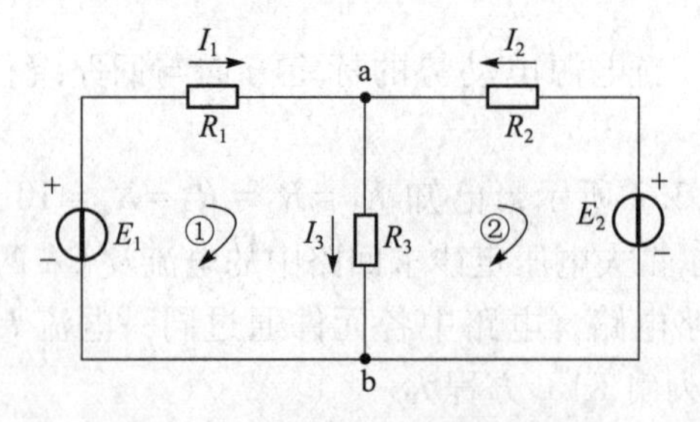

图 2.4.1　两个电源并联的电路

由图 2.4.1，运用基尔霍夫电流定律对节点 a 列出节点电流方程为

$$I_1+I_2-I_3=0$$

对节点 b 列出节点电流方程为

$$I_3-I_1-I_2=0$$

由上面两个节点电流方程式可见，两个方程并不是两个独立的方程。因此，对两个节点的电路，运用基尔霍夫电流定律只能列出 2-1=1 个独立方程。一般来说，对具有 n 个节点的电路运用基尔霍夫电流定律只能得到 $n-1$ 个独立的电流方程。

再根据基尔霍夫电压定律列出 $b-(n-1)$ 个方程，通常利用网孔列出。图 2.4.1 中有两个网孔，先列网孔①的回路方程为

$$I_1R_1+I_3R_3-E_1=0$$

再列网孔②的回路方程为

$$-I_2R_2-I_3R_3+E_2=0$$

由以上两个网孔的回路电压方程得到，网孔回路方程的数目恰好等于 $b-(n-1)$。

综上所述，用支路电流法求解电路的方法、步骤可归纳如下：

（1）分析电路的结构，有几条支路、几个网孔，选取并标出各支路电流的参考方向、网孔或回路电压的绕行方向。

（2）根据 KCL 列出 $n-1$ 个独立的节点电流方程。

（3）根据 KVL 列出 $m=b-(n-1)$ 个网孔的电压方程。

（4）代入已知条件，联立方程求解。

【例 2.4.1】 如图 2.4.2 所示电路，求各支路电流。

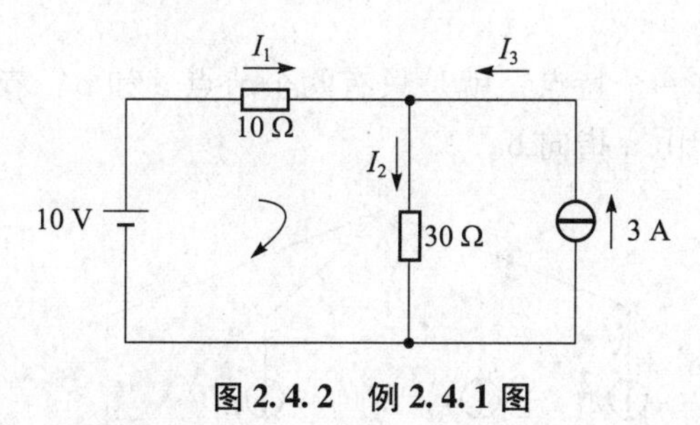

图 2.4.2　例 2.4.1 图

【解】（1）指定各支路的参考方向如图所示，$b=3$，$n=2$，$m=2$。

（2）根据 KCL 列出独立节点的电流方程为

$$I_1-I_2+I_3=0$$

即

$$I_1-I_2+3=0$$

（3）根据 KVL 列出网孔电压方程

$$10I_1+30I_2=10$$

（4）联立方程：

$$I_1-I_2+3=0$$

$$10I_1+30I_2=10$$

解得　$I_1=-2$ A，$I_2=1$ A。

其中，I_1 为负值，表明其实际方向与参考方向相反。

【例 2.4.2】 如图 2.4.3 所示电路，已知 $E_1=42$ V，$E_2=21$ V，$R_1=12\ \Omega$，$R_2=3\ \Omega$，$R_3=6\ \Omega$，试求：各支路电流 I_1、I_2、I_3。

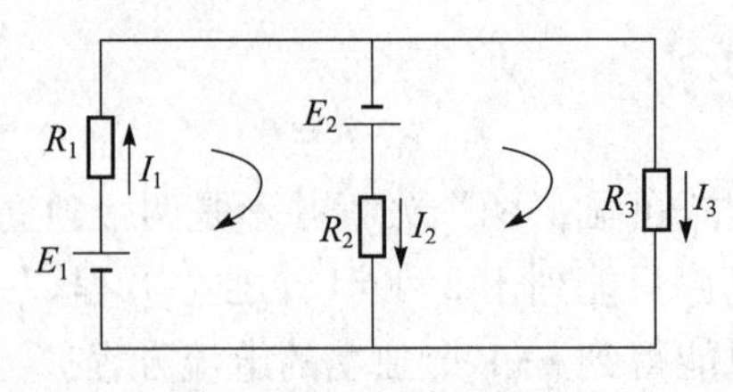

图 2.4.3　例 2.4.2 图

【解】该电路支路数 $b=3$，节点数 $n=2$，所以应列出 1 个节点电流方程和 2 个回路电压方程，并按照 $\sum RI=\sum E$ 列回路电压方程的方法可得：

2.4 测试题及答案

（1）$I_1=I_2+I_3$　　　　　　（任一节点）

（2）$R_1I_1+R_2I_2=E_1+E_2$　　　　（网孔①）

（3）$R_3I_3-R_2I_2=-E_2$　　　　（网孔②）

代入已知数据，解得　$I_1=4$ A，$I_2=5$ A，$I_3=-1$ A。

电流 I_1 与 I_2 均为正数，表明它们的实际方向与图中所标定的参考方向相同，I_3 为负数，表明它的实际方向与图中所标定的参考方向相反。

2.5　节点电压法

图 2.5.1 所示的电路有一个特点，就是只有两个节点 a 和 b。节点间的电压 U 称为节点电压，在图中，其参考方向由 a 指向 b。

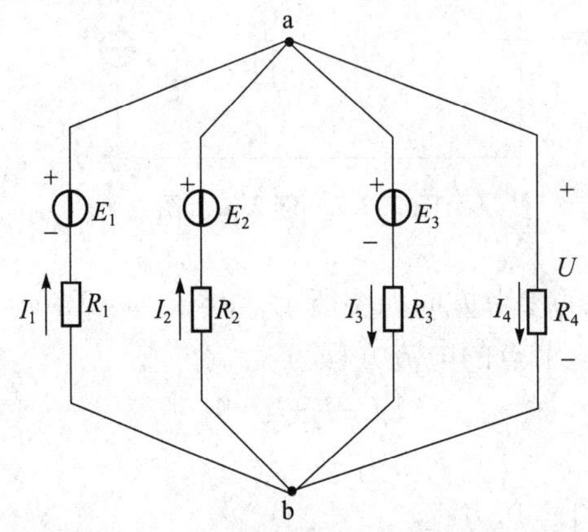

图 2.5.1　具有两个节点的电路

各支路的电流可运用基尔霍夫电压定律和欧姆定律得出：

$$U=E_1-R_1I_1,\qquad I_1=\frac{E_1-U}{R_1}$$

$$U=E_2-R_2I_2,\qquad I_2=\frac{E_2-U}{R_2}$$

$$U=E_3+R_3I_3\,,\ I_3=\frac{-E_3+U}{R_3}$$

$$U=R_4I_4\,,\qquad I_4=\frac{U}{R_4}$$

由以上式子可知，在已知电动势和电阻的情况下，只要先求出节点电压 U，就可计算出各支路电流。

计算节点电压的公式可运用基尔霍夫电流定律得出。在图 2. 5. 1 中，有：

$$I_1+I_2-I_3-I_4=0$$

由以上式子，计算得：

$$\frac{E_1-U}{R_1}+\frac{E_2-U}{R_2}-\frac{-E_3+U}{R_3}-\frac{U}{R_4}=0$$

经整理后即得出节点电压的公式为

$$U=\frac{\dfrac{E_1}{R_1}+\dfrac{E_2}{R_2}+\dfrac{E_3}{R_3}}{\dfrac{1}{R_1}+\dfrac{1}{R_2}+\dfrac{1}{R_3}+\dfrac{1}{R_4}}=\frac{\sum\dfrac{E}{R}}{\sum\dfrac{1}{R}}$$

在式中,分母的各项总为正;分子的各项可以为正,也可以为负。当电动势和节点电压的参考方向相反时取正号,相同时则取负号,而与各支路电流的参考方向无关。

求出节点电压后,即可根据以上结果计算各支路电流,这种计算方法称为节点电压法。

【**例 2. 5. 1**】用节点电压法计算图 2. 5. 2 中的电压 U_{ab},电流 I_1、I_2、I_3。

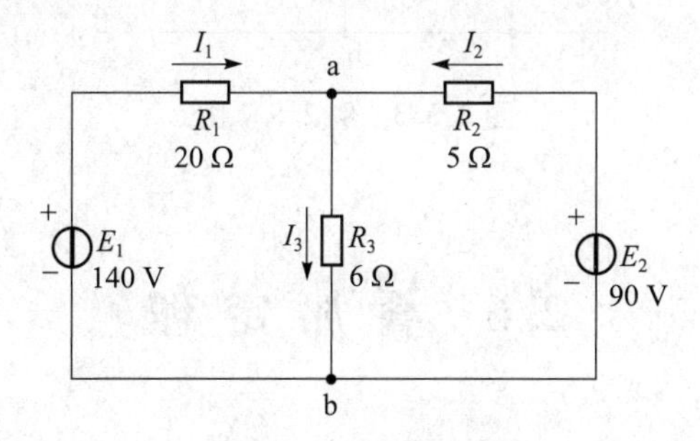

图 2. 5. 2　例 2. 5. 1 图

【**解**】如图 2. 5. 2 所示的电路也只有两个节点 a 和 b,节点电压为

$$U_{ab}=\frac{\dfrac{E_1}{R}+\dfrac{E_2}{R_2}}{\dfrac{1}{R_1}+\dfrac{1}{R_2}+\dfrac{1}{R_3}}=\frac{\dfrac{140}{20}+\dfrac{90}{5}}{\dfrac{1}{20}+\dfrac{1}{5}+\dfrac{1}{6}}\text{V}=60\ \text{V}$$

由此可计算出各支路电流为

$$I_1=\frac{E_1-U_{ab}}{R_1}=\frac{140-60}{20}\text{A}=4\ \text{A}$$

$$I_2=\frac{E_2-U_{ab}}{R_2}=\frac{90-60}{5}\text{A}=6\ \text{A}$$

$$I_3=\frac{U_{ab}}{R_3}=\frac{60}{6}\text{A}=10\ \text{A}$$

【**例 2.5.2**】用节点电压法计算图 2.5.3 的电压 U_{ab}。

【**解**】如图 2.5.3 所示的电路有 2 个节点和 4 条支路，但与前例不同的是，其中一条支路是理想电流源 I_{S1}，故节点电压的公式要改为

$$U_{ab}=\frac{I_{S1}+\dfrac{E_2}{R_2}}{\dfrac{1}{R_1}+\dfrac{1}{R_2}+\dfrac{1}{R_3}}$$

在此，I_{S1}与 U_{ab}的参考方向相反，故取正号；否则，取负号。

将已知数据代入上式，则得

2.5 测试题及答案

$$U_{ab}=\frac{7+\dfrac{90}{5}}{\dfrac{1}{20}+\dfrac{1}{5}+\dfrac{1}{6}}\text{V}=60\ \text{V}$$

图 2.5.3　例 2.5.2 图

2.6　叠 加 定 理

叠加定理是线性电路的一个重要定理，它体现了线性电路的基本性质，为分析和计算复杂电路提供了更加简便的分析方法。

叠加定理的内容是：当线性电路中有几个电源共同作用时，电路中任一支路的电流和电压等于电路中各个独立源单独作用时，在该支路中产生的电流或电压的代数和。所谓某个电源单独作用，是指其他电源不作用，也即电压源的输出电压和电流源的输出电流均为零。在电路图中，不起作用的电压源可用一根导线将“+”“-”两端短路，不起作用的电流源可以用开路代替，它们的内阻均应保留。

应用叠加定理可以将一个复杂的电路化简，然后将这些简单电路的计算结果叠加起来，便可求得原电路中的电压和电流。

在使用叠加定理分析计算电路时应注意以下几点：

（1）叠加定理只能用于计算线性电路（即电路中的元件均为线性元件）的支路电流或电压（不能直接进行功率的叠加计算）；

（2）电压源不作用时应视为短路，电流源不作用时应视为开路；

（3）叠加时要注意电流或电压的参考方向，正确选取各分量的正、负号。

【例 2.6.1】如图 2.6.1（a）所示电路，已知 $E_1=17$ V，$E_2=17$ V，$R_1=2\ \Omega$，$R_2=1\ \Omega$，$R_3=5\ \Omega$，试运用叠加定理求各支路电流 I_1、I_2、I_3。

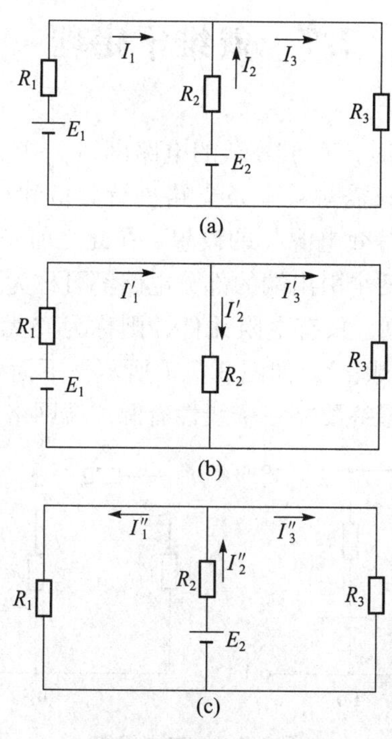

图 2.6.1　例 2.6.1 图

【解】（1）当电源 E_1 单独作用时，将 E_2 视为短路，设

$$R_{23}=R_2/\!/R_3=0.83\ \Omega$$

$$I_1'=\frac{E_1}{R_1+R_{23}}=\frac{17}{2.83}\text{A}=6\ \text{A}$$

则

$$I_2'=\frac{R_3}{R_2+R_3}I_1'=5\ \text{A}$$

$$I_3'=\frac{R_2}{R_2+R_3}I_1'=1\ \text{A}$$

（2）当电源 E_2 单独作用时，将 E_1 视为短路，设

$$R_{13}=R_1/\!/R_3=1.43\ \Omega$$

$$I_2''=\frac{E_2}{R_2+R_{13}}=\frac{17}{2.43}=7\ \text{A}$$

则

$$I_1''=\frac{R_3}{R_1+R_3}I_2''=5\ \text{A}$$

$$I_3''=\frac{R_1}{R_1+R_3}I_2''=2\ \text{A}$$

2.6 测试题及答案

(3) 当电源 E_1、E_2 共同作用时（叠加），若各电流分量与原电路电流参考方向相同时，在电流分量前面选取“+”号，反之，则选取“-”号，则

$I_1 = I_1' - I_1'' = 1\ \text{A}$，　　$I_2 = -I_2' + I_2'' = 1\ \text{A}$，　　$I_3 = I_3' + I_3'' = 3\ \text{A}$

戴维宁定理

2.7 戴维宁定理

在对电路进行分析和计算时，对于复杂的电路网络，并不要求把所有支路的电流全都计算出来，而只需对某一条支路进行分析和计算。为了避免解较多的方程组，提出了“等效电源”的设想。在此之前先了解一下“二端网络”。

在电路分析中，任何具有两个引出端的部分电路都可称为二端网络。如果二端网络内没有电源（包括电压源和电流源），只有电阻元件，则称为“无源二端网络”；如果二端网络内有电源，则称为“有源二端网络”，如图2.7.1所示。下面要讨论的戴维宁定理，就是对有源二端网络的简化，那么，最终要将一个线性有源二端网络简化成什么样的电路呢？

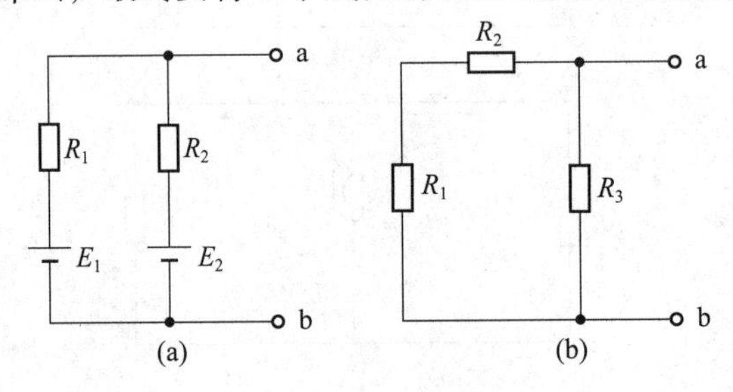

图2.7.1　二端网络

(a) 有源二端网络；(b) 无源二端网络

戴维宁定理如下：任何一个线性有源二端电阻网络，对外电路来说，总可以用一个电压源 E_0 与一个电阻 r_0 相串联的模型来替代。电压源的电动势 E_0 等于该二端网络的开路电压，电阻 r_0 等于该二端网络中所有电源不作用时（即令电压源短路、电流源开路）的等效电阻（叫做该二端网络的等效内阻）。该定理又叫做等效电压源定理。

运用戴维宁定理求某一支路电流和电压的步骤如下：

(1) 把复杂电路分成待求支路和有源二端网络两部分；

(2) 将待求支路移开，求出有源二端网络两端点间的开路电压 U_0；

(3) 把网络内各电压源短路，电流源断路，求无源二端网络两端点间的等效电阻 R_0；

(4) 画出等效电压源的电路图，其电压源的电动势 $E=U_0$，内阻 $r_0=R_0$，然后与待求支路接通，形成与原电路等效的简化电路，再运用欧姆定律或基尔霍夫定律求支路的电流或电压。

【例2.7.1】 如图2.7.2所示电路，已知 $E_1 = 7\ \text{V}$，$E_2 = 6.2\ \text{V}$，$R_1 = R_2 = 0.2\ \Omega$，$R = 3.2\ \Omega$，试运用戴维宁定理求电阻 R 中的电流 I。

【解】 (1) 将 R 所在支路开路去掉，如图2.7.3所示，求开路电压 U_{ab}。

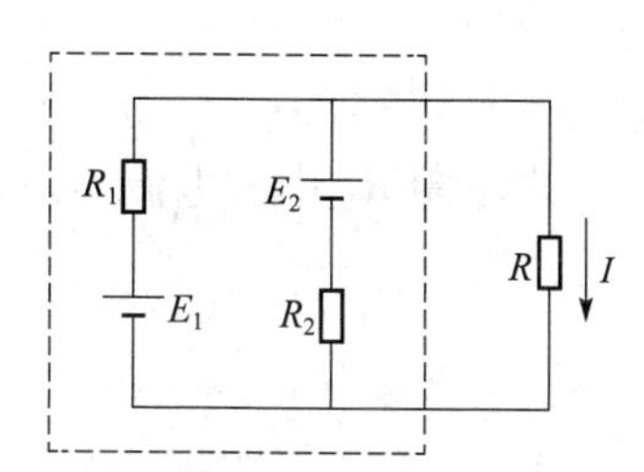

图 2.7.2　例 2.7.1 的电路

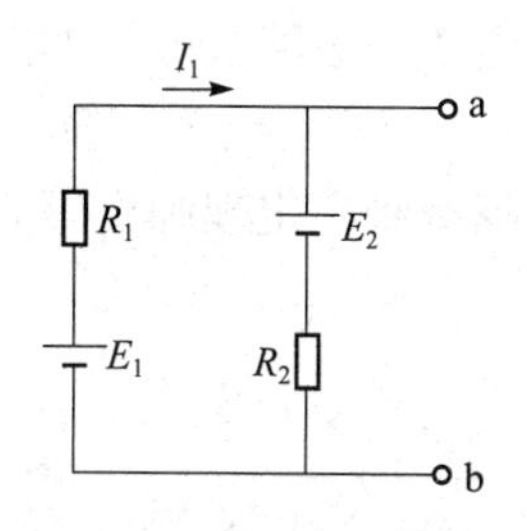

图 2.7.3　求开路电压 U_{ab}

$$I_1=\frac{E_1-E_2}{R_1+R_2}=\frac{0.8}{0.4}\text{A}=2\ \text{A},$$

$$U_{ab}=E_2+R_2I_1=(6.2+0.4)\text{V}=6.6\ \text{V}=E_0$$

（2）将电压源短路去掉，如图 2.7.4 所示，求等效电阻 R_{ab}。

$$R_{ab}=R_1/\!/R_2=0.1\ \Omega=r_0$$

（3）画出戴维宁等效电路，如图 2.7.5 所示，求电阻 R 中的电流 I。

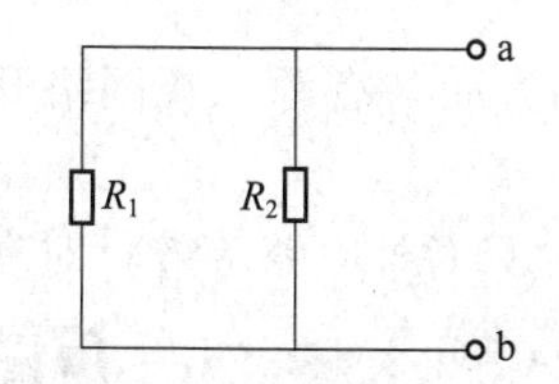

图 2.7.4　求等效电阻 R_{ab}

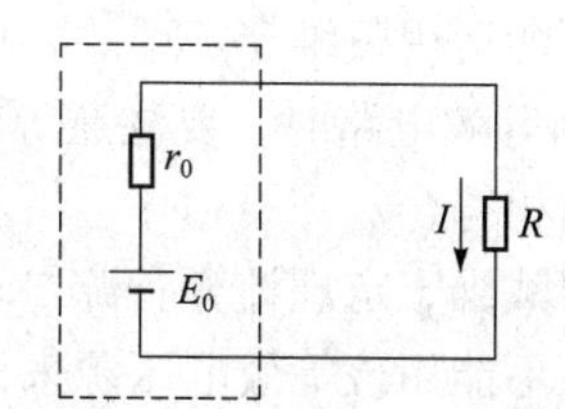

图 2.7.5　求电阻 R 中的电流 I

$$I=\frac{E_0}{r_0+R}=\frac{6.6}{3.3}\text{A}=2\ \text{A}$$

【例 2.7.2】 如图 2.7.6 所示的电路，已知 $E=8$ V，$R_1=3\ \Omega$，$R_2=5\ \Omega$，$R_3=R_4=4\ \Omega$，$R_5=0.125\ \Omega$，试运用戴维宁定理求电阻 R_5 中的电流 I_5。

【解】（1）将 R_5 所在支路开路去掉，如图 2.7.7 所示，求开路电压 U_{ab}。

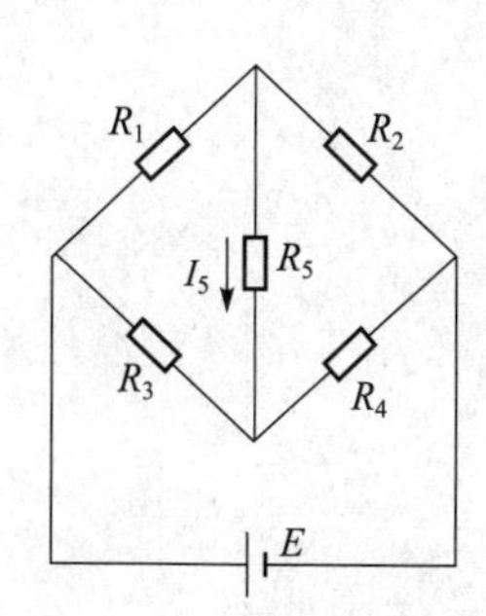

图 2.7.6　例 2.7.2 的电路

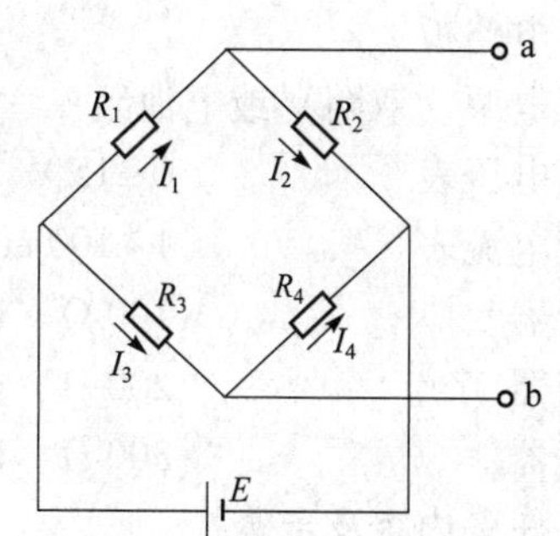

图 2.7.7　求开路电压 U_{ab}

$$I_1=I_2=\frac{E}{R_1+R_2}=1\ \text{A}\qquad I_3=I_4=\frac{E}{R_3+R_4}=1\ \text{A}$$

$$U_{ab}=R_2I_2-R_4I_4=(5-4)\text{V}=1\ \text{V}=E_0$$

(2) 将电压源短路去掉，如图 2.7.8 所示，求等效电阻 R_{ab}。

$$R_{ab}=(R_1/\!/R_2)+(R_3/\!/R_4)=(1.875+2)\ \Omega=3.875\ \Omega=r_0$$

(3) 根据戴维宁定理画出等效电路，如图 2.7.9 所示，求电阻 R_5 中的电流 I_5。

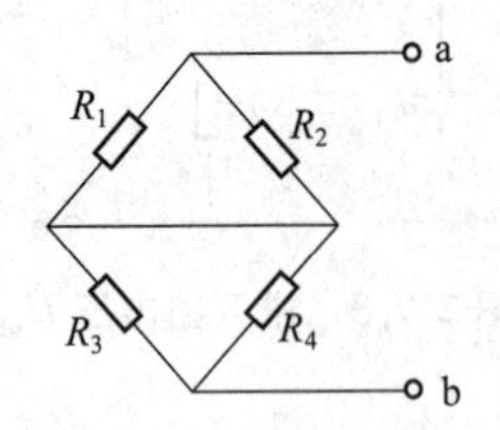

图 2.7.8　求等效电阻 R_{ab}

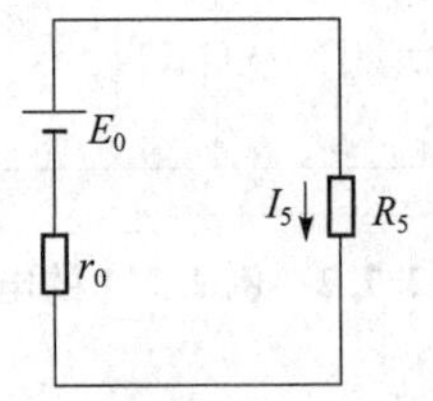

图 2.7.9　求电阻 R_5 中的电流

$$I_5=\frac{E_0}{r_0+R_5}=\frac{1}{4}\text{A}=0.25\ \text{A}$$

运用戴维宁定理时还应注意以下几点：

(1) 戴维宁定理只适用于有源二端网络为线性的电路，若有源二端网络中含有非线性电阻时，不能运用戴维宁定理。

(2) 画等效电路时，要注意等效电压源的电动势 E 的方向与有源二端网络开路时的端电压的方向相符合。

(3) 用戴维宁定理计算有源二端网络的等效电压源时，只对外电路等效。对有源二端网络来说绝对不能用该等效电压源来计算原电路中各支路的电流。

2.7 测试题及答案

2.8　任务训练——基尔霍夫定律验证

一、任务目的

验证基尔霍夫定律的正确性，加深对基尔霍夫定律的理解。

二、任务设备、仪器

任务电路板　　1 块

稳压电源（双路）或电池组　　1 台

直流电压表　0~15 V　1 只

直流电流表　1~100 mA　1 只

电阻器　100 Ω、1/4 W　1 只

电阻器　200 Ω、1/4 W　1 只

电阻器　300 Ω、1/4 W　1 只

三、任务内容及步骤

1. 在实验板上按照图 2.8.1 接好电路，电源 E_1、E_2 按表 2.8.1 要求调整。

2. 检查电路连接无误后，打开稳压电源开关，观察电流表有无异常现象。若发现电流表指针反转，应立即切断电源，调换电流表的极性后重新接通。

3. 分别读出三个电流表数值 I_1、I_2、I_3，记入表 2.8.1。

4. 用电压表分别测量三个电阻上的电压 U_{AB}、U_{BD}、U_{CB}，记入表 2.8.1 中。

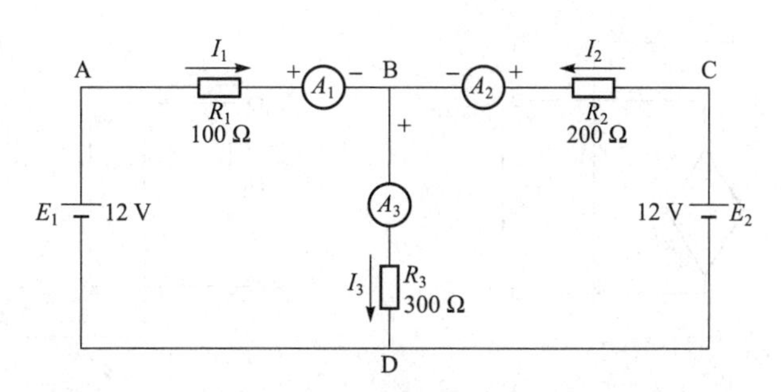

图 2.8.1　验证基尔霍夫定律的电路

5. 按表 2.8.1 中 E_1、E_2 的数值重复测量，并将测量数据记入表 2.8.1 中。

表 2.8.1　验证基尔霍夫定律任务表

E_1/V	E_2/V	I_1/mA	I_2/mA	I_3/mA	U_{AB}/V	U_{BD}/V	U_{CB}/V
12	12						
9	12						
12	10						

四、注意事项

在测量过程中，要特别注意电流的方向和电压的极性，如遇表针反转，应立即切断电源，调换电流表的极性（及时交换表笔的位置）后重新通电。

五、任务报告

1. 根据图 2.8.1 先计算各支路电流 I_1、I_2、I_3，与电流表读数比较，核对节点 B 是否满足 $\Sigma I_{入}=\Sigma I_{出}$，验证基尔霍夫第一定律的正确性。

2. 根据回路电压定律，对回路 BADB 和回路 BCDB 进行计算，并与测量值比较，验证基尔霍夫第一定律的正确性，即 $\Sigma IR=\Sigma E$。

3. 上述验证中若有误差，试分析误差产生的原因。

受控电源电路分析

电压源和电流源，都是独立电源。所谓独立电源，就是电压源的电压或电流源的电流不受外电路的控制而独立存在。此外，在电子电路中还将会遇到另一种类型的电源。电压源的电压和电流源的电流，是受电路中其他部分的电流或电压控制的，这种电源称为受控电源。当控制的电压或电流等于零时，受控电源的电压或电流也将为零。

根据受控电源是电压源还是电流源，以及受电压控制还是受电流控制，受控电源可分为电压控制电压源（VCVS）、电流控制电压源（CCVS）、电压控制电流源（VCCS）和电流控制电流源（CCCS）四种类型。四种理想受控电源的模型如图 2.9.1 所示。

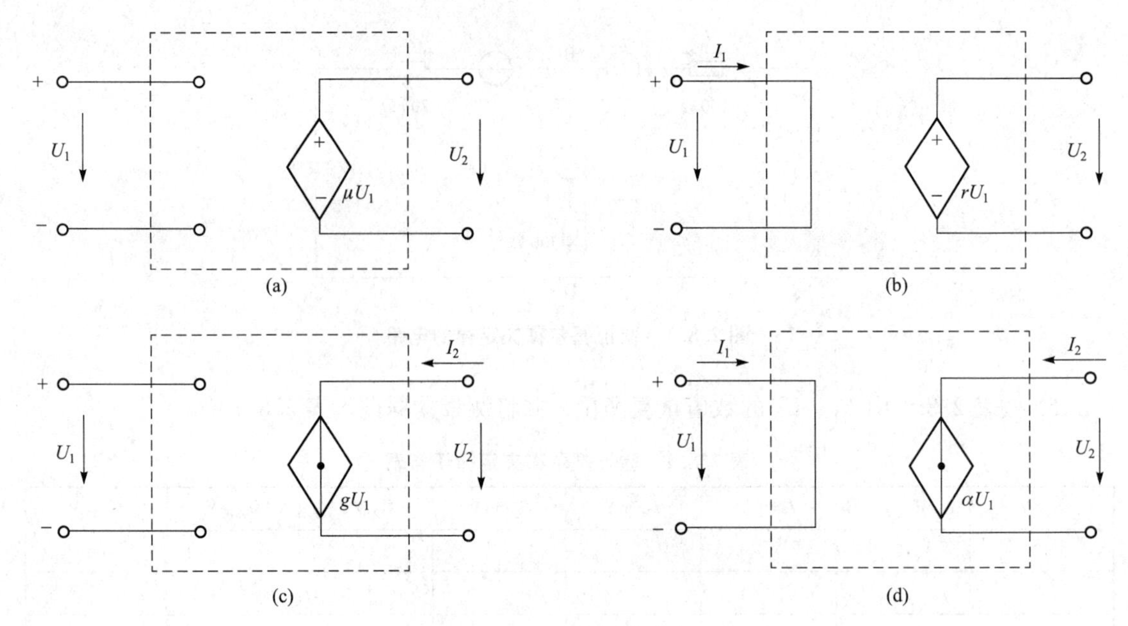

图 2.9.1 四种受控源的等效电路

所谓理想受控电源，就是其控制端（输入端）和受控端（输出端）都是理想的。在控制端，对电压控制的受控电源，其输入端的电阻为无穷大（$I_1=0$）；对电流控制的受控电源，其输入端电阻为零（$U_1=0$）。这样，控制端消耗的功率为零。在受控端，对受控电压源，其输出端电阻为零，输出电压恒定；对受控电流源，其输出端电阻为无穷大，输出电流恒定。这点和理想独立电压源、电流源相同。

如果受控电源的电压或电流和控制它们的电压或电流之间有正比关系，则这种控制作用是线性的，如图 2.9.1 所示的系数 μ、r、g 及 α 都是常数。这里 μ 和 α 是没有量纲的纯数，r 具有电阻的量纲，g 具有电导的量纲。在电路图中，受控电源用菱形表示，以便与独立电源的原形符号相区别。

先导案例解决

由于电路中并联的用电器越多，并联部分的电阻就越小，在总电压不变的条件下，电路中的总电流就越大，因此，输电线上的电压降就越大。这样，加在用电器上的电压就越小，每个用电器消耗的功率也越小。人们在晚上七八点钟开灯时，由于此时使用照明灯的用户较多，灯光就比深夜时暗些。

生产学习经验

1. 在进行电路分析过程中，要求熟练掌握欧姆定律和基尔霍夫定律；

2. 掌握电路的各种分析方法，对学习后面的正弦交流电路会有很大的帮助。通过对电路的工作原理的分析，力图在获取具体知识的同时，得到思维的启迪。深刻理解“电路等效”的概念，清楚电路等效变换的条件，熟练掌握电路“等效”的方法，以便于掌握 Y-Δ

等效变换的公式，利于三相电路的理解。

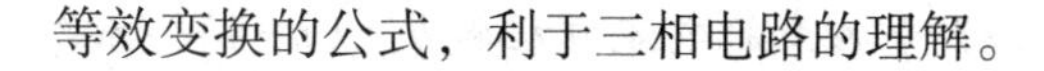

本章小结

本章学习了分析和计算复杂直流电路的基本方法，内容包括以下几方面。

1. 电阻的串联

（1）等效电阻　　$R=R_1+R_2+\cdots+R_n$

（2）分压关系　　$\frac{U_1}{R_1}=\frac{U_2}{R_2}=\cdots=\frac{U_n}{R_n}=\frac{U}{R}=I$

（3）功率分配　　$\frac{P_1}{R_1}=\frac{P_2}{R_2}=\cdots=\frac{P_n}{R_n}=\frac{P}{R}=I^2$

2. 电阻的并联

（1）等效电导　　$G=G_1+G_2+\cdots+G_n$　即　$\frac{1}{R}=\frac{1}{R_1}+\frac{1}{R_2}+\cdots+\frac{1}{R_n}$

（2）分流关系　　$R_1I_1=R_2I_2=\cdots=R_nI_n=RI=U$

（3）功率分配　　$R_1P_1=R_2P_2=\cdots=R_nP_n=RP=U^2$

3. 两种实际电源模型的等效变换

实际电源可用一个理想电压源 E 和一个电阻 r_0 串联的电路模型表示，也可用一个理想电流源 I_S 和一个电阻 r_S 并联的电路模型表示，对外电路来说，二者是等效的，等效变换条件是

$$r_0=r_S,\quad E=r_SI_S\quad 或\quad I_S=E/r_0$$

4. 基尔霍夫定律

1）电流定律

电流定律的第一种表述：在任何时刻，电路中流入任一节点中的电流之和，恒等于从该节点流出的电流之和，即 $\sum I_{流入}=\sum I_{流出}$。

电流定律的第二种表述：在任何时刻，电路中任一节点上的各支路电流代数和恒等于零，即 $\sum I=0$。

在使用电流定律时，必须注意：

（1）对于含有 n 个节点的电路，只能列出 $n-1$ 个独立的电流方程。

（2）列节点电流方程时，只需考虑电流的参考方向，然后再代入电流的数值。

2）电压定律

在任何时刻，沿着电路中的任一回路绕行方向，回路中各段电压的代数和恒等于零，即 $\sum U=0$。

对于电阻电路来说，任何时刻，在任一闭合回路中，各段电阻上的电压降代数和等于各电源电动势的代数和，即 $\sum RI=\sum E$。

5. 支路电流法

以各支路电流为未知量，运用基尔霍夫定律列出节点电流方程和回路电压方程，解出各支路电流，从而可确定各支路（或各元件）的电压及功率，这种解决电路问题的方法叫做支路电流法。

对于具有 b 条支路、n 个节点的电路，可列出 $n-1$ 个独立的电流方程和 $b-(n-1)$ 个独立的电压方程。

6. 节点电压法

求出节点电压后，即可根据以上结果计算各支路电流，这种计算方法就称为节点电压法。

7. 叠加定理

当线性电路中有几个电源共同作用时，各支路的电流（或电压）等于各个电源分别单独作用时在该支路产生的电流（或电压）的代数和（叠加）。

8. 戴维宁定理

任何一个线性有源二端电阻网络，对外电路来说，总可以用一个电压源 E_0 与一个电阻 r_0 相串联的模型来替代。

电压源的电动势 E_0 等于该二端网络的开路电压，电阻 r_0 等于该二端网络中所有电源不作用时（即令电压源短路、电流源开路）的等效电阻。

9. 非线性电阻电路的分析

如果电阻两端的电压与通过的电流成正比，则说明电阻是一个常数，不随电压或电流而变化，这种电阻称为线性电阻。线性电阻的电压与电流的关系遵循欧姆定律。如果电阻不是常数，而是随着电压或电流变化，那么，这种电阻就称为非线性电阻。非线性电阻两端的电压与电流的关系不遵循欧姆定律，一般不能用数学式表示。

习　题

一、填空题

1. 如图 2.01 所示电路，B、C 间的等效电阻 $R_{BC}=$________，A、C 间的等效电 $R_{AC}=$________，若在 A、C 间加 10 V 的电压时，则图中电流 $I=$________ A。

2. 有两个电阻 R_1 和 R_2，已知 $R_1:R_2=1:3$，若它们在电路中串联，则两电阻上的电压之比 $U_1:U_2=$________；两电阻中的电流之比 $I_1:I_2=$________。若它们在电路中并联，则两电阻上的电压之比 $U_1:U_2=$________；两电阻中的电流之比 $I_1:I_2=$________。

3. 把一只 110 V/9 W 的指示灯接在 380 V 的电源上，应串联________ Ω 的电阻，串接电阻的功率为________ W。

4. 如图 2.02（a）为电流源模型，试在如图 2.02（b）所示等效的电压源上标出电压源的正负极性，则 $U_S=$________ V，$R=$________ Ω。

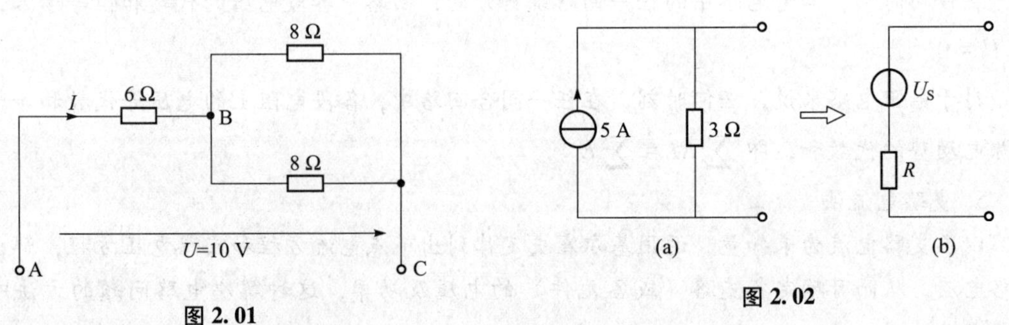

图 2.01　　图 2.02

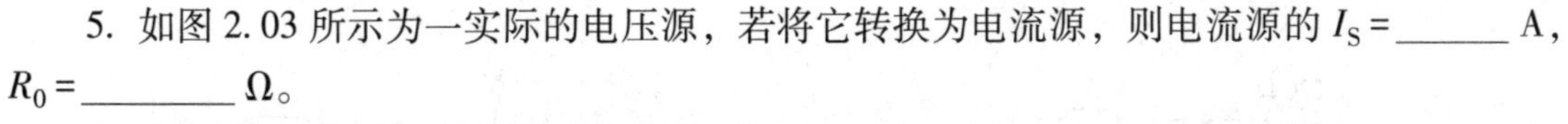

5. 如图 2.03 所示为一实际的电压源，若将它转换为电流源，则电流源的 I_S =______ A，R_0 =________ Ω。

6. 在如图 2.04 所示的电路中，已知 $I_1 = 1$ A，$I_2 = 3$ A，$I_5 = 4.5$ A，则 I_3 =______ A，I_4 =________ A，则 I_6 =________ A。

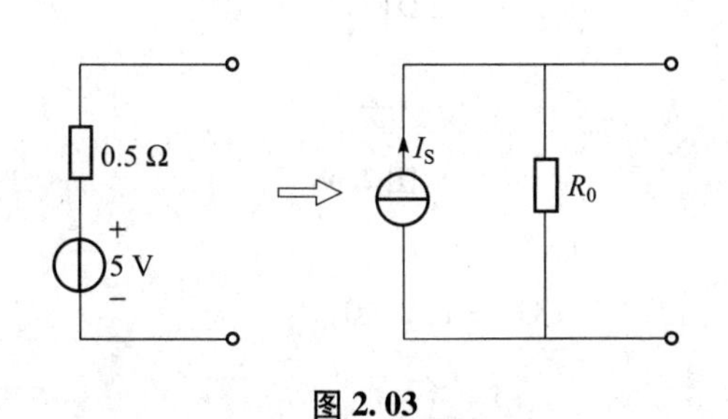

图 2.03

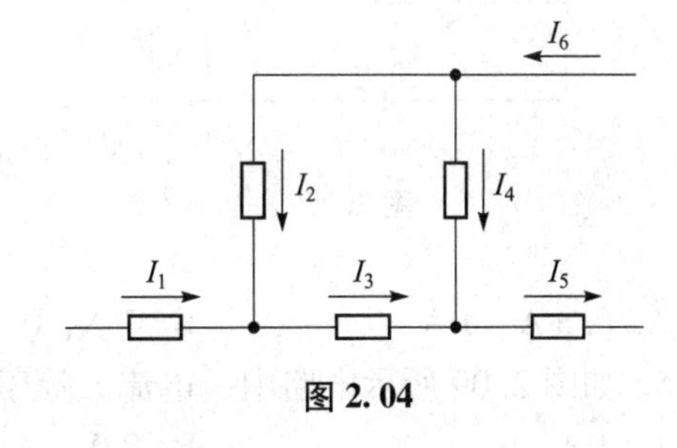

图 2.04

7. 基尔霍夫电压定律的数学表达式为____________________，如图 2.05 所示电路，U_{ab} =______________。

8. 叠加定理只适用于____________电路，对____________电路则不成立。

9. 运用戴维宁定理就能把任一个含源两端网络简化为____________________来代替，这个电源的电动势等于____________________，其等效内阻等于____________________。

10. 已知电路如图 2.06 所示，电路中的电流 I=________ A，电压 U=________ V。

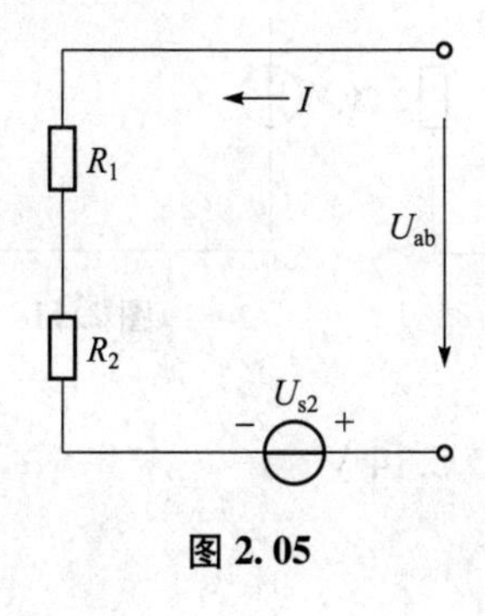

图 2.05

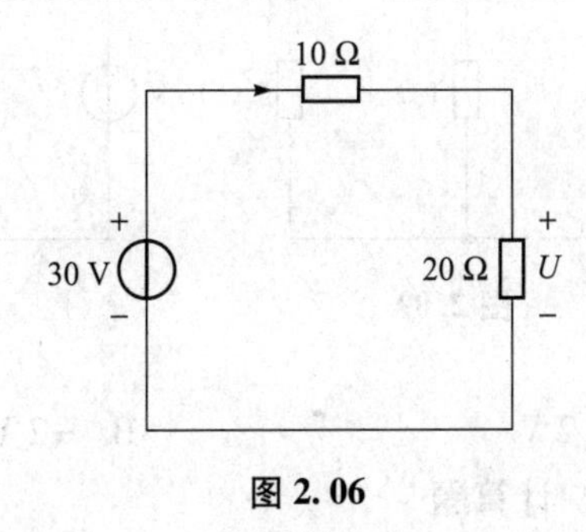

图 2.06

二、选择题

1. 标明“100 Ω/4 W”和“100 Ω/25 W”的两个电阻串联时，允许加的最大电压是(　　)。

A. 40 V　　　　B. 100 V　　　　C. 140 V

2. 如图 2.07 中所示，开关 S 闭合与打开时，电阻 R 上电流之比为 3 : 1，则 R 的阻值为(　　)。

A. 120 Ω　　　　B. 60 Ω　　　　C. 40 Ω

3. 已知 $R_1>R_2>R_3$，若将此三只电阻并联接在电压为 U 的电源上，获得最大功率的电阻将是(　　)。

A. R_1　　　　B. R_2　　　　C. R_3

4. 电路如图 2.08 所示，I_1、I_2各为(　　)。

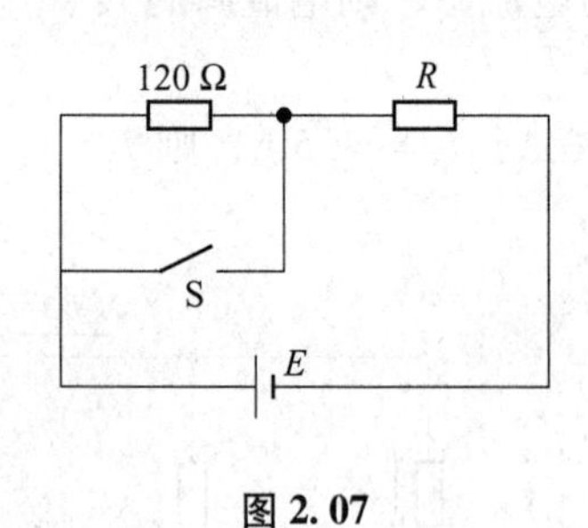

图 2. 07

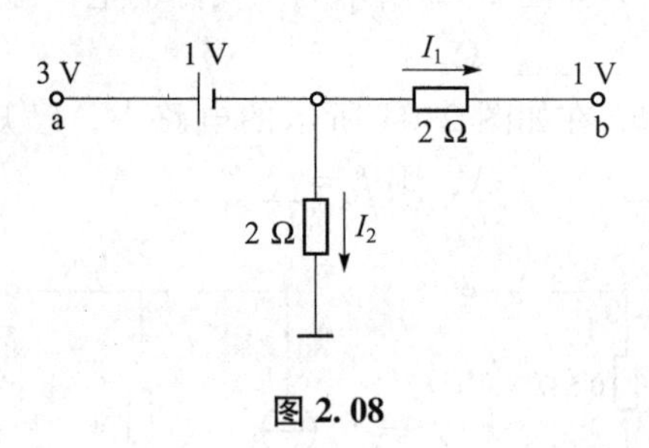

图 2. 08

A. 0.5 A、1 A　　　　B. 1 A、0　　　　C. −1 A、0

5. 如图 2. 09 所示电路中，电流 I_S 等于（　　）。

A. 1 A　　　　B. 2 A　　　　C. 3 A

6. 如图 2. 10 所示电路中，电流 I 等于（　　）。

A. 2 A　　　　B. −2 A　　　　C. 1.5 A

7. 如图 2. 11 所示电路中，电压 U 等于（　　）。

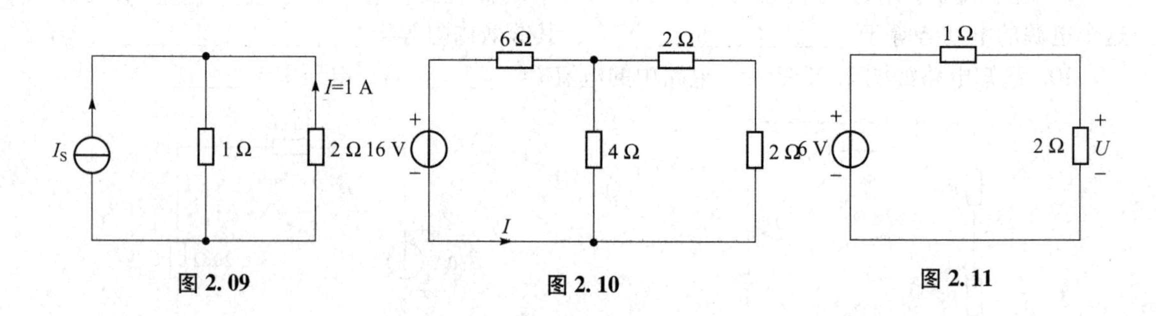

图 2. 09　　　　图 2. 10　　　　图 2. 11

A. 2 V　　　　B. −2 V　　　　C. 4 V

三、计算题

1. 求如图 2. 12 所示各电路的等效电阻。

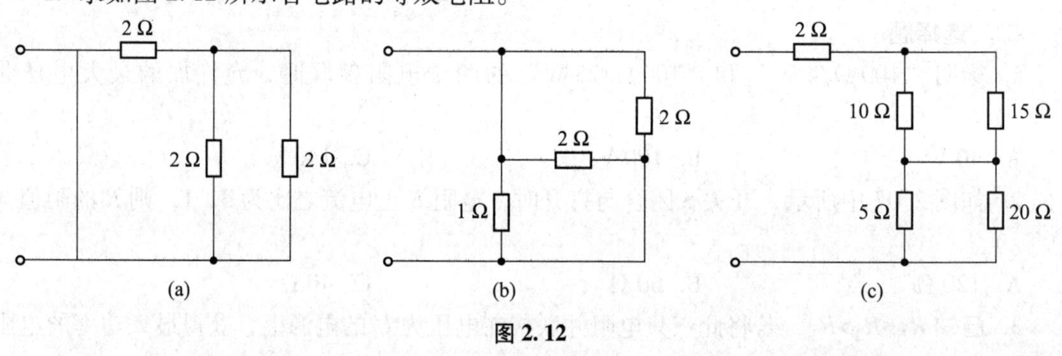

图 2. 12

2. 在图 2. 13 中，已知 E=220 V，R_1= 20 Ω，R_2= 50 Ω，R_3= 30 Ω。求：（1）开关 S 打开时电路中的电流及 R_2 电阻上的电压。（2）开关 S 合上后，各电压是增大还是减小，为什么？

3. 如图 2.14 所示，已知 $E_1=60\ \text{V}$，$E_2=10\ \text{V}$，$r_1=2\ \Omega$，$r_2=2\ \Omega$，$R=5\ \Omega$，试用支路电流法求各支路电流。

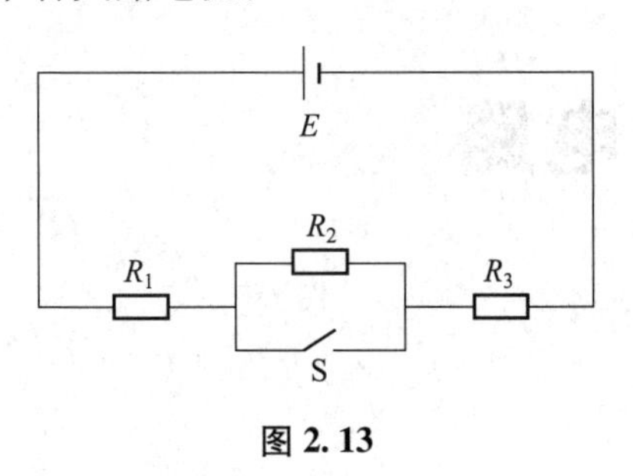

图 2.13

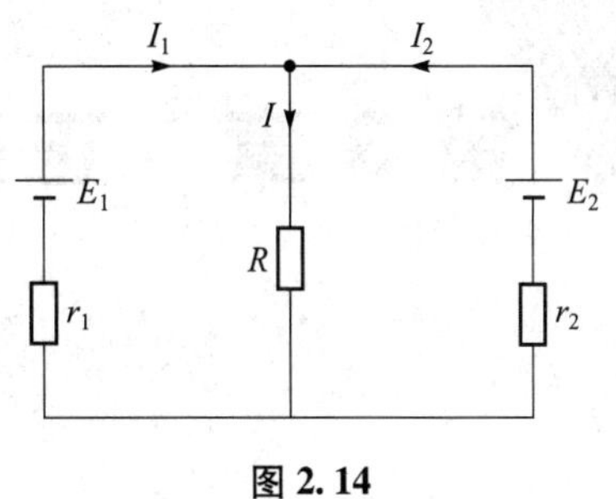

图 2.14

4. 在如图 2.15 所示的电路中，已知 $U_S=4\ \text{V}$，$I_S=8\ \text{A}$，$R_1=2\ \Omega$，$R_2=2\ \Omega$，求电流 I 和 R_2 上的电压。

5. 电路如图 2.16 所示，已知 $E_1=54\ \text{V}$，$E_2=27\ \text{V}$，$R_1=1\ \Omega$，$R_2=3\ \Omega$，$R_3=6\ \Omega$，用叠加定理求各支路电流。

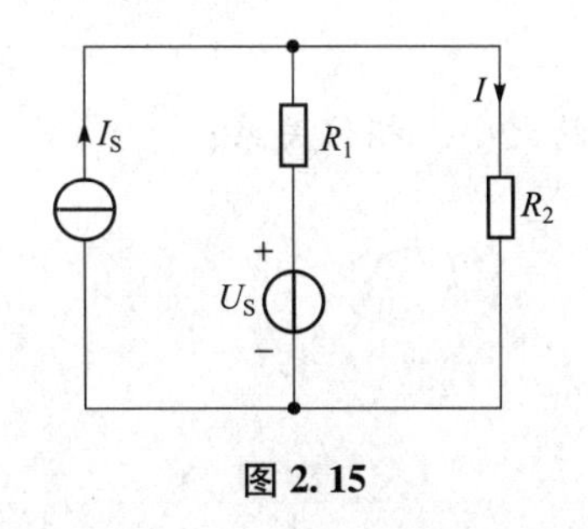

图 2.15

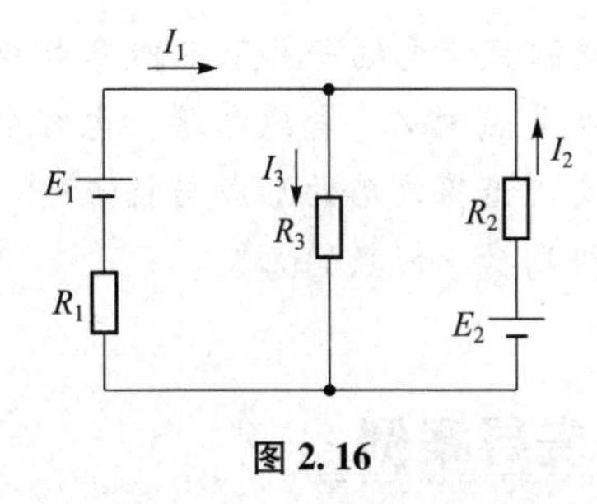

图 2.16

6. 在如图 2.17 所示电路中，求：(1) 当开关 S 打在位置 1 时，电流表读数；(2) 当开关在位置 2 时，电流表读数。

7. 已知 $U=5\ \text{V}$，应用戴维宁定理计算如图 2.18 所示电路中电阻 R 的阻值。

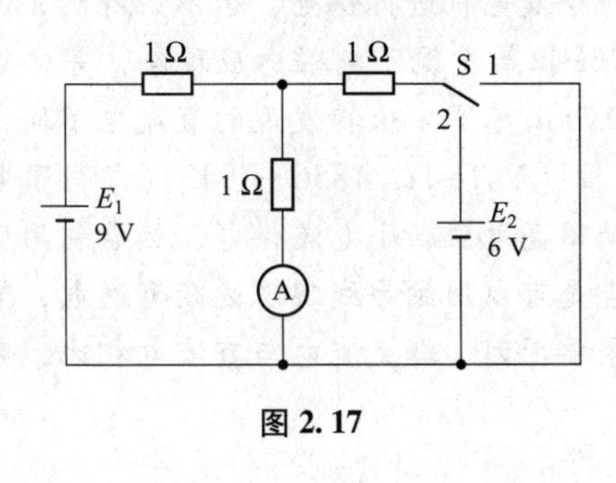

图 2.17

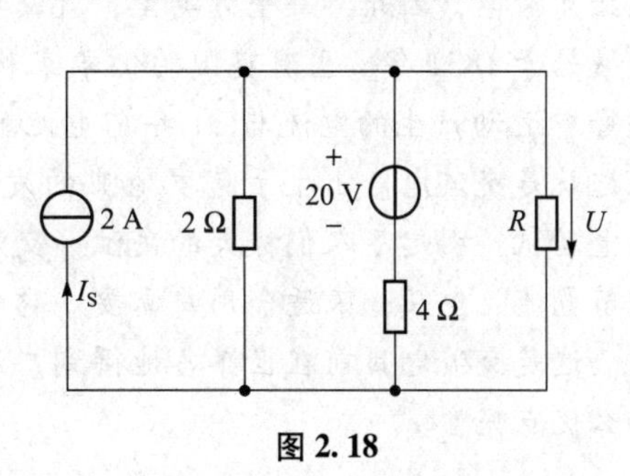

图 2.18

第3章　正弦交流电路

本章知识点

1. 正弦交流电的一些基本概念和物理量；
2. 纯电阻电路、电感电路、电容电路的电压与电流的大小、相位关系；
3. 交流谐振电路的形成与特点；
4. 提高功率因数的意义。

先导案例

19世纪末，在爱迪生（T. A. Edison，1847—1931）的推动下，直流电已经有了相当广泛的应用。但是在使用过程中，直流电存在缺点。为了减小电阻需要花费大量的铜线，不能作远距离输电，因此，每平方英里，就需要单独建一个发电机进行供电，很不经济。交流电的发展始于1831年。当时英国的化学家和物理学家法拉第发现了电磁感应现象，导体线圈在磁场中运动产生的电流与31年前电池的发明者亚历山德罗·伏特发现的直流电不同，实际上这就是交流电。出生于克罗地亚的发明家特斯拉（N. Tesla，1856—1943）发明了电磁感应电动机，引起了人们极大的关注。交流电系统使用高电压、小电流供电，然后利用变压器调节电流、电压，来适合用户需要。它的突出优点是可以用细导线实现远距离送电，节省材料。这是交流电目前在世界各地得到广泛应用的主要原因。那交流电与直流电相比，究竟有什么优点呢？

在现代工、农业生产和人们的日常生活中，除了一些特定的场合要用直流电以外，绝大多数场合用的是交流电。交流电与直流电相比有如下优点：交流电能利用变压器方便地改变电压，便于输送、分配和使用；在功率相同的情况下，交流电动机无论是在结构、成本还是在维护上都要优于直流电动机；交流电还能方便地通过整流装置转换成所需的直流电。

3.1 测试题及答案

3.1　正弦电压与电流

正弦电压电流

3.1.1　交流电的概念

首先认识图 3.1.1 中几种常见的波形。

图 3.1.1（a）中，电压和电流的大小、方向不随时间变化，称之为直流电压或电流。

图 3.1.1（b）、图 3.1.1（c）图中，电压和电流的大小、方向随时间呈周期性变化，称之为交流电压或电流，简称交流电。

随时间按正弦规律变化的交流电叫做正弦交流电，其波形如图 3.1.1（c）所示。随时间不按正弦规律变化的交流电，统称为非正弦交流电，如图 3.1.1（b）所示为方波交流。

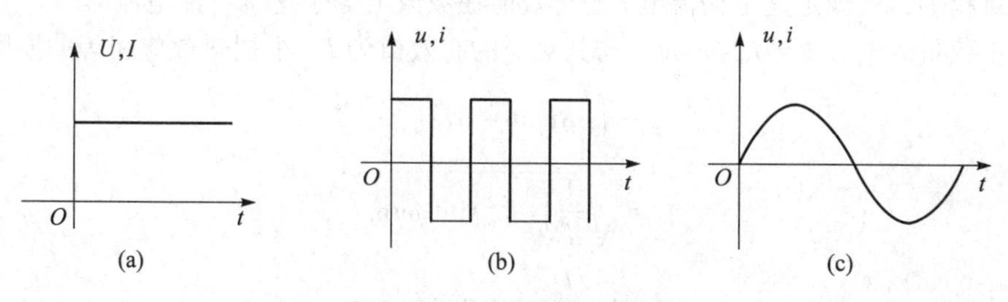

图 3.1.1　几种常见的波形

（a）直流电；（b）方波；（c）正弦波

正弦交流电流、电压、电动势，在某一时刻 t 的瞬时值可用三角函数式（解析式）来表示，即

$$\begin{aligned} i &= I_{\mathrm{m}}\sin(\omega t+\varphi) \\ u &= U_{\mathrm{m}}\sin(\omega t+\varphi) \\ e &= E_{\mathrm{m}}\sin(\omega t+\varphi) \end{aligned} \tag{3.1.1}$$

3.1.2　正弦交流电的基本物理量

1. 周期与频率

1）周期

正弦交流电完成一次循环所用的时间叫做周期，用字母 T 表示，单位为秒（s）。较小的单位还有 ms、μs 等。显然正弦交流电流或电压相邻的两个最大值（或相邻的两个最小值）之间的时间间隔即为周期，如图 3.1.2 所示，由三角函数知识可知

$$T=\frac{2\pi}{\omega} \tag{3.1.2}$$

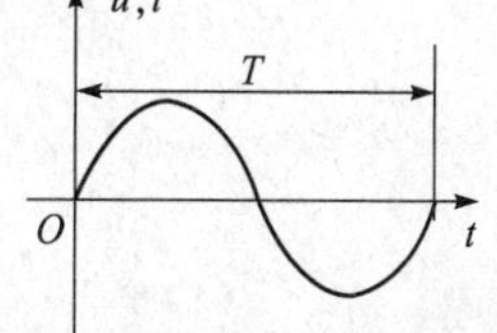

图 3.1.2　交流电的周期

2）频率和角频率

交流电周期的倒数叫做频率，用 f 表示，即

$$f=\frac{1}{T} \qquad Tf=1 \tag{3.1.3}$$

它表示正弦交流电在单位时间内作周期性循环变化的次数，即表征交流电交替变化的速率（快慢）。频率的国际单位是赫兹（Hz）。较大的单位还有 kHz、MHz、GHz 等。

角频率：交流电在 1 s 内变化的电角度。角频率的单位是 rad/s。角频率与频率之间的关系为

$$\omega=\frac{\alpha}{t}=\frac{2\pi}{T}=2\pi f \tag{3.1.4}$$

2. 幅值与有效值

正弦交流电在某一瞬间的值称为瞬间值，用小写字母表示，如 i、u、e。正弦交流电在交变过程中的最大瞬时值，称为幅值。用大写字母和下标 m 组成，如 I_m、U_m、E_m。

在电工技术中，有时并不需要知道交流电的瞬时值，而只需知道一个能表征其大小的特定值——有效值。其值的确定是根据交流电流和直流电流热效应相等的原则来规定的。具体描述如下：设正弦交流电流 i 和直流电流 I 分别通过阻值相同的电阻 R，在相同的时间 T 内，产生的热量相等，就规定这个交流电 i 的有效值在数值上等于这个直流电流 I。

设一正弦量的电流 $i=I_m\sin\omega t$，与其对应的有效值为 I，根据热效应相等的原则有

$$\int_0^T Ri^2\mathrm{d}t=RI^2T \tag{3.1.5}$$

$$I=\sqrt{\frac{1}{T}\int_0^T I_m^2\sin^2\omega t\mathrm{d}t} \tag{3.1.6}$$

$$I=\frac{I_m}{\sqrt{2}}=0.707I_m \tag{3.1.7}$$

由式（3.1.7）可知，正弦交流电流的有效值 I 等于其振幅（最大值）I_m 的 0.707 倍。

正弦交流电压的有效值为

$$U=\frac{U_m}{\sqrt{2}}=0.707U_m \tag{3.1.8}$$

正弦交流电动势的有效值为

$$E=\frac{E_m}{\sqrt{2}}=0.707E_m \tag{3.1.9}$$

【**例 3.1.1**】已知正弦交流电动势为 $e=311\sin 314t$ V。试求该电动势 e 的最大值、有效值、频率、角频率和周期各为多少？

【**解**】根据公式 $e=E_m\sin\omega t$ 可得

$$E_m=311\ \text{V}$$

$$E=0.707E_m=220\ \text{V}$$

$$f=\frac{\omega}{2\pi}=\frac{314}{2\times3.14}\text{Hz}=50\ \text{Hz}$$

$$\omega=314\ \text{rad/s}$$

$$T=\frac{1}{f}=\frac{1}{50}\text{s}=0.02\ \text{s}$$

我国工业和民用交流电源电压的有效值为 220 V，频率为 50 Hz，因而通常将这一交流

电压简称为工频电压，频率称为工频。

【例 3.1.2】已知正弦交流电流 $i=2\sin(\omega t-30^\circ)$ A，电路中的电阻 $R=10\ \Omega$，试求电流的有效值和电阻消耗的功率。

【解】电流有效值　　$I=0.707I_m=2\times0.707\ \text{A}=1.414\ \text{A}$

电阻消耗的功率　　$P=I^2R=20\ \text{W}$

3. 相位和相位差

正弦量是随时间而变化的，要确定一个正弦量还需知道计时起点（$t=0$）。所取的计时起点不同，正弦量的初始值（$t=0$ 时的值）就不同，到达幅值或某一特定值所需的时间也就不同。正弦量的一般表示形式为

$$i=I_m\sin(\omega t+\psi) \tag{3.1.10}$$

式（3.1.10）中的 $\omega t+\psi$ 称为正弦量的相位角或相位，它反映出正弦量变化的进程。当 $t=0$ 时的相位角称为初相位角或初相位，用 ψ 表示。两个同频率正弦量的相位角之差或初相位角之差，称为相位角差或相位差，用 φ 表示（φ 与时间 t 无关）。

本章只涉及两个同频率正弦量的相位差。设第一个正弦量的初相为 ψ_1，第二个正弦量的初相为 ψ_2，则这两个正弦量的相位差为

$$\varphi=\psi_1-\psi_2 \tag{3.1.11}$$

并规定

$$|\varphi|\leqslant180^\circ \quad 或 \quad |\varphi|\leqslant\pi$$

在讨论两个正弦量的相位关系时：

（1）当 $\varphi>0$ 时，称第一个正弦量比第二个正弦量的相位越前（或超前）φ；

（2）当 $\varphi<0$ 时，称第一个正弦量比第二个正弦量的相位滞后（或落后）$|\varphi|$；

（3）当 $\varphi=0$ 时，称第一个正弦量与第二个正弦量同相，如图 3.1.3（a）所示；

（4）当 $\varphi=\pm\pi$ 或 $\pm180^\circ$ 时，称第一个正弦量与第二个正弦量反相，如图 3.1.3（b）所示；

（5）当 $\varphi=\pm\frac{\pi}{2}$ 或 $\pm90^\circ$ 时，称第一个正弦量与第二个正弦量正交，如图 3.1.3（c）所示。

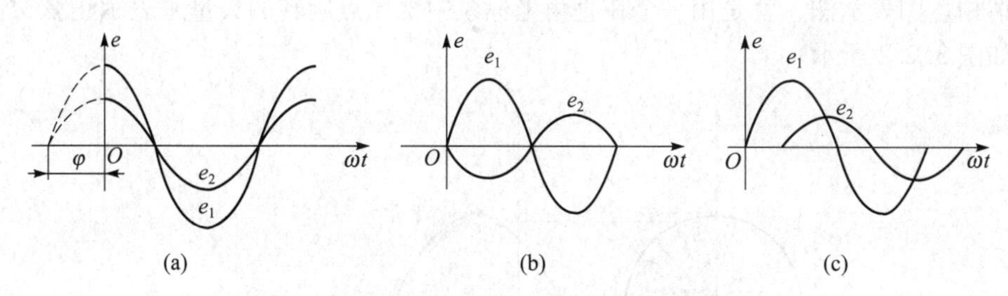

图 3.1.3　相位关系为同相、反相及正交的波形图

【例 3.1.3】已知 $u=311\sin(314t-30^\circ)$ V，$i=5\sin(314t+60^\circ)$ A，求 u 与 i 的相位差？

【解】$\varphi=(-30^\circ)-(+60^\circ)=-90^\circ$，故 u 比 i 滞后 90°，即 i 比 u 超前 90°。

3.2 交流电的表示方法

3.2.1 解析式表示法

解析法就是以三角函数的形式来表示正弦交流电的三要素，也称瞬时表达式。如

$$\begin{aligned} i &= I_m \sin(\omega t+\psi) \\ u &= U_m \sin(\omega t+\psi) \\ e &= E_m \sin(\omega t+\psi) \end{aligned} \tag{3.2.1}$$

【例 3.2.1】已知某正弦交流电电流的有效值是 2 A，频率为 50 Hz，设初相位为 60°，求该电流的瞬时表达式。

【解】$i=I_m\sin(\omega t+\psi)=2\sqrt{2}\sin(2\pi f\,t+60°)\,\text{A}=2\sqrt{2}\sin(314t+60°)\,\text{A}$

3.2.2 波形图表示法

图 3.2.1 给出了不同初相角的正弦交流电的波形图。

从图中可以看出：（a）图的初相角 $\psi=0$；（b）图的初相角 $\psi=\varphi_0$（$\varphi_0>0$）；（c）图的初相角 $\psi=\varphi_0$（$\varphi_0<0$）；（d）图的初相角 $\psi=\pm\pi$。

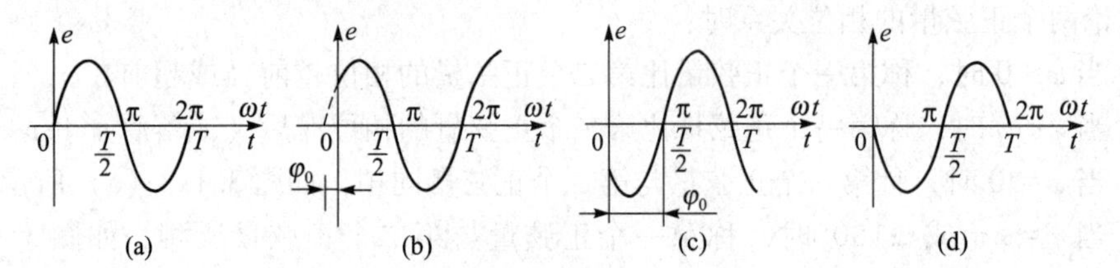

图 3.2.1 正弦交流电的波形图举例

3.2.3 相量图表示法

所谓相量图表示法，就是用一个在直角坐标系中绕原点旋转的矢量来表示正弦交流电的方法，如图 3.2.2 所示。

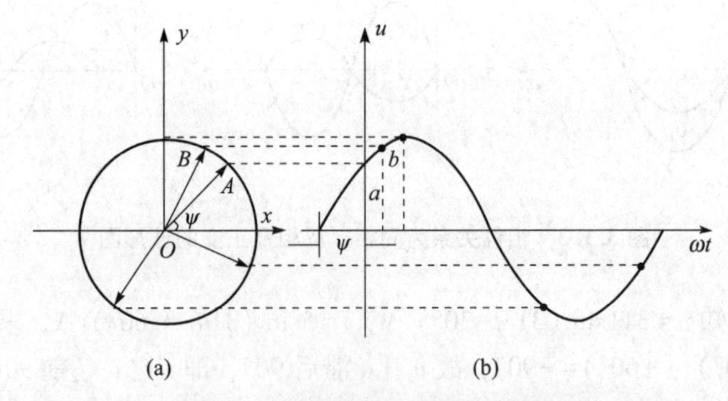

图 3.2.2 用相量图表示正弦交流电

在图 3.2.2 中，从坐标原点作一矢量，使其长度为正弦交流电的振幅 U_m，矢量与 x 轴的正方向夹角为正弦交流电的初相角 ψ，矢量以正弦交流电的电压角频率 ω 为角速度，绕原点作逆时针方向旋转，这样，在任一瞬间旋转矢量在纵轴上的投影就是该正弦交流电电压的瞬时值。

正弦量可以用振幅相量图或有效值相量图来表示，但通常用有效值相量图来表示。

注意：交流电本身并不是矢量，正弦量之所以可以用一个旋转矢量来表示，是因为矢量在纵轴上的投影是时间的正弦函数。它与空间的矢量是有区别的，表示正弦交流电的这一矢量称为相量，用 $\dot{E}_m$、$\dot{U}_m$、$\dot{I}_m$ 来表示。在实际的应用中常用它的有效值 $\dot{E}$、$\dot{U}$、$\dot{I}$ 来表示。

设有 3 个正弦量为

$$e=60\sin(\omega t+60°)\ \text{V}$$
$$u=30\sin(\omega t+30°)\ \text{V}$$
$$i=5\sin(\omega t-30°)\ \text{A}$$

则它们的振幅相量图如图 3.2.3 所示。

【例 3.2.2】设有两个正弦量：

$$u=220\sqrt{2}\sin(\omega t+53°)\ \text{V},\qquad i=0.41\sqrt{2}\sin\omega t\ \text{A}$$

要求画出它们的有效值相量图。

【解】正弦量的有效值相量图如图 3.2.4 所示。

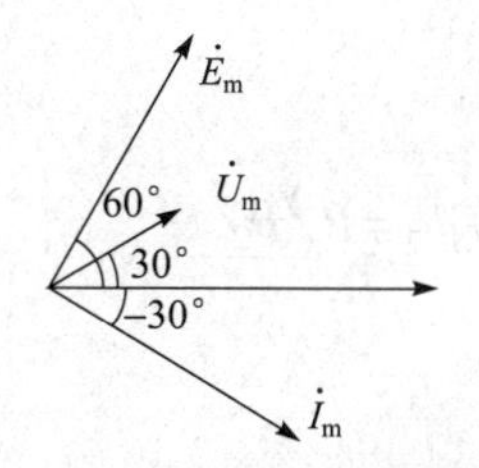

图 3.2.3　正弦量的振幅相量图

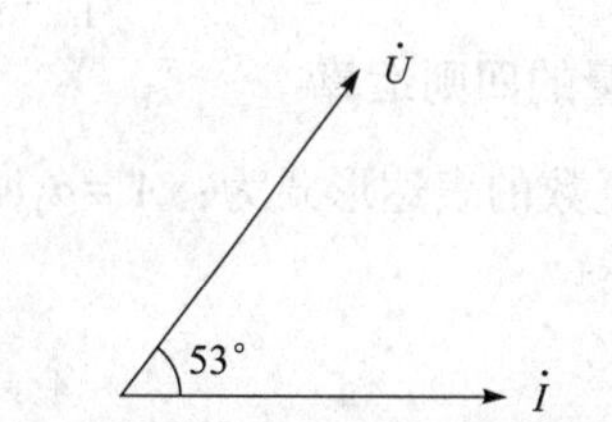

图 3.2.4　正弦量的有效值相量图

3.2.4　相量表示法

一个正弦交流电除了可用解析式、波形图和相量图表示外，还可以用相量来表示。

所谓相量表示，就是用复数来表示同频率的正弦量。正弦交流电用相量表示后，正弦交流电路的分析和计算就可以用复数来进行，直流电路中介绍过的分析方法、基本定律就可全部应用到正弦交流电路中，这种方法就是相量法，也称符号法。

1. 复数的表示形式

1）代数式

复数可以分为两部分：实部和虚部，其表达式为

$$A=a+\mathrm{j}b \tag{3.2.2}$$

其中，a 是实部，b 是虚部。

在直角坐标系中，以横坐标为实数轴，单位用+1 来表示；纵坐标为虚数轴，单位用 +j 来表示，这样就组成了一个复平面。任何一个复数都可以在复平面上表示出来。

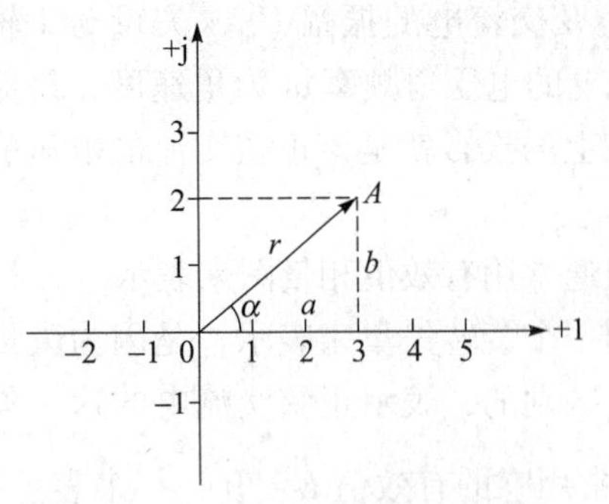

图 3.2.5　复数在坐标系中的表示

如复数 $A=3+j2$，其实部等于 3，虚部等于 2，分别在实轴和虚轴上取 3 个单位和 2 个单位，复平面上两坐标的交点 A 便代表该复数，如图 3.2.5 所示。

2）极坐标表示式

代数式复数 $A=a+jb$ 还可以用极坐标的方式来表示，其形式为

$$A=r\angle\psi \tag{3.2.3}$$

3）指数表示式

$$A=re^{j\psi} \tag{3.2.4}$$

4）三角表示式

$$A=r\cos\alpha+jr\sin\alpha \tag{3.2.5}$$

用复数来表示的正弦量称为相量，为了和一般的复数相区别，规定正弦量相量用上方加"·"的大写字母来表示。

【例 3.2.3】 正弦交流电 $i_1=30\sin(\omega t-30°)$ A，$i_2=10\sin(\omega t+30°)$ A。分别用直角坐标式、极坐标式、指数式来表示电流 i_1 和 i_2。

【解】

极坐标式　　$\dot{I}_{1m}=30\angle -30°$ A，$\dot{I}_{2m}=10\angle 30°$ A

直角坐标式　　$\dot{I}_{1m}=(15\sqrt{3}-j15)$ A，$\dot{I}_{2m}=(5\sqrt{3}+j5)$ A

指数式　　$\dot{I}_{1m}=30e^{-j30°}$ A，$\dot{I}_{2m}=10e^{j30°}$ A

2. 相量的四则运算

设两复数的表达形式为：$\dot{A}=a_1+jb_1=A\angle\theta_1$，　$\dot{B}=a_2+jb_2=B\angle\theta_2$

1）加法

$$\dot{A}+\dot{B}=(a_1+a_2)+j(b_1+b_2) \tag{3.2.6}$$

2）减法

$$\dot{A}-\dot{B}=(a_1-a_2)+j(b_1-b_2) \tag{3.2.7}$$

3）乘法

$$\dot{A}\cdot\dot{B}=\dot{A}\dot{B}=(a_1a_2-b_1b_2)+j(a_1b_2+a_2b_1) \tag{3.2.8}$$

$$\dot{A}\dot{B}=(A\angle\theta_1)\cdot(B\angle\theta_2)=AB\angle(\theta_1+\theta_2) \tag{3.2.9}$$

4）除法

$$\frac{\dot{A}}{\dot{B}}=\frac{a_1+jb_1}{a_2+jb_2}=\frac{A\angle\theta_1}{B\angle\theta_2}=\frac{A}{B}\angle(\theta_1-\theta_2) \tag{3.2.10}$$

两个复数相除，也必须化为同一表示式进行运算。如果是在代数表示式之间运算，必须将分子和分母同乘分母的共轭复数，将分母化成实数，从而求出两复数的商。

【例 3.2.4】 已知在一并联电路中，3 条支路的电流分别为 $i_1=5\sin\omega t$ A，$i_2=8\sin(\omega t-30°)$ A，$i_3=10\sin(\omega t+90°)$ A，用相量法求电路的总电流 i。

【解】 由 $i_1=5\sin(\omega t)$ A，得

$$\dot{I}_{1m}=(5+j0)\text{ A}=5\text{A}$$

由 $i_2=8\sin(\omega t-30°)$ A，得

3.2 测试题及答案

$$\dot{I}_{2m}=(4\sqrt{3}-j4)\text{ A}$$

由 $i_3=10\sin(\omega t+90°)$ A，得

$$\dot{I}_{3m}=(0+j10)\text{ A}$$

根据 KCL 的相量表达式可得

$$\dot{I}_m=\dot{I}_{1m}+\dot{I}_{2m}+\dot{I}_{3m}=(5+4\sqrt{3})+j(-4+10)$$

$$=(11.93+j6)\text{ A}=13.4\angle 26.7°\text{ A}$$

注意：可以利用相量图进行正弦量的加减运算；只有正弦量才能用相量来表示；画在同一相量图的正弦量必须有相同的频率。

3.3　电阻元件、电感元件与电容元件

电阻、电感、电容是组成电路的基本元件，对正弦交流电路的分析、计算主要是确定电路中电压与电流间的大小及相位关系，以及讨论电路的功率问题。在交流电路中，电阻、电感、电容所反应的性质与结果有着较大的不同。了解它们的基本性质对分析与计算正弦交流电路有着重要的意义。

在交流电路的分析中，对于元件上各量的参考方向，不加特别的说明，仍按照直流电路中的约定，即电流和电压的参考方向一致为关联参考方向。

3.3.1　电阻元件

如图 3.3.1 所示，根据欧姆定律可得

$$i=\frac{u}{R}$$

或

$$u=iR \tag{3.3.1}$$

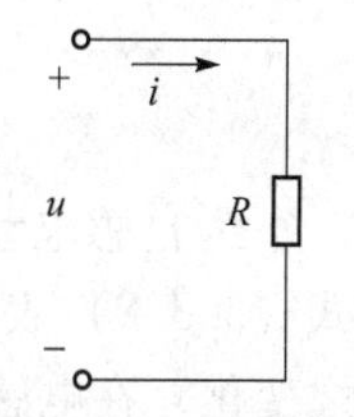

图 3.3.1　电阻元件

由式（3.3.1）可以得出：电阻元件上的电压与电流呈正比关系。

电阻上所消耗的功率用式（3.3.2）表示为

$$\int_0^t ui\mathrm{d}t=\int_0^t R^2 i\mathrm{d}t \tag{3.3.2}$$

3.3.2　电感元件

电感元件是指由导线绕制而成的线圈，简称电感，如图 3.3.2 所示。

当线圈通入电流时，在线圈的周围产生磁场，从而有磁通，这个磁通称为自感磁通。单位为伏·秒（V·s），通常称为韦伯（Wb），简称韦。

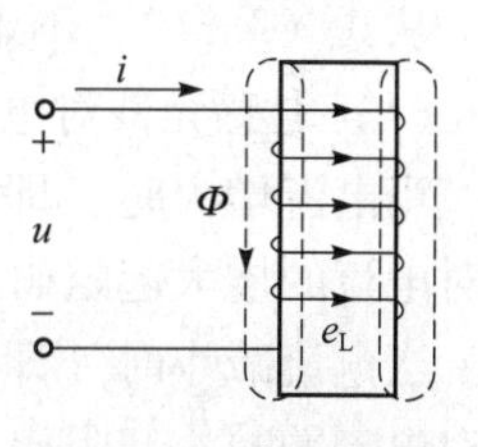

图 3.3.2　电感元件

设有一匝线圈，当线圈中磁通发生变化时，在线圈中就会产

生感应电动势。根据法拉第电磁感应定律，感应电动势 e_L 的大小等于磁通的变化率，即

$$|e_L| = \left|\frac{d\Phi}{dt}\right| \tag{3.3.3}$$

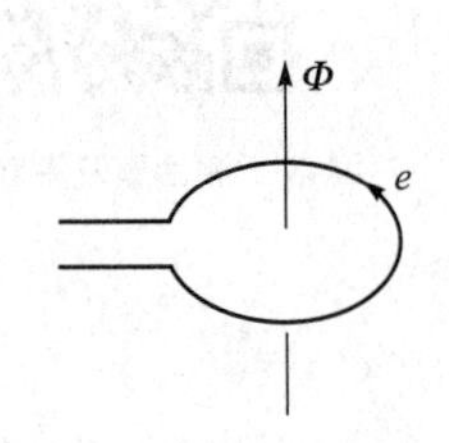

图 3.3.3　单匝电感线圈

式中，Φ 为穿过线圈的磁通，单位为 Wb；e_L 为电动势，单位为 V。

感应电动势的方向与磁通的方向之间符合右手螺旋定律，如图 3.3.3 所示，则式（3.3.3）可写成

$$e_L = -\frac{d\Phi}{dt} \tag{3.3.4}$$

式（3.3.4）中，“-”说明感应电动势的方向阻碍磁通的变化。

当有 N 匝线圈时，则线圈中产生的电动势是 N 个单匝线圈中电动势的和（单匝的 N 倍）。因此，式（3.3.4）可以改写成

$$e_L = -N\frac{d\Phi}{dt} = -\frac{d\psi}{dt} \tag{3.3.5}$$

式中，$\psi = N\Phi$。ψ 称为磁链，是 N 匝线圈磁通的总和。

线圈的自感磁链 ψ 与产生它的电流 i 的比值为

$$L = \frac{\psi}{i} \tag{3.3.6}$$

称为电感线圈的电感系数，或称自感系数，简称电感，单位为亨利（H）或毫亨（mH）。

电感线圈 L 的值与线圈的匝数、尺寸、形状以及有无铁心有关。线圈匝数越多，横截面积越大，其电感也越大。有铁心的线圈比无铁心的线圈电感 L 大得多。

由式（3.3.5）和式（3.3.6）可得

$$\psi = N\Phi = Li \tag{3.3.7}$$

$$e_L = -L\frac{di}{dt} \tag{3.3.8}$$

式中，e_L 为自感电动势，单位为伏（V）。

式（3.3.8）表明，电感元件的电流发生变化时，其自感磁链也随之变化，在电感元件两端产生感应电动势（如图 3.3.4 所示）。由感应电动势使线圈两端具有的电压叫感应电压或自感电压，其表达式为

$$u = -e_L = L\frac{di}{dt} \tag{3.3.9}$$

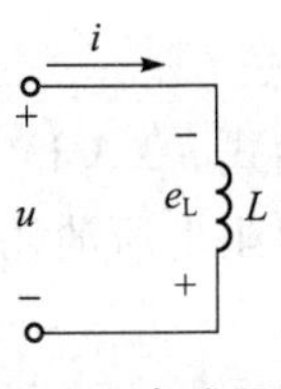

图 3.3.4　电感元件中电压与电动势的关系

从式（3.3.9）不难发现：

（1）电感元件对电流的变化起阻碍作用。

当电流增大时（即 $di/dt>0$），即 e_L 为负值。说明其实际方向与参考方向相反，此时 e_L 要对电流的增大起阻碍作用。

当电流减小时（即 $di/dt<0$），即 e_L 为正值。说明其实际方向与参考方向相同，此时 e_L 要对电流的减小起阻碍作用。

（2）电感元件两端电压的大小取决于该元件中电流对时间的变化率，与元件中电流的大小无关。

（3）如果电感元件中流过稳恒的直流时，则电感元件中就没有变化的磁通，电感电动势为零，电感元件相当于短路。

电感元件的储能本领：

当电感元件有电流通过时，则它就是一种储能元件。选择电压、电流为关联参考方向时，电感元件的瞬时功率为 p。

若 $p>0$ 时，电流变化率为正，表明电感从电路中吸收能量，储存在磁场中；若 $p<0$，电流变化率为负，表示电感释放能量。

设 $t=0$ 瞬间，电感元件的电流为零，经过时间 t 电流增至 i，则任一时刻 t，电感元件储存的磁场能量为

$$W_{\mathrm{L}}=\int_0^t pt=\int_0^t Li\frac{\mathrm{d}i}{\mathrm{d}t}\mathrm{d}t=\int_0^t Li\mathrm{d}i=\frac{1}{2}Li^2 \tag{3.3.10}$$

若 L 的单位为 H，电流的单位为 A，则 W_{L} 的单位为 J。

式（3.3.10）表明：电感元件某一时刻所储存的能量，只与这一时刻的电流大小有关，与电流变化率无关。只要电感中有电流存在，就储有能量。

3.3.3 电容元件

电容元件又称电容器（简称电容），它是在两个金属板中间隔以绝缘介质构成的。如图 3.3.5 所示就是一个电容器。这两个金属板叫做电容器的两个电极，或称极板。

常见的电容器种类很多，按绝缘介质的种类分，有纸介电容器、云母电容器、电解电容器等；按极板的形状分，有平板电容器、圆柱形电容器等。另外，还存在自然形成的电容器（广义电容），如两根输电线与其间的空气就构成一个电容器，线圈的各匝之间、晶体管的各个极之间也存在自然形成的电容。这些自然形成的电容对电路的影响有时是不可忽视的。

当电容器两端加上电压时，两极板就分别积累等量的正、负电荷，这个过程称为对电容器进行充电；当电容器两端接有电阻时，两极板的电荷就可以通过电阻而中和，这个过程称为电容器放电。

每个极板所带电量的绝对值，叫做电容器所带的电荷量。电容元件每个极板所带电荷量的多少与两极间电压的大小有关，电荷量 q 与电压 U 的比值 q/U，反映了电容元件储存电荷的本领，称为电容元件的电容量，用 C 表示。它只与电容器的几何尺寸以及内部的介质结构有关，而与储存电荷的多少无关。如果电容元件的电容量为常量，则称为线性电容元件。今后所说的电容元件，如无特别说明，都是指线性电容元件。

电容的单位是法拉，简称法，符号为 F。在实际应用中，法拉这个单位太大，常用较小的单位微法（μF）和皮法（pF）。

习惯上常把电容元件和电容元件的容量都简称为电容，所以“电容”一词，有时指电容元件（或电容器），有时则指电容元件（或电容器）的参数。

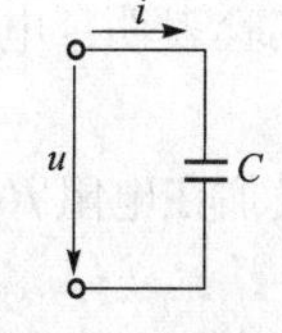

图 3.3.5 电容元件

如图 3.3.6 所示，设电压与电流为关联参考方向，根据电流的定义有

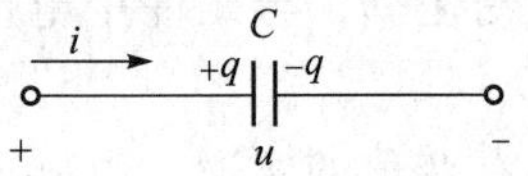

图 3.3.6　电容元件的电压与电流关系

$$i=\frac{dq}{dt} \tag{3.3.11}$$

又由于 $C=\frac{q}{u}$，即 $q=Cu$

$$i=\frac{dq}{dt}=C\frac{du}{dt} \tag{3.3.12}$$

从式（3.3.12）可以看出，如果电容两端的电压保持不变，则通过它的电流为零，因此，直流电路中电容元件相当于开路。如果某一时刻电容元件两端的电压为零，而电压的变化率不为零，则通过电容元件的电流也不为零。由此可见，电容的电流与它两端电压的变化率成正比，所以电容元件又叫动态元件。

如果在电容的两极板间储存了电荷，也就在电容中储存了电场能量，因此，电容也是一个储能元件。

从图 3.3.6 中不难看出，其电容器的瞬时功率为

$$p=ui=u\frac{dq}{dt}=Cu\frac{du}{dt} \tag{3.3.13}$$

若 $p>0$ 时，说明电压的变化率为正，电容吸收能量，处于充电状态；若 $p<0$，说明电压的变化率为负，则电容处于放电状态，向外释放能量。

设 $t=0$ 时，电容元件的电压为零，经过时间 t，电压升高至 u，则任一时刻 t 电容元件储存的电场能量

$$W_C=\int_0^t p\,dt=\int_0^t Cu\frac{du}{dt}dt=\int_0^t Cu\,du=\frac{1}{2}Cu^2 \tag{3.3.14}$$

若 C、u 的单位分别为 F、V，则 W_C 单位为 J。

从式（3.3.14）中可以看出，电容元件在某一时刻所储存的能量，只与这一时刻的电压有关，与达到 u 的时间及电流的大小无关。只要电容元件两端有电压，就表示电容中还储有能量。

3.3 测试题及答案

3.4　纯电阻交流电路

只含有电阻元件的交流电路叫做纯电阻电路，如含有白炽灯、电炉、电烙铁的交流电路都可以看成是纯电阻电路，如图 3.4.1 所示。

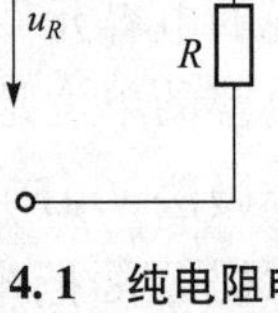

图 3.4.1　纯电阻电路

3.4.1　电压、电流的瞬时值关系

实验表明：电阻上电压、电流的瞬时值之间的关系符合欧姆定律。

设加在电阻 R 上的正弦交流电压瞬时值为 $u=U_m\sin\omega t$，则通过该电阻的电流瞬时值为

$$i=\frac{u}{R}=\frac{U_m}{R}\sin\omega t=I_m\sin\omega t \tag{3.4.1}$$

其中
$$I_m=\frac{U_m}{R} \tag{3.4.2}$$

是正弦交流电流的振幅。这说明，正弦交流电压和电流的振幅之间满足欧姆定律。

3.4.2　电压、电流的有效值关系

电压、电流的有效值关系又叫做大小关系。

把式（3.4.2）两边同时除以$\sqrt{2}$，就得到有效值关系。这说明，在纯电阻正弦交流电路中电压和电流的有效值之间也满足欧姆定律。即

$$I=\frac{U}{R} \quad 或 \quad U=RI \tag{3.4.3}$$

3.4.3　频率、相位关系

电阻两端的电压 u 与通过它的电流 i 的频率和相位关系如图 3.4.2 所示。

可见，在纯电阻电路中，电流与电压是同频率、同相位的正弦量。

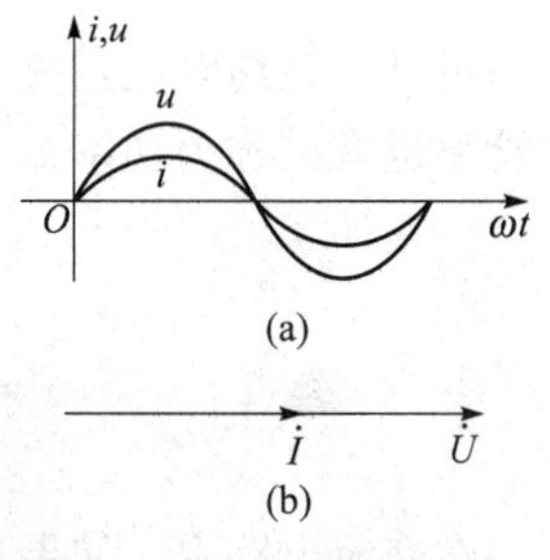

图 3.4.2　电阻电压 u 与电流 i 的关系

【例 3.4.1】在纯电阻电路中，已知电阻 $R=22\ \Omega$，交流电压 $u=311\sin(314t+30°)$ V，求通过该电阻的电流大小，并写出电流的解析式。

【解】解析式 $i=\frac{u}{R}=14.14\sin(314t+30°)$ A

电流大小（有效值）为 $I=\frac{14.14}{\sqrt{2}}\text{A}=10\ \text{A}$

3.4.4　电压、电流的相量表示法

设
$$\dot{U}=U\angle 0°,\quad \dot{I}=I\angle 0°$$

有
$$\frac{\dot{U}}{\dot{I}}=\frac{U\angle 0°}{I\angle 0°}=R$$

则有
$$\dot{U}=R\dot{I} \tag{3.4.4}$$

3.4.5　功率

1. 瞬时功率

在纯电阻电路中，由于电压与电流同相，即相位差 $\varphi=0$。

设正弦交流电路的电压为 $u=U_m\sin\omega t$，电流为 $i=I_m\sin\omega t$，则瞬时功率的表达式为

$$\begin{aligned}p&=ui=U_mI_m\sin^2\omega t\\&=\frac{U_mI_m}{2}\sin^2\omega t=\frac{\sqrt{2}U\cdot\sqrt{2}I}{2}(1-\cos 2\omega t)\end{aligned}$$

$$= UI\ (1-\cos 2\omega t) \tag{3.4.5}$$

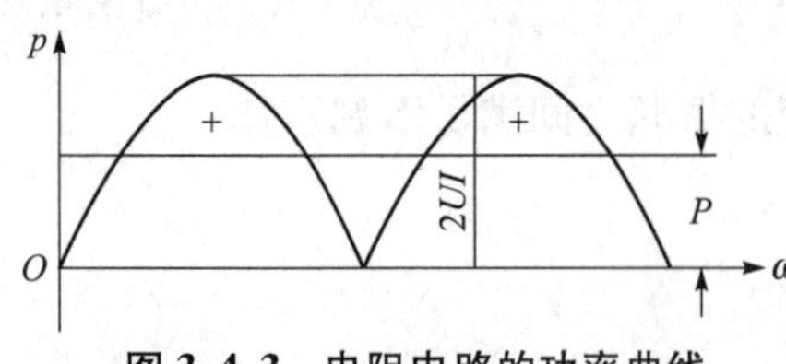

图 3.4.3　电阻电路的功率曲线

可见，在纯电阻正弦电路中，电阻上的功率由两部分组成：UI（与电角度无关的固定部分）和$-UI\cos 2\omega t$（与电角度有关的变化部分）。瞬时功率的最大值为$2UI$，其波形如图 3.4.3 所示。

2. 平均功率

一个完整周期内瞬时功率的平均值，称为平均功率，用P表示，则

$$P = \frac{1}{T}\int_0^t p\mathrm{d}t = \frac{1}{T}\int_0^t UI(1 - \cos 2\omega t)\,\mathrm{d}t = UI \tag{3.4.6}$$

也可写成

$$P = RI^2 \qquad P = \frac{U^2}{R}I \tag{3.4.7}$$

可见，在纯电阻正弦电路中，电阻上的平均功率是电压有效值与电流有效值的乘积。平均功率也常简称为功率，如图 3.4.3 所示。

3.4 测试题及答案

3.5　纯电感交流电路

在交流电路中，如果只用电感线圈作为负载，而且线圈的电阻和分布电容均可忽略不计，则叫做纯电感电路，如图 3.5.1 所示。

3.5.1　电感对交流电的阻碍作用

1. 电压与电流的瞬时值关系

若纯电感电路中的电压、电动势和电流方向如图 3.5.1 所示，则有

$$u_{\mathrm{L}} = -e_{\mathrm{L}} = L\frac{\mathrm{d}i}{\mathrm{d}t} \tag{3.5.1}$$

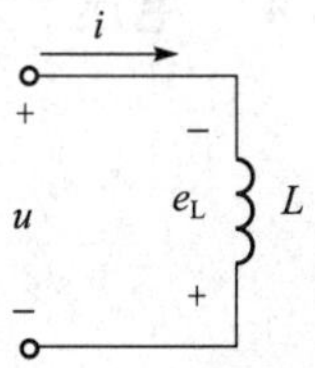

图 3.5.1　纯电感电路

设$i = I_{\mathrm{m}}\sin\ (\omega t)$，则有

$$\begin{aligned} u_{\mathrm{L}} &= -e_{\mathrm{L}} = L\frac{\mathrm{d}i}{\mathrm{d}t} \\ &= L\frac{\mathrm{d}(I_{\mathrm{m}}\sin \omega t)}{\mathrm{d}t} = \omega L I_{\mathrm{m}}\sin\ (\omega t + 90^\circ) \\ &= U_{\mathrm{m}}\sin\ (\omega t + 90^\circ) \end{aligned} \tag{3.5.2}$$

2. 电感电流与电压的相位关系

从式（3.5.2）中可以看到，电感电压比电流超前 90°（或 π/2），其波形与相量图如图 3.5.2 所示。

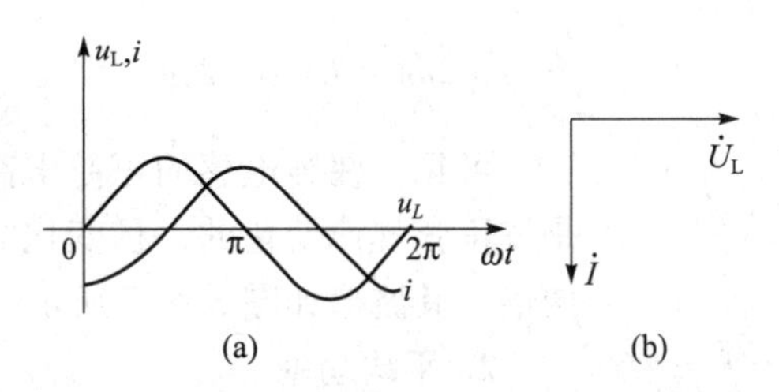

图3.5.2　纯电感电路的电压与电流波形与相量图

3. 感抗的概念

由式（3.5.2）可知：

$$U_m=\omega LI_m \quad \text{或} \quad \frac{U_m}{I_m}=\frac{U}{I}=\omega L \tag{3.5.3}$$

式（3.5.3）表示在纯电感电路图中，电压（幅值或有效值）与电流（幅值或有效值）的比值为ωL。它反映了电感线圈对电流的阻碍作用，其大小与线圈的电感量、交流电的频率有关，因而被称为感抗，用X_L表示，单位为欧姆（Ω）。

$$X_L=\omega L=2\pi fL \tag{3.5.4}$$

式中，L为线圈的电感量。如果线圈中不含有导磁介质，则叫做空心电感或线性电感。线性电感L在电路中是一常数，与外加电压或通电电流无关；如果线圈中含有导磁介质时，则电感L将不再是常数，而是与外加电压或通电电流有关的量，这样的电感叫做非线性电感。

自感系数L的国际单位是亨利（H），常用的单位还有毫亨（mH）、微亨（μH）、纳亨（nH）等，它们与H的换算关系为

$$1\ \text{mH}=10^{-3}\ \text{H},\ 1\ \mu\text{H}=10^{-6}\ \text{H},\ 1\ \text{nH}=10^{-9}\ \text{H}$$

3.5.2　电压、电流的相量表示法

设

$$\dot{U}=U\angle 90^\circ,\quad \dot{I}=I\angle 0^\circ$$

$$\frac{\dot{U}}{\dot{I}}=\frac{U\angle 90^\circ}{I\angle 0^\circ}=\mathrm{j}X_L$$

则有

$$\dot{U}=\mathrm{j}X_L\cdot\dot{I} \tag{3.5.5}$$

式（3.5.5）表示电压的有效值等于电流的有效值与感抗的乘积，而在相位上电压超前电流90°（或π/2）。

3.5.3　功率

1. 瞬时功率

在纯电感电路中，设正弦交流电路的电压为$u=U_m\sin(\omega t+90^\circ)$，电流为$i=I_m\sin\omega t$，则瞬时功率的表达式为

$$\begin{aligned}P&=ui=U_mI_m\sin\omega t\sin(\omega t+90^\circ)\\&=U_mI_m\sin\omega t\cos\omega t\end{aligned}$$

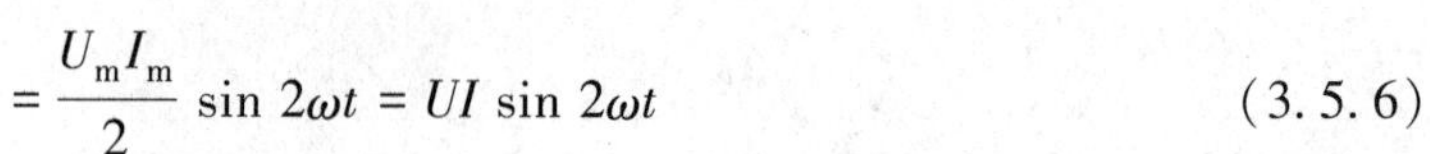

$$=\frac{U_mI_m}{2}\sin 2\omega t = UI\sin 2\omega t \tag{3.5.6}$$

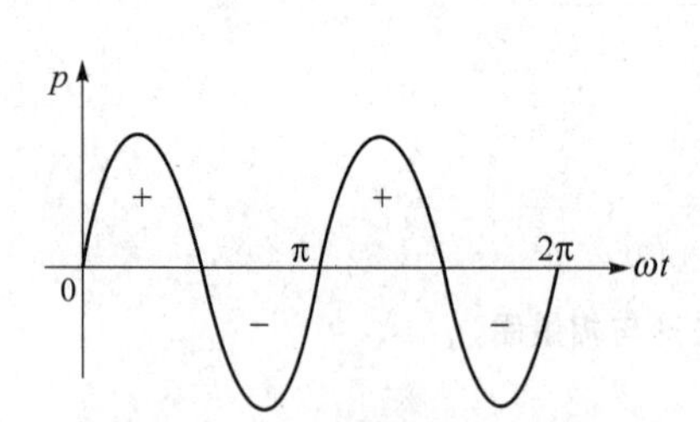

图 3.5.3　纯电感电路功率曲线

可见，在纯电感的正弦电路中，电感上的瞬时功率是按正弦规律变化的，且变化的频率是电压（电流）的两倍。其波形如图 3.5.3 所示。

2. 平均功率

电感元件的瞬时功率在一个完整周期内的平均值，称为平均功率，用 P 表示，则有

$$P=\frac{1}{T}\int_0^T p\mathrm{d}t=\frac{1}{T}\int_0^T UI\sin 2\omega t\mathrm{d}t=0 \tag{3.5.7}$$

式（3.5.7）表明，在纯电感正弦交流电路中，在一个完整的周期内，电感上的平均功率为零。也就是说，电感元件上的功率分为两种情况，即在半个周期内，线圈吸收电源功率，在储存能量；在另半个周期内，线圈向电源返还功率，释放已储存的能量。在整个周期中，电感不消耗能量，它只是在与电源进行能量的交换。

3. 无功功率

为了衡量电感元件与电源之间能量交换能力的大小，常用瞬时功率的最大值来表示，并把它称为电感元件的无功功率，用 Q 表示。

$$Q=UI=I^2X_L=\frac{U^2}{X_L} \tag{3.5.8}$$

Q 的单位为乏（var）、千乏（kvar）。

在正弦交流电路中，一般规定电感元件的 Q 为正值，其大小是瞬时功率的幅值。

【例 3.5.1】 已知一电感 $L=80$ mH，外加电压 $u_L=50\sqrt{2}\sin(314t+30°)$ V。试求：（1）感抗 X_L；（2）电感中的电流 I_L；（3）电流瞬时值 i_L；（4）无功功率 Q。

【解】（1）电路中的感抗为

$$X_L=\omega L=314\times 0.08\ \Omega\approx 25\ \Omega$$

（2）电感中的电流值为

$$I_L=\frac{U_L}{X_L}=\frac{50}{25}\text{A}=2\ \text{A}$$

（3）电感电流 i_L 比电压 u_L 滞后 90°，则有

$$i_L=2\sqrt{2}\sin(314t-60°)\ \text{A}$$

（4）无功功率为

$$Q=I_L^2X_L=2^2\times 25\ \text{var}=100\ \text{var}$$

3.5 测试题及答案

3.6　纯电容交流电路

3.6.1　电容对交流电的阻碍作用

在交流电路中，如果只用电容作为负载，而且电容器的绝缘性能非常好，介质损耗及分

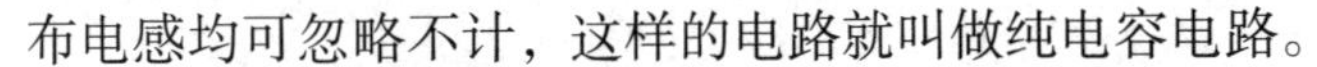

布电感均可忽略不计，这样的电路就叫做纯电容电路。

1. 电压与电流的瞬时值关系

纯电容电路中的电压、电流如图 3. 6. 1 所示。则有

$$i=\frac{\mathrm{d}q}{\mathrm{d}t}=C\frac{\mathrm{d}u}{\mathrm{d}t} \tag{3.6.1}$$

设 $u=U_{\mathrm{m}}\sin\omega t$

则

$$\begin{aligned} i &=C\frac{\mathrm{d}u}{\mathrm{d}t}=C\frac{\mathrm{d}(U_{\mathrm{m}}\sin\omega t)}{\mathrm{d}t}=\omega CU_{\mathrm{m}}\sin(\omega t+90^{\circ}) \\ &=I_{\mathrm{m}}\sin(\omega t+90^{\circ}) \end{aligned} \tag{3.6.2}$$

2. 电容电流与电压的相位关系

从式（3. 6. 2）中可以看到，电容两端的电压比电流滞后 90°（或 π/2），其波形与相量图如图 3. 6. 2 所示。

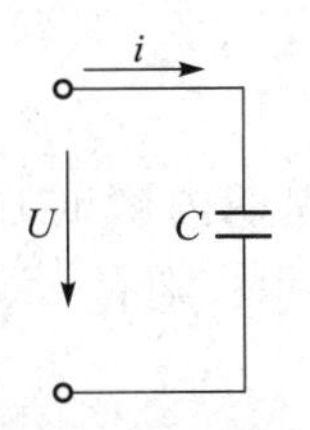

图 3. 6. 1　纯电容电路

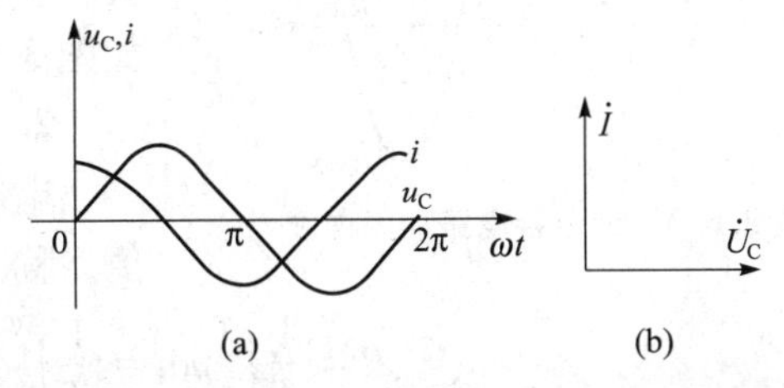

图 3. 6. 2　电容电压与电流的波形图与相量图

3. 容抗的概念

由公式（3. 6. 2）可知

$$I_{\mathrm{m}}=\omega CU_{\mathrm{m}} \quad 或 \quad \frac{U_{\mathrm{m}}}{I_{\mathrm{m}}}=\frac{U}{I}=\frac{1}{\omega C} \tag{3.6.3}$$

式（3. 6. 3）表示在纯电容电路中，电压（幅值或有效值）与电流（幅值或有效值）的比值为$\frac{1}{\omega C}$。它反映了电容对电流的阻碍作用，其大小与电容量、交流电的频率有关，因而被称为容抗，用 X_{C} 表示，单位为欧姆（Ω）。

$$X_{\mathrm{C}}=\frac{1}{\omega C}=\frac{1}{2\pi fC} \tag{3.6.4}$$

3. 6. 2　电压、电流的相量表示法

设

$$\dot{U}=U\angle 0^{\circ},\ \dot{I}=I\angle 90^{\circ}$$

$$\frac{\dot{U}}{\dot{I}}=\frac{U\angle 0^{\circ}}{I\angle 90^{\circ}}=-\mathrm{j}X_{\mathrm{C}}$$

则有

$$\dot{U}=-\mathrm{j}X_{\mathrm{C}}\dot{I} \tag{3.6.5}$$

式（3. 6. 5）表示电压的有效值等于电流的有效值与容抗的乘积，而在相位上电压滞后电流 90°（或 π/2）。

3.6.3 功率

1. 瞬时功率

在纯电容电路中，设正弦交流电路的电压为 $u=U_{\mathrm{m}}\sin\omega t$，电流为 $i=I_{\mathrm{m}}\sin(\omega t+90^{\circ})$，则瞬时功率的表达式为

$$\begin{aligned}\rho &= ui = U_{\mathrm{m}}I_{\mathrm{m}}\sin\omega t\sin(\omega t+90^{\circ})\\ &= U_{\mathrm{m}}I_{\mathrm{m}}\sin\omega t\cos\omega t = \frac{U_{\mathrm{m}}I_{\mathrm{m}}}{2}\sin 2\omega t\\ &= UI\sin 2\omega t\end{aligned}\qquad(3.6.6)$$

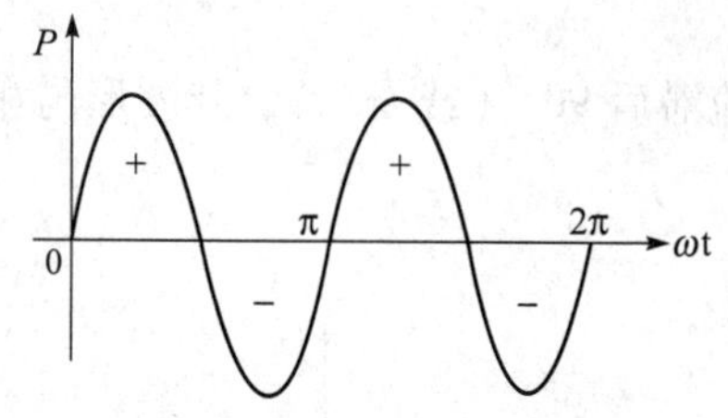

图 3.6.3　纯电容电路功率曲线

可见，在纯电容正弦电路中，电容的瞬时功率是按正弦规律变化的，且变化的频率是电压（电流）的2倍。这一点与电感元件完全相同，其波形如图3.6.3所示。

2. 平均功率

电容元件在一个完整周期内瞬时功率的平均值，称为平均功率，用 P 表示，则有

$$P=\frac{1}{T}\int_{0}^{T}p\mathrm{d}t=\frac{1}{T}\int_{0}^{T}UI\sin 2\omega t\mathrm{d}t=0\qquad(3.6.7)$$

式（3.6.7）表明，在纯电容正弦交流电路中，在一个完整的周期内，电容上的平均功率为零。也就是说，电容元件上的功率与电感元件一样，在半个周期内，电容吸收电源功率，在储存能量；在另半个周期内，电容向电源返还功率，释放已存储的能量。在整个周期中，电容不消耗能量，它只是在与电源进行能量的交换。

3. 无功功率

为了衡量电容元件与电源之间能量交换能力的大小，常用瞬时功率的最大值来表示，称为电容元件的无功功率，与电感一样，也用 Q 表示为

$$Q=UI=I^{2}X_{\mathrm{C}}=\frac{U^{2}}{X_{\mathrm{C}}}\qquad(3.6.8)$$

与正弦交流电路中的电感元件相比，一般规定电容元件的 Q 为负值，其大小是瞬时功率的幅值。

【例3.6.1】 已知一电容 $C=127\ \mu\mathrm{F}$，外加正弦交流电压 $u_{\mathrm{C}}=20\sqrt{2}\sin(314t+30^{\circ})$ V，试求：（1）容抗 X_{C}；（2）电流大小 I_{C}；（3）电流瞬时值 i_{C}；（4）无功功率 Q。

【解】（1）电路中的容抗为

$$X_{\mathrm{C}}=\frac{1}{\omega C}=25\ \Omega$$

（2）电容中的电流为

$$I_{\mathrm{C}}=\frac{U}{X_{\mathrm{C}}}=\frac{20}{25}\mathrm{A}=0.8\ \mathrm{A}$$

（3）电流瞬时值，电容电流比电压超前90°，得

$$i_{\mathrm{C}}=0.8\sqrt{2}\sin(314t+120^{\circ})\mathrm{A}$$

（4）无功功率为

$$Q = I_{\mathrm{L}}^2 X_{\mathrm{C}} = 0.8^2 \times 25\ \mathrm{Var} = 16\ \mathrm{Var}$$

3.6 测试题及答案

3.7　RL 串联正弦交流电路

在实际电路中，大多数用电设备都同时含有电阻 R 和电感 L，实际上它们是串联后接在电路中的。因此，这一节着重讲解 RL 串联电路的一些性质。RL 串联电路如图 3.7.1 所示。

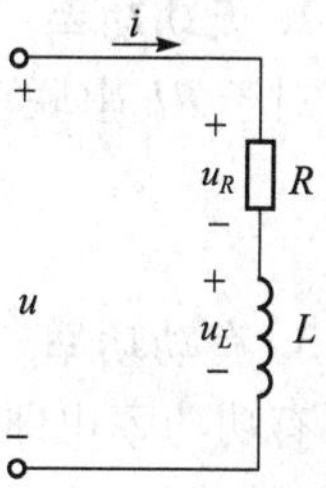

图 3.7.1　RL 串联电路

3.7.1　电压与电流的关系

因为 R 和 L 是串联接在电路中的，因此它们有一个相同的电流强度 i。

设
$$i = I_{\mathrm{m}} \sin \omega t$$

则
$$u_{\mathrm{R}} = RI_{\mathrm{m}} \sin \omega t$$
$$u_{\mathrm{L}} = X_{\mathrm{L}} I_{\mathrm{m}} \sin (\omega t + 90°)$$
$$u = u_{\mathrm{R}} + u_{\mathrm{L}} = RI_{\mathrm{m}} \sin \omega t + X_{\mathrm{L}} I_{\mathrm{m}} \sin (\omega t + 90°) \tag{3.7.1}$$

相量表达式
$$\dot{U} = \dot{U}_{\mathrm{R}} + \dot{U}_{\mathrm{L}} = \dot{I}R + \mathrm{j}X_{\mathrm{L}}\dot{I} = \dot{I}(R + \mathrm{j}X_{\mathrm{L}}) \tag{3.7.2}$$

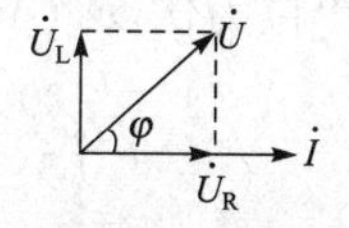

图 3.7.2　RL 串联电路电压相量图

式（3.7.2）称为基尔霍夫定律的相量表达式。

RL 串联电路中的电压相位关系可用相量图 3.7.2 来表示。

从相量图 3.7.2 中可以看到：

$$U = \sqrt{U_{\mathrm{R}}^2 + U_{\mathrm{L}}^2} = \sqrt{(IR)^2 + (IX_{\mathrm{L}})^2} = I\sqrt{R^2 + X_{\mathrm{L}}^2} \tag{3.7.3}$$

式（3.7.3）还可以表示成

$$\frac{U}{I} = \sqrt{R^2 + X_{\mathrm{L}}^2} = |Z| \tag{3.7.4}$$

式（3.7.4）中的 $|Z|$ 称为电路的阻抗模。它表示了电阻、电感串联后的等效电阻，对电流起着阻碍作用，单位为欧姆（Ω）。这时，$|Z|$、R、X_{L} 这三者也可以用一个直角三角形来表示，这个直角三角形称为阻抗三角形，如图 3.7.3 所示。

式（3.7.2）也可以写成

$$\frac{\dot{U}}{\dot{I}} = R + \mathrm{j}X_{\mathrm{L}} = Z \tag{3.7.5}$$

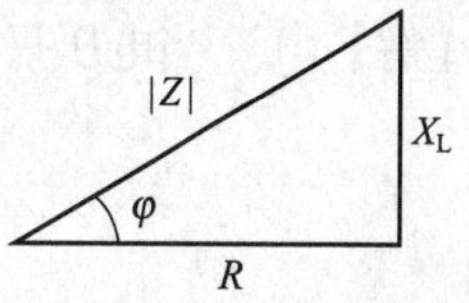

图 3.7.3　RL 串联电路阻抗三角形

式（3.7.5）中的 Z 称为阻抗，它不仅反映了阻抗的大小，同时也反映了电压与电流之间的相位关系。

从图 3.7.3 中可以看出电源电压与电流之间的相位差 φ

$$\varphi = \arctan \frac{U_{\mathrm{L}}}{U} = \arctan \frac{X_{\mathrm{L}}}{R} \tag{3.7.6}$$

$\varphi>0$，说明电源电压超前于电流。

3.7.2 功率关系和功率因数

1. 瞬时功率

在 RL 串联正弦交流电路中，设电路的电流为 $i=I_m \sin \omega t$，则电压为 $u=U_m \sin(\omega t+\varphi)$ $(\varphi>0)$。瞬时功率 p 为

$$\begin{aligned} p &= ui = U_m I_m \sin \omega t \sin(\omega t+\varphi) \\ &= UI\cos\varphi - UI\cos(2\omega t+\varphi) \end{aligned} \tag{3.7.7}$$

2. 无功功率

对于 RL 串联正弦交流电路，电路中总的无功功率也就是电感线圈上的无功功率，其大小为

$$Q = U_L I = UI\sin\varphi = X_L I^2 \tag{3.7.8}$$

3. 有功功率

有功功率也即平均功率，是指在一个完整周期中，电阻上消耗的功率，用 P 表示，单位为瓦（W）。

$$P = \frac{1}{T}\int_0^T p\mathrm{d}t = \frac{1}{T}UI\int_0^T [\cos\varphi - \cos(2\omega t+\varphi)]\mathrm{d}t = UI\cos\varphi$$

$$P = UI\cos\varphi = U_R I = RI^2 \tag{3.7.9}$$

4. 视在功率

把电路中总电压与总电流有效值的乘积称为视在功率，用 S 表示，单位为伏安（V·A）或千伏安（kV·A），它代表了电源所能提供的功率。

$$S = UI \tag{3.7.10}$$

由式（3.7.8）、式（3.7.9）、式（3.7.10）可知有功功率 P、无功功率 Q 和视在功率 S 正好组成一个功率三角形，如图 3.7.4 所示。

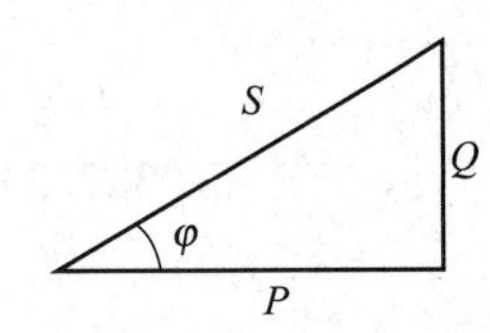

图 3.7.4 *RL* 串联电路功率三角形

5. 功率因数

有功功率与视在功率的比值，称为功率因数，用 $\cos\varphi$ 表示。

$$\cos\varphi = \frac{P}{S} \qquad \cos\varphi = \frac{R}{Z} \tag{3.7.11}$$

【例 3.7.1】 如图 3.7.1 所示，$u=(6+8\sin t+10\sin 2t)$ V，$R=2\ \Omega$，$L=1$ H，求电路中的电流 i。

【解】（1）当电压只有 $u_1=6\text{ V}=U_1$ 作用时，直流电压对电感线圈不起作用，故 $X_L=0$，有

$$Z = R + \mathrm{j}X_L = (2+\mathrm{j}\cdot 0)\Omega = 2\ \Omega$$

$$I_1 = \frac{U_1}{Z} = \frac{6}{2}\text{A} = 3\text{ A}$$

$$i_1 = 3\text{ A}$$

（2）当电压只有 $u_2=8\sin t$ V 作用时，有

$$X_L = \omega L = 1\times 1\ \Omega = 1\ \Omega$$

$$Z = R + \mathrm{j}X_L = (2+\mathrm{j})\Omega = 2.236\angle 26.6^\circ\ \Omega$$

$$\dot{I}_2 = \frac{\dot{U}_2}{Z} = \frac{\frac{8}{\sqrt{2}}\angle 0^\circ}{2.236\angle 26.6^\circ}\text{A} = 2.53\angle -26.6^\circ\text{ A}$$

$$i_2 = 2.53\sqrt{2}\ \sin\ (t - 26.6°)\,\text{A} = 3.58\ \sin\ (t - 26.6°)\,\text{A}$$

（3）当电压只有 $u_3 = 10\ \sin 2t\ \text{V}$ 作用时，有

3.7 测试题及答案

$$X_L = \omega L = 2 \times 1\ \Omega = 2\ \Omega$$

$$Z = R + jX_L = (2 + j2)\ \Omega = 2.828\angle 45°\ \Omega$$

$$\dot{I}_3 = \frac{\dot{U}_3}{Z} = \frac{\frac{10}{\sqrt{2}}\angle 0°}{2.828\angle 45°}\,\text{A} = 2.5\angle -45°\,\text{A}$$

电压 u 总的作用效果为 u_1、u_2、u_3 3 种作用效果的叠加，即

$$i = i_1 + i_2 + i_3 = [3 + 3.58\ \sin\ (t - 26.6°) + 3.54\ \sin\ (2t - 45°)]\,\text{A}$$

[**思考探索题**] 一个实际线圈被看成是 RL 串联连接，问能否被看成 RL 并联连接？为什么？

3.8　*RC* 串联正弦交流电路

在电子技术中，经常遇到电阻与电容串联的电路，如 RC 移相器、RC 振荡器等。这一节着重讲解 RC 串联电路的一些性质。RC 串联电路如图 3.8.1 所示。

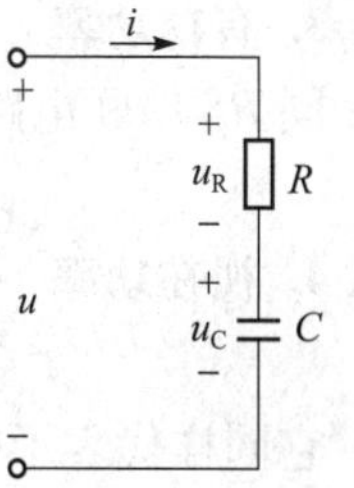

图 3.8.1　*RC* 串联电路

3.8.1　电压与电流的关系

当 R 和 C 串联接在电路中时，它们有一个相同的电流强度 i，设

$$i = I_m \sin \omega t$$

则

$$u_R = RI_m \sin \omega t$$

$$u_C = X_C I_m \sin\ (\omega t - 90°)$$

$$u = u_R + u_C = RI_m \sin \omega t + X_L I_m \sin\ (\omega t - 90°) \quad (3.8.1)$$

相量表达式

$$\dot{U} = \dot{U}_R + \dot{U}_C = \dot{I}R - jX_C\dot{I} = \dot{I}(R - jX_C) \quad (3.8.2)$$

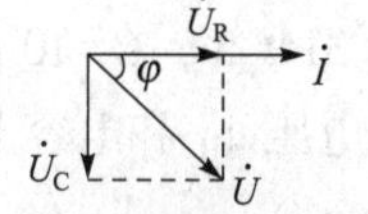

图 3.8.2　*RC* 串联电路相量图

RC 串联电路中的电压相位关系可用相量图 3.8.2 所示。

从相量图 3.8.2 中可以看到，与 RL 串联正弦交流电路一样，有

$$U = \sqrt{U_R^2 + U_C^2} = \sqrt{(IR)^2 + (IX_C)^2} = I\sqrt{R^2 + X_C^2} \quad (3.8.3)$$

式（3.8.3）还可以表示成

$$\frac{U}{I} = \sqrt{R^2 + X_C^2} = |Z| \quad (3.8.4)$$

式（3.8.4）中的 $|Z|$ 称为电路的阻抗模。它表示了电阻、电容串联后的等效电阻，对电流起着阻碍作用，单位为欧姆（Ω）。同样，$|Z|$、R、X_C 这三者的关系也可以用一个直角三角形来表示，这个直角三角形称为阻抗三角形，如图 3.8.3 所示。

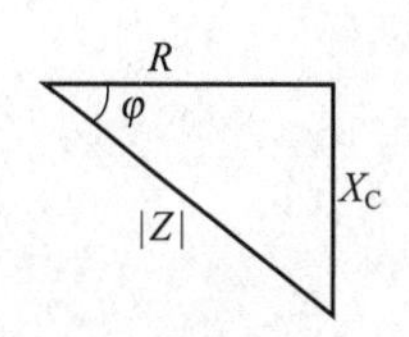

图 3.8.3　*RC* 串联电路阻抗三角形

式（3.8.4）也可以写成

$$\frac{\dot{U}}{\dot{I}} = R - jX_C = Z \quad (3.8.5)$$

式（3.8.5）中的 Z 称为阻抗，它不仅反映了阻抗的大小，同时也反映了电压与电流之间的相位关系。从图 3.8.3 中可以看出电源电压与电流之间的相位差 φ 为

$$\varphi = \arctan\frac{-U_{\mathrm{C}}}{U_{\mathrm{R}}} = \arctan\frac{-X_{\mathrm{C}}}{R} \tag{3.8.6}$$

$\varphi<0$，说明电源电压滞后于电流。

3.8.2 功率关系和功率因数

1. 瞬时功率

在 RC 串联正弦交流电路中，瞬时功率 p 计算如下。

设电路的电流为 $i=I_{\mathrm{m}}\sin\omega t$，则电压为 $u=U_{\mathrm{m}}\sin(\omega t+\varphi)$（$\varphi<0$）

$$\begin{aligned} p &= ui = U_{\mathrm{m}}I_{\mathrm{m}}\sin\omega t\sin(\omega t+\varphi) \\ &= UI\cos\varphi - UI\cos(2\omega t+\varphi) \end{aligned} \tag{3.8.7}$$

2. 无功功率

对于 RC 串联正弦交流电路，电路中总的无功功率也就是电容器上的无功功率，其大小为

$$Q = U_{\mathrm{C}}I = UI\sin\varphi = X_{\mathrm{C}}I^2 \tag{3.8.8}$$

3. 有功功率

同 RL 串联电路一样，也是指在一个完整周期中，电阻上消耗的功率为

$$P = UI\cos\varphi = U_{\mathrm{R}}I = RI^2 \tag{3.8.9}$$

4. 视在功率

$$S = UI \tag{3.8.10}$$

它同样代表了电源所能提供的功率。

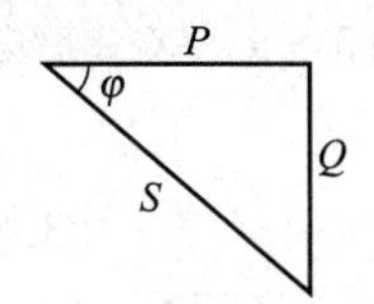

图 3.8.4 RC 串联电路功率三角形

RC 串联电路功率三角形关系如图 3.8.4 所示。

5. 功率因数

$$\cos\varphi = \frac{P}{S} \qquad \cos\varphi = \frac{R}{Z} \tag{3.8.11}$$

【例 3.8.1】 如图 3.8.5 所示，$u=220\sqrt{2}\sin 314t$ V，$C=10\ \mu\mathrm{F}$，$R=100\ \Omega$，$U=220$ V。求电路中的电流 i、电阻上的电压 u_{R} 和电容上的电压 u_{C}，并作出相量图。

【解】（1）电路中的电流 i。

$$X_{\mathrm{C}} = \frac{1}{\omega C} = \frac{1}{314\times 10\times 10^{-6}}\ \Omega = 318\ \Omega$$

$$Z = R - \mathrm{j}X_{\mathrm{C}} = (100-\mathrm{j}318)\ \Omega = 333\underline{/-72.5^\circ}\ \Omega$$

$$\dot{I} = \frac{\dot{U}}{Z} = \frac{220\underline{/0^\circ}}{333\underline{/-72.5^\circ}}\ \mathrm{A} = 0.66\underline{/72.5^\circ}\ \mathrm{A}$$

$$i = 0.66\sqrt{2}\sin(314t+72.5^\circ)\ \mathrm{A} = 0.934\sin(314t+72.5^\circ)\ \mathrm{A}$$

（2）电阻上的电压 u_{R}。

$$\dot{U}_{\mathrm{R}} = \dot{I}R = 0.66\underline{/72.5^\circ}\times 100\ \mathrm{V} = 66\underline{/72.5^\circ}\ \mathrm{V}$$

$$u_R = 66\sqrt{2}\ \sin\ (314t + 72.5°)\ \text{V}$$

（3）电容上的电压 u_C 为

$$\dot{U}_C = \dot{I}(-\text{j}X_C) = 0.66\angle 72.5° \times (318\angle -90°)\ \text{V} = 209.9\angle -17.5°\ \text{V}$$

$$u_C = 209.9\sqrt{2}\ \sin\ (314t - 17.5°)\ \text{V}$$

（4）相量图如图 3.8.6 所示。

3.8 测试题及答案

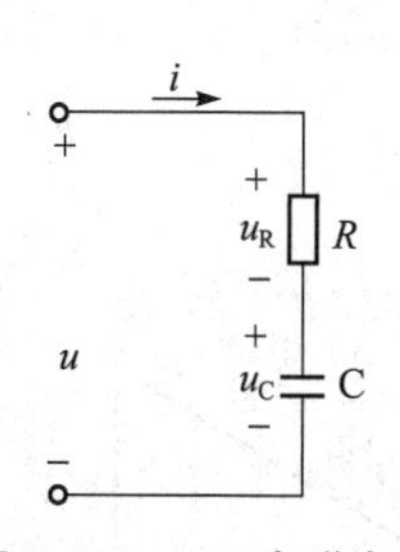

图 3.8.5　*RC* 串联电路

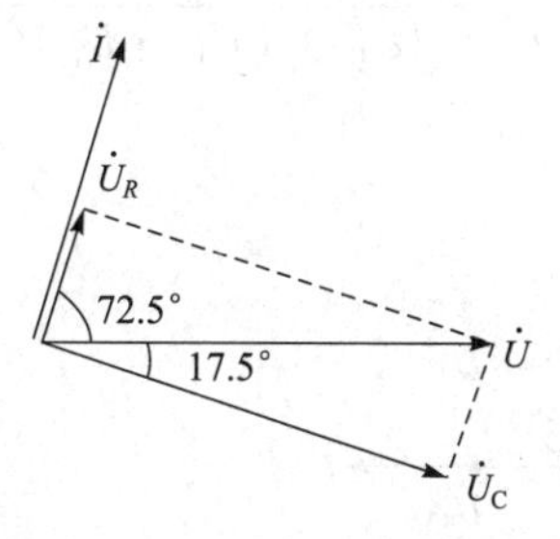

图 3.8.6　*RC* 串联电路的相量图

3.9　*RLC* 串联交流电路

3.9.1　*RLC* 串联电路的电压关系

由电阻、电感、电容相串联构成的电路叫做 *RLC* 串联电路，如图 3.9.1 所示。

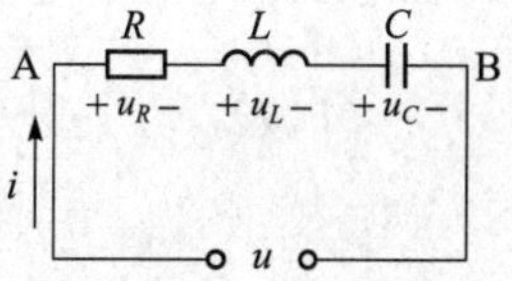

图 3.9.1　*RLC* 串联电路

设电路中电流为 $i = I_m \sin \omega t$，根据 *RLC* 串联电路的基本特性，*RLC* 中有相同的电流强度，可得各元件两端的电压为

$$u_R = RI_m \sin\ (\omega t)$$

$$u_L = X_L I_m \sin\ (\omega t + 90°)$$

$$u_C = X_C I_m \sin\ (\omega t - 90°)$$

根据基尔霍夫电压定律（KVL），在任一时刻总电压 u 的瞬时值为

$$u = u_R + u_L + u_C = RI_m \sin \omega t + X_L I_m \sin\ (\omega t + 90°) + X_C I_m \sin\ (\omega t - 90°)$$

作出相量图，如图 3.9.2 所示，并得到各电压之间的大小关系为

$$\dot{U} = \dot{U}_R + \dot{U}_L + \dot{U}_C = R\dot{I} + \text{j}X_L\dot{I} + (-\text{j}X_C\dot{I})$$

$$\dot{U} = \dot{U}_R + \dot{U}_L + \dot{U}_C = R\dot{I} + \text{j}(X_L - X_C)\dot{I} \tag{3.9.1}$$

令 $\dfrac{\dot{U}}{\dot{I}} = Z$，而 $Z = R + \text{j}(X_L - X_C)$ 为电路的复抗，单位为 Ω。其中 $X = X_L - X_C$ 称为电抗，单位也为 Ω。有

$$\dot{U} = Z\dot{I} \tag{3.9.2}$$

式（3.9.2）称为相量式欧姆定律。从相量图可以看出（设 $X_L > X_C$），总电压与总电流有一个相位差 φ。

$$\varphi = \arctan\frac{\dot{U}_L + \dot{U}_C}{\dot{U}_R} = \arctan\frac{X_L - X_C}{R} = \arctan\frac{X}{R} \tag{3.9.3}$$

式中，φ 叫做阻抗角。它们的关系可用如图 3.9.3 所示的阻抗三角形表示。

从图 3.9.2 中可以看出，$\dot{U}$、$\dot{U}_R$、$\dot{U}_L+\dot{U}_C$ 组成一个直角三角形，称为电压三角形。利用这个三角形可以求出电源电压的有效值 U 为

$$U = \sqrt{U_R^2 + (U_L - U_C)^2} = I\sqrt{R^2 + (X_L - X_C)^2} \tag{3.9.4}$$

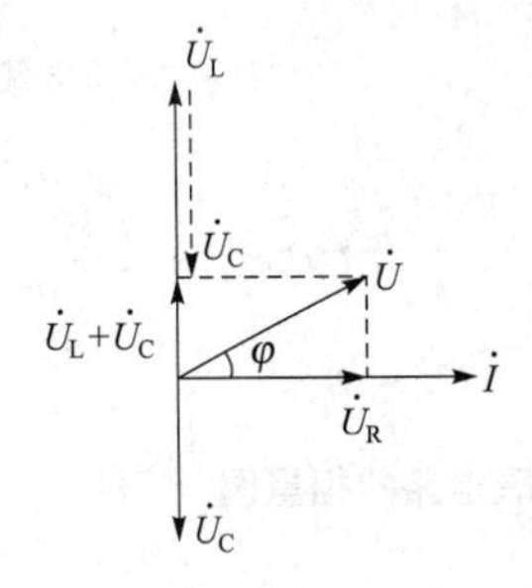

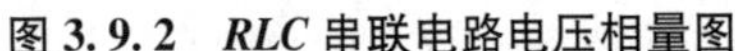

图 3.9.2　*RLC* 串联电路电压相量图

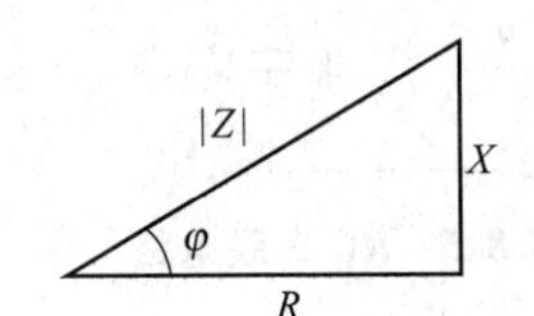

图 3.9.3　*RLC* 串联电路的阻抗三角形

3.9.2　*RLC* 串联电路的功率

在电阻、电感、电容串联的电路中，瞬时功率 p 可由下式求得

$$\begin{aligned} p &= ui = U_m I_m \sin(\omega t + \varphi)\sin\omega t \\ &= UI[\cos\varphi - \cos(2\omega t + \varphi)] \\ &= UI\cos\varphi - UI\cos(2\omega t + \varphi) \end{aligned} \tag{3.9.5}$$

平均功率（有功功率）为

$$\begin{aligned} P &= \frac{1}{T}\int_0^T p\mathrm{d}t \\ &= \frac{1}{T}\int_0^T [UI\cos\varphi - UI\cos(2\omega t + \varphi)]\mathrm{d}t = UI\cos\varphi \end{aligned} \tag{3.9.6}$$

无功功率为

$$Q = U_L I - U_C I = (U_L - U_C)I = UI\sin\varphi \tag{3.9.7}$$

P（有功功率）、Q（无功功率）、S（视在功率）在交流电路中代表着不同的含义，但是三者又有着一定的关系：

$$P = UI\cos\varphi \tag{3.9.8}$$

$$Q = UI\sin\varphi \tag{3.9.9}$$

$$S = \sqrt{P^2 + Q^2} \tag{3.9.10}$$

式（3.9.8）、式（3.9.9）、式（3.9.10）三者的关系构成了一个直角三角形，称为功率三角形。

由上述可知，交流发电机输出的功率不仅与发电机的端电压及其输出电流的有效值的乘积有关，而且还与电路（负载）的参数有关。电路的参数不同，其性质就不同，电压与电流的相位差也不同，这时即使在同样的电压 U 和电流 I 之下，电路的有功功率和无功功率也

不同。

3.9.3　*RLC* 串联电路的性质

根据总电压与电流的相位差（即阻抗角 φ）为正、为负、为零 3 种情况，将其分为 3 种电路，其相量图如图 3.9.4 所示。

（1）感性电路：当 $X>0$ 时，即 $X_L>X_C$，$\varphi>0$，电压 u 比电流 i 超前 φ，电路呈感性；

（2）容性电路：当 $X<0$ 时，即 $X_L<X_C$，$\varphi<0$，电压 u 比电流 i 滞后 $|\varphi|$，电路呈容性；

（3）谐振电路：当 $X=0$ 时，即 $X_L=X_C$，$\varphi=0$，电压 u 与电流 i 同相，电路呈电阻性，电路处于谐振状态。

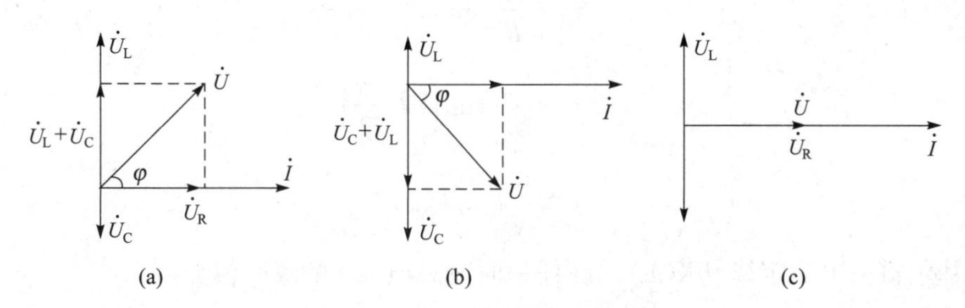

图 3.9.4　*RLC* 串联电路的相量图

（a）$X_L>X_C$；（b）$X_L<X_C$；（c）$X_L=X_C$

【例 3.9.1】在 *RLC* 串联电路中，交流电源电压 $\dot{U}=220\angle 0°$ V，频率 $f=50$ Hz，$R=30\ \Omega$，$L=445$ mH，$C=32\ \mu$F。试求：（1）电路中的电流 $\dot{I}$；（2）总电压与电流的相位差 φ；（3）各元件上的电压 $\dot{U}_R$、$\dot{U}_L$、$\dot{U}_C$。

【解】（1）电流强度为

$$X_L=\mathrm{j}2\pi fL\approx \mathrm{j}140\ \Omega$$

$$X_C=\frac{1}{2\pi fC}\approx 100\ \Omega$$

$$Z=R+\mathrm{j}(X_L-X_C)=[30+\mathrm{j}(140-100)]\ \Omega=(30-\mathrm{j}40)\ \Omega=50\angle -53.1°\ \Omega$$

$$\dot{I}=\frac{\dot{U}}{Z}=\frac{220\angle 0°}{50\angle -53.1°}\ \mathrm{A}=4.4\angle 53.1°\ \mathrm{A}$$

3.9 测试题及答案

（2）总电压比电流超前 53.1°，电路呈感性。

（3）各元件电压为

$$\dot{U}_R=\dot{I}R=4.4\angle 53.1°\times 30\ \mathrm{V}=132\angle 53.1°\ \mathrm{V}$$

$$\dot{U}_L=\mathrm{j}\dot{I}X_L=4.4\angle 53.1°\times \mathrm{j}140\ \mathrm{V}=616\angle 143.1°\ \mathrm{V}$$

$$\dot{U}_C=\mathrm{j}\dot{I}X_C=4.4\angle 53.1°\times(-\mathrm{j}100)\ \mathrm{V}=440\angle -36.9°\ \mathrm{V}$$

本例题中电感电压、电容电压都比电源电压大，在交流电路中各元件上的电压可以比总电压大，这是交流电路与直流电路的不同之处。

3.10 *RLC* 并联交流电路

3.10.1 *RLC* 并联电路的电流关系

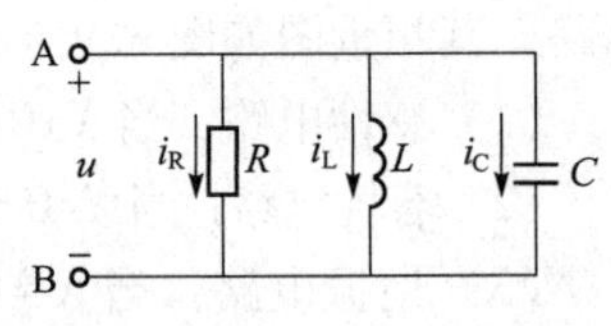

图 3.10.1 *RLC* 并联电路

由电阻、电感、电容相并联所构成的电路叫做 *RLC* 并联电路，如图 3.10.1 所示。设电路中电压为 $u=U_m \sin \omega t$，则根据 *RLC* 的基本特性可得各元件中的电流为

$$i_R=\frac{U_m}{R}\sin \omega t$$

$$i_L=\frac{U_m}{X_L}\sin\left(\omega t-\frac{\pi}{2}\right)$$

$$i_C=\frac{U_m}{X_C}\sin\left(\omega t+\frac{\pi}{2}\right)$$

根据基尔霍夫电流定律（KCL），在任一时刻总电流 i 的瞬时值为

$$i=i_R+i_L+i_C$$

作出相量图，如图 3.10.2 所示，并得到各电流之间的关系为

$$\dot{I}=\dot{I}_R+\dot{I}_L+\dot{I}_C=\frac{\dot{U}}{R}+\frac{\dot{U}}{jX_L}+\frac{\dot{U}}{-jX_C}=\left(\frac{1}{R}+\frac{1}{jX_L}+\frac{1}{-jX_C}\right)\dot{U}$$

$$=(G+jB_C-jB_L)\dot{U}=(G+jB_C)\dot{U} \tag{3.10.1}$$

令 $\dot{I}=Y\dot{U}$，而 $Y=G+jB$ 为电路的复导纳，单位为 S。其中 $B_L=\frac{1}{X_L}$ 叫做感纳，$B_C=\frac{1}{X_C}$ 叫做容纳，$B=B_C-B_L$ 称为电纳，单位为西门子（S）。有

$$\dot{I}=Y\dot{U} \tag{3.10.2}$$

式（3.10.2）称为相量式欧姆定律。从相量图可以看出（设 $B_C>B_L$），如图 3.10.3 所示，总电压与总电流有一个相位差 φ'，总电压与电流的相位差为

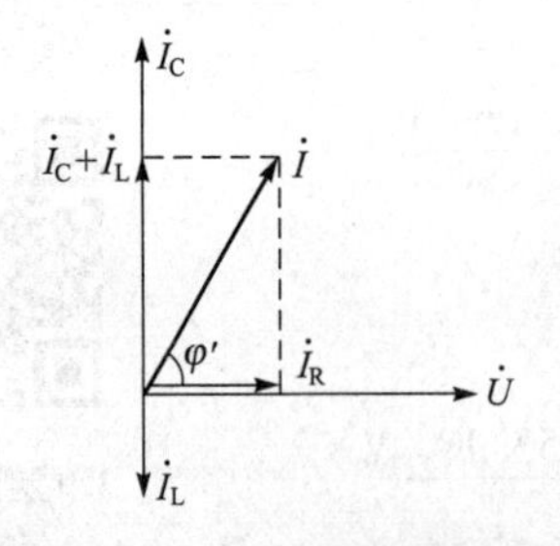

图 3.10.2 *RLC* 并联电路相量图

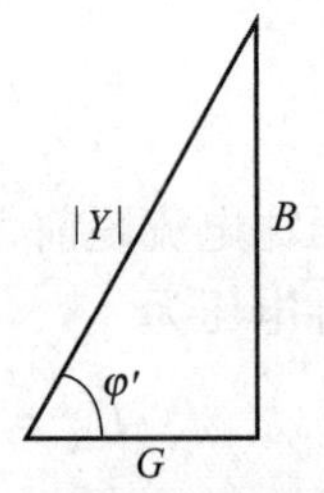

图 3.10.3 *RLC* 并联导纳三角形

$$\varphi'=\arctan\frac{\dot{I}_C-\dot{I}_L}{\dot{I}_R}=\arctan\frac{B_C-B_L}{G}=\arctan\frac{B}{G} \tag{3.10.3}$$

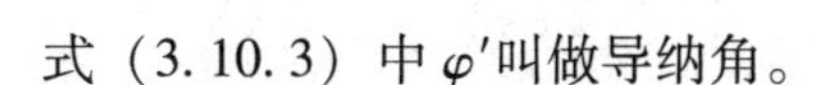

式（3.10.3）中 φ' 叫做导纳角。

从相量图中不难得到：

$$I=\sqrt{I_R^2+(I_C-I_L)^2}=\sqrt{I_R^2+(I_L-I_C)^2} \tag{3.10.4}$$

式（3.10.4）称为电流三角形关系式。

从图 3.10.2 中还可以看出：

$$\dot{I}_R=G\dot{U} \qquad \dot{I}_C+\dot{I}_L=B\dot{U} \qquad \dot{I}=|Y|\dot{U}$$

同时除以 $\dot{U}$，则 G、B、$|Y|$ 组成了一个与电流三角形相似的直角三角形，叫做导纳三角形，如图 3.10.3 所示。

3.10.2　*RLC* 并联电路的功率

RLC 并联电路的功率的计算与 *RLC* 串联电路相同，在此不再赘述。

3.10.3　*RLC* 并联电路的性质

根据电压与电流的相位差（即导纳角 φ'）为正、负、零 3 种情况，将电路分为 3 种情况。

（1）感性电路：当 $B<0$ 时，即 $B_C<B_L$，φ' 为负值，电压 u 比电流 i 超前 $|\varphi'|$，电路呈感性，如图 3.10.4（a）所示。

（2）容性电路：当 $B>0$ 时，即 $B_C>B_L$，φ' 为正值，电压 u 比电流 i 滞后 $|\varphi'|$，电路呈容性，如图 3.10.4（b）所示。

（3）谐振电路：当 $B=0$ 时，即 $B_C=B_L$，$\varphi'=0$，电压 u 与电流 i 同相，电路呈电阻性，如图 3.10.4（c）所示。

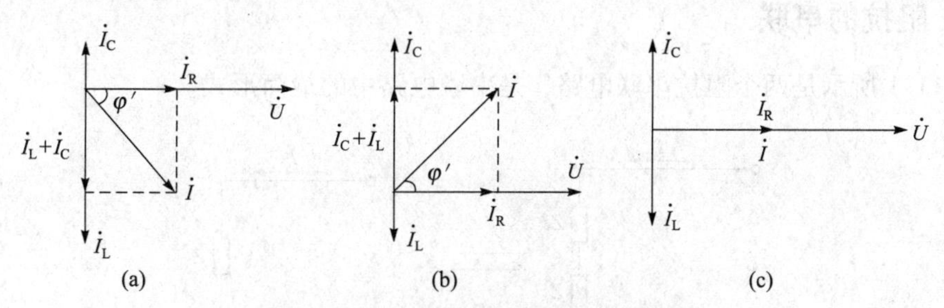

图 3.10.4　*RLC* 并联电路的 3 种性质

（a）感性电路；（b）容性电路；（c）阻性电路

注意：在 *RLC* 串联电路中，当感抗大于容抗时电路呈感性；在 *RLC* 并联电路中，当感抗大于容抗时电路却呈容性；当感抗与容抗相等时（$X_C=X_L$）两种电路都处于谐振状态。

【例 3.10.1】 在 *RLC* 并联电路中，已知：$R=25\ \Omega$，$L=2\ \text{mH}$，$C=80\ \mu\text{F}$，并联电路的总电流为 $I=5\ \text{A}$，电路的角频率 $\omega=5\ 000\ \text{Hz}$。试求：（1）说明该电路属于哪种情况。（2）电路的电压和各元件的电流。

【解】（1）在 *RLC* 并联电路中，有

$$G=\frac{1}{R}=\frac{1}{25}=0.04\ \text{S}$$

$$B_L=\frac{1}{\omega L}=\frac{1}{5\ 000\times2\times10^{-3}}\text{S}=0.1\ \text{S}$$

$$B_C=\omega C=5\ 000\times80\times10^{-6}\text{S}=0.4\ \text{S}$$

$$B=B_C-B_L=(0.4-0.1)\text{S}=0.3\ \text{S}$$

因为 B 大于零，所以电路呈容性。

（2）电路的电压和各元件的电流分别为

$$Y=G+\text{j}B=(0.04+\text{j}0.3)\text{S}=0.302\angle-82.45°\ \text{S}$$

3.10 测试题及答案

$$\dot{I}=5\angle0°\ \text{A}$$

$$\dot{U}=\frac{\dot{I}}{Y}=\frac{5\angle0°}{0.302\angle-82.45°}\text{V}=17\angle-82.45°\ \text{V}$$

$$\dot{I}_R=G\dot{U}=0.04\times17\angle-82.45°\ \text{A}=0.68\angle-82.45°\ \text{A}$$

$$\dot{I}_L=\text{j}B_L\dot{U}=\text{j}0.1\times17\angle-82.45°\ \text{A}=1.2\angle-172.45°\ \text{A}$$

$$\dot{I}_C=\text{j}B_C\dot{U}=\text{j}0.025\times17\angle-82.45°\ \text{A}=6.8\angle7.55°\ \text{A}$$

3.11 阻抗的串联与并联

阻抗的连接形式是多种多样的，但最基本、最简单的连接方式是串联和并联。

3.11.1 阻抗的串联

图 3.11.1 所示是两个阻抗串联电路，是串联电路中的最简形式。

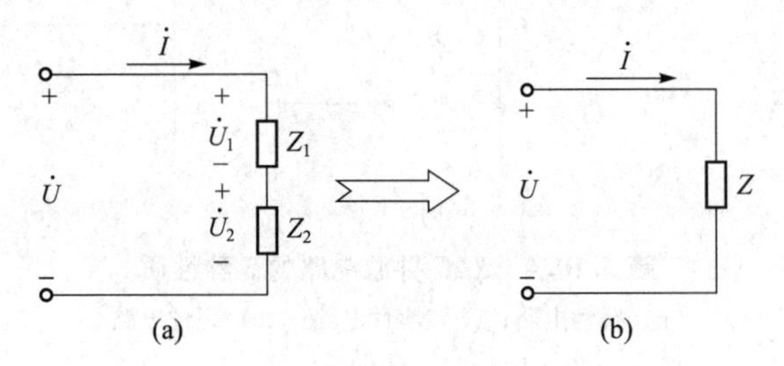

图 3.11.1 阻抗串联电路

由基尔霍夫电压定律（KVL）可以写出其相量表达式为

$$\dot{U}=\dot{U}_1+\dot{U}_2$$

$$=\dot{I}Z_1+\dot{I}Z_2=\dot{I}(Z_1+Z_2)=\dot{I}Z$$

所以，其等效复阻抗为

$$Z=Z_1+Z_2 \tag{3.11.1}$$

在通常情况下，交流正弦电路中 $U\neq U_1+U_2$，即 $I|Z|\neq I|Z_1|+I|Z_2|$，也就是 $|Z|\neq|Z_1|+|Z_2|$。

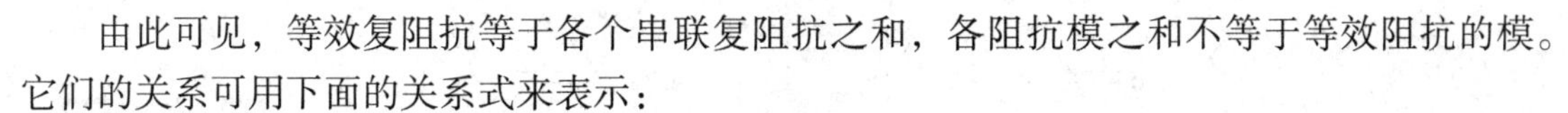

由此可见，等效复阻抗等于各个串联复阻抗之和，各阻抗模之和不等于等效阻抗的模。它们的关系可用下面的关系式来表示：

$$Z=\sum Z_{\mathrm{k}}=\sum R_{\mathrm{k}}+\mathrm{j}\sum X_{\mathrm{k}} \tag{3.11.2}$$

$$|Z|=\sqrt{(\sum R_{\mathrm{k}})^2+(\sum X_{\mathrm{k}})^2} \tag{3.11.3}$$

$$\varphi=\arctan\frac{\sum X_{\mathrm{k}}}{\sum R_{\mathrm{k}}} \tag{3.11.4}$$

上述各式中的$\sum X_{\mathrm{k}}$、感抗 X_{L} 取正号，容抗 X_{C} 取负号。

复阻抗串联，分压公式仍然成立，以两个阻抗串联为例，分压公式为

$$\dot{U}_1=\frac{Z_1}{Z_1+Z_2}\dot{U} \tag{3.11.5}$$

$$\dot{U}_2=\frac{Z_2}{Z_1+Z_2}\dot{U} \tag{3.11.6}$$

【例 3.11.1】 在如图 3.11.2 所示的电路中，已知：$Z_1=(4+\mathrm{j}3)\Omega, Z_2=(2-\mathrm{j}9)\Omega$，将它们串联在 $\dot{U}=220\angle 30°$ V 的电源上，试用相量法计算电路中的电流和各阻抗上的电压，并作出相量图。

【解】

$$Z=Z_1+Z_2=[(4+\mathrm{j}3)+(2-\mathrm{j}9)]\Omega=(6-\mathrm{j}6)\Omega=8.49\angle -45°\ \Omega$$

$$Z_1=(4+\mathrm{j}3)\Omega=5\angle 36.9°\ \Omega$$

$$Z_2=(2-\mathrm{j}9)\Omega=9.22\angle -77.47°\ \Omega$$

$$\dot{I}=\frac{\dot{U}}{Z}=\frac{220\angle 30°}{8.49\angle -45°}\mathrm{A}=25.91\angle 75°\ \mathrm{A}$$

$$\dot{U}_1=\dot{I}Z_1=25.91\angle 75°\times 5\angle 36.9°\ \mathrm{V}=129.56\angle 111.9°\ \mathrm{V}$$

$$\dot{U}_2=\dot{I}Z_2=25.91\angle 75°\times 9.22\angle -77.47°\ \mathrm{V}=238.89\angle -2.47°\ \mathrm{V}$$

相量图如 3.11.3 所示。

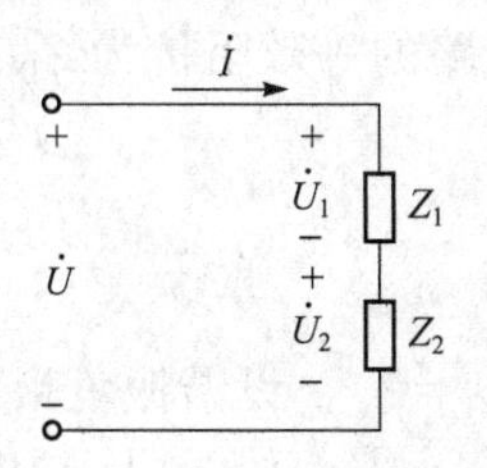

图 3.11.2　阻抗串联电路

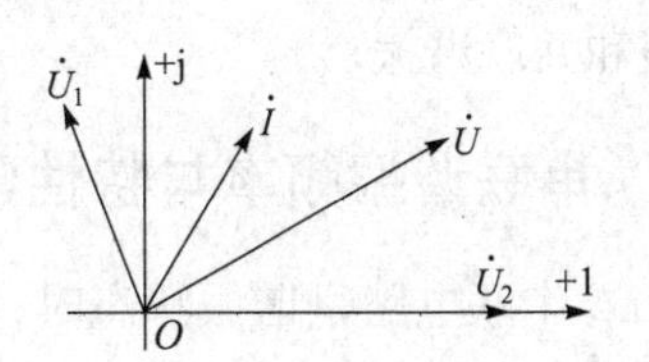

图 3.11.3　阻抗串联电路的相量图

3.11.2　阻抗的并联

图 3.11.4 所示是两个阻抗并联的电路，由基尔霍夫电流定律(KCL)可以写出其相量表达式

$$\dot{I}=\dot{I}_1+\dot{I}_2=Y_1\dot{U}_1+Y_2\dot{U}_2=(Y_1+Y_2)\dot{U}$$

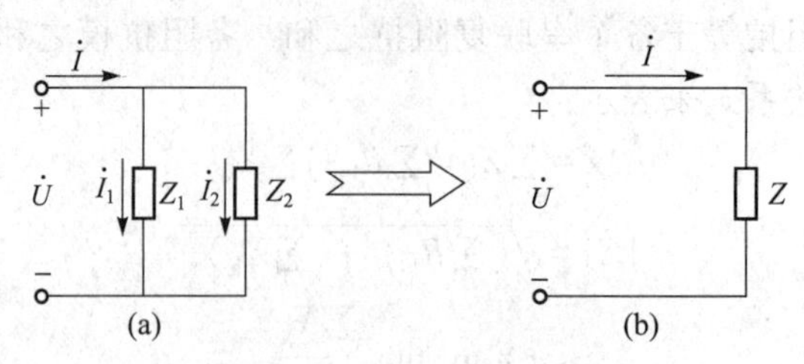

图 3.11.4　阻抗并联电路

3.11 测试题及答案

而 $\dot{I}=Y\dot{U}$，则有

$$Y=Y_1+Y_2 \tag{3.11.7}$$

但由于通常情况下 $I\neq I_1+I_2$，即 $|Y|U\neq|Y_1|U_1+|Y_2|U_2$，也就是：

$$|Y|\neq|Y_1|+|Y_2|$$

由此可见，并联电路的等效复导纳等于各条支路复导纳之和，与直流并联电路中总电导的计算方法一样。而并联电路的等效复导纳的模不等于各条支路复导纳的模之和。

复阻抗并联，分流公式仍然成立。以两个阻抗并联为例，分流公式为

$$\dot{I}_1=\frac{Y_1}{Y_1+Y_2}\dot{I}\qquad \dot{I}_2=\frac{Y_2}{Y_1+Y_2}\dot{I} \tag{3.11.8}$$

3.12　交流电路的频率特性

在交流电路中，由于电容、电感元件存在电抗，电路两端的电压 u 与通过此电路的电流 i 不同相，但电容和电感性质相反，且电抗和容抗的值又都与频率有关。当电源满足某一特定的频率时，就会出现电路两端的电压和其中的电流同相的情况，这种现象称为谐振。

工作在谐振状态下的电路称为谐振电路，谐振电路在电子线路与工程技术中有着极其广泛的应用。但在某些情况下，谐振又会破坏电路的正常工作。谐振电路最为明显的特征是：电路的总电压 u 与总电流 i 同相，整个电路呈电阻性，即电路的等效阻抗为 $Z_0=R$。谐振分串联谐振和并联谐振。

3.12.1　串联谐振频率与特性阻抗

当 RLC 串联电路呈谐振状态时，感抗与容抗相等，即 $X_L=X_C$，设谐振角频率为 ω_0，则 $\omega_0 L=\frac{1}{\omega_0 C}$，于是谐振角频率为

$$\omega_0=\frac{1}{\sqrt{LC}} \tag{3.12.1}$$

由于 $\omega_0=2\pi f_0$，所以谐振频率为

$$f_0=\frac{1}{2\pi\sqrt{LC}} \tag{3.12.2}$$

由此可见，谐振频率 f_0 只由电路中的电感 L 与电容 C 决定，是电路的固有参数，所以

通常将谐振频率 f_0 叫做固有频率。可见使电路发生谐振可用以下两种方法：① 当外加信号源频率 ω 一定时，可通过调节电路参数 L、C 来实现。② 当电路参数 L、C 一定时，可通过调节电路信号源的角频率 ω 来实现。

电路发生谐振时的感抗或容抗叫做特性阻抗，用符号 ρ 表示，单位为欧姆（Ω）。

$$\rho=\omega_0 L=\frac{1}{\omega_0 L}=\sqrt{\frac{L}{C}} \tag{3.12.3}$$

ρ 只与电路的 L、C 有关，谐振时，电路的特性阻抗与电阻之比为

$$\frac{\rho}{R}=\frac{1}{R}\sqrt{\frac{L}{C}}=Q$$

或

$$Q=\frac{\rho}{R}=\frac{\omega_0 L}{R}=\frac{1}{\omega_0 CR} \tag{3.12.4}$$

Q 称为谐振电路的品质因数，由电路参数 R、L、C 决定。Q 是一个无量纲的量。品质因数 Q 是谐振回路的重要参数，它表征了电路的损耗。Q 值越高，损耗越小。为了提高 Q 值，有的电感线圈要用镀银线来绕制，以降低其 R 值。

3.12.2 串联谐振电路的特点

（1）串联谐振时，电路的阻抗最小且为纯电阻性质。

当外加电源 u_S 的频率 $f=f_0$ 时，电路发生谐振，由于 $X_L=X_C$，则此时电路的阻抗达到最小值，称为谐振阻抗 Z_0 或谐振电阻 R，即

$$Z_0=|Z_0|=\sqrt{R^2+(X_L-X_C)^2}=R$$

（2）电流的有效值将达最大，且与外加电压同相。

谐振时，由于电路中的阻抗最小，则电路中的谐振电流 I_0 达到了最大值，为

$$I_0=\frac{\dot{U}}{R}$$

此时，$\dot{U}_R=R\dot{I}_0=\dot{U}$。

（3）串联谐振时，电感电压和电容电压的有效值相等，且等于外加电压的 Q 倍，即

$$\dot{U}_{L0}=\dot{I}_0 j\omega_0 L=\frac{\dot{U}}{R}j\omega_0 L=j\frac{\omega_0 L}{R}\dot{U}=jQ\dot{U} \tag{3.12.5}$$

$$\dot{U}_{C0}=\dot{I}_0\frac{1}{j\omega_0 C}=\frac{\dot{U}}{R}\times\frac{1}{j\omega_0 C}=-j\frac{1}{\omega_0 CR}\dot{U}=-jQ\dot{U} \tag{3.12.6}$$

$\dot{U}_{L0}$ 与 $\dot{U}_{C0}$ 是电路电压 $\dot{U}$ 的 Q 倍，相位相反，并能相互抵消，对于整个电路而言，$\dot{U}_{L0}+\dot{U}_{C0}=0$，其电压相量图如图 3.12.1 所示。

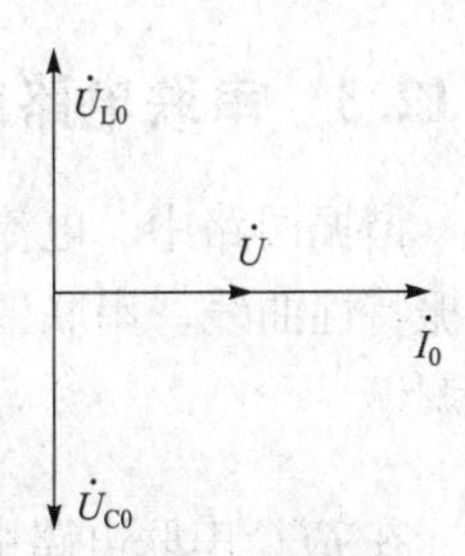

图 3.12.1 串联谐振电路相量图

RLC 串联电路发生谐振时，电感 L 与电容 C 上的电压大小都是外加电源电压 U 的 Q 倍，所以串联谐振又叫做电压谐振。一般情况下串联谐振电路都符合 $Q\gg1$ 的条件。电路 Q 值一般在 50~200，因此，在电路谐振时，即使外加电压不高，在电感 L 和电容 C 上的电压也会远高于外加电压，这是一种非常重要的物理现象。在无线电通信技术中，利用这一特性，可从接收的具有各种频率分量的微弱

信号中将所需信号取出。但在电力系统中，应尽量避免电压谐振，以防止产生高压而造成事故。

（4）谐振时，能量只在 R 上消耗，而电容和电感只周期性地进行磁场能量与电场能量的转换，电源和 L、C 电路之间没有能量的转换。

【例 3.12.1】 在 RLC 串联谐振电路中，$U=25\ \text{mV}$，$L=4\ \text{mH}$，$C=160\ \text{pF}$，$R=5\ \Omega$。试求：（1）电路的 f_0、I_0、ρ、Q 和 U_{C0}。（2）当端口电压不变，频率变化10%时，求电路中的电流和电压。

【解】（1）

谐振频率
$$f_0=\frac{1}{2\pi\sqrt{LC}}=\frac{1}{2\pi\sqrt{4\times10^{-3}\times160\times10^{-12}}}\text{Hz}\approx200\ \text{kHz}$$

端口电流
$$I_0=\frac{U}{R}=\frac{25}{5}\text{mA}=5\ \text{mA}$$

特性阻抗
$$\rho=\omega_0L=\frac{1}{\omega_0C}=\sqrt{\frac{L}{C}}=\sqrt{\frac{4\times10^{-3}}{160\times10^{-12}}}\Omega=5\ 000\ \Omega$$

品质因数
$$Q=\frac{\rho}{R}=\frac{5\ 000}{50}=100$$

电感和电容的电压
$$U_{L0}=U_{C0}=QU=100\times25\ \text{mV}=2\ 500\ \text{mV}=2.5\ \text{V}$$

（2）当端口电压频率增大10%时，

频率
$$f=f_0(1+10\%)=220\ \text{kHz}$$

感抗
$$X_L=2\pi fL=2\pi\times220\times10^3\times4\times10^{-3}\Omega=5\ 526\ \Omega$$

容抗
$$X_C=\frac{1}{2\pi fC}=\frac{1}{2\pi\times220\times10^3\times160\times10^{-12}}\Omega=4\ 523\ \Omega$$

阻抗模
$$|Z|=\sqrt{R^2+(X_L-X_C)^2}=\sqrt{50^2+(5\ 526-4\ 523)^2}\Omega=1\ 000\ \Omega$$

端口电流
$$I=\frac{U}{|Z|}=\frac{25}{1\ 000}\text{mA}=0.025\ \text{mA}$$

电感电压
$$U_L=X_LI=5\ 526\times0.025\ \text{mV}=138\ \text{mV}$$

电容电压
$$U_C=X_CL=4\ 532\times0.025\ \text{mV}=113\ \text{mV}$$

可见，激励电压频率偏离谐振频率少许，则电路中的电流、电感电压、电容电压会迅速衰减。

3.12.3 串联电路的频率特性和应用

谐振回路中，电流和电压随频率变化的特性称为频率特性，它们随频率变化的曲线称为谐振特性曲线。串联谐振电路常用来对交流信号进行选择，例如，收音机中选择电台信号，即调谐。

在 RLC 串联电路中，阻抗大小 $|Z|=\sqrt{R^2+\left(\omega L-\frac{1}{\omega C}\right)^2}$，设外加交流电源（又称信号源）电压的大小为 U_S，则电路中电流的大小为

$$I=\frac{U_S}{|Z|}=\frac{U_S}{\sqrt{R^2+\left(\omega L-\frac{1}{\omega C}\right)^2}}$$

由于 $I_0=\frac{U_S}{R}$，$Q=\frac{\omega_0 L}{R}=\frac{1}{\omega_0 CR}$，则有

$$\frac{I}{I_0}=\frac{1}{\sqrt{1+Q^2\left(\frac{\omega}{\omega_0}-\frac{\omega_0}{\omega}\right)^2}} \tag{3.12.7}$$

式（3.12.7）表示了电流大小与电路工作频率 f 之间的关系，叫做串联电路的电流幅频特性，如图 3.12.2 所示。

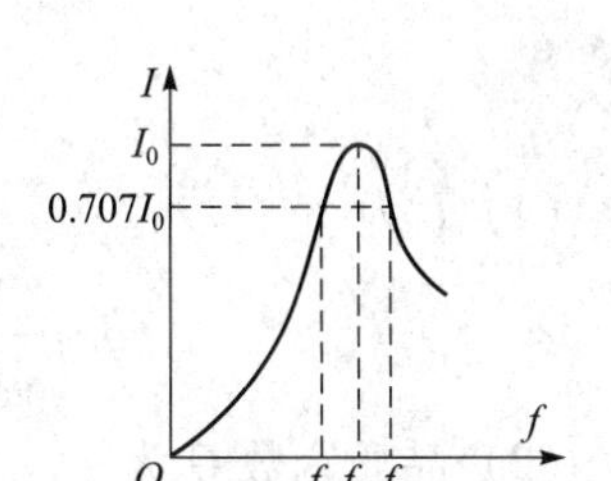

图 3.12.2　*RLC* 串联电路的谐振特性曲线

当电源频率向着 $\omega>\omega_0$ 或 $\omega<\omega_0$ 方向偏离谐振频率 ω_0 时，Z 都逐渐增大，电流也都逐渐变小至零。

说明只有在谐振频率附近，电路中的电流才有较大值，偏离这一频率，电流值则很小，这种把谐振频率附近的电流选择出来的特性称为频率选择性。

当外加电源 u_S 的频率 $f=f_0$ 时，电路处于谐振状态；当 $f\neq f_0$ 时，称为电路处于失谐状态。若 $f<f_0$，则 $X_L<X_C$，电路呈容性；若 $f>f_0$，则 $X_L>X_C$，电路呈感性。

在实际应用中，规定把电流 I 的范围（$0.707I_0<I<I_0$）所对应的频率范围（$f_1\sim f_2$）叫做串联谐振电路的通频带（又叫做频带的变化宽度），用符号 B 或 Δf 表示，其单位也是频率的单位 Hz。

理论分析表明，串联谐振电路的通频带为

$$B=\Delta f=f_2-f_1=\frac{f_0}{Q} \tag{3.12.8}$$

频率 f 在通频带以内（即 $f_1<f<f_2$）的信号，可以在串联谐振电路中产生较大的电流，而频率 f 在通频带以外（即 $f<f_1$ 或 $f>f_2$）的信号，仅在串联谐振电路中产生很小的电流。

Q 值越大说明电路的选择性越好，但频带较窄；反之，若频带越宽，则要求 Q 值越小，而选择性越差。选择性与频带宽度是相互矛盾的两个物理量。

【例 3.12.2】 设在 *RLC* 串联电路中，$L=30\ \mu H$，$C=211\ pF$，$R=9.4\ \Omega$，外加电源电压为 $u=\sqrt{2}\sin 2\pi ft$ mV。试求：（1）该电路的固有谐振频率 f_0 与通频带 B；（2）当电源频率 $f=f_0$ 时（即电路处于谐振状态），电路中的谐振电流 I_0、电感 L 与电容 C 元件上的电压 U_{L0}、U_{C0}；（3）如果电源频率与谐振频率偏差 $\Delta f=f-f_0=10\%f_0$，电路中的电流 I 为多少？

【解】（1）$f_0=\frac{1}{2\pi\sqrt{LC}}=2$ MHz，$Q=\frac{\omega_0 L}{R}=40$，$B=\frac{f_0}{Q}=50$ kHz

（2）$I_0=U/R=1/9.4$ mA $=0.106$ mA，$U_{L0}=U_{C0}=QU=40$ mV

（3）当 $f=f_0+\Delta f=2.2$ MHz 时，有：

$$|Z|=\sqrt{R^2+\left(\omega L-\frac{1}{\omega C}\right)^2}=72\ \Omega$$

$$I=\frac{U}{|Z|}=0.014\ \text{mA}$$

电路中的电流仅为谐振电流 I_0 的 13.2%。

【例 3.12.3】一个 RLC 串联谐振电路，已知：$C=100$ pF，$R=10\ \Omega$，端口激励电压，$u=\sqrt{2}\cos(3\pi\times10^6 t)$ mA，求：（1）电感元件参数 L；（2）电路的品质因数 Q；（3）通频带 Δf。

【解】由已知条件得谐振频率为 $3\pi\times10^6$ rad/s，则有

$$f_0=\frac{2\pi}{\omega_0}=1.5\ \text{MHz}$$

（1）L 为

$$L=\frac{1}{\omega_0^2 C}=\frac{1}{(3\pi\times10^6)^2\times100\times10^{-12}}\text{H}=112.6\ \mu\text{H}$$

（2）品质因数 Q 为

$$Q=\frac{\omega_0^2 L}{R}=\frac{3\pi\times10^6\times112.6\times10^{-6}}{10}\approx106$$

（3）通频带 Δf 为

$$\Delta f=\frac{1}{Q}f_0=\frac{1.5\times10^6}{106}\text{Hz}\approx14.3\ \text{kHz}$$

3.12.4 并联谐振频率

串联谐振电路适宜与低内阻的信号源相接，因为信号源内阻较大时，会使回路 Q 值下降，其选择性变差。为了能和较大内阻的信号源相连接，就必须采用并联谐振电路。并联谐振电路与串联谐振电路的定义相似，如图 3.12.3 所示电路是一种典型的并联谐振电路，当电路两端的电压和总电流同相时，称此电路为谐振电路。

电路的总复导纳为

$$Y=Y_R+Y_L+Y_C=\frac{1}{R}+\frac{1}{\text{j}X_L}+\frac{1}{-\text{j}X_C}$$

$$=\frac{1}{R}+\text{j}\left(\frac{1}{X_C}-\frac{1}{X_L}\right)=G+\text{j}(B_C-B_L)=G+\text{j}B$$

总复导纳的模为

$$|Y|=\sqrt{G^2+(B_C-B_L)^2}=\sqrt{G^2+B^2} \tag{3.12.9}$$

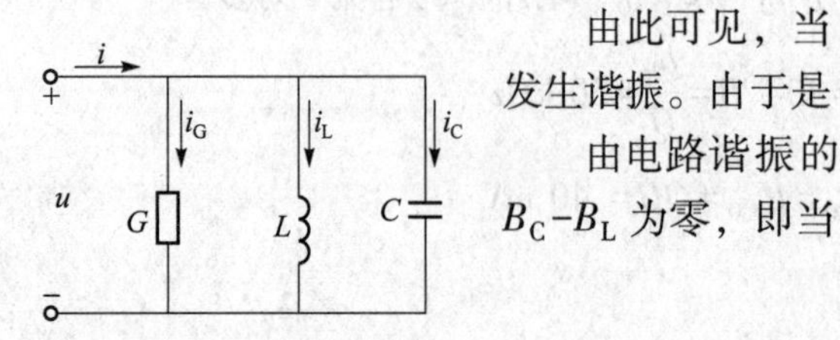

图 3.12.3　并联谐振电路

由此可见，当 $B_C=B_L$ 时，$|Y|=G$，电路呈纯电阻性，电路发生谐振。由于是 R、L、C 并联，所以称之为并联谐振。

由电路谐振的定义得并联谐振的条件是其总导纳的虚部 B_C-B_L 为零，即当

$$\omega_0 L=\frac{1}{\omega_0 C}$$

时发生并联谐振。由此得谐振频率为

$$\omega_0=\frac{1}{\sqrt{LC}} \tag{3.12.10}$$

或

$$f_0=\frac{1}{2\pi\sqrt{LC}} \tag{3.12.11}$$

与串联谐振一样，当信号频率一定时，可调节 L、C 值实现谐振；当电路参数固定时，改变信号源频率也可实现谐振。

3.12.5　并联谐振电路

实际应用中，常以电感线圈和电容器并联作为谐振电路。如果考虑电感线圈的损耗，可用电感与电阻串联为等效电路，而电容器的损耗很小，一般可略去不计，这样就得到如图 3.12.4（a）所示的电路。

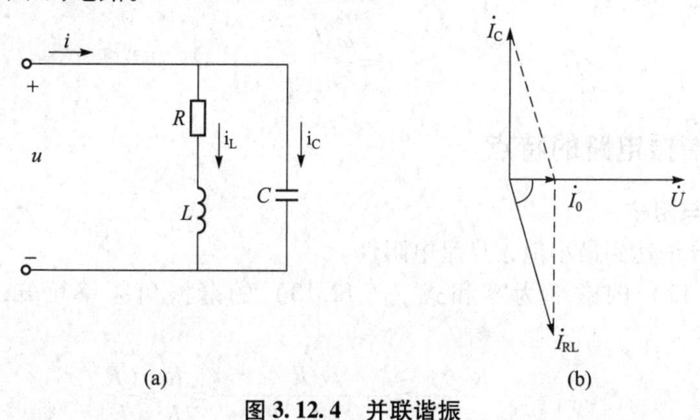

图 3.12.4　并联谐振

电路的复导纳为

$$\begin{aligned}Y&=\frac{1}{R+\mathrm{j}\omega L}+\mathrm{j}\omega C=\frac{R-\mathrm{j}\omega L}{(R+\mathrm{j}\omega L)(R-\mathrm{j}\omega L)}+\mathrm{j}\omega C\\&=\frac{R}{R^2+(\omega L)^2}+\mathrm{j}\left[\omega C-\frac{\omega L}{R^2+(\omega L)^2}\right]\end{aligned} \tag{3.12.12}$$

当满足条件，即虚部 $\omega C-\dfrac{\omega L}{R^2+(\omega L)^2}=0$ 时，电路发生谐振。

由此可得谐振角频率为

$$\omega_0=\sqrt{\frac{1}{LC}-\frac{R^2}{L^2}}=\frac{1}{\sqrt{LC}}\sqrt{1-\frac{R^2C}{L}}$$

或

$$f_0=\frac{1}{2\pi\sqrt{LC}}\sqrt{1-\frac{R^2C}{L}} \tag{3.12.13}$$

由式（3.12.13）可见，电路的谐振频率完全由电路参数来决定，只有当 $1-\dfrac{R^2C}{L}>0$，即 $R<\sqrt{\dfrac{L}{C}}$ 时，ω_0 才为实数，电路才有谐振频率，电路才能通过调节频率达到谐振；反之，若 $R>$

$\sqrt{\frac{L}{C}}$，谐振频率为虚数，则电路不可能发生谐振。在 $1-\frac{R^2C}{L}\approx 1$ 时，并联谐振的近似条件为

$$\frac{1}{\omega_0 L}=\omega_0 C \tag{3.12.14}$$

其谐振角频率为

$$\omega_0=\frac{1}{\sqrt{LC}} \tag{3.12.15}$$

其谐振频率为

$$f_0=\frac{1}{2\pi\sqrt{LC}} \tag{3.12.16}$$

其品质因数为

$$Q=\frac{\omega_0 L}{R} \tag{3.12.17}$$

3.12.6 并联谐振电路的特点

1. 谐振电导与阻抗

谐振时电路导纳达到最小值，且呈电阻性。

由式（3.12.12）的虚部为零和式（3.12.13）的谐振角频率可知，并联谐振时的电导为

$$G_0=\frac{R}{R^2+(\omega_0 L)^2}=\frac{R}{R^2+\left(\frac{1}{LC}-\frac{R^2}{L^2}\right)L^2}=\frac{R}{\frac{L}{C}}=\frac{CR}{L} \tag{3.12.18}$$

$$Z_0=\frac{1}{G_0}=\frac{L}{CR} \tag{3.12.19}$$

2. 谐振电流

电路处于谐振状态，总电流为最小值：

$$I_0=G_0 U \tag{3.12.20}$$

谐振时电容 C 的支路电流 I_{C0} 与总电流 I_0 之间的关系如下。

因为 $$U=U_{C0},\quad I|Z_0|=I_{C0}X_{C0}$$

所以 $$I_{C0}=\frac{|Z_0|}{X_{C0}}I=\frac{\omega_0 L}{R}I=QI\approx I_{L0} \tag{3.12.21}$$

RLC 并联谐振时的电流相量图如图 3.12.4（b）所示。

即谐振时各支路电流为总电流的 Q 倍，所以 LC 并联谐振又叫做电流谐振。

当 $f\neq f_0$ 时，称为电路处于失谐状态，对于 LC 并联电路来说，若 $f<f_0$，则 $X_L<X_C$，电路呈感性；若 $f>f_0$，则 $X_L>X_C$，电路呈容性。

3. 通频带

理论分析表明，并联谐振电路的通频带为

$$B=f_2-f_1=\frac{f_0}{Q} \tag{3.12.22}$$

频率 f 在通频带以内（即 $f_1 \leqslant f \leqslant f_2$）的信号，可以在并联谐振回路两端产生较大的电压，而频率 f 在通频带以外（即 $f<f_1$ 或 $f>f_2$）的信号，在并联谐振回路两端产生很小的电压，因此，并联谐振回路也具有选频特性。

【例 3.12.4】 一个电感线圈的损耗电阻为 10 Ω，自感系数 L 为 100 μH，与 100 pF 的电容 C 并联后，组成并联谐振电路。若激励为一正弦电流源，有效值 $I=1$ μA。试求谐振时电路的角频率及阻抗、端口电压、线圈电流、电容器电流及谐振时回路吸收的功率。

【解】 谐振角频率，根据式（3.12.13）得

$$\omega_0=\sqrt{\frac{1}{LC}-\frac{R^2}{L^2}}=\sqrt{\frac{1}{100\times10^{-6}\times100\times10^{-12}}-\frac{10^2}{(100\times10^{-6})^2}}\text{ rad/s}$$

$$=\sqrt{10^{14}-10^{10}}\text{ rad/s}\approx\sqrt{10^{14}}\text{ rad/s}=10^7\text{ rad/s}$$

谐振时阻抗为

$$Z_0=\frac{1}{G_0}=\frac{L}{RC}=\frac{100\times10^{-6}}{100\times100\times10^{-12}}\Omega=10^5\ \Omega$$

谐振时端口电压为

$$U=IZ_0=10^5\times10^{-6}\text{ V}=0.1\text{ V}$$

线圈的品质因数为

$$Q=\frac{\omega_0 L}{R}=\frac{10^7\times100\times10^{-6}}{10}=100$$

谐振时，电感线圈和电容器的电流为

$$I_L\approx I_C=QI=100\times1\times10^{-6}\text{ A}=100\ \mu\text{A}$$

谐振时回路的吸收的功率为

$$P\approx I_L^2R=(10^{-4})^2\times10\text{ W}=10^{-7}\text{ W}=0.1\ \mu\text{W}$$

或

$$P=I^2|Z|=(10^{-6})^2\times10^5\text{ W}=10^{-7}\text{ W}=0.1\ \mu\text{W}$$

并联谐振回路也具有选频特性。

【例 3.12.5】 如图 3.12.4（a）所示电感线圈与电容器构成的 LC 并联谐振电路，已知 $R=10$ Ω，$L=80$ μH，$C=320$ pF。试求：（1）该电路的固有谐振频率 f_0、通频带 B 与谐振阻抗 $|Z_0|$；（2）若已知谐振状态下总电流 $I=100$ μA，则电感 L 支路与电容 C 支路中的电流 I_{L0}、I_{C0} 各为多少？

【解】（1）谐振频率 f_0、通频带 B 与谐振阻抗 $|Z_0|$ 分别为

$$\omega_0=\frac{1}{\sqrt{LC}}\approx6.25\times10^6\text{ rad/s},\ f_0=\frac{1}{2\pi\sqrt{LC}}\approx1\text{ MHz},\ Q=\frac{\omega_0L}{R}=50$$

$$B=\frac{f_0}{Q_0}=20\text{ kHz},\ |Z_0|=Q_0^2R=25\text{ k}\Omega$$

（2）电流 I_{L0}、I_{C0} 为

$$I_{L0}\approx I_{C0}=QI=5\text{ mA}$$

3.12 测试题及答案

3.13 功率因数

在讨论电阻、电感和电容串、并联的交流电路时，谈到了交流电路的功率因数 $\cos\varphi$ 这一概念，功率因数是用电设备的一个重要指标。其中 φ 是电压与电流间的相位差或负载的阻抗角，φ 的大小取决于负载的参数，功率因数介于0~1。

当功率因数不等于1时，电路中就要发生能量交换，出现无功功率。φ 角越大，功率因数越低，发电机所发出的有功功率就越小，而无功功率就越大。无功功率越大，则说明电路中电源与用电设备之间能量交换的规模也就越大，从而导致发电机发出的能量不能充分被用电设备吸收，其中有相当一部分能量在发电机与负载之间进行交换，这样，发电设备的容量就不能充分利用。

3.13.1 提高功率因数的意义

1. 充分利用电源设备的容量

负载的功率因数低，使电源设备的容量不能充分利用。因为电源设备（发电机、变压器等）是依照它的额定电压与额定电流设计的。例如，一台容量为 $S=1\ 000$ kV·A 的变压器，若负载的功率因数 $\cos\varphi=1$ 时，则此变压器就能输出1 000 kW 的有功功率；若 $\cos\varphi=0.8$ 时，则此变压器只能输出800 kW了，也就是说变压器的容量未能充分利用。若要让发电机能提供一定的有功功率，而在功率因数较低时，就必然要增加发电机、变压器的容量，从而提高了电网的投资。

2. 减少输电线上的能量损耗

当发电机的电压 U 和输出的功率 P 一定时，电流 I 与功率因数 $\cos\varphi$ 成反比，即

$$I=\frac{P}{U\cos\varphi} \tag{3.13.1}$$

$$P_{\mathrm{L}}=I^2r=\frac{P^2}{U\cos\varphi}r \tag{3.13.2}$$

式中，r 是线路及发电机绕组的电阻。

负载的功率因数越低，输电线路的电流强度越大，线路中的电压降和发电机绕组上的功率损耗 P_{L} 就越大。

功率因数的提高，能使发电设备的容量得到充分利用，同时可降低线路的损耗。在电力负载中，绝大部分是感性负载，如企业中大量使用的感应电动机、照明用的荧光灯、控制电路中的接触器等。感性负载的电流滞后于电压 φ 角，φ 角总不会为零，所以 $\cos\varphi$ 总是小于1。在生产中最常用的异步电动机在额定负载时的功率因数为0.7~0.9，在轻载时功率因数低于0.5。电感性负载的功率因数小于1，是因为负载本身需要一定的无功功率。提高功率因数，不但解决了减少电源与负载之间能量的交换问题，而且又能使电感性负载获得所需的无功功率。

3. 13. 2　提高功率因数的方法

1. 提高用电设备本身的功率因数（自然功率因数）

异步电动机和变压器是电网中占用无功功率最多的电气设备，当电动机的实际负荷比其额定容量低许多时，它们的功率因数将会急剧地下降。这样，电动机做的功不多，耗用的无功功率和有功功率却很多，造成电能的浪费，这就是所谓的“大马拉小车”现象。为了避免上述情况的发生，提高用电设备的自然功率因数，就必须合理地选择电动机，使电动机的容量与负载的负荷相适应。

2. 用适当容量的电容器与感性负载并联

提高感性负载功率因数的最简便的方法是在感性负载两端并联一个适当的电容，这样就可以使电感中的磁场能量与电容器的电场能量进行交换，从而减少电源与负载间能量的互换。*RL* 串联部分代表一个电感性负载，它的电流 $\dot{I}_{RC}$ 滞后于电源电压 $\dot{U}$ 的相位为 φ_{RL}，在电源额定电压 U、额定功率 P 和工作频率 f 都不变的情况下，并入的电容 C 不会影响 *RL* 支路电流的大小和相位，但是总电流却由原来的 $\dot{I}_1$ 变成了 $\dot{I}$，即 $\dot{I}=\dot{I}_1+\dot{I}_C$，且 $\dot{I}$ 与电源电压相位差由原来的 φ_{RL} 减小为 φ，$\cos\varphi$ 大于 $\cos\varphi_{RL}$，功率因数提高了。所需并联电容 C 的大小为

$$C=\frac{P}{2\pi fU^2}(\tan\varphi_1-\tan\varphi_2)=\frac{P}{\omega U^2}(\tan\varphi_1-\tan\varphi_2) \tag{3.13.3}$$

【例 3. 13. 1】一感性负载与 220 V、50 Hz 的电源相接，其功率因数为 0. 7，消耗功率为 4 kW，若要把功率因数提高到 0. 9，应加接什么元件？其大小为多少？

【解】应并联电容，设并联电容前感性负载的功率因数角为 φ_1，并联电容后电路的功率因数角为 φ_2。

并联电容前感性负载的无功功率为

$$Q_1=P\tan\varphi_1=4\times10^3\times1.02\ \text{var}=4.08\ \text{kvar}$$

补偿后的无功功率为

$$Q_2=P\tan\varphi_2=4\times10^3\times0.484\ \text{var}=1.936\ \text{kvar}$$

所需电容的无功功率为 Q_C，则有

$$Q_C=P(\tan\varphi_2-\tan\varphi_1)=-U^2\omega C$$

3. 13 测试题及答案

故

$$C=\frac{1}{U^2\omega}(P\tan\varphi_1-P\tan\varphi_2)=\frac{1}{220^2\times314}(4\,080-1\,936)\text{F}=141\ \mu\text{F}$$

3. 13. 3　对功率因数的再认识

提高功率因数是指提高电源或电网的功率因数，而某个电感性负载的功率因数并没有变。在感性负载上并联了电容器以后，减少了电源与负载之间的能量交换，这时，电感性负载所需要的无功功率，大部分或全部能量就地供给（由电容器供给），即能量的交换主要或完全发生在电感性负载与电容器之间，因而使发电机容量得到充分利用。其次，由相量图可知，并联电容器以后线路电流也减小了，因而减小了线路的功率损耗。

采用并联电容器的方法，电路有功功率并未改变，因为电容器是不消耗电能的，负载的工作状态不受影响，因此，该方法在实际中得到了广泛应用。

3.14 任务训练——*RLC* 串联正弦交流电路

一、任务目的

1. 验证 *RLC* 串联电路中，总电压与各元件上电压之间的数值关系及相位关系。
2. 熟悉交流电压表、电流表的使用。

二、任务设备、仪器

实验电路板	自制	1块
白炽灯（做电阻 R）	220 V/25 W	1只
线圈（L）	8 W 荧光灯镇流器	1只
电容器（C）	2 μF/600 V	1只
交流电压表（或万用表）	0~15 V	1只
交流电流表	0~1 A	1只
按钮开关（或闸刀开关）	1 A	1只

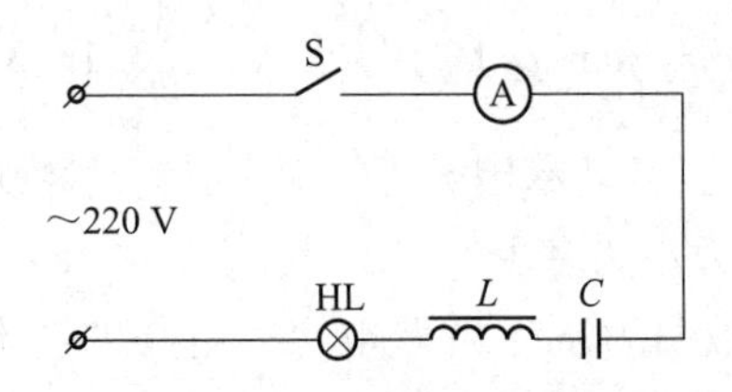

图 3.14.1 *RLC* 串联正弦交流电路

三、任务内容及步骤

1. 在实验板上按照图 3.14.1 接好电路，检查无误后方可接通电源。

2. 用交流电压表分别测量电源电压 U、白炽灯电压 U_R、电感线圈电压 U_L、电容电压 U_C，并将测量数据记入表 3.14.1 中。

表 3.14.1 *RLC* 串联正弦交流电路任务表

电源电压 U /V		电阻电压 U_R /V	电感电压 U_L /V	电容电压 U_C /V	电路电流 I /A
计算值	测量值				

四、任务报告

1. 将表 3.14.1 中的任务数据 U_R、U_L、U_C 值，代入公式 $U=\sqrt{U_R^2+(U_L-U_C)^2}$ 中，计算出电源电压 U 值，记入表 3.14.1 中并与表中记录的测量值 U 相比较。如有误差，试分析误差产生原因。

2. 根据表 3.14.1 中的任务数据计算 Z、R、X_L、X_C、$\cos\varphi$、P、S、Q 各量。

3. 用任务数据作电压相量图。

非正弦交流电路

一、非正弦周期量的产生

在电工技术中，除了正弦激励和响应外，还会遇到非正弦激励和响应；且当电路中有几个不同频率的正弦激励时，响应一般也是非正弦的；电力工程中应用的正弦激励只是近似的，因为发电机产生的电压虽力求按正弦规律变动，但由于制造等方面的原因，其电压波形是周期变化的，但与正弦波形或多或少会有差别。由于发电机和变压器等主要设备中都存在非正弦周期电流或电压，分析电力系统的工作状态时，有时也需考虑这些周期电流、电压因其波形与正弦波的差异而带来的影响。

在电子设备、自动控制等技术领域大量应用的脉冲电路中，电压和电流的波形也都是非正弦的，如图3.15.1（a）、图3.15.1（b）、图3.15.1（c）就是几种常见的非正弦交流电波形。

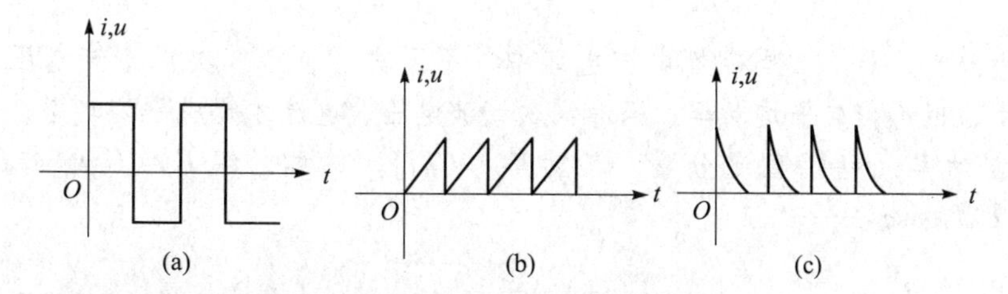

图3.15.1　几种常见的非正弦交流电

上述各种激励与响应的波形虽然各不相同，但如果它们都是按一定规律周而复始地变化着，则称为非正弦周期量。不按正弦规律作周期性变化的电流或电压，称为非正弦周期电流或电压。

非正弦周期电流产生的原因很多，通常有以下三种情况：

1. 采用非正弦交流电源。如方波发生器、锯齿波发生器等脉冲信号源，输出的电压就是非正弦周期电压。

2. 同电路中有不同频率的电源共同作用。

3. 电路中存在非线性元件。如图3.15.2所示的二极管整流电路就是这样的。

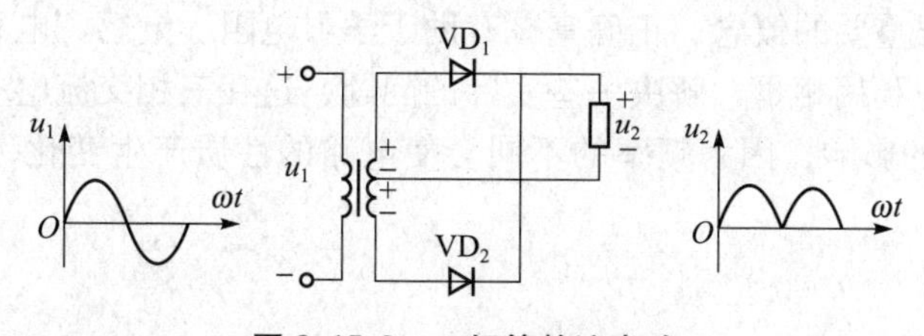

图3.15.2　二极管整流电路

二、非正弦周期量电压、电流的有效值

非正弦周期信号的有效值定义与正弦波一样。如果一个非正弦周期电流流经电阻R时，

电阻上产生的热量和一个直流电流I流经同一电阻R时，在同样时间内所产生的热量相同，这个直流电流的数值I，叫做该非正弦电流的有效值。周期电流、周期电压的有效值恒等于它们的方均根值。

$$I = \sqrt{I_0^2 + I_1^2 + I_2^2 + \cdots + I_k^2} \tag{3.15.1}$$

即周期量的有效值等于它的各次谐波（包括直流分量，其有效值即为I_0）有效值的平方和的平方根。周期量的有效值与各次谐波的初相无关，它不是等于而是小于各次谐波有效值的和。

对于非正弦周期电压的有效值也有在同样的计算式为

$$U = \sqrt{U_0^2 + U_1^2 + U_2^2 + \cdots U_k^2} \tag{3.15.2}$$

三、非正弦周期电流电路中的平均功率

设有一条支路或一个二端网络，其电压、电流取关联参考方向，并设其电压、电流为

$$u = U_0 + \sum_{k=1}^{\infty} U_{km}\sin(k\omega t + \psi_{ku})\ ,\ i = I_0 + \sum_{k=1}^{\infty} I_{km}\sin(k\omega t + \psi_{ki})$$

（U_k、I_k各为k次谐波电压、电流的有效值，ψ_k为k次谐波电压比k次谐波电流超前的相位差）；不同次谐波电压和电流的乘积，根据三角函数的正交性，它们的平均值为零。因此有

$$P = U_0 I_0 + \sum_{k=1}^{\infty} U_k I_k \cos\psi_k = P_1 + P_2 + P_3 + \cdots + P_k \tag{3.15.3}$$

综合以上分析，非正弦周期性电流电路中，不同次（包括零次）谐波电压、电流虽然构成瞬时功率，但不构成平均功率；只有同次谐波电压、电流才构成平均功率；电路的功率等于各次谐波功率（包括直流分量，其功率为$U_0 I_0$）的和，即 $P = U_0 I_0 + U_1 I_1 \cos\varphi_1 + U_2 I_2 \cos\varphi_2 + U_3 I_3 \cos\varphi_3 + \cdots$。

先导案例解决

交流电与直流电相比有如下优点：交流电能利用变压器方便地改变电压，便于输送、分配和使用；在功率相同的情况下，交流电动机无论是在结构、成本还是在维护上都要优于直流电动机；交流电还能方便地通过整流装置转换成所需的直流电。

在现代工农业生产和人们的日常生活中，除了一些特定的场合要用直流电以外，绝大多数场合用的是交流电。

生产学习经验

1. 相位是一个很重要的概念，正确掌握有助于学习电阻、电感、电容电路的学习；

2. 正确、灵活地利用相量，解决一些实际的问题，这在三相交流电中显得非常重要；

3. 频率f对电路的影响，因为频率的不同会使电路的性质产生变化，有时还会产生严重的后果。

本章小结

BENZHANGXIAOJIE

1. 正弦交流电的主要参数

大小及方向均随时间按正弦规律作周期性变化的电流、电压、电动势叫做正弦交流电

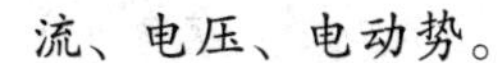

流、电压、电动势。

1）周期与频率

交流电完成一次循环变化所用的时间叫做周期，$T=\dfrac{2\pi}{\omega}$；周期的倒数叫做频率 $f=\dfrac{1}{T}$；角频率与频率之间的关系为 $\omega=2\pi f$。

2）有效值

正弦交流电的有效值等于振幅（最大值）的0.707倍，即

$$I=\frac{I_{\mathrm{m}}}{\sqrt{2}}=0.707I_{\mathrm{m}}$$

$$U=\frac{U_{\mathrm{m}}}{\sqrt{2}}=0.707U_{\mathrm{m}}$$

$$E=\frac{E_{\mathrm{m}}}{\sqrt{2}}=0.707E_{\mathrm{m}}$$

3）正弦交流电的三要素

正弦交流电的振幅、角频率、初相这3个参数叫做正弦交流电的三要素，也可以把正弦交流电的有效值、频率、初相这3个参数叫做三要素。

4）相位差

两个正弦量的相位差为 $\varphi=\varphi_2-\varphi_1$，存在超前、滞后、同相、反相、正交等关系。

2. 交流电的表示法

1）解析式表示法

$$i=I_{\mathrm{m}}\sin(\omega t+\psi)$$

$$u=U_{\mathrm{m}}\sin(\omega t+\psi)$$

$$e=E_{\mathrm{m}}\sin(\omega t+\psi)$$

2）波形图表示法

波形图表示法即用正弦量解析式的函数图像表示正弦量的方法。

3）相量图表示法

正弦量可以用振幅相量或有效值相量表示，但通常用有效值相量表示。

振幅相量表示法是用正弦量的振幅值作为相量的模（大小），用初相角作为相量的幅角；有效值相量表示法是用正弦量的有效值作为相量的模（大小），仍用初相角作为相量的幅角。

3. *RLC* 元件的特性

特性名称		电阻 R	电感 L	电容 C
交直流特性	直流特性	呈现一定的阻碍作用	通直流（相当于短路）	隔直流（相当于开路）
	交流特性	呈现一定的阻碍作用	通低频，阻高频	通高频，阻低频

续表

特性名称		电阻 R	电感 L	电容 C
u 与 i 的关系	大小	$U_R = RI_R$	$U_L = X_L I_L$	$U_C = X_C I_C$
	相位差	$\varphi_{ui} = 0°$	$\varphi_{ui} = 90°$	$\varphi_{ui} = -90°$
功率情况		耗能元件 有功功率 $P_R = U_R I_R$	储能元件（$P_L = 0$） 无功功率 $Q_L = U_L I_L$	储能元件（$P_C = 0$） 无功功率 $Q_C = U_C I_C$

4. *RLC* 串、并联电路

内　容		*RLC* 串联电路	*RLC* 并联电路
等效阻抗或导纳	阻抗或导纳	$Z = R + j(X_L - X_C)$	$Y = G + j(B_C - B_L)$
	阻抗角或导纳角	$\varphi = \arctan(X/R)$	$\varphi' = -\arctan(B/G)$
电压或电流关系	大小关系	$U = \sqrt{U_R^2 + (U_L - U_C)^2}$	$I = \sqrt{I_R^2 + (I_L - I_C)^2}$
电路性质	感性电路	$X_L > X_C, U_L > U_C, \varphi > 0$	$B_L > B_C, I_L > I_C, \varphi' < 0$
	容性电路	$X_L < X_C, U_L < U_C, \varphi < 0$	$B_L < B_C, I_L < I_C, \varphi' > 0$
	谐振电路	$X_L = X_C, U_L = U_C, \varphi = 0$	$B_L = B_C, I_L = I_C, \varphi' = 0$
功　率	有功功率	$P = I^2 R = UI\cos\varphi$	$P = U^2 G = UI\cos\varphi$
	无功功率	$Q = I^2 X = UI\sin\varphi$	$Q = GU^2 B = UI\sin\varphi$
	视在功率	$S = UI = I^2 \lvert Z \rvert = \dfrac{U^2}{\lvert Z \rvert}\sqrt{P^2 + Q^2}$	

说明：

(1) *RL* 串联电路：只需将 *RLC* 串联电路中的电容 C 短路，即令 $X_C = 0$，$U_C = 0$，则表中有关串联电路的公式完全适用于 *RL* 串联情况。

(2) *RC* 串联电路：只需将 *RLC* 串联电路中的电感 L 短路，即令 $X_L = 0$，$U_L = 0$，则表中有关串联电路的公式完全适用于 *RC* 串联情况。

(3) *RL* 并联电路：只需将 *RLC* 并联电路中的电容 C 开路，即令 $X_C = \infty$，$I_C = 0$，则表中有关并联电路的公式完全适用于 *RL* 并联情况。

(4) *RC* 并联电路：只需将 *RLC* 并联电路中的电感 L 开路，即令 $X_L = \infty$，$I_L = 0$，则表中有关并联电路的公式完全适用于 *RC* 并联情况。

5. *RLC* 串、并联谐振电路

电路类型 比较项目	*RLC* 串联谐振电路	*RLC* 并联谐振电路
谐振条件	$X_L = X_C$	$X_L \approx X_C$
谐振频率	$f_0 = \dfrac{1}{2\pi\sqrt{LC}}$	$f_0 \approx \dfrac{1}{2\pi\sqrt{LC}}$

续表

比较项目 \ 电路类型	*RLC* 串联谐振电路	*RLC* 并联谐振电路
谐振阻抗或导纳	$Z_0=R$（最小）	$G_0=\frac{CR}{L}$（最小）
谐振电流	$I_0=\frac{U}{R}$（最大）	$I_0=G_0U$（最小）
品质因数	$Q=\frac{\omega_0L}{R}=\frac{1}{\omega_0CR}$	$Q=\frac{\omega_0L}{R}=\frac{1}{\omega_0CR}$
元件上电压或电流	$U_L=U_C=QU$，$U_R=U$	$I_L\approx I_C\approx QI_0$
通频带	$B=f_2-f_1=\frac{f_0}{Q}$	$B=f_2-f_1=\frac{f_0}{Q}$
失谐时阻抗性质	$f>f_0$ 时，呈感性 $f<f_0$ 时，呈容性	$f>f_0$ 时，呈容性 $f<f_0$ 时，呈感性
对电源的要求	适用于低内阻的信号源	适用于高内阻的信号源

6. 提高功率因数的方法

提高感性负载（R_L）功率因数的方法，是用适当容量的电容器与感性负载并联。在电压 U、额定功率 P、工作频率 f 不变的情况下，将功率因数从 $\cos\varphi_1$ 提高到 $\cos\varphi_2$，所需并联的电容为

$$C=\frac{P}{2\pi f U^2}(\tan\varphi_1-\tan\varphi_2)$$

习　题

一、填空题

1. 交流电的三要素是__________、__________和__________。

2. 我国工频交流电的频率为__________，周期为__________。

3. 正弦交流量的表示方法有__________、__________和__________三种。

4. 写出如图 3.01 所示电压曲线的解析式__________。

5. 图 3.02 中给出了 u_1、u_2 的波形图，试确定 u_1 和 u_2 的初相各为__________、__________。相位差为__________，__________超前__________。

6. 已知一正弦电压的幅值为 310 V，频率为 50 Hz，初相为 90°，试写出其解析式为__________。

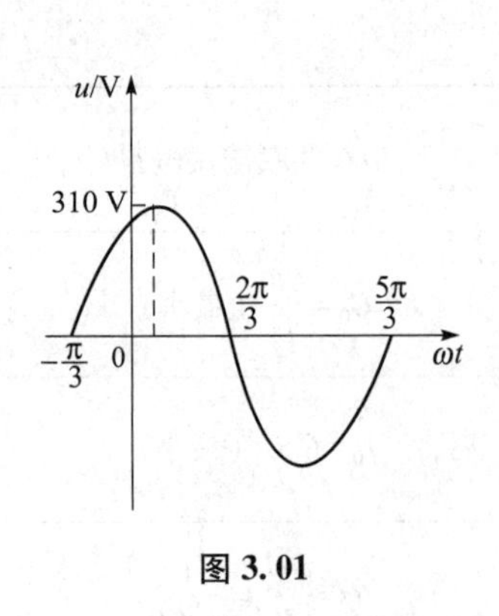

图 3.01

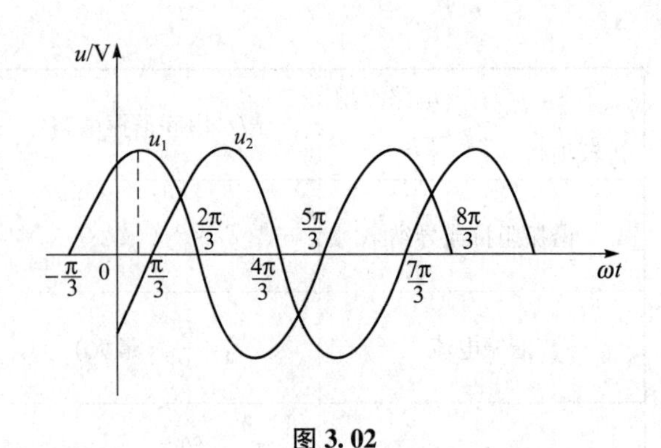

图 3.02

7. 一工频正弦电压的最大值为 310 V，初始值为 −155 V，它的解析式为____________________。

8. 已知 $u=220\sqrt{2}\sin(314t+60°)$ V，当纵坐标轴向左移 $\frac{\pi}{4}$ 时，它的解析式为____________。

9. 已知 $u=220\sqrt{2}\sin(314t+60°)$ V，当纵坐标轴向右移 $\frac{\pi}{3}$ 时，它的解析式为____________。

10. 两个同频率的正弦电压的有效值分别为 30 V 和 40 V，当____________时，u_1+u_2 的有效值为 70 V；当__________时，u_1+u_2 的有效值为 50 V；当__________时，u_1+u_2 的有效值为 10 V。

11. 两个或两个以上的正弦量进行加减运算时，这几个正弦量必须是____________正弦量。

12. 纯电感正弦交流电路中，电压有效值与电流有效值之间的关系为____________，电压与电流在相位上的关系为____________。

13. 感抗是表示____________，感抗与频率成____________比，其值 $X_L=$____________，单位是____________。

14. 在 RL 串联正弦交流电路中，电压有效值与电流有效值之间的关系为____________，电压与电流在相位上的关系为____________，相位角 ψ____________，电路的阻抗等于____________。

15. 在 RL 串联正弦交流电路中，有功功率 $P=$__________，视在功率 $S=$__________。

16. 纯电容正弦交流电路中，电压有效值与电流有效值之间的关系为________________________，电压与电流在相位上的关系为____________。

17. 容抗是表示____________________，容抗与频率成____________比，其值 $X_C=$____________，单位是____________。

18. 在正弦交流电路中，已知流过电容元件的电流 $I=10$ A，电压 $u=28.28\sin(1\,000\,t)$ V，则电流强度 $i=$____________。

19. 在 RC 串联正弦交流电路中，电压有效值与电流有效值之间的关系为____________，电压与电流在相位上的关系为____________，相位差为____________，电路的阻抗______。

20. 在 RC 串联正弦交流电路中，电压三角形由______、______和______组成。阻抗三角形由______、______和______组成。功率三角形由______、______和______组成。

21. 电路如图 3.03 所示，已知 $i_1 = 20\sin 314t$A，i_2 的最大值也为 20 A，则电流表 Ⓐ 的读数是______A；A_1 的读数是______A；A_2 的读数是______A。

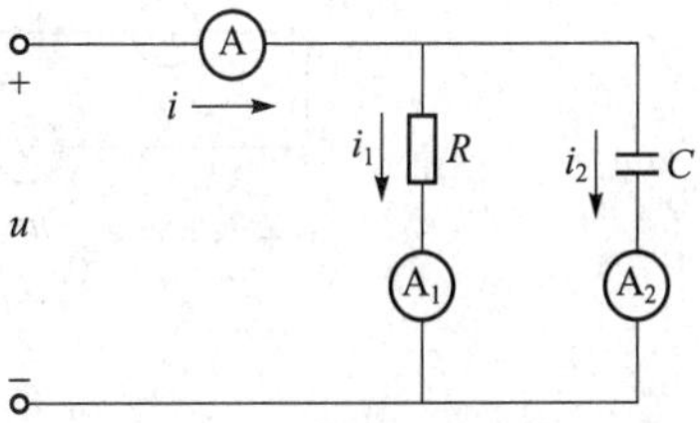

图 3.03

22. 在 RLC 串联正弦交流电路中，电压有效值与电流有效值之间的关系为______，电压与电流的相位角为______，电路的阻抗为______。

23. 在 RLC 串联正弦交流电路中，电压三角形由______、______和______组成。阻抗三角形由______、______和______组成。

24. 在 RLC 串联正弦交流电路中，当 X_L ______ X_C 时，电路呈感性，当 X_L ______ X_C 时，电路呈容性，当 X_L ______ X_C 时，电路发生谐振。

25. 在 RLC 并联正弦交流电路中，当 X_L ______ X_C 时，电路呈感性，当 X_L ______ X_C 时，电路呈容性，当 X_L ______ X_C 时，电路发生谐振。

26. 在 RLC 并联正弦交流电路中，当 B_L ______ B_C 时，电路呈感性，当 B_L ______ B_C 时，电路呈容性，当 B_L ______ B_C 时，电路发生谐振。

27. 串联正弦交流电路发生谐振的条件是______。谐振时，谐振频率 $f_0 =$ ______，品质因数 $Q =$ ______。

28. 在发生串联谐振时，电路中的感抗与容抗______，此时电路中阻抗______，电流______，总阻抗 $Z =$ ______。

29. 有一 RLC 串联正弦交流电路，用电压表测得电阻、电感、电容上电压均为 10 V，用电流表测得电流为 10 A，此电路中 $R =$ ______，$X_L =$ ______，$X_C =$ ______，$Z =$ ______。

30. RL 串联再与电容并联的电路若发生谐振时，其谐振频率 $f_0 =$ ______。

31. 如图 3.04 所示电路中，已知电流表 A_1、A_2 的读数均为 20 A，则电路（a）中电流表 Ⓐ 的读数是______A；电路（b）中电流表 Ⓐ 的读数是______A。

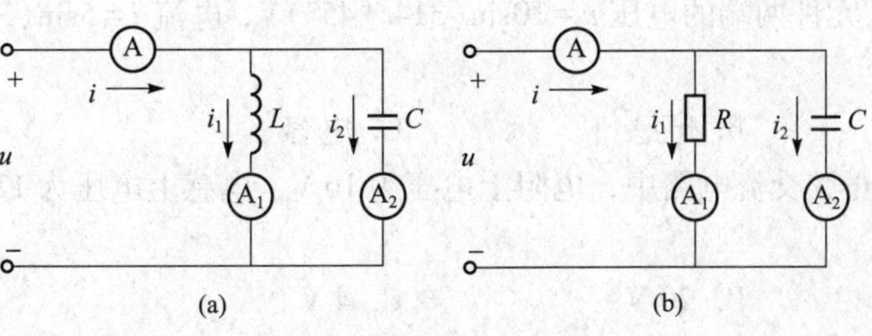

图 3.04

32. 在如图3.05所示电路中，已知电压表 V_1、V_2 的读数均为50 V，则电路（a）中电压表 V 的读数是____________V；电路（b）中电压表 V 的读数是____________V。

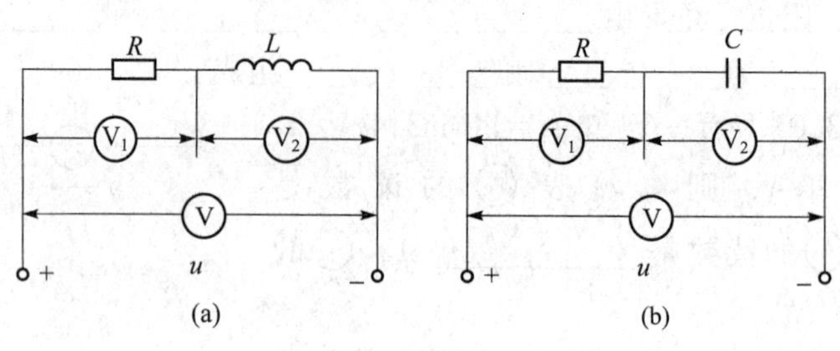

图 3.05

33. RL 串联再与电容并联的电路，若调节电容使电路发生谐振时，电路中总阻抗最____________，总电流为____________，总电流在相位上与电压____________。

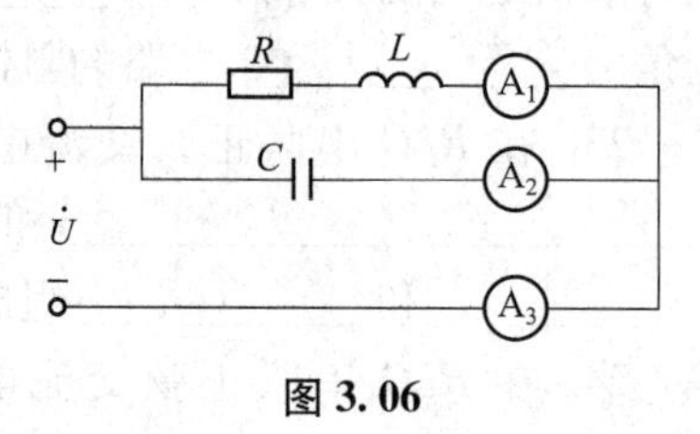

图 3.06

34. 如图3.06所示并联电路在发生谐振时，电流表 A_1 的读数为15 A，A_2 的读数为9 A，则 A_3 的读数为____________A。

35. 提高功率因数的意义是为了：____________、____________。

二、选择题

1. 在电源电压频率不变的情况下，电阻、电感串联再并联电容后（　　）。

A. 总电流增加　　B. 总电流减小　　C. 总电流不变　　D. A、B、C 皆有可能

2. 在纯电容正弦交流电路中，电压大小与频率一定时，则（　　）。

A. 电容器电容量越大，电路中电流就越大

B. 电容器电容量越大，电路中电流就越小

C. 电流的大小与电容量的大小无关

3. 在纯电容正弦交流电路中，增大电源频率时，其他条件不变，电路中电流将（　　）。

A. 增大　　B. 减小　　C. 不变

4. 若电路中某元件两端的电压 $u=36\sin(314t-180°)$ V，电流 $i=4\sin(314t+180°)$ A，则该元件是（　　）。

A. 电阻　　B. 电感　　C. 电容

5. 若电路中某元件两端的电压 $u=10\sin(314t+45°)$ V，电流 $i=5\sin(314t+135°)$ A，则该元件是（　　）。

A. 电阻　　B. 电感　　C. 电容

6. 在 RL 串联正弦交流电路中，电阻上电压为16 V，电感上电压为12 V，则总电压 U 为（　　）。

A. 28 V　　B. 20 V　　C. 4 V

7. 在纯电感正弦交流电路中，电压有效值不变，增加电源频率时，电路中电流（　　）。

A. 增大　　B. 减小　　C. 不变

8. 下列说法正确的是（　　）。

A. 无功功率是无用的功率

B. 无功功率是表示电感元件建立磁场能量的平均功率

C. 无功功率是表示电感元件与外电路进行能量交换的瞬时功率的最大值

9. 在如图 3.07 所示电路中，把电容支路去掉，会对电阻电感支路的电流（　　）。

A. 有影响　　B. 无影响　　C. 不一定

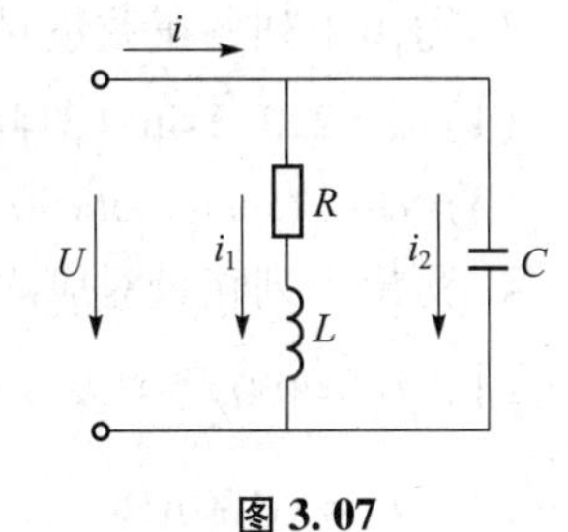

图 3.07

10. 当电阻、电感串联再与电容并联后，总电流（　　）。

A. 增大了　　B. 减小了　　C. 不确定

11. 在 *RLC* 串联交流电路中，电源电压不变，调节电容，下列正确的是（　　）。

A. 随电容调小，X_L 之值变大

B. 随电容调小，X_L 之值变小

C. 随电容调大，电路阻抗变小

D. 随电容调大，电路电流可能变小也可能变大

12. 正弦交流电路如图 3.08 所示，已知 S 开关打开时，电路发生谐振。当把 S 开关合上时，电路呈现（　　）。

A. 阻性　　B. 感性　　C. 容性

13. 正弦交流电路如图 3.09 所示，已知电源电压为 220 V，频率 $f = 50$ Hz 时，电路发生谐振。现将电源的频率增加，电压值不变，这时灯泡的亮度（　　）。

A. 比原来亮　　B. 比原来暗　　C. 和原来一样亮

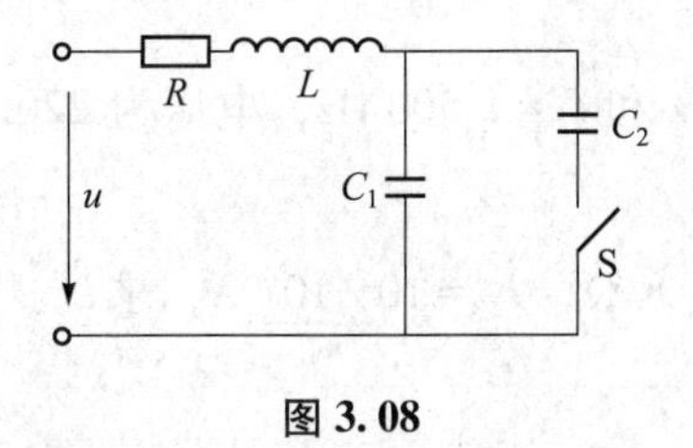

图 3.08

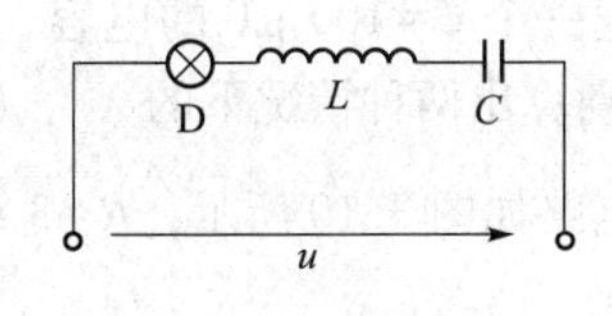

图 3.09

14. 在一 *RLC* 串联正弦交流电路中，已知 $R = X_L = X_C = 20\ \Omega$，总电压有效值为 220 V，则电感上电压为（　　）。

A. 0 V　　B. 220 V　　C. 3 V

15. 在电阻、电感串联再与电容并联的电路中，改变电容使电路发生谐振时，电容支路电流（　　）。

A. 大于总电流　　B. 小于总电流　　C. 等于总电流　　D. 不一定

16. 电力工业中为了提高功率因数，常采用（　　）。

A. 给感性负载串联补偿电容，减少电路电抗

B. 给感性负载并联补偿电容

C. 提高发电机输出有功功率，或降低发电机无功功率

三、计算题

1. 某正弦交流电的最大值为100 mA，频率为50 Hz，求：（1）电流在经过零值后多长时间才能达到50 mA？（2）电流在经过零值后多长时间达到最大值？

2. 已知两复数 $Z_1=8+\mathrm{j}6$，$Z_2=10\angle 30°$，求 Z_1+Z_2、Z_1-Z_2、$Z_1\times Z_2$、$Z_1\div Z_2$ 的值各为多少。

3. 写出下列各正弦量对应的相量。

（1）$u=220\sqrt{2}\sin(314t+160°)$ V　　（2）$u=110\sqrt{2}\sin(314t+60°)$ V

（3）$u=311\sin(\varpi t+90°)$ V　　（4）$u=70.7\sin(314t-60°)$ V

4. 写出下列相量对应的正弦量（$\omega=314$ rad/s）。

（1）$\dot{U}_1=100\angle 30°$ V　　（2）$\dot{U}_2=141\angle -30°$ V

（3）$\dot{I}_1=-\mathrm{j}100$A　　（4）$\dot{I}=(10-\mathrm{j}10)$ A

5. 已知 $u_1=220\sqrt{2}\sin(314t+60°)$ V，$u_2=220\sqrt{2}\sin(314t+30°)$ V，试作 u_1、u_2 的相量图，并求 u_1+u_2 和 u_1-u_2。

6. 电压 $u=220\sqrt{2}\sin(314t+60°)$ V 施加于电感，电感 L 的电感量为0.2 H，选定 u、i 参考方向一致，试求通过电感的电流 i，并作出电流和电压的相量图。

7. 一个电感量为0.25 H的电感 L，先后接在 $f_1=50$ Hz 和 $f_2=1\,500$ Hz，电压为220 V的电源上，分别算出两种情况下的 X_L、I_L 和 Q_L。

8. 在关联参考方向下，已知加于电感元件两端的电压为 $u=220\sqrt{2}\sin(314t+60°)$ V，通过的电流为 $i=22\sqrt{2}\sin(314t+\psi)$ A，试求电感的参数 L 及电流的初相位 ψ。

9. 一个电容量为50 μF的电容接于 $u=220\sqrt{2}\sin(314t+60°)$ V 的电源上，求 i_C、Q_C，画出电流、电压的相量图。

10. 把一个 $C=100$ μF 的电容，先后接于 $f_1=50$ Hz 和 $f_2=1\,500$ Hz，电压为220 V的电源上，分别算出两种情况下的 X_C、I_C 和 Q_C。

11. 电路如图3.10所示，$R=3\ \Omega$，$X_L=4\ \Omega$，$X_C=8\ \Omega$，$\dot{I}_C=10\angle 10°$ A，求 $\dot{U}$、$\dot{I}_R$、$\dot{I}_L$ 及总电流 $\dot{I}_C$。

12. 电路如图3.11所示，已知电流 $\dot{I}_C=3\angle 30°$ A，求电压源 $\dot{U}_S$。

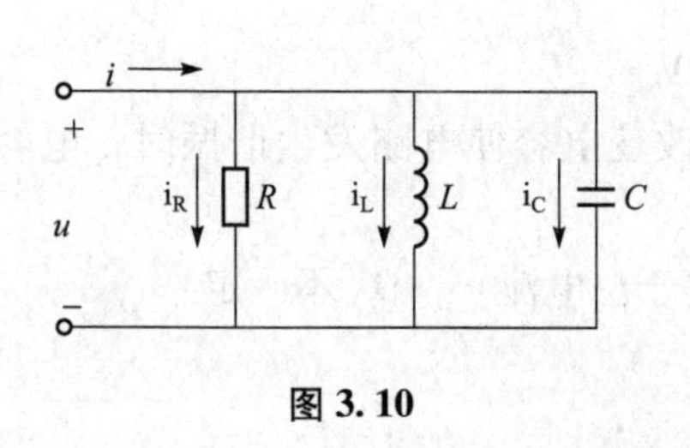

图3.10

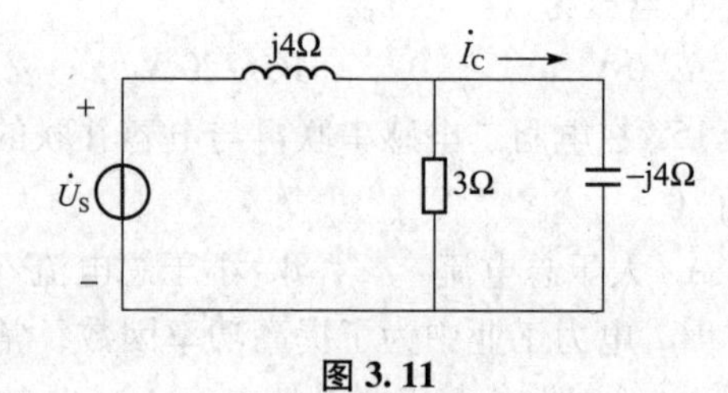

图3.11

13. 电路如图3.12所示，已知 $R=100\ \Omega$，$X_L=100\ \Omega$，$X_C=500\ \Omega$，$I=2$ A，求 I_R 和 U。

14. 一电阻 R 与一线圈串联电路如图3.13所示，已知 $R=28\ \Omega$，测得 $I=4.4$ A，$U=$

220 V，电路总功率 $P=580$ W，频率 $f=50$ Hz，求线圈的参数 r 和 L。

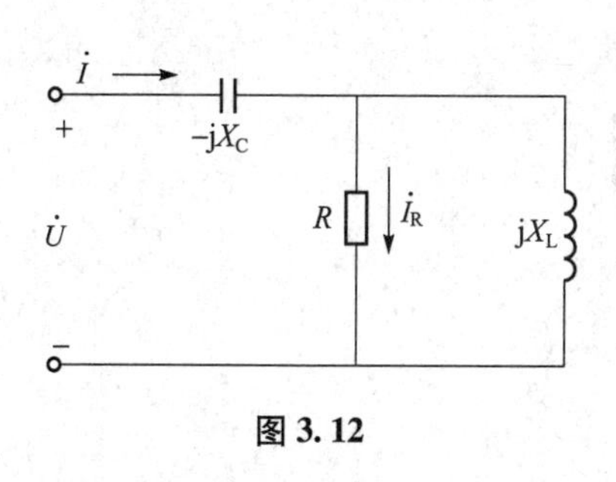

图 3.12

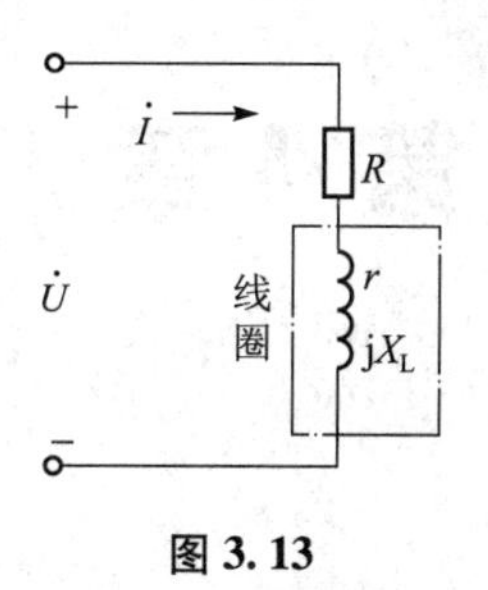

图 3.13

15. 一感性负载与 220 V、50 Hz 的电源相接，其功率因数为 0.6，消耗功率为 5 kW，若要把功率因数提高到 0.9，应加接什么元件？其元件值又为多少？

16. 在 RLC 串联谐振电路中，$R=50\ \Omega$，$L=400$ mH，$C=0.254\ \mu$F，电源电压 $U=10$ V。求谐振频率、电路品质因数、谐振时电路中的电流及各元件上的电压。

17. 一个 $R=12.5\ \Omega$，$L=25\ \mu$H 的线圈与 $C=100$ pF 的电容并联。求其谐振角频率和谐振阻抗。若端口电压为 100 mV，求谐振时的端口电流和支路电流。

18. 在 RLC 串联电路中，谐振频率为 ω_0，如果想加宽通频带 Δf，需要改变哪个元件参数？如何改变？

19. 品质因数和通频带与选择性有什么关系？

20. 在 RLC 串联谐振电路中，若电感量增至原来的 10 倍，要维持原来的谐振频率不变，则电容值应如何改变？这时品质因数将如何变化？

21. 试比较串联谐振和并联谐振的特性。

第4章　三相电路

本章知识点

1. 了解三相交流电源的产生及表示方法；

2. 理解线电压、相电压，线电流、相电流的关系；掌握三相交流电源及负载的连接方法，以及电路中各种参数的计算；

3. 掌握三相交流电路的功率测量方法及计算。

先导案例

目前世界各国广泛使用的交流电能绝大部分是由三相交流电源供电的，即将三个频率和最大值都相同、相位相差120°的正弦电动势（或电压），按照一定的方式连接起来作为三相交流电源供电。同时电能的输送也是由三相输电线路实现的。那么电力生产、发电、变电、输电为什么多采用三相制？而不用单相制？

前面所讲的正弦交流电路，仅为一个交流电压源供电，习惯上称为单相交流电路。但在工农业生产上和日常生活中使用的动力电源，几乎都是三相对称交流电源，供电线路也是三相电路。所谓“对称”三相电源，是由频率相同、幅值相等、相位角相差120°的3个电压源组成。

目前，世界各国电力系统普遍采用三相制供电方式，组成三相交流电路。日常生活中的单相用电也是取自三相交流电中的一相。三相交流电之所以被广泛应用，是因为它节省线材、输送电能经济方便、运行平稳。三相交流电动机构造简单、价格低廉、性能良好，是工农业生产的主要动力设备。

动力系统广泛采用三相制供电，是因为它有多方面的优点。① 三相发电机的铁心、磁场能得到充分利用，与同功率的单相发电机相比体积小，节约原材料；② 三相电路也比较经济，如果在相同的电压下，输送同样的功率，三相线路要比单相线路所用的导线和其他器材都省；③ 工矿企业大量使用的三相感应电动机比其他类型的电动机结构简单、性能好，电动改向也方便；④ 三相交流电经整流以后输出的波形较为平直，更接近于理想的直流。

为此，在发电、输电、变电及配电系统中几乎都采用三相制。即使在需要单相交流电的地方也是从三相交流电中取出其中一相作为单相电源。因此，在单相交流电路的基础上，进一步研究三相交流电路具有重要的现实意义。

4.1　三相交流电源

4.1.1　三相交流电动势的产生

三相交流电源是由发电厂的三相交流发电机产生的。三相交流发电机同单相发电机相比，只是电枢上装了3个空间位置彼此相隔120°的相同线圈，如图4.1.1所示。

当电枢逆时针方向旋转时，每个线圈都要产生一个正弦交流电动势，用电压表示。它们的幅值相等，频率相同，相位彼此互差120°，并称为三相电动势，这就是三相电源。由三相电源组成的电路称为三相电路。单相交流电路只是三相中的某一相交流电路。

假设三相交流发电机的3个绕组为AX、BY、CZ，分别称为A相、B相、C相，并将A、B、C称为“相头”，X、Y、Z称作“相尾”。规定每相电源的“相头”为高电位，“相尾”为低电位。每相电源的相电压从“相头”指向“相尾”，如图4.1.1所示。设每相电压的有效值为U_P，角频率为ω，以A相的电压u_A为参考正弦量，如图4.1.2所示，则三相电压为

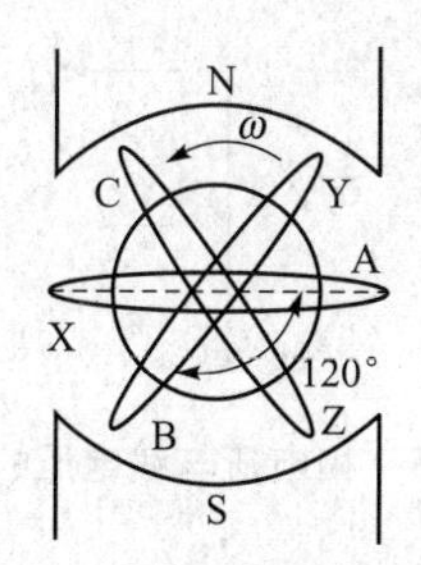

图4.1.1　三相交流发电机示意图

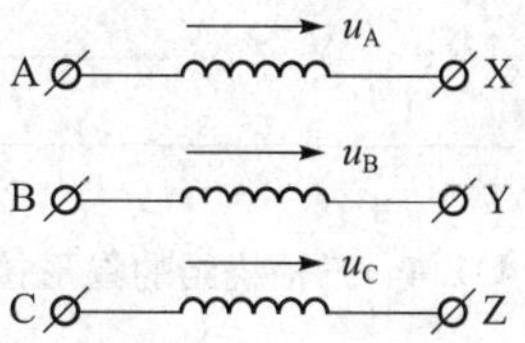

图4.1.2　三相对称电源电压的参考方向

$$\left.\begin{aligned} u_A &= \sqrt{2}U_P\sin\omega t \\ u_B &= \sqrt{2}U_P\sin(\omega t-120^\circ) \\ u_C &= \sqrt{2}U_P\sin(\omega t+120^\circ) \end{aligned}\right\} \tag{4.1.1}$$

根据式（4.1.1），可作出三相对称电压的波形图和相量图，如图4.1.3（a）所示。由三相对称电压的波形图可以看出：三相对称电压的瞬时值，在任一时刻的代数和等于零，即

$$e_1+e_2+e_3=0$$

由图4.1.3（b），相量图中任意两个电压相量按平行四边形法则合成，其相量和与第三个电压相量大小相等，方向相反，相量和为零。

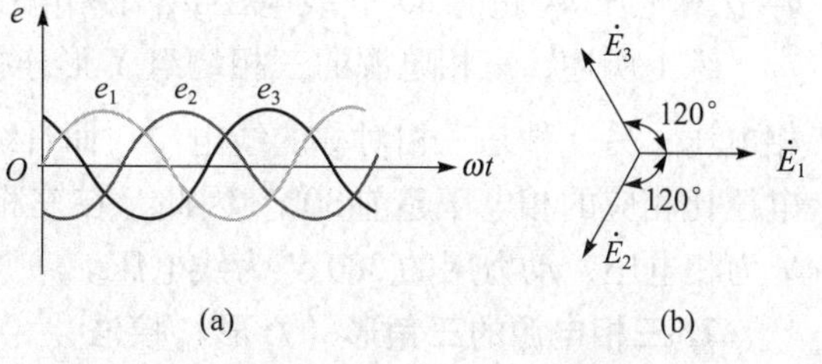

图4.1.3　对称三相电动势的波形图与相量图

4.1.2　三相电源的连接

三相电源的连接通常是指三相交流发电机的各相绕组或三相变压器的副边绕组的连接。如果把每相绕组单独用两根线引出后连接负载，成为互不相连的三相电路，则它与单相制相比毫无优越之处。实际上是将三相绕组连接成星形（亦称Y形）或三角形（亦称△形）进行供电。

1. 三相电源的星形（Y形）接法

将三相发电机三相绕组的末端U_2、V_2、W_2（相尾）连接在一点，始端U_1、V_1、W_1（相头）分别与负载相连，这种连接方法叫做星形（Y形）连接，如图4.1.4所示。

从三相电源3个相头U_1、V_1、W_1引出的3根导线叫做端线或相线，俗称火线，任意两个火线之间的电压叫做线电压。Y形公共连接点N叫做中点，从中点引出的导线叫做中线或零线。由3根相线和一根中线组成的输电方式叫做三相四线制（通常在低压配电中采用）。

每相绕组始端与末端之间的电压（即相线与中线之间的电压）叫做相电压，它们的瞬时值用u_1、u_2、u_3来表示，如图4.1.5所示，显然这3个相电压也是对称的，相电压大小（有效值）均为

$$U_1 = U_2 = U_3 = U_P$$

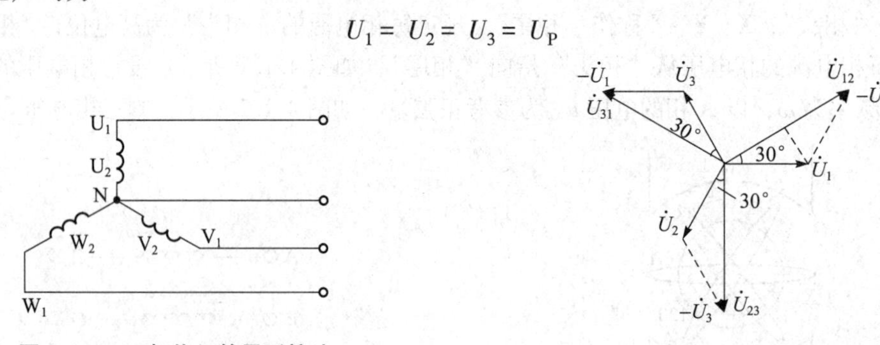

图4.1.4　三相绕组的星形接法　　**图4.1.5　相电压与线电压的相量图**

任意两相始端之间的电压（即火线与火线之间的电压）叫做线电压，它们的瞬时值用u_{12}、u_{23}、u_{31}来表示。Y形接法的相量图如图4.1.5所示，显然3个线电压也是对称的，大小（有效值）均为

$$U_{12} = U_{23} = U_{31} = U_L = \sqrt{3}\,U_P$$

即

$$U_{线} = \sqrt{3}\,U_{相} \tag{4.1.2}$$

在相位上线电压比相应的相电压超前30°，如线电压u_{12}比相电压u_1超前30°，线电压u_{23}比相电压u_2超前30°，线电压u_{31}比相电压u_3超前30°。

综上所述，三相电源的三相绕组Y形连接时，线路中存在两种电压，一种是三相对称的相电压，另一种是三相对称的线电压，而且线电压在数值上是相电压的$\sqrt{3}$倍。在相位上线电压比相应的相电压超前30°。因此，在三相四线制中点接地的供电系统中，照明用的220 V为相电压，动力用的380 V为线电压。

2. 三相电源的三角形（△形）接法

把三相电源的三相绕组的“相头”、“相尾”依次相连，即A相的“相尾”X连B相的“相头”B，B相的“相尾”Y连C相的“相头”C，C相的“相尾”Z连A相的“相头”

A，然后从“相头”引出 3 根相线向外供电，构成三相电源的△形连接，如图 4.1.6（a）所示。

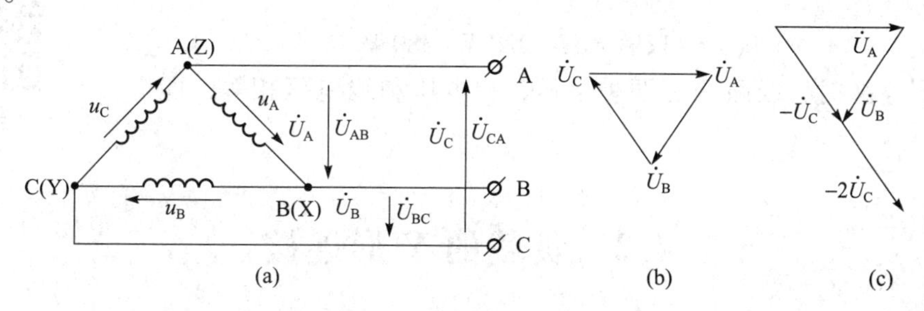

图 4.1.6　三相电源为△形连接

从图 4.1.6（a）可清楚地看出，电源为△形连接时，线电压等于相应的相电压，即

$$u_{AB}=u_A$$

$$u_{BC}=u_B$$

$$u_{CA}=u_C$$

其相量关系为

$$\dot{U}_{AB}=\dot{U}_A$$

$$\dot{U}_{BC}=\dot{U}_B$$

$$\dot{U}_{CA}=\dot{U}_C$$

即为

$$U_{L\triangle}=U_{P\triangle} \tag{4.1.3}$$

综上所述，三相电源为△形连接时，线路中也存在对称的线电压和相电压，只是线电压与相电压在数值上相等，在相位上线电压与对应的相电压同相。

在三相电压组成的闭合回路中，回路的总电压为

$$\dot{U}_A+\dot{U}_B+\dot{U}_C=0 \tag{4.1.4}$$

即回路内总电压为零，其相量图如图 4.1.6（b）所示。如果将某一相电压源接反了，例如，电源 u_C 将 Z 与 Y 连，C 与 A 连，此时的相量应如图 4.1.6（c）所示，这样就有一个大小等于两倍相电压的电压源作用在闭合回路内，但由于发电机绕组的阻抗很小，在闭合回路中就会产生很大的电流，以致烧坏发电机的绕组。因此，三相电源连接成△形时，要特别小心。

这种没有中线、只有三根相线的输电方式叫做三相三线制。

特别需要注意的是，在工业用电系统中如果只引出 3 根导线（三相三线制），则都是火线（没有中线），这时所说的三相电压大小均指线电压 U_L；而民用电源则需要引出中线，所说的电压大小均指相电压 U_P。

【例 4.1.1】　已知发电机三相绕组产生的电动势均为 $E=220$ V，试求：（1）三相电源为 Y 形接法时的相电压 U_P 与线电压 U_L；（2）三相电源为△形接法时的相电压 U_P 与线电压 U_L。

【解】（1）三相电源 Y 形接法：相电压 $U_P=E=220$ V，线电压 $U_L\approx\sqrt{3}U_P=380$ V。

（2）三相电源 △形接法：相电压 $U_P=E=220$ V，线电压 $U_L=U_P=220$ V。

【例 4.1.2】　有一台三相交流发电机，各相相电压均为 220 V，分别求出三相绕组为 Y 形连接和△形连接时的相电压和线电压。

【解】为Y形连接时，线路有两种电压。

相电压 $U_{PY}=220\ V$

线电压 $U_{LY}=\sqrt{3}U_{PY}=\sqrt{3}\times220\ V=380\ V$

为△形连接时，线路中有两种电压，相电压和线电压相等，即 $U_{L\triangle}=U_{P\triangle}=220\ V$

4.1 测试题及答案

4.2 负载的Y形连接

使用交流电的用电器种类很多，属于单相用电的有白炽灯、荧光灯、小功率的电热器以及单相感应电动机等，此类负载是接在三相电源中任意一相上工作的。此外还有一类负载，必须接上三相电源才能正常工作，三相异步电动机即为其中最典型的一种。接在三相电路中的三相用电器，或是分别接在各相电路中的三组单相用电器，统称为三相负载。

如果每相负载的阻抗相等，性质相同，则这种负载称为三相对称负载，否则就称为三相不对称负载。对称的三相电源和对称的三相负载相连所组成的电路，称为对称的三相电路。三相负载有Y形和△形两种连接方法，下面讨论三相负载的星形连接。

4.2.1 三相负载Y形有中线连接

三相负载的星形连接如图4.2.1所示。

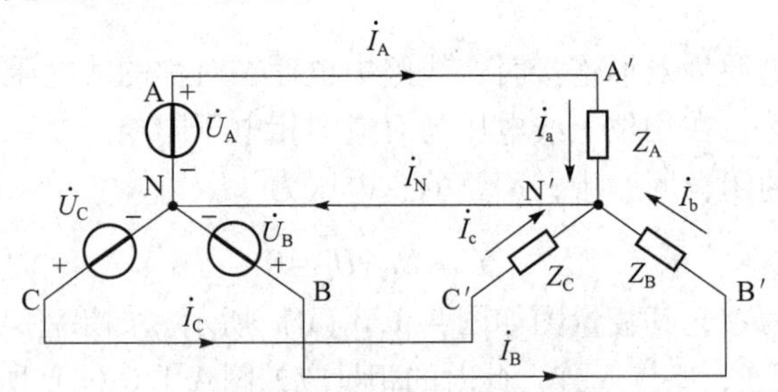

图4.2.1 三相四线制供电电路

该接法有3根火线和一根零线，叫做三相四线制电路，在这种电路中三相电源也必须用Y形接法，所以又叫做Y-Y接法的三相电路。显然不管负载是否对称（相等），电路中的线电压 U_L 都等于负载相电压 U_{YP} 的 $\sqrt{3}$ 倍，即

$$U_L=\sqrt{3}U_{YP} \tag{4.2.1}$$

负载的相电流 I_{YP} 等于线电流 I_{YL}，即

$$I_{YP}=I_{YL} \tag{4.2.2}$$

当三相负载对称时，即各相负载完全相同，相电流和线电流也一定对称（称为Y-Y形对称三相电路），即各相电流（或各线电流）振幅相等、频率相同、相位彼此相差120°，并且中线电流为零。所以中线可以去掉，即形成三相三线制电路，也就是说对于对称负载来说，不必关心电源的接法，只须关心负载的接法。

在三相电路中，计算某一相相电流的方法与计算单相电路的电流一样，如果忽略输电导

线电阻引起的电压降，则负载上的线电压和电源的线电压相同。由于中线的作用，负载的相电压与电源的相电压也相同，即负载的线电压和相电压的关系与电源的线电压和相电压的关系也相同。

4.2.2　三相对称负载Y形有中线连接

如果在三相负载Y形有中线连接的条件下，负载为三相对称负载，如图4.2.2所示，即 $Z_A=Z_B=Z_C=Z$，则其相电流可利用式（4.2.2）求出：

$$\dot{I}_a=\dot{I}_A=\frac{\dot{U}_A}{Z},\ \dot{I}_b=\dot{I}_B=\frac{\dot{U}_B}{Z},\ \dot{I}_c=\dot{I}_C=\frac{\dot{U}_C}{Z} \tag{4.2.3}$$

显然，3个相电流的有效值相等，$\dot{I}_a=\dot{I}_b=\dot{I}_c=\dfrac{U_P}{|Z|}=I_P$，其相位互差120°。因此，只要求出A相相电流后就可以利用相序算出B相和C相的相电流，因为3个相电流是对称三相电流，所以3个相电流的相量和为零，即中线电流为零。

$$\dot{I}_N=\dot{I}_a+\dot{I}_b+\dot{I}_c=0$$

各相负载的相电流（即线电流）可以利用各相负载的相电压与负载的复阻抗求得，其方法如下：

$$\dot{I}_a=\dot{I}_A=\frac{\dot{U}_A}{Z_A},\ \dot{I}_b=\dot{I}_B=\frac{\dot{U}_B}{Z_B},\ \dot{I}_c=\dot{I}_C=\frac{\dot{U}_C}{Z_C} \tag{4.2.4}$$

4.2.3　三相对称负载Y形无中线连接

由三相对称负载Y形有中线连接方式的分析可知，因为负载对称，所以3个相电流也对称，从而使得中线电流为零，即电源与负载的中点等电位。因为中线电流为零，所以三相对称负载Y形连接的中线可以省掉。省掉中线后的供电方式称为三相三线制供电方式，如图4.2.2所示。这种供电方式，主要适用于对称三相负载（如三相电动机），只要负载的额定线电压与电源的线电压相同，就可以采用这种供电方式。

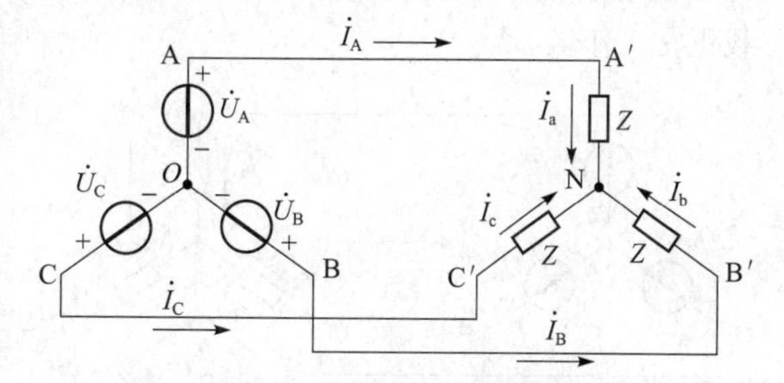

图4.2.2　对称负载三相三线制供电电路

三相三线制对称负载为Y形连接时，电路相电流的求解方法与三相四线制对称负载为Y形连接的电路的相电流的求解方法相同，负载的相电压与电源的相电压相同。如图4.2.2所示的3个相电流均指向负载的中点N，却取消了中线，3个相电流标的是各自的参考方向。当瞬时值为正时，参考方向才是实际方向；当瞬时值为负时，参考方向就是实际方向的反方向。在同一瞬时，3个相电流中有正、有负，但任一瞬时，各相电流的瞬时值之和为零，故没有中线的电路中的相电流也可以流回电源。

注意：三相电流的有效值之和不为零。

【例4.2.1】　在负载为Y形连接的对称三相电路中，已知每相负载均为 $|Z|=20\ \Omega$，设线电压 $U_L=380$ V，试求：各相电流（也就是线电流）。

【解】在对称Y形负载中，相电压为

$$U_{YP}=\frac{U_L}{\sqrt{3}}=220\ \mathrm{V}$$

相电流（即线电流）为

$$I_{YP}=\frac{U_{YP}}{|Z|}=\frac{220}{20}\mathrm{A}=11\ \mathrm{A}$$

【例4.2.2】　设有三相对称负载为Y形连接，设每相电阻 $R=20\ \Omega$，每相感抗 $X_L=16\ \Omega$，电源线电压 $\dot{U}_{AB}=380\ \underline{/30^\circ}\ \mathrm{V}$，试求各相电流及中线电流。

【解】因负载对称，只需计算其中一相电流即可推出其余两相电流。

因为
$$\dot{U}_{AB}=\sqrt{3}\dot{U}_A\ \underline{/30^\circ}\ \mathrm{V}$$

所以
$$\dot{U}_A=\frac{\dot{U}_{AB}}{\sqrt{3}\ \underline{/30^\circ}}=\frac{380\ \underline{/30^\circ}}{\sqrt{3}\ \underline{/30^\circ}}\mathrm{V}=220\ \underline{/0^\circ}\ \mathrm{V}$$

得
$$\dot{I}_A=\frac{\dot{U}_A}{Z_A}=\frac{220\ \underline{/0^\circ}}{12+\mathrm{j}16}\ \mathrm{A}=\frac{220\ \underline{/0^\circ}}{20\ \underline{/53^\circ}}\mathrm{A}=11\ \underline{/-53^\circ}\ \mathrm{A}$$

则
$$\dot{I}_B=11\ \underline{/-53.1^\circ-120^\circ}\ \mathrm{A}=11\ \underline{/-173.1^\circ}\ \mathrm{A}$$

$$\dot{I}_C=11\ \underline{/-53.1^\circ+120^\circ}\ \mathrm{A}=11\ \underline{/66.9^\circ}\ \mathrm{A}$$

$$\dot{I}_N=\dot{I}_A+\dot{I}_B+\dot{I}_C=（11\ \underline{/-53.1^\circ}+11\ \underline{/-173.1^\circ}+11\ \underline{/66.9^\circ}）\ \mathrm{A}=0\ \mathrm{A}$$

4.2.4　三相不对称负载Y形无中线连接的分析

一般用电器的额定电压都与低压供电的相电压或线电压相符合，如家用电器的额定电压大部分都是220 V，工业用电器的额定电压大部分都是380 V。大部分家用电器使用的单相电源都是采用三相四线制低电压供电系统中的某一相，作为负载的用电器均是与供电线路并联连接。这些负载有时工作，有时不工作，这就使得供电线路中每相负载不可能是常数，此时三相电路的负载也就不对称了，不对称的负载只有采用三相四线制的工作方式才能保证负载正常工作。

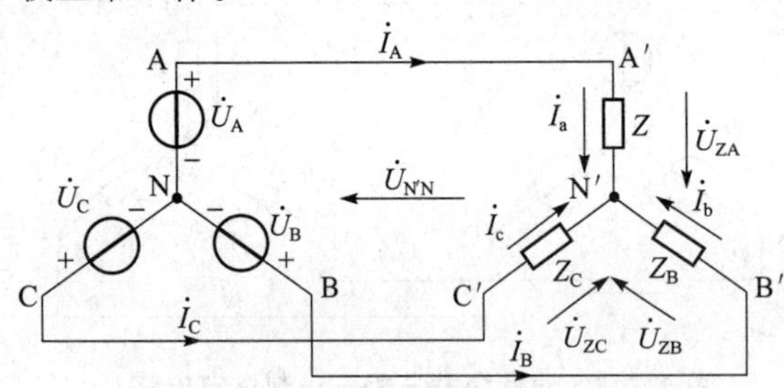

图4.2.3　不对称负载三相三线制供电电路

如果上述三相四线制供电线路中线断开，则这时电路就成为三相不对称负载Y形无中线连接的情况，如图4.2.3所示。

由4.2.3图可知，如果忽略供电导线电阻的影响，电源的线电压与负载线电压相等，这时3条相线的限制相同。线电流仍然是负载的相电流，但由于负载不对称，电源与负载中点也再不是等电位了，通过弥尔曼定理可求出电位差（具体计算过程比较复杂，本书中不作介绍），由基尔霍夫电压定律可得到负载的相电压，再由每相负载的相电压可以得每相负载的相电流。

在无中线的情况下，负载不对称，各相负载的相电压是不相同的，负载相电压的高低与该负载的大小有关。负载阻抗值越大，其相电压越高；反之越低。如果某相电压高于负载额定电压，则该相的负载可能因电压过高而烧坏；相电压低于负载额定电压时，该相的负载可能因电压过低而不能正常工作。所以，在三相四线制供电系统中，规定不允许出现中线断开，因为中线强制负载的相电压与电源相电压相等，无论相上的负载如何变化都能保证相电压符合负载额定电压的要求。

为了保证中线不出现断开事故，一是要尽量让三相负载平衡，减少中线电流；二是中线采用钢心导线加强机械强度，以免断开；三是中线上严禁安装熔断器和开关。

4.2 测试题及答案

4.3　负载的△形连接

如果负载的相电压与电源的线电压相同，负载可以采用△形连接方式，即三相负载每相首尾依次相连后再与电源的相线连接。电源可以是 Y 形连接，也可以是△形连接。注意：如果各相负载是有极性的，则必须像对待三相电源一样，按负载的首尾端依次相连。

4.3.1　对称负载的△形连接

负载为△形连接时只能形成三相三线制电路，如图 4.3.1 所示。

显然不管负载是否对称（相等），电路中负载相电压 $U_{\triangle P}$ 都等于线电压 U_L，即

$$U_{\triangle P}=U_L \tag{4.3.1}$$

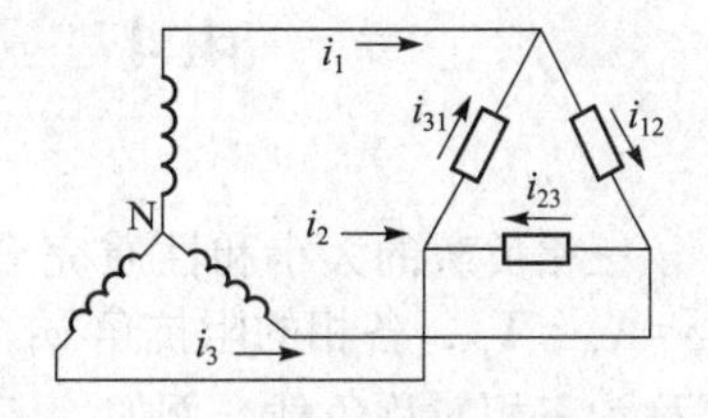

图 4.3.1　三相负载的三角形连接

当三相负载对称时，即各相负载完全相同，相电流和线电流也一定对称。负载的相电流为

$$I_{\triangle P}=\frac{U_{\triangle P}}{|Z|} \tag{4.3.2}$$

线电流 $I_{\triangle L}$ 等于相电流 $I_{\triangle P}$ 的 $\sqrt{3}$ 倍，即

$$I_{\triangle L}=\sqrt{3}I_{\triangle P} \tag{4.3.3}$$

负载为△形连接的情况下，负载的相电压就是电源的线电压，但负载的相电流不再等于线电流。综上所述，三相对称负载为△形连接时，电路中存在两种电流，一种是三相对称的相电流，另一种是三相对称的线电流，而且线电流在数值上是相电流的 $\sqrt{3}$ 倍。在相位上，线电流比相应的相电流滞后 30°，负载的相电压等于电源的线电压。因此，在三相三线制供电系统中，负载额定电压为 220 V 时，电源必须为△形连接；负载额定电压为 380 V 时，电源必须为 Y 形连接。

4.3.2　不对称负载的△形连接

如果负载不对称，则在△形连接方式下，尽管电源的线电压对称，即负载的相电压对称，但相电流不对称，线电流也不对称。在分析电路时，各相电流只能根据各相的相电压和负载的具体情况分别求得，然后利用基尔霍夫定律求出 3 个线电流。

【例 4.3.1】　在对称三相电路中，负载为△形连接，已知每相负载均为 $|Z|=50\ \Omega$，设线电压 $U_L=380$ V，试求各相电流和线电流。

【解】在△形负载中，相电压等于线电压，即 $U_{\triangle P}=U_L$，则

相电流
$$I_{\triangle P}=\frac{U_{\triangle P}}{|Z|}=\frac{380}{50}\text{A}=7.5\ \text{A}$$

线电流
$$I_{\triangle L}=\sqrt{3}I_{\triangle P}\approx 13.2\ \text{A}$$

【例 4.3.2】　三相发电机是星形接法，负载也是星形接法，发电机的相电压 $U_P=1\ 000\ \text{V}$，每相负载电阻均为 $R=50\ \text{k}\Omega$，$X_L=25\ \text{k}\Omega$。试求：（1）相电流；（2）线电流；（3）线电压。

【解】

$$|Z|=\sqrt{50^2+25^2}\ \text{k}\Omega=55.9\ \text{k}\Omega$$

（1）相电流为

$$I_P=\frac{U_P}{|Z|}=\frac{1\ 000}{55.9}=17.9\ \text{mA}$$

4.3 测试题及答案

（2）线电流为

$$I_L=I_P=17.9\ \text{mA}$$

（3）线电压为

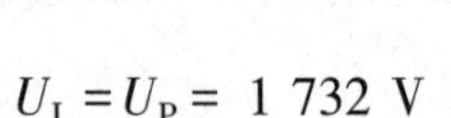

$$U_L=U_P=1\ 732\ \text{V}$$

4.4　三相对称电路的分析和计算

三相负载的大小和性质完全相同，即各相的电阻 $R_U=R_V=R_W=R_P$，各相的电抗 $X_U=X_V=X_W=X_P$，各相的阻抗角 $\varphi_U=\varphi_V=\varphi_W=\varphi_P$，各相的总阻抗值 $Z_U=Z_V=Z_W=Z$，这样的负载称为三相对称负载。例如，三相交流电动机的定子绕组、变压器一侧的三相绕组等，都可认为是三相对称负载。这类负载与三相对称交流电源相接，称为三相对称电路。三相对称电路实际上是前面三相交流电路的一种特例。它也有两种接法，一种是负载的星形连接，另一种是负载的三角形连接。本节主要对上述三相对称电路进行分析和计算。

4.4.1　对称负载的 Y 形连接

因为三相电源是对称的，所以加在各相负载上的电压大小是相等的，即

$$U_U=U_V=U_W=U_P=\frac{U_L}{\sqrt{3}} \tag{4.4.1}$$

并且三相线电压或相电压的相位互差 120°。

又因为各相负载大小相等、性质相同，即

$$Z_U=Z_V=Z_W=Z_P$$
$$\varphi_U=\varphi_V=\varphi_W=\varphi_P$$

所以，各相相电流或线电流大小必然相等，各相电流和其对应的相电压的相位差也相同，即

$$I_U=I_V=I_W=\frac{U_P}{Z_P}\qquad \varphi_P=\arctan\frac{X_P}{R_P} \tag{4.4.2}$$

这样，3 个相电流相位也互差 120°，属于三相对称电流。

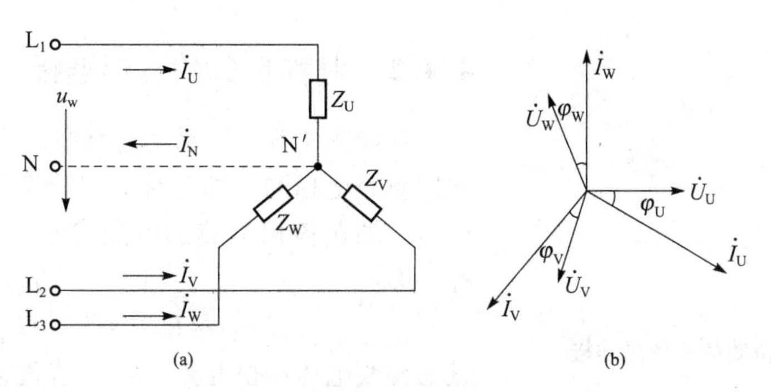

图 4.4.1　三相对称负载的星形连接

相量图如图 4.4.1（b）所示。从相量图中可得

$$\dot{I}_N=\dot{I}_U+\dot{I}_V+\dot{I}_W=0 \tag{4.4.3}$$

由于中线电流 $\dot{I}_N=0$，N′和 N 电位相同。因此，实际中亦可去掉中线，电路变为三相三线制电路。

当 3 个线电流均流向中点 N′，此时又无中线，这里，必须注意如图 4.4.1（a）所示电路中，电流标注的是参考方向。因为三相电流实际上是对称的（相位互差 120°），$i_U+i_U+i_W=0$，所以它们的实际方向必然是两正一负或两负一正，或一正一负一零，即 3 根相线（端线）互为三相电流的回路，虽无中线也并无影响。

这样，在计算对称负载的三相电路中，只需计算其中的任意一相即可，其余两相均和它相同，不过它们的相位互差 120°。

【例 4.4.1】　有一星形连接的对称负载，每相电阻 $R_P=6\ \Omega$，感抗 $X_L=8\ \Omega$，电源电压对称，已知 $u_{UV}=380\sqrt{2}\sin(\omega t+30°)$ V，试写出各个线电流的表达式（参考图 4.4.1（a）电路）。

【解】 只计算 L_1 相，因为

$$U_U=\frac{U_{UV}}{\sqrt{3}}=\frac{380}{\sqrt{3}}\ \text{V}=220\ \text{V}$$

且 u_U 相位滞后 u_{UV}30°，故有

$$u_U=220\sqrt{2}\sin\omega t\ \text{V}$$

L_1 相线电流即是 L_1 相相电流，故有

$$I_U=\frac{U_U}{Z_U}=\frac{220}{\sqrt{6^2+8^2}}\ \text{A}=22\ \text{A}$$

i_U 滞后 u_U 的角度为

$$\varphi_U=\arctan\frac{X_L}{R}=\arctan\frac{8}{6}=53°$$

故有

$$i_U=22\sqrt{2}\sin(\omega t-53°)\ \text{A}$$

其余两相相电流为

$$i_U=22\sqrt{2}\sin(\omega t-173°)\ \text{A}$$

$$i_U=22\sqrt{2}\sin(\omega t+67°)$$

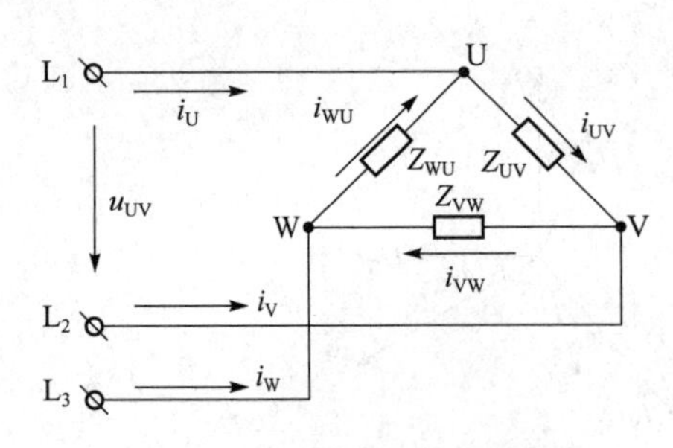

图 4.4.2　负载的三角形连接

4.4.2　对称负载的△形连接

在如图 4.4.2 所示的电路中，若三相负载的大小和性质完全相同，即可称为对称负载的三角形连接。这时，加在各相负载的电压等于电流的线电压且对称，即：

$$U_{UV}=U_{VW}=U_{WU}=U_L \qquad (4.4.4)$$

且三相线电压相位互差 120°。若负载对称，则有

$$Z_{UV}=Z_{VW}=Z_{WU}=Z_P$$

且

$$\varphi_P=\arctan\frac{X_P}{R_P}$$

这样，三相负载电流的大小一定相等，且和对应的电压相位分别互差 φ，所以也是对称的，即

$$I_P=\frac{U_L}{Z_P} \qquad (4.4.5)$$

相量图如图 4.4.3 所示。

图 4.4.3　三相对称负载三角形连接的相量图

从相量图上可求取三相线电流

$$\dot{I}_U=\dot{I}_{UV}-\dot{I}_{WU} \qquad \dot{I}_V=\dot{I}_{VW}-\dot{I}_{UW} \qquad \dot{I}_W=\dot{I}_{WU}-\dot{I}_{VW}$$

根据相量图几何关系，$\dot{I}_U$ 滞后 $\dot{I}_{UV}$ 30°，且

$$\frac{1}{2}I_U=I_{UV}\cos30°=\frac{\sqrt{3}}{2}I_{UV}$$

得

$$I_U=\sqrt{3}I_{UV}$$

同理，$\dot{I}_V$、$\dot{I}_W$ 分别滞后 $\dot{I}_{VW}$、$\dot{I}_{WU}$ 30°，有

$$I_V=\sqrt{3}I_{VW}I_W=\sqrt{3}I_{WU}$$

故

$$I_U+I_V+I_W+I_L=\sqrt{3}I_P \qquad (4.4.6)$$

因此 3 个线电流也是对称的。

【例 4.4.2】　有一台三相交流异步电动机，每相的等效电阻 $R=29\ \Omega$，等效感抗为 $X_L=21.8\ \Omega$。电动机绕组为三角形连接，电源线电压为 380 V。试求电动机的线电流和相电流的大小。

【解】 三相异步电动机为三相对称负载，已知每相等效电阻和感抗，则每相等效阻抗值为

$$Z_P=\sqrt{R_2+X_L^2}=\sqrt{29^2+21.8^2}\ \Omega=36.28\ \Omega$$

这时相电流

$$I_P=\frac{U_L}{Z_P}=\frac{380}{36.28}\text{A}=10.47\ \text{A}$$

线电流

$$I_L=\sqrt{3}I_P=\sqrt{3}\times10.47\ \text{A}=18.13\ \text{A}$$

4.4 测试题及答案

4.5 任务训练——三相负载的星形、三角形连接

一、任务目的

1. 掌握三相负载的星形、三角形连接方法。

2. 验证对称三相负载的星形、三角形连接时，线电压与相电压、线电流与相电流之间的关系。

3. 理解中线的作用。

二、任务设备、仪器

三相调压器	0~380 V	1台
三相负载灯板	40 W×9	1块
交流电压表	500 V	1只
交流电流表	5 A	6只

三、任务内容及步骤

1. 按照图4.5.1接好电路，电源线电压为220 V。合上S，测量下列情况下的负载相电压、线电压、线电流、相电流、中线电流及中点电压，将测量结果记录于表4.5.1中。

① 负载对称有中线（S_1、S_2 均合上）。

② 负载对称无中线（S_1 合上、S_2 打开）。

③ 负载不对称，有中线（改变其中两相灯泡个数），S_1、S_2 均合上。

④ 负载不对称，无中线，S_1 合上、S_2 打开。

⑤ 负载对称，有中线，其中一相断线，S_1 打开，S_2 合上。

⑥ 负载对称，无中线，其中一相断线，S_1 打开，S_2 合上。

2. 按照图4.5.2接好电路，电源线电压为220 V。合上S，测量下列情况下的负载相电压、线电压、线电流、相电流，将测量结果记入表4.5.2中。

① 负载对称 S_1、S_2 均合上。

② 负载不对称（三相负载灯泡个数不等），S_1、S_2 均合上。

③ 负载对称，（灯泡个数相等），一相负载断线，S_1 合上，S_2 断开。

④ 三相负载对称，一相电源断开，S_1 打开、S_2 合上。

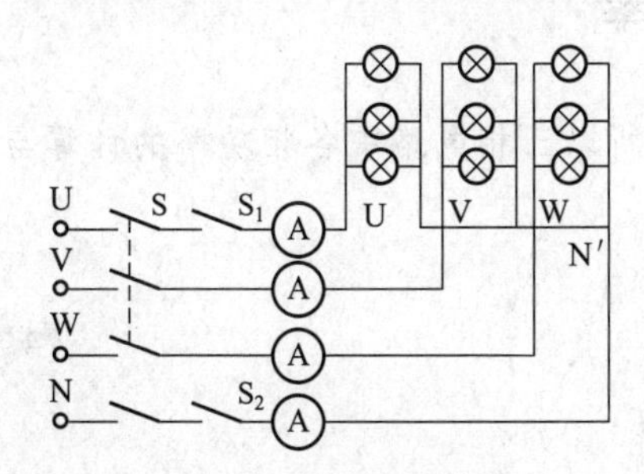

图4.5.1 三相负载的连接（一）

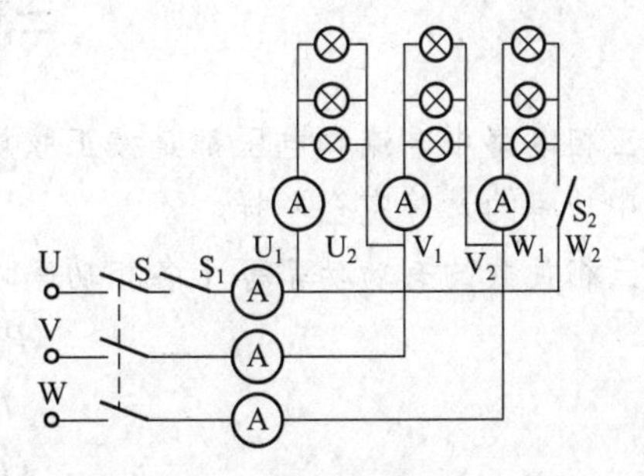

图4.5.2 三相负载的连接（二）

表 4.5.1 三相负载的连接任务表（一）

序号	内容		I_U/A	I_V/A	I_W/A	I_N/A	U_{UV}/V	U_{VW}/V	U_{WU}/V	$U_{N'N}$/V
1	负载对称	无中线								
		有中线								
2	负载不对称	无中线								
		有中线								
3	U 相负载断开	无中线								
		有中线								
4	U 相负载短路	无中线								
		有中线								

表 4.5.2 三相负载的连接任务表（二）

序号	内容	I_U/A	I_V/A	I_W/A	U_{UV}/V	U_{VW}/V	U_{WU}/V	U_{UV}/V	U_{VW}/V	U_{WU}/V
1	负载对称									
2	负载不对称									
3	一相负载断线									
4	一相电源断线									

四、任务报告

1. 比较表中任务数据，说明负载对称时线电压与相电压之间的关系，中线对相电压的影响。

2. 比较表中任务数据，说明负载不对称时，什么情况下满足 $U_L=U_X$。无中线时，哪相电压高，哪相电压低，为什么？

三相电路的功率

三相电路中电流和电压都是按正弦规律变化的，所以三相电路中各相功率的计算与单相电路中功率的计算完全一样。

三相负载的有功功率等于各相功率之和，即

$$P=P_A+P_B+P_C \tag{4.6.1}$$

由

$$P_A=U_AI_A\cos\varphi_A$$
$$P_B=U_BI_B\cos\varphi_B$$
$$P_C=U_CI_C\cos\varphi_C$$

其中，U_A、U_B、U_C 是相电压的有效值；I_A、I_B、I_C 是相电流的有效值；φ_A、φ_B、φ_C 则分别是A相、B相、C相的相电压与相电流之间的相位差。

当三相电路对称时，令：

$$U_P = U_A = U_B = U_C$$

$$I_P = I_A = I_B = I_C$$

$$\varphi_P = \varphi_A = \varphi_B = \varphi_C$$

则有

$$P = 3U_P I_P \cos\varphi \tag{4.6.2}$$

为了测量方便，通常用线电压的有效值 U_L 和线电流的有效值 I_L 的大小来表示 P。考虑到当三相负载星形连接时 $I_P = I_L$，而 $U_L = \sqrt{3}U_P$；当三相负载三角形连接时 $I_L = \sqrt{3}I_p$，而 $U_L = U_P$，概括这两种情况，可将式（4.6.2）写成

$$P = \sqrt{3}U_L I_L \cos\varphi \tag{4.6.3}$$

其中，φ 仍是相电压与相电流之间的相位差。

在对称三相电路中，无论负载是星形连接还是三角形连接，由于各相负载相同，各相电压大小相等，各相电流也相等，所以三相功率为

$$P = 3U_P I_P \cos\varphi = \sqrt{3}U_L I_L \cos\varphi$$

其中，φ 为对称负载的阻抗角，也是负载相电压与相电流之间的相位差。

三相电路的视在功率为

$$S = 3U_P I_P = \sqrt{3}U_L I_L$$

三相电路的无功功率为

$$Q = 3U_P I_P \sin\varphi = \sqrt{3}U_L I_L \sin\varphi$$

三相电路的功率因数为

$$\lambda = \frac{P}{S} = \cos\varphi$$

在同一电源下，相同的负载从电源取用的电流（线电流）和消耗的功率与连接方式有关，负载由Y形连接改接成△形连接后，线电流是Y形连接时的$\sqrt{3}$倍。大功率的电动机为克服启动电流过大而影响电网，常采用Y形连接启动、△形连接运行的方式。

还应看到，若负载应接成Y形，而错接成△形，则负载可能会因功率和电流过大而烧毁；若负载应接成△形，而错接成Y形，则负载会因功率和电流过小而不能在正常状态下工作。因此，当把负载接入三相电路时，必须按负载的工作要求（额定电压、额定电流和额定功率）正确连接。

先导案例解决

电力生产的交流发电机、变压器、高压输电，直至用电设备，采用三相交流电要比用单相制具有显著的优越性。① 制造三相发电机、变压器比制成同容量的单相发电机、变压器省材料；② 在输电距离、功率、耗电、导线材料等相同条件下，用三相的材料投资只是单相的75%；③ 电力负荷主要是异步电动机，而根据三相旋转磁场原理制成的三相异步电动机，其结构简单，拖动性能好，工作可靠，使用简便。所以，国内、外采用三相制是电力生

产、输送的基本方法，而不采用单相制和其他多相制。

生产学习经验

1. 在使用三相交流电时，最应该注意的是星形连接中性线的有无，如果是对称负载可以不接中性线；如果负载不对称，则会造成某相电压升高，而某相电压降低，严重时甚至会烧毁设备。

2. 通过对三相电的学习，增强安全用电的意识，在实际工作、生活中具有安全用电常识和基本的应变能力。

本章小结 BENZHANGXIAOJIE

本章介绍了电路的基本概念，内容包括以下几方面。

1. 三相电源

振幅相等、频率相同，在相位上彼此相差120°的3个电动势称为对称三相电动势。对称三相电动势瞬时值的数学表达式如下。

第一相（U相）电动势：$e_1 = E_m \sin \omega t$

第二相（V相）电动势：$e_2 = E_m \sin(\omega t - 120°)$

第三相（W相）电动势：$e_3 = E_m \sin(\omega t + 120°)$

三相电源中的绕组有星形（亦称Y形）接法和三角形（亦称△形）接法两种。三相对称电源通常接成星形，采用三相四线制供电，这样可同时向负载提供两种电压，线电压是相电压的$\sqrt{3}$倍。三相电源为三角形连接时，线电压等于相电压。

2. 三相负载

三相负载中，如果每相负载的阻抗值和阻抗角都相等，即它们的复阻抗值相等，则称为三相对称负载，否则是不对称负载。由三相对称电源和对称负载组成的电路称为三相对称电路。

1）三相负载的Y形接法

在三相四线制电路，线电压U_L是负载相电压U_{YP}的$\sqrt{3}$倍，即

$$U_L = \sqrt{3} U_{YP}$$

负载的相电流I_{YP}等于线电流I_{YL}，即

$$I_{YL} = I_{YP}$$

当三相负载对称时，即各相电流（或各线电流）振幅相等、频率相同、相位彼此相差120°，并且中线电流为零。所以中线可以去掉，即形成三相三线制电路。

2）三相负载的△形接法

负载为△形连接时只能形成三相三线制电路。显然不管负载是否对称（相等），电路中负载相电压$U_{\triangle P}$都等于线电压U_L，即

$$U_{\triangle P} = U_L$$

当三相负载对称时，相电流和线电流也一定对称。负载的相电流为

$$I_{\triangle P} = \frac{U_{\triangle P}}{|Z|}$$

线电流$I_{\triangle L}$等于相电流$I_{\triangle P}$的$\sqrt{3}$倍，即

$$I_{\triangle L}=\sqrt{3}I_{\triangle P}$$

3. 三相功率

三相负载的有功功率等于各相功率之和，即

$$P=P_1+P_2+P_3$$

在对称三相电路中，无论负载是星形连接还是三角形连接，由于各相负载相同、各相电压大小相等、各相电流也相等，所以三相功率为

$$P=3U_PI_P\cos\varphi=\sqrt{3}U_LI_L\cos\varphi$$

其中，φ为对称负载的阻抗角，也是负载相电压与相电流之间的相位差。

三相电路的视在功率为

$$S=3U_PI_P=\sqrt{3}U_LI_L$$

三相电路的无功功率为

$$Q=3U_PI_P\sin\varphi=\sqrt{3}U_LI_L\sin\varphi$$

三相电路的功率因数为

$$\lambda=\frac{P}{S}=\cos\varphi$$

习 题

一、填空题

1. 已知对称三相电源为Y形连接，$\dot{U}_U=220\angle 60°$ V，则$\dot{U}_W=$__________ V，$\dot{U}_{UV}=$________ V。

2. 三相电源绕组的连接方式有________连接和________连接。

3. 如图4.01的负载连接：(a) 图是__________连接；(b) 图是__________连接。

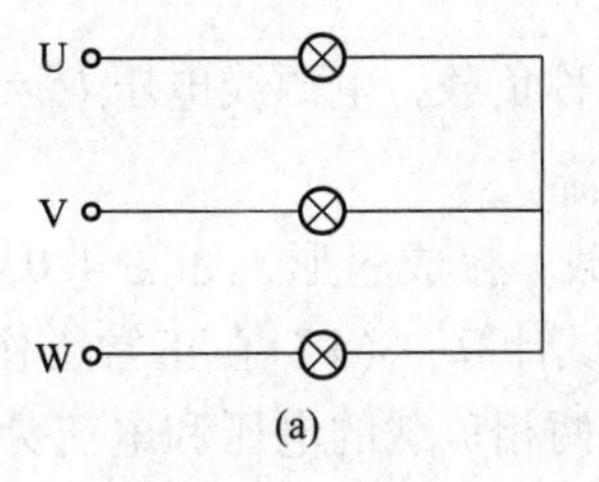

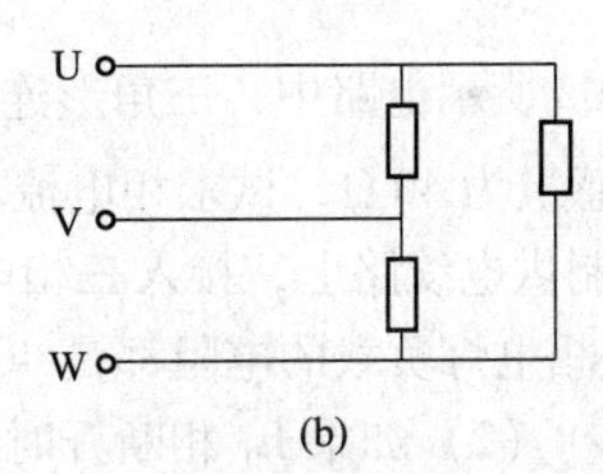

图4.01

4. 对称的三相电源是指三个__________相同、__________相同、初相依次相差__________的正弦电源。

5. 某三相对称电源为Y形连接后对外供电，若电源线电压为380 V，则相电压为________ V。

6. 三相对称负载星形连接，接上三相电源后，各相负载两端的电压等于电源的__________，线电流与相电流__________。

7. 三相电源的相电压是指__________与__________间的电压，线电压是指__________与__________间的电压。

8. 三相负载接在三相电路中，若各相负载的额定电压等于电源的线电压，负载应为

____________连接；若各相负载的额定电压等于电源线电压$\frac{1}{\sqrt{3}}$倍时，负载应为____________连接。

二、选择题

1. 三相四线制电路中，已知三相电流是对称的，并且 $I_A=10\ \text{A}$，$I_B=10\ \text{A}$，$I_C=10\ \text{A}$，则中线电流 I_N 为（　　）。

A. 10 A　　　　B. 5 A　　　　C. 0 A

2. 已知对称三相电压中，V 相电压为 $u_V=220\sqrt{2}\sin(314t+\pi)$ V，则 U 相和 W 相电压为（　　）。

A. $u_U=220\sqrt{2}\sin\left(314t+\frac{\pi}{3}\right)$ V，$u_W=220\sqrt{2}\sin\left(314t-\frac{\pi}{3}\right)$ V

B. $u_U=220\sqrt{2}\sin\left(314t-\frac{\pi}{3}\right)$ V，$u_W=220\sqrt{2}\sin\left(314t+\frac{\pi}{3}\right)$ V

C. $u_U=220\sqrt{2}\sin\left(314t+\frac{2\pi}{3}\right)$ V，$u_W=220\sqrt{2}\sin\left(314t-\frac{2\pi}{3}\right)$ V

3. 三相交流电相序 U—V—W—U 属（　　）。

A. 正序　　　　B. 负序　　　　C. 零序

4. 在对称的三相电压作用下，将一个对称的三相负载分别接成三角形和星形时，通过相线的电流之比为（　　）。

A. 1　　　　B. $\sqrt{3}$　　　　C. 3

5. 对称三相电路中采用星形接法时，下列关系正确的有（　　）。

A. $I_L=\sqrt{3}I_P$　　　　B. $U_L=\sqrt{3}U_P$　　　　C. $S=3U_LI_L$

三、计算题

1. 在如图 4.02 所示电路中，三角形连接的对称负载，电源线电压 $U_1=220$ V，每相负载的电阻为 30 Ω，感抗为 40 Ω，试求相电流与线电流。

2. 三相三线制供电线路上，接入三相电灯负载，接成星形，如图 4.03 所示，设电源线电压为 380 V，每相电灯负载的电阻都是 400 Ω，试计算：（1）在正常工作时，电灯负载的电压和电流为多少？（2）如果 L_1 相断开时，其他两相负载的电压和电流为多少？（3）如果 L_1 相发生短路，其他两相负载的电压和电流为多少？

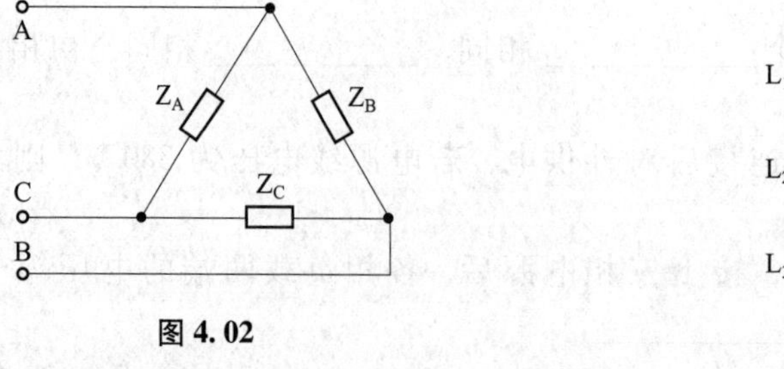

图 4.02

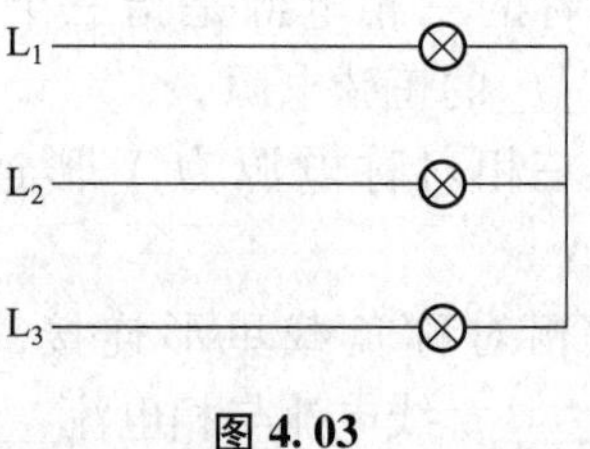

图 4.03

3. 某三相四线制供电线路上，接入三相电灯负载，接成星形，如图 4.04 所示，设电源线电压为 380 V，每相电灯负载的电阻都是 40 Ω，试计算：（1）正常工作时，电灯负载的电

压和电流为多少？（2）如果 L_1 相断开时，其他两相负载的电压和电流为多少？

4. 一台星形连接的三相发电机，相电流为 120 A，线电压为 800 V，功率因数为 0.8，求此发电机提供的有功功率、无功功率和视在功率。

5. 对称三相电路的线电压为 380 V，负载星形连接，每相负载阻抗为 $Z=(12+j7)\Omega$，如图 4.05 所示，求负载的相电流大小及电源输出功率 P。

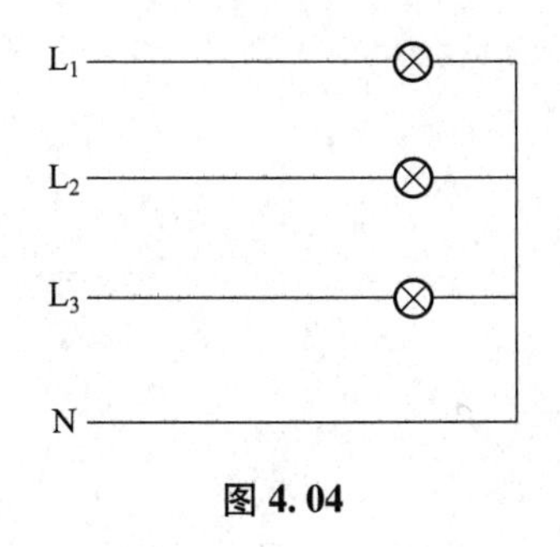

图 4.04

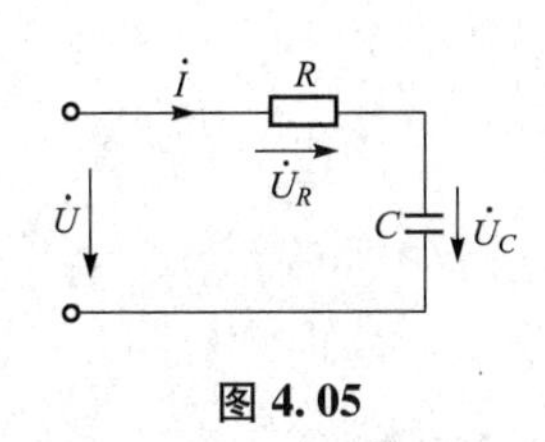

图 4.05

第 5 章 电路暂态分析

本章知识点

1. 电路过渡过程的实质、相关概念及形成原因；
2. 电路换路时，电路中的能量不能突变；
3. 换路定则。

先导案例

电路从一种稳定状态到另一种稳定状态的过程是不能突变的，这个过渡过程是很短的，那么在实际应用中这类电路如下图所示是如何工作的呢？

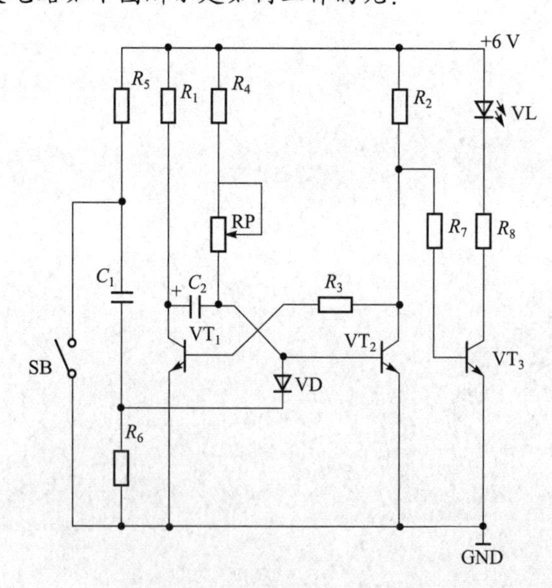

5.1　换路定则与电压、电流初始值的确定

5.1.1　电路的过渡过程

自然界中事物的运动，在特定的条件下有一定的稳定状态。当条件改变后，就要过渡到新的稳定状态。例如，电动机通电运转时（通电前的静止状态就是一种稳定状态），转速便从零逐渐上升，最后到达新的稳定值（一种新的稳定状态）；当电动机停下来时，它的转速从某一稳态值逐渐下降，最后为零。

可见，从一种稳定状态到另一种新的稳定状态往往是不能跃变的，而是需要一定的时间（或过程）。这种电路从一个稳定状态过渡到另一个稳定状态所经历的过程称为过渡过程。

比如 *RC* 串联直流电路到达稳定状态时电流为零，而电容器上的电压等于电源电压。实际上，当接通直流电压后，电容器被充电，电压逐渐增大到稳态值。此时，电路中的充电电流是逐渐衰减到零的。

所谓稳定状态（简称稳态），就是指电路中的电流和电压在给定的条件下，已到达某一稳态值（对交流而言为它的幅值稳定）。电路的过渡过程往往很短，因此过渡过程中的工作状态称暂态，过渡过程又称为暂态过程。

电路中形成过渡过程的原因：由于含有储能元件（L 或 C）的电路结构及元件参数突然改变，导致工作状态突然改变而引起的。这种因电路工作条件发生变化或电路结构和元件参数突然改变的情况称为换路。

电路中过渡过程的实质：由于电路中储能元件能量的释放与储能不能突变。

电路形成过渡过程的充分必要条件：含有储能元件的电路，发生换路之后，能量必须发生变化，即电路中能量发生转换的过程。

电路中的过渡过程在工程中的应用非常广泛，例如，在电子技术中往往利用 *RC* 电路中电容充放电过渡过程的特性，来构成各种脉冲电路或延时电路，以获得各种波形信号；在计算机和各种脉冲数字装置中，电路始终在过渡状态下工作。因此，研究电路过渡过程的规律很有必要。

研究过渡过程（暂态过程）的目的：认识和掌握这种客观存在的物理现象的规律，在生产上既要充分利用暂态过程的特性，又要预防它所产生的危害。研究暂态过程常采用数学分析和实验分析两种方法。

5.1.2　换路定则

电路在换路时，电路中的能量不能突变。对于电感元件，其储有磁能$\frac{1}{2}Li_{\mathrm{L}}^2$，当换路时，电流就不能突变，即反映出电感元件中的电流是不能跃变的；对于电容元件，其储有电能为$\frac{1}{2}Cu_{\mathrm{C}}^2$，当换路时，电能不能跃变，即反映出电容元件中的电压 u_{C} 不能突变。可见，电路暂

态过程是由于储能元件的能量不能跃变而产生的。

假设 $t=0$ 时为换路瞬间，$t=0_-$ 代表换路前的一瞬间，$t=0_+$ 代表换路后的一瞬间。0_- 和 0_+ 在数值上都等于0，但前者是 t 从负值趋近于零，后者是 t 从正值趋近于零。换路所经过的时间为 0_- 到 0_+，从 $t=0_-$ 到 $t=0_+$ 的瞬间，电感元件中的电流和电容元件上的电压不能跃变，这就是换路定则。

因此，换路定则可以用公式表示为

$$i_L(0_-)=i_L(0_+)$$
$$u_C(0_-)=u_C(0_+)$$

用换路定则可以求解暂态过程的初始值。暂态的分析方法分为经典法（时域列方程求解）和变换域分析法（拉普拉斯变换方法），变换域分析法在这里就不作介绍了。用经典法分析电路的暂态过程必须知道初始值。所谓初始值是指暂态过程中根据换路定则确定的 $t=0_+$ 时刻电路中的电压值和电流值。

求解初始值的步骤：

（1）由 $t=0_-$ 的电路求出 $i_L(0_-)$ 或 $u_C(0_-)$，根据换路定律可知 $i_L(0_+)$ 或 $u_C(0_+)$。

（2）作出 $t=0_+$ 时的电路模型，用电压源或电流源进行等效。

（3）运用其他有关定律，求出其他量的初始值。

【例 5.1.1】 如图 5.1.1（a）所示，当 $t=0$ 时，将 S 闭合，$U_S=12$ V，$R_0=4$ Ω，$R_1=R_2=8$ Ω。试求：S 闭合后各支路电流；电感上电压的初始值。

【解】（1）求 $i_L(0_-)$ 和 $u_C(0_-)$。由于 S 未闭合，即 $u_C(0_-)=0$ V，根据换路定则可知：

$$u_C(0_+)=u_C(0_-)=0 \text{ V}$$
$$i_L(0_+)=i_L(0_-)=0 \text{ A}$$

（2）作出 $t=0_+$ 时电路模型。由于 $u_C(0_+)=0$ V，电容 C 按短路处理；$i_L(0_+)=0$ A，电感 L 按开路处理。电路模型如图 5.1.1（b）所示。

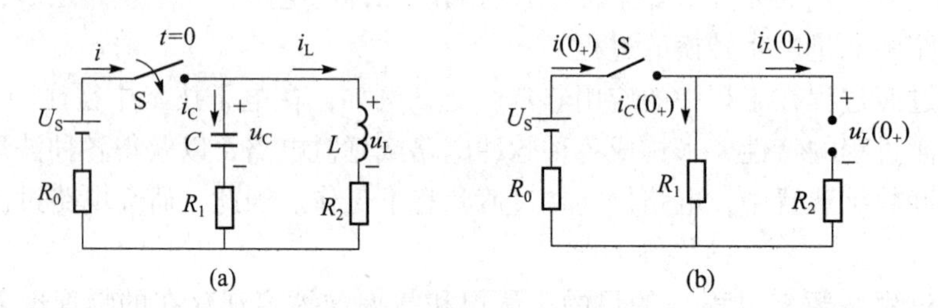

图 5.1.1 例 5.1.1 图

（3）由图 5.1.1（b）可知：

$$i_L(0_+)=0 \text{ A}$$

$$i(0_+)=i_C(0_+)=\frac{U_S}{R_0+R_1}=\frac{12}{4+8}\text{A}=1 \text{ A}$$

$$u_L(0_+)=i_C(0_+)R_1=1\times 8=8 \text{ V}$$

【例 5.1.2】 如图 5.1.2（a）所示，$t=0$ 时换路，开关 S 由 a 闭合于 b，换路前电路已处于稳态，$U_{S1}=6$ V，$U_{S2}=12$ V，$R_1=4$ Ω，$R_2=R_3=2$ Ω。试求：换路后的初始值 $u_C(0_+)$、i_C

(0_+)、$u_R(0_+)$、$i_R(0_+)$、$i(0_+)$。

【解】（1）先求出 u_C（0_-）。由于换路前电路已处于稳态，电容 C 按开路处理。

$$u_C(0_-)=\frac{R_2}{R_1+R_2},U_{S1}=\frac{2}{2+4}\times 6\ \text{V}=2\ \text{V}$$

由换路定则可知：

$$u_C(0_+)=u_C(0_-)=2\ \text{V}$$

（2）作出 $t=0_+$时电路模型，如图 5.1.2（b）所示。

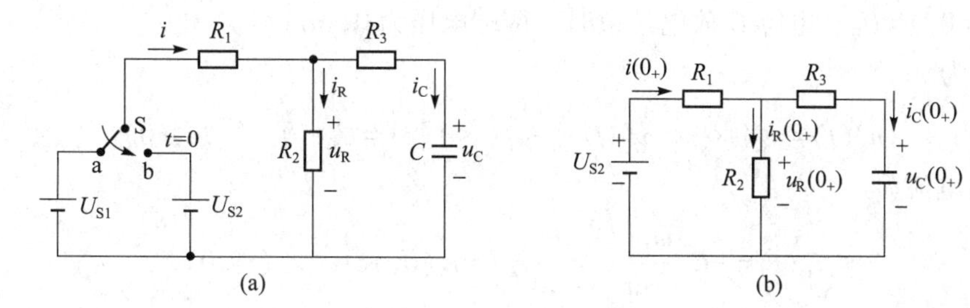

图 5.1.2　例 5.1.2 图

（3）运用节点电压法，列节点方程为

$$u_R(0_+)\left(\frac{1}{R_1}+\frac{1}{R_2}+\frac{1}{R_3}\right)=\frac{U_{S2}}{R_1}+\frac{u_C(0_+)}{R_3}$$

将数据代入上式得：

$$u_R\ (0_+)\ \left(\frac{1}{4}+\frac{1}{2}+\frac{1}{2}\right)=\frac{12}{4}+\frac{2}{2}$$

解得：

$$u_R(0_+)=3.2\ \text{V}$$

由图 5.1.2（b）可知：

5.1 测试题及答案

$$i_R(0_+)=\frac{u_R(0_+)}{R_2}=\frac{3.2}{2}\text{A}=1.6\ \text{A}$$

$$i_C(0_+)=\frac{u_R(0_+)-u_C(0_+)}{R_3}=\frac{3.2-2}{2}\text{A}=0.6\ \text{A}$$

$$i(0_+)=i_C(0_+)+i_R(0_+)=(1.6+0.6)\ \text{A}=2.2\ \text{A}$$

5.2　*RC* 电路的过渡过程

5.2.1　*RC* 电路电容的放电过程

图 5.2.1 所示为一 *RC* 放电电路，假设换路前，电容上已经充有电压 U_0。在 $t=0$ 时，开关 S 闭合，此时，电容 C 在初始储能的作用下通过电阻 R 放电，直到把全部能量消耗完毕。根据 KVL 定律，电路换路后的电压方

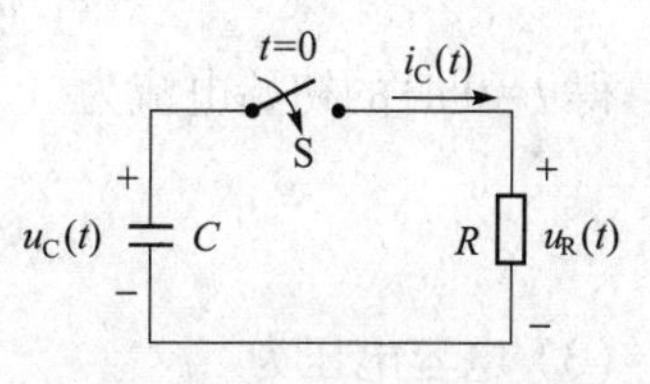

图 5.2.1　*RC* 放电电路

程为

$$u_C(t)=u_R(t) \tag{5.2.1}$$

由
$$i_C=-C\frac{du_C(t)}{dt},u_R(t)=i_R(t)R$$

得
$$u_C(t)+RC\frac{du_C(t)}{dt}=0 \qquad (t\geqslant 0) \tag{5.2.2}$$

式（5.2.2）是常系数一阶线性齐次微分方程，初始条件 $u_C(0_-)=U_0$，根据换路定则：$u_C(0_+)=u_C(0_-)=U_0$。电容 C 放电结束时，两端电压为 0，$u_C(\infty)=0$。
则电容电压为

$$u_C(t)=u_C(\infty)+[u_C(0_+)-u_C(\infty)]e^{\frac{t}{\tau}}=U_0e^{-\frac{t}{RC}} \qquad (t\geqslant 0) \tag{5.2.3}$$

电容 C 放电电流为

$$i_C(t)=-C\frac{du_C(t)}{dt}=\frac{U_0}{R}e^{-\frac{t}{\tau}}=i_C(0_+)e^{\frac{t}{\tau}} \qquad (t\geqslant 0) \tag{5.2.4}$$

式中，$\tau=RC$ 为电路的时间常数，电阻单位为 Ω，电容单位为 F 时，τ 单位为 s。τ 越小，放电越慢；工程上 t 经过（3~5）τ 以后，电容上电压衰减到初始值的 5% 以下，可认为放电结束。电容放电时的 u_C（t）随 t 的变化曲线如图 5.2.2 所示。

RC 电容放电过程的实质就是原有储能全部由电阻元件消耗转为热能的过程。

【例 5.2.1】 如图 5.2.3 所示，换路前开关 S 闭合在位置 1，且电路已经处于稳定状态，在 $t=0$ 时开关 S 从位置 1 迅速拨到位置 2。求：（1）电路的时间常数；（2）电容开始放电时的初始电流；（3）电容电压衰减到 3 V 时所需要的时间。

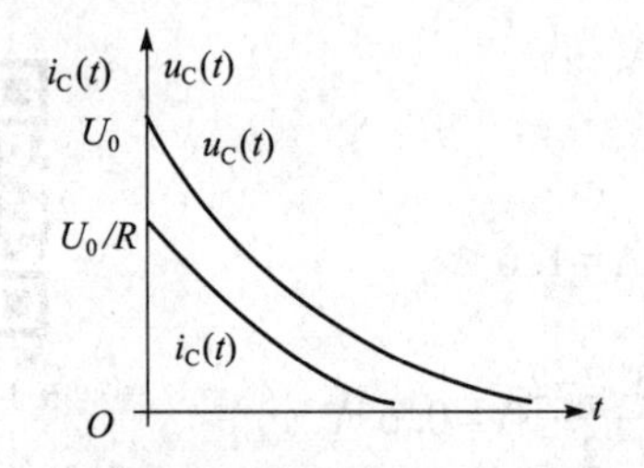

图 5.2.2 RC 电路电容放电电压和电流的变化曲线

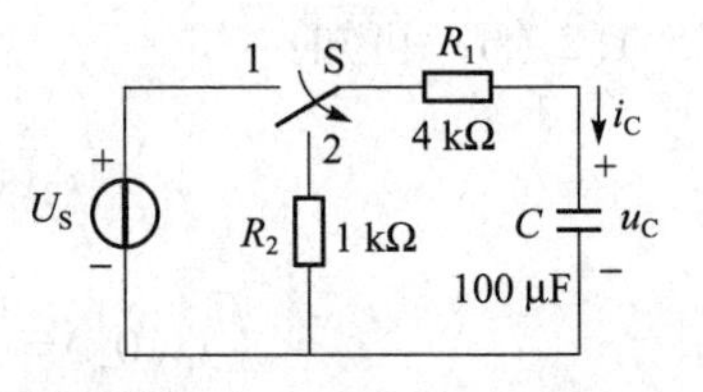

图 5.2.3 例 5.2.1 图

【解】（1）时间常数为

$$\tau=RC=(R_1+R_2)C=(4+1)\times 10^3\times 100\times 10^{-6}\text{s}=0.5\ \text{s}$$

（2）由于电路已经处于稳定状态，即

$$u_C(0_+)=u_C(0_-)=U_0=U_S=12\ \text{V}$$

得 $t=0$ 时的初始电流为

$$i_C(0_+)=\frac{U_0}{R}=\frac{U_0}{R_1+R_2}=\frac{12}{4+1}\ \text{mA}=2.4\ \text{mA}$$

（3）电容电压为

$$u_C(t)=U_0e^{-\frac{t}{\tau}}$$

将已知条件代入得 $3=12\mathrm{e}^{-\frac{t}{0.5}}$

解得 $t=0.69$ s，即电容电压衰减到 3 V 所需要的时间为 0.69 s。

5.2.2 RC 电路电容的充电过程

图 5.2.4 所示是一个 RC 串联电路，换路前电容没有初始储能，即 $u_C(0_-)=0$ V。在 $t=0$ 时，开关 S 闭合，这时电源对 C 充电。根据 KVL 定律，充电时的回路电压方程为

$$u_R(t)+u_C(t)=U_S \tag{5.2.5}$$

将 $u_R(t)=i_C(t)R, i_C=C\dfrac{\mathrm{d}u_C(t)}{\mathrm{d}t}$ 代入上式得

$$u_C(t)+RC\frac{\mathrm{d}u_C(t)}{\mathrm{d}t}=U_S \tag{5.2.6}$$

式（5.2.6）是常系数一阶线性非齐次微分方程，其解由特解 $u'_C(t)$ 和通解 $u''_C(t)$ 两部分组成，即

$$u_C(t)=u'_C(t)+u''_C(t)=u_C(\infty)+A\mathrm{e}^{-\frac{t}{\tau}} \tag{5.2.7}$$

式中，特解 $u'_C(t)$ 是满足原微分方程的任意解，通常取电路在 $t=\infty$ 时的稳态值作为特解，又称稳态分量；通解 $u''_C(t)$ 是一个随时间变化的指数函数，它只在过渡过程中出现的，又称为暂态分量；A 为积分常数，由换路定律可确定积分常数 A；$\tau=RC$ 为电路时间常数。

在 $t=0_+$ 时，由式（5.2.7）得 $u_C(0_+)=u_C(\infty)+A$，则有

$$A=u_C(0_+)-u_C(\infty) \tag{5.2.8}$$

故，电容电压的全解为

$$u_C(t)=u_C(\infty)+[u_C(0_+)-u_C(\infty)]\mathrm{e}^{-\frac{t}{\tau}} \tag{5.2.9}$$

又因为电容充电电压的稳态分量就是电源电压，即 $u_C(\infty)=U_S$；根据换路定则得 $u_C(0_+)=u_C(0_-)=0$，故有

$$u_C(t)=U_S+(0-U_S)\mathrm{e}^{-\frac{t}{\tau}}=U_S(1-\mathrm{e}^{-\frac{t}{\tau}}) \tag{5.2.10}$$

电容的充电电流为

$$i_C(t)=C\frac{\mathrm{d}u_C(t)}{\mathrm{d}t}=\frac{U_S}{R}\mathrm{e}^{-\frac{t}{RC}} \tag{5.2.11}$$

电阻上的电压为

$$u_R(t)=U_S-u_C(t)=U_S\mathrm{e}^{-\frac{t}{RC}} \tag{5.2.12}$$

可见，电容充电过程中，其端电压是不能突变的，RC 充电电路中 $u_C(t)$、$i_C(t)$ 的变化曲线都是按指数规律变化的，如图 5.2.5 所示。RC 电路充电过程的快慢是由时间常数 $\tau=RC$ 来决定的。τ 越小，充电越快；τ 越大，充电越慢，过渡过程需要的时间就越长。RC 电路电容充电过程的实质，就是电源提供的能量一部分储存在电容电场中，另一部分被电阻消耗掉。

【例 5.2.2】 电路如图 5.2.6 所示，$U_S=220$ V，$R=100$ Ω，$C=0.5$ μF，试求：(1) S 闭合后（$t=0$），电流初始值 $i_C(0_+)$（$u_C(0_-)=0$）；(2) 时间常数 τ；(3) S 接通 150 μs 时，

电路中电流和电容上电压的数值。

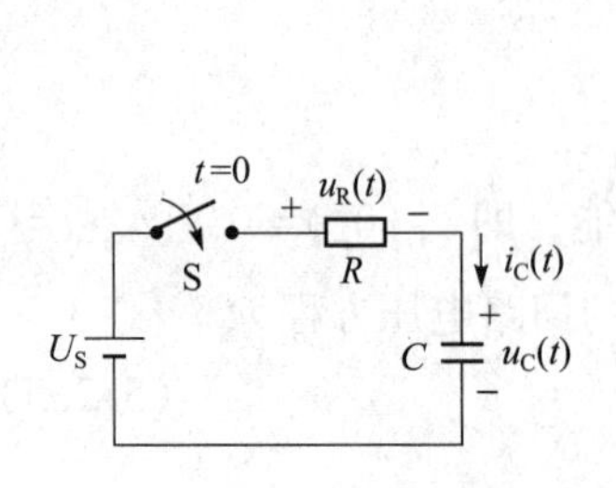

图 5.2.4　*RC* 充电电路

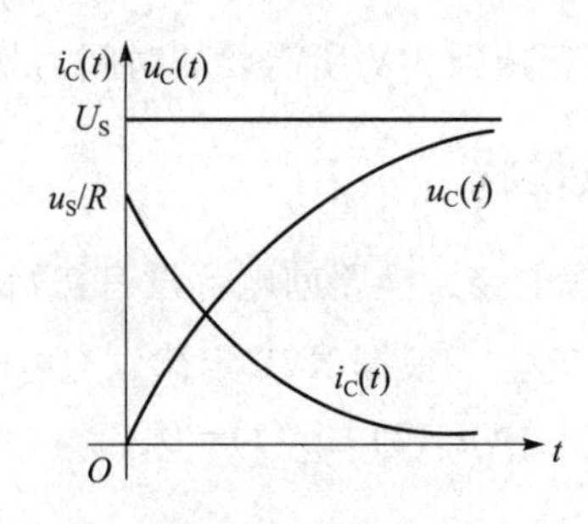

图 5.2.5　*RC* 电路电容充电曲线

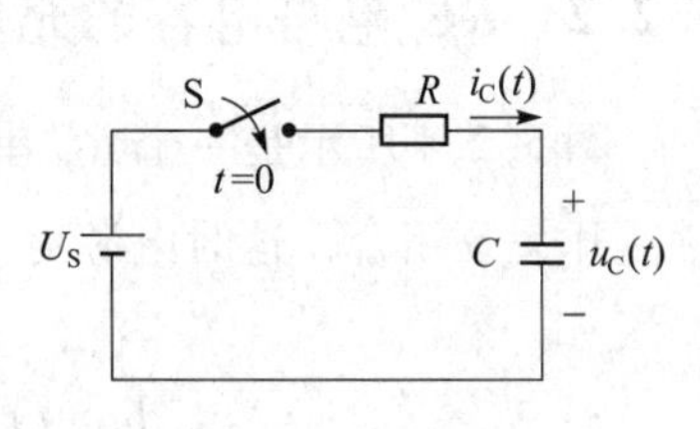

图 5.2.6　例 5.2.2 图

【解】（1）$i_C(0_+)=\dfrac{U_S-u_C(0_+)}{R}=\dfrac{220-0}{100}\ \text{A}=2.2\ \text{A}$

（2）$\tau=RC=100\times0.5\times10^{-6}\ \text{s}=50\ \mu\text{s}$

（3）$u_C(t)=U_S(1-e^{-\frac{t}{\tau}})=220(1-e^{-2\times10^4 t})\ \text{V}$

$$u_C(t)\Big|_{t=150\ \mu s}=220(1-e^{-3})\ \text{V}=209\ \text{V}$$

$$i_C(t)=C\frac{du}{dt}=\frac{U_S}{R}e^{-\frac{t}{\tau}}=2.2\ e^{-2\times10^4 t}\ \text{A}$$

$$i_C(t)\Big|_{t=150\ \mu s}=2.2e^{-3}\ \text{A}=0.11\ \text{A}$$

5.2 测试题及答案

5.3　任务训练——电容器的充放电

一、任务目的

加深对电容器充放电特征的理解。

二、任务设备、仪器

信号发生器	方波	1 台
双踪示波器		1 台
电阻箱	ZX36	2 只
电容器	0.22 μF、0.1 μF、0.33 μF	各 1 只

三、任务内容及步骤

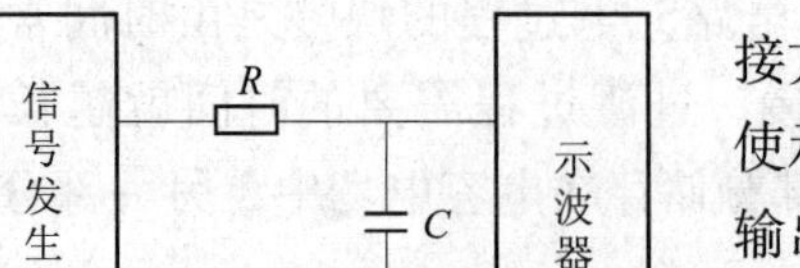

图 5.3.1　电容器充放电电路图

1. 按照图 5.3.1 接好线（可将示波器另一输入端接方波输出信号），经指导老师检查无误后，接通电源，使示波器、信号发生器处于正常工作状态。信号发生器输出为方波。

2. 信号发生器（方波）输出频率为 4 Hz（参考值），幅值最大，电阻值为 9 999×2 Ω，电容值分别为

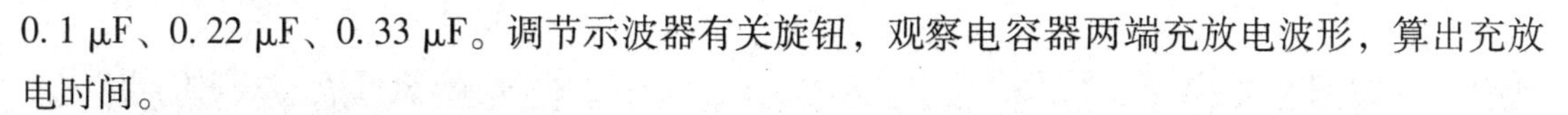

0. 1 μF、0. 22 μF、0. 33 μF。调节示波器有关旋钮，观察电容器两端充放电波形，算出充放电时间。

3. 取电容 $C=0.1\ \mu F$，电阻器分别为 1 kΩ 和 2 kΩ 时，调节示波器有关旋钮，观察电容器两端充放电波形，计算充放电时间。

四、任务报告

1. 根据任务中观察的波形和充放电时间，分析电容器的充放电与电阻、电容有什么关系。

2. 画出观察到的电容器充放电波形，并标出充放电时间。

知识拓展

一阶线性电路暂态分析的三要素法

由前面的分析可知，对于 RC 一阶电路来说，无论是零输入响应、零状态响应还是全响应，电容电压均可表示为

$$u_C(t)=u_C(\infty)+[u_C(0_+)-u_C(\infty)]e^{-\frac{t}{\tau}}$$

同理，对于 RL 一阶电路来说，电感电流可表示为

$$i_C(t)=i_C(\infty)+[i_C(0_+)-i_C(\infty)]e^{-\frac{t}{\tau}}$$

实际上一阶电路的任何一个变量都具有相同的表达式，即

$$y(t)=y(\infty)+Ae^{-\frac{t}{\tau}} \tag{5.4.1}$$

式中，$y(0_+)$为初始条件；τ为时间常数；$y(\infty)$为 $t=\infty$ 时的稳态值。

如果电路的外加激励源为直流，初始值为 $y(0_+)$，则 $A=y(0_+)-y(\infty)$，于是式 (5.4.1) 可以表示为

$$y(t)=y(\infty)+[y(0_+)-y(\infty)]e^{-\frac{t}{\tau}} \tag{5.4.2}$$

式中，$y(0_+)$、$y(\infty)$和τ称为一阶电路的三要素。只要能够求得这 3 个要素，就能直接写出电路的响应（电流或电压）。这就是一阶电路暂态分析的“三要素法”。

下面介绍三要素的求法：

① 初始条件 $y(0_+)$。在前面已详细介绍，这里省略。

② 特解 $y(\infty)$。如激励源为直流，由于电路的特解就是稳解，所以可以通过直流情况下的稳态电路进行求解，此时可令电容元件开路、电感元件短路，然后求得特解 $y(\infty)$；如果是其他形式的激励源，可通过微分方程求得特解。

③ 时间常数τ。如果电路的动态元件是电容，则$\tau=RC$；如果电路的动态元件是电感，则$\tau=L/R$，其中，电阻 R 是从电容 C 或电感 L 两端看过去的等效电阻。

先导案例解决

这是一个典型的单稳态电路。在无外加触发信号时，电路处于稳态，即 VT_1 截止、VT_2 饱和，电容器 C_2 两端的电压接近于电源电压。此时，VT_3 由于 VT_2 集电极输出低电平而截至，发光二极管 VL 因此而熄灭。

当按下 SB 轻触开关时，为 C_1 提供了一个放电回路，在电阻 R_6 上形成了一个负脉冲，使得 VT_2 的基极电位下降，集电极电流减小，集电极电位升高，经过 R_3 的耦合，VT_1 的基极电位逐渐升高，VT_1 趋向导通，其集电极电位下降，经电容 C_2 的耦合，又使 VT_2 的基极电位进一步降低，如此循环往复，VT_1、VT_2 的状态同时向着各自的对立面转化。

这是一个强烈的正反馈过程，其结果使电路进入了暂态，即 VT_1 饱和，VT_2 截止，同时 VT_3 导通，发光二极管 VL 发光。这只是一个暂态过程，VT_1 一导通，C_2 两端的电压就通过 VT_1 加到 VT_2 的发射结，使 VT_2 受反向偏压作用而处于截止状态。之后，VT_1 一旦饱和，电容 C_2 的放电，就使 U_{b2}逐渐升高，当 U_{b2}上升到超过 VT_2 基极与发射极之间的截止电压（约 0.5 V）时，VD 就开始导电，这样又引发了雪崩式正反馈过程。

正反馈的结果是：使电路又回复到了 VT_1 截止，VT_2 饱和的状态，VL 又由亮转灭。

暂态维持时间：$T_k=0.7\ (R_4+R_p)\ C_2$

生产学习经验

1. 在电路换路时，务必记住电路中的能量是不能瞬息突变的，这是为什么呢？因为，电感元件中的电流是不能跃变的，电容元件中的电压也是不能跃变的。把握好换路定则，对于确定初始值尤为重要，很多学生在处理实际问题时，往往没有把握好这一点，使求解过程陷入僵局。

2. *RC* 电路电容充电过程的实质就是电源提供的能量一部分存储在电容电场中，另一部分被电阻消耗掉。

本章小结

BENZHANGXIAOJIE

（1）电路的过渡过程是电路从一个稳态变化到另一个稳态的过程。在此过程中，电路中各处的电压、电流都按指数规律变化。

（2）电路中形成过渡过程的原因：由于含有储能元件（*L* 或 *C*）的电路结构及元件参数的突然改变，导致工作状态突然改变。

电路中过渡过程的实质：由于电路中储能元件能量的释放与储能不能突变的缘故。

电路形成过渡过程的充分必要条件：含有储能元件的电路，发生换路之后，能量必须发生变化，即电路中能量发生转换的过程。

（3）电路在换路时，电路中的能量不能突变。换路定则可以用公式表示为

$$i_L(0_-)=i_L(0_+)$$
$$u_C(0_-)=u_C(0_+)$$

(4) *RC* 电路电容两端的电压为 $u_C(t)=u_C(\infty)+[u_C(0_+)-u_C(\infty)]e^{-\frac{t}{\tau}}$。推广到 *RL* 等电路中得出一般式：

$$y(t)=y(\infty)+[y(0_+)-y(\infty)]e^{-\frac{t}{\tau}}$$

式中，$y(0_+)$、$y(\infty)$和τ称为一阶电路的三要素。只要能够求得这 3 个要素，就能直接写出电路的响应（电流或电压）来。

习　题

一、填空题

1. 电路在换路时，电路中的___________不能突变。

2. 电路在换路时，电感上的________不能突变，电容上的________不能突变。

3. 电路形成过渡过程的充分必要条件：_______________。

4. 暂态的分析方法分为___________和___________。

5. *RC* 电路充电过程的快慢是由___________来决定的，其大小为___________。

6. 一阶电路的三要素是___________、___________和___________。

7. 换路定则是______________________________。

二、选择题

1. 电容在充电过程中，其（　　）是不能突变的。

A. 电流　　B. 电路　　C. 端电压

2. *RC* 电路充电过程的快慢是由时间常数来决定的，τ 越大，充电越（　　），过渡过程需要的时间就越（　　）。

A. 慢，长　　B. 慢，短　　C. 快，长

3. 电路从一个稳定状态过渡到另一个稳定状态所经历的过程称（　　）。

A. 稳定过程　　B. 过渡过程　　C. 暂态过程

4. 电路在换路时，电路中的能量不能突变，对于电容元件，其储有电能为（　　）。

A. $\frac{1}{2}Cu_C^2$　　B. $\frac{1}{4}Cu_C^2$　　C. $\frac{1}{2}Cu_C$

5. 电路在换路时，电路中的能量不能突变，对于电感元件，其储有电能为（　　）。

A. $\frac{1}{2}Li_L^2$　　B. $\frac{1}{4}Li_L^2$　　C. $\frac{1}{2}Li_L$

三、计算题

1. 在图 5.01 中，$E=100\ \text{V}$，$R_1=1\ \Omega$，$R_2=99\ \Omega$，$C=10\ \mu\text{F}$，试求：S 闭合瞬间（$t=0_+$），各支路电流及各元件两端电压的数值；（2）S 闭合后到达稳定状态时各支路电流及各元件两端电压的数值。

2. 如图 5.02 所示，开关闭合时电容充电，再断开时电容放电，分别求充电及放电时电

路的时间常数。

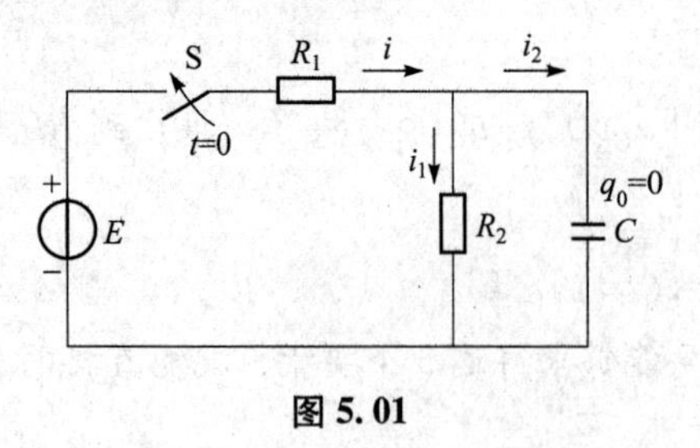

图 5.01

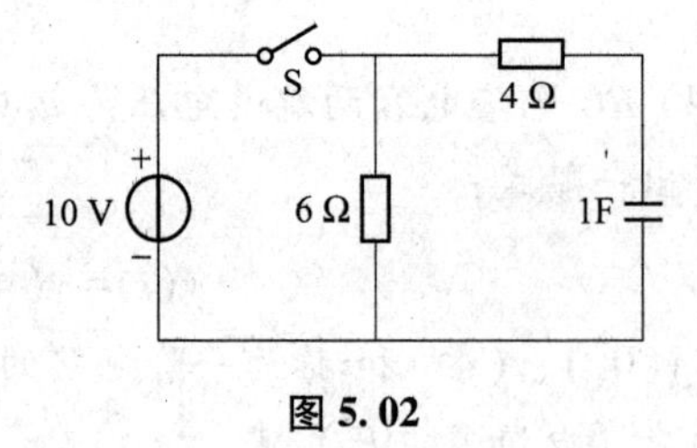

图 5.02

第6章 变 压 器

本章知识点

1. 交流铁心线圈的主磁通与各量的关系；
2. 变压器的结构；
3. 变压器的工作原理及作用；
4. 变压器绕组同名端。

先导案例

问题1：若将额定电压为8 V的小灯泡直接接到照明电源上，会出现什么现象？

问题2：有没有一种装置或设备，既能使电源损失较小的电能，又能使小灯泡正常工作呢？

问题3：一小雨天，某线路工准备处理5号变台变压器故障，可是由于绝缘工具都拿去做耐压试验了，现场无绝缘工具，于是该线路工找来一根干燥的竹竿将变台跌落开关拉开，在确定无大问题后，便再次用竹竿合跌落开关，结果会如何？

变压器是根据电磁感应原理制成的一种静止的电气设备，它可以改变交变电压、电流、阻抗。变压器有多种功能，所以在强电、弱电（如测量技术和计算技术）方面都得到了广泛的应用。例如，在输电、配电的电力系统中，为了提高传输电能的效率，常常应用变压器把交流发电机产生的电压升高，实现远距离高压输电；为了保证用电安全和适合负载对电压的要求，又可以通过变压器把电压降到适当值。

6.1 磁路及其基本定律

6.1 测试题及答案

6.1.1 磁路

在说明什么是磁路之前，首先观察两个现象：第一个现象，在通电螺线管内腔的中部电流产生的磁力线平行于螺线管的轴线，磁力线接近螺线管两端时变成散开的曲线，曲线在螺纹管外部空间相接，如图6.1.1所示。如果将一根长的铁心插入通电的螺线管中，则磁力线在螺线管两端不再立即发散，而是沿着铁心继续前进。如果把铁心组成一个闭合的回路，则绝大部分磁力线集中在闭路铁心中，泄漏到空间的磁力线很少。不管螺线管中有无铁心，广义地说，磁通量所通过的磁介质的闭合路径称为磁路，这是一个人为造成的闭合路径。

第二个现象是用永磁体作为磁源，也产生上述的现象，如图6.1.2（a）所示为一方形永磁体单独存在时，磁力线分布的情形。如果将永磁体放入一个软磁体回路的间隙中，如图6.1.2（b）所示。同样地，磁力线的大部分通过软磁体和永磁体构成的回路，图中用磁力线表示磁通量的密度。

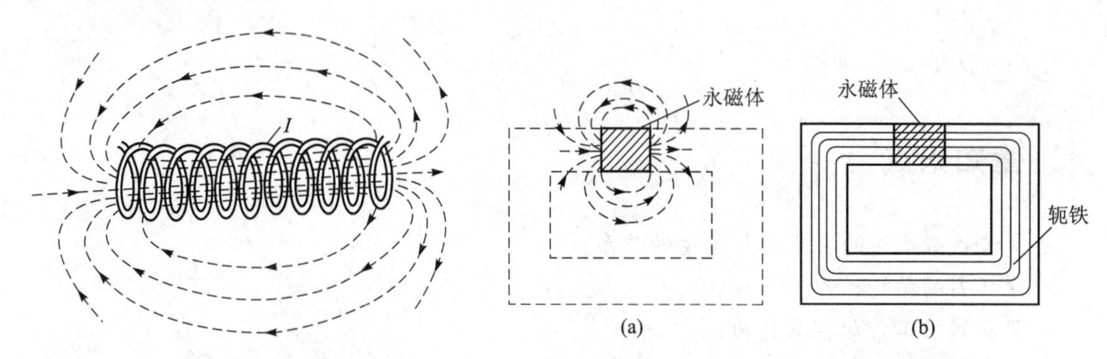

图6.1.1　通电螺线管的磁力线分布

图6.1.2　永磁体产生磁力线的情况

磁路是许多以电磁原理做成的机械器件，如电动机、电器、磁电式仪表等的主要组成部分之一。各种磁路传递着磁能，发挥着应有的机能。大多数磁路含有磁性材料和工作气隙（空隙），完全由磁性材料构成闭合磁路的情况也有不少。凡含有空隙的磁路，一部分磁通量作为有用的磁场，还有一部分磁通量在空隙的附近泄漏在空间，形成漏磁通。

在软铁环上紧密地绕以线圈，如图6.1.3（a）所示，则磁通量都集中在铁环内，这样的铁环构成一个无漏磁的磁路。如果铁环上只有一部分绕以线圈，如图6.1.3（b）所示，由于铁环的磁导率远比空气磁导率大，则绝大部分磁通量仍在铁环内，只有很少的部分泄漏在环外，如图6.1.3（b）的虚线所示，这样的磁路称为有漏磁的磁路。如果铁环上有一个空隙，如图6.1.3（c）所示，空隙处的磁通量以磁力线表示，磁力线略向外弯曲，这是含有空隙的磁路，可以把磁路看做铁心和空隙两个部分串联组成，称之为串联磁路。此外，还有并联的磁路，如图6.1.3（d）所示，本章谈到变压器的磁路就属于这种类型。

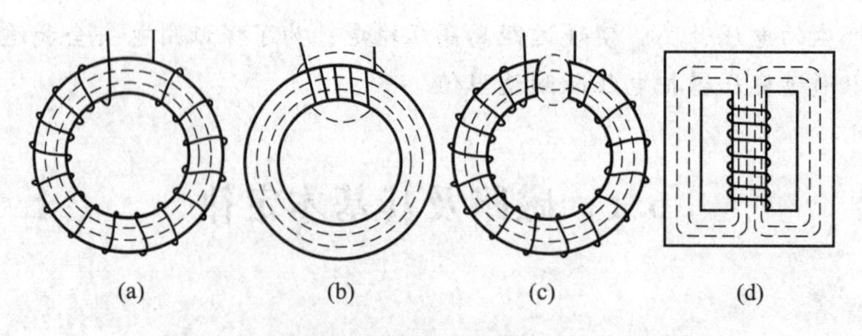

图6.1.3　软铁环上通电线圈的磁力线分布情况

6.1.2　磁路基本定律

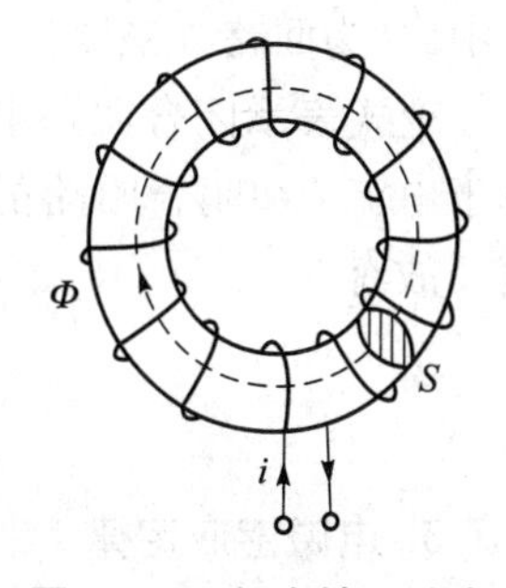

图 6.1.4　闭合铁环磁路

1. 欧姆定律

设有一个截面积为 S，平均周长为 l，磁导率为 μ 的软磁圆环，如图 6.1.4 所示，铁环上绕以匝数为 N 的线圈，若磁化电流为 I，则圆环内的磁场强度 H 为

$$H=\frac{NI}{l} \tag{6.1.1}$$

磁场强度 H 的方向与环的轴线平行。在无漏磁的情况下，穿过环的截面的磁通 $\Phi=BS$。

因为 $B=\mu H$（其中 μ 为铁环的磁导率），得

$$\Phi=\mu HS \tag{6.1.2}$$

所以将式（6.1.1）代入式（6.1.2）得

$$\Phi=\frac{\mu NI}{l}S \tag{6.1.3}$$

把式（6.1.3）改写为

$$\Phi=\frac{NI}{\frac{l}{\mu S}} \tag{6.1.4}$$

令　$F_m=NI$，$R_m=\frac{1}{\mu S}$，则式（6.1.4）可写为

$$\Phi=\frac{F_m}{R_m} \tag{6.1.5}$$

将式（6.1.5）与电路的欧姆定律 $I=\frac{E}{R}$ 相比较，可以看出，它们在形式上是相似的，式（6.1.5）的磁通量 Φ 对应于电路中的电流 I，F_m 对应于电动势 E（称之为磁动势），而 R_m 与电阻对应，称之为磁阻。

因此，式（6.1.5）被称为磁路的欧姆定律，即磁通的大小与磁动势成正比，与磁阻成反比。

磁动势与磁化电流 I 和线圈总匝数 N 成正比。磁阻与磁路的长度（即铁心的平均周长 l）成正比，与磁导率及磁路的横截面积 S 成反比。磁动势则与乘积 NI 成正比。

2. 全电流定律

全电流定律又称安培环路定律，它是计算磁场的基本定律，其内容为：磁场强度矢量在磁场中沿任何闭合回路的线积分等于穿过该闭合回路所包围面积的电流的代数和，即

$$\oint \boldsymbol{H}\cdot \mathrm{d}\boldsymbol{l}=\sum I \tag{6.1.6}$$

注意：在计算电流代数和时，绕行方向符合右手螺旋定则的电流取正号，反之取负号。

在电工技术中，常常将全电流定律简化为

$$Hl=\sum I \tag{6.1.7}$$

式中，l 为回路（磁路）的长度。

上式表示闭合回路上各点的磁场强度 H 相等，且其方向与闭合回路的切线方向一致。由于电流 I 和闭合回路的绕行方向符合右手螺旋定则，线圈有 N 匝，电流就穿过回路 N 次，故有

$$\sum I = NI = F \tag{6.1.8}$$

即

$$Hl = NI = F \tag{6.1.9}$$

3. 电磁感应定律

当流过线圈的电流发生变化时，线圈中的磁通也随之变化，并在线圈中出现感应电流，并产生了感应电动势。感应电动势可用下式求得

$$e = -N\frac{\mathrm{d}\Phi}{\mathrm{d}t} \tag{6.1.10}$$

感应电动势的方向由 $\frac{\mathrm{d}\Phi}{\mathrm{d}t}$ 的符号与感应电动势的参考方向比较而定出。当$\frac{\mathrm{d}\Phi}{\mathrm{d}t}>0$，穿过线圈的磁通增加时，$e$ 小于0，此时 e 的方向与参考方向相反，说明感应电流产生的磁场要阻止原磁通的增加；当 $\frac{\mathrm{d}\Phi}{\mathrm{d}t}<0$，穿过线圈的磁通减少时，$e$ 大于0，此时 e 的方向与参考方向相同，说明感应电流产生的磁场要阻止原磁通的减少。

磁路和电路的对照情况见表 6.1.1。

表 6.1.1　磁路和电路的对照

磁　路	电　路
磁通势 F	电动势 E
磁通 Φ	电流 I
磁感应强度 B	电流密度 J
磁阻 $R_m=\frac{l}{\mu S}$	电阻 $R=\frac{l}{\gamma S}$
I　N　Φ	I　$+$　E　$-$　R
$\Phi=\frac{F}{R_m}=\frac{NI}{\frac{l}{\mu S}}$	$I=\frac{E}{R}=\frac{E}{\frac{l}{\gamma S}}$

磁路和电路有很多相似之处，但分析与处理磁路比电路要难，比如：在处理磁路时离不开磁场，但电路一般不涉及电场问题；处理磁路时要考虑漏磁通，但电路一般不考虑漏电流；因 μ 不是常数，故不能直接运用磁路的欧姆定律来计算，而只能用于定性分析。

6.2　交流铁心线圈电路

在许多电气设备中，铁心线圈可以通入直流电或交流电来励磁。根据铁心线圈励磁电流的不同，把铁心分为直流铁心线圈和交流铁心线圈。直流铁心线圈的励磁电流是直流电流，铁心中产生的磁通是恒定的，在线圈和铁心中不会产生感应电动势，其损耗也仅仅是线圈的热损耗（RI^2）。而交流铁心线圈是由交流电励磁，铁心中产生的磁通是交变的，在线圈和铁心中会产生感应电动势，并且在电磁关系、电压电流关系及功率损耗等问题上与直流铁心线圈是有些不同的。

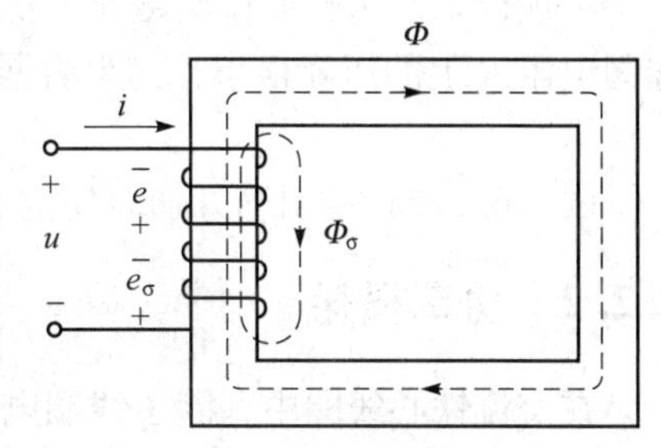

图 6.2.1　交流铁心线圈电路

图 6.2.1 所示是交流铁心线圈电路。设线圈的匝数为 N，当在线圈两端加上交流电压 u 时产生的交流励磁电流通过励磁线圈时产生交变的磁通，其中绝大部分是主磁通 Φ，小部分是漏磁通 Φ_σ。这两个磁通在线圈中产生两个感应电动势，主磁电动势 e 和漏磁电动势 e_σ。此外，线圈本身还存在由电阻 R 产生的电压降 iR。

6.2.1　电压、电流的关系

对如图 6.2.1 所示的交流铁心线圈电路的电压和电流之间的关系，根据基尔霍夫定律表示成

$$u=-e-e_\sigma+Ri \tag{6.2.1}$$

式中，R 为铁心线圈的电阻值；e_σ 漏磁电动势。

由法拉第定律得

$$e_\sigma=-N\frac{\mathrm{d}\Phi_\sigma}{\mathrm{d}t}=-L_\sigma\frac{\mathrm{d}\omega}{\mathrm{d}t} \tag{6.2.2}$$

用有效值表示为

$$E_\sigma=X_\sigma I \tag{6.2.3}$$

式中，$X_\sigma=\omega L_\sigma=2\pi fL_\sigma$，为漏磁感抗。

由于漏磁通经过空气形成闭合回路，其磁导率是个常数，Φ_σ 与 I 成正比。故励磁线圈与漏磁通对应的电感 L_σ 为

$$L_\sigma=\frac{N\Phi_\sigma}{i} \tag{6.2.4}$$

由于铁心线圈中的电流 I 和主磁通 Φ 不是线性关系，所以不能用一个不变的自感系数 L 去表示它们之间的关系。主磁通 Φ 在铁心线圈中产生的感应电动势可按下述方法计算。

若设主磁通 $\Phi=\Phi_\mathrm{m}\sin\omega t$，则有

$$e=-N\frac{\mathrm{d}\Phi}{\mathrm{d}t}=-N\frac{\mathrm{d}(\Phi_\mathrm{m}\sin\omega t)}{\mathrm{d}t}=-N\omega\Phi_\mathrm{m}\cos\omega t$$

$$=2\pi f\Phi_m \sin\left(\omega t-\frac{\pi}{2}\right)=E_m \sin\left(\omega t-\frac{\pi}{2}\right) \quad (6.2.5)$$

式中，E_m 为感应电动势的最大值，$E_m=2\pi f\Phi_m$，其有效值为

$$E=\frac{E_m}{\sqrt{2}}=\frac{2\pi fN\Phi_m}{\sqrt{2}}=4.44\,f\,N\Phi_m \quad (6.2.6)$$

一般说来，主磁通比漏磁通大得多，所以感应电动势也比漏磁电动势大得多，同时励磁线圈电阻 R 上的压降很小，如果将漏磁电动势和电阻上的压降忽略不计，则

$$U=E=4.44fN\Phi_m \quad (6.2.7)$$

式（6.2.7）说明当外加电压的有效值及其频率不变时，主磁通的最大值几乎是不变的。

6.2.2 功率损耗

在交流铁心线圈中，除了线圈电阻 R 上的有功损耗 RI^2（即铜损 ΔP_{Cu}）外，处于交变磁化作用下的铁心还会产生铁损 ΔP_{Fe}。故，交流铁心线圈的功率损耗为

$$P=UI\cos\varphi=RI^2+\Delta P_{Fe}$$

铁损是由磁滞和涡流产生的，分别称为磁滞损耗 ΔP_h 和涡流损耗 ΔP_e，它们都会引起铁心发热。由实验可知：交变磁化一周在铁心的单位体积内所产生的磁滞损耗能量与磁滞回线所包围的面积成正比。为了减小磁滞损耗，应选用磁滞回线狭小的磁性材料制造铁心，如硅钢材料等。

涡流损耗是由于铁心的涡流产生的。交变的电流产生交变的磁通，一方面在线圈中产生感应电动势，另一方面在铁心内产生感应电流和感应电动势，这种感应电流称为涡流。减小涡流的方法是：在顺磁场方向铁心可由彼此绝缘的钢片（如硅钢片）叠成。

涡流会引起铁心发热，这是它有害的一面。但可以利用涡流的热效应来冶炼金属，利用涡流和磁场相互作用而产生电磁力的原理制造感应式仪器等。

6.2 测试题及答案

6.3 变压器的基本结构和原理

1. 变压器的类型

变压器的类型很多。根据用途分类有：用于远距离输电、配电的电力变压器，用于机床局部照明和控制用的控制变压器，用于电子设备和仪表供电的电源变压器，用于传输信息的耦合变压器等；根据变压器输入端电源的相数分有：单相变压器和三相变压器两类；根据变压器电压的升降分有：升压变压器和降压变压器两类。

总之，变压器用途广泛，种类繁多，其电气性能和要求自然各有差异，但是无论何种类型的变压器，其原理和基本结构都大同小异。

2. 变压器的基本结构

变压器的结构形式在它的使用场合、工作要求及制造工艺等方面有较大差异，但基本结构是一样的，都是在一个闭合的铁心上绕制两个（或 n 个）线圈（或称绕组），即由铁心和绕组两部分构成，如图 6.3.1 所示。

绕在铁心上的线圈称为绕组。绕组是用纱包、丝包或漆包铜线绕制的，一般变压器导线

在一层一层绕制时，层与层之间还要垫上绝缘纸。绕组是变压器电路的主体部分，其作用是输入电能和输出电能。变压器工作时，接电源端的绕组称为原绕组（又称一次绕组或初级绕组），相应的，变压器的这一侧就称为原边；接负载端的绕组称为副绕组（又称二次绕组或次级绕组），变压器的这一侧也就称为副边。原、副绕组的匝数分别为 N_1、N_2。

用铁磁材料做心的变压器称为铁芯变压器；用绝缘材料做心的变压器称为空心变压器。铁芯变压器和空心变压器的图形符号分别如图 6.3.2（a）、图 6.3.2（b）所示。变压器的文字符号是 T。

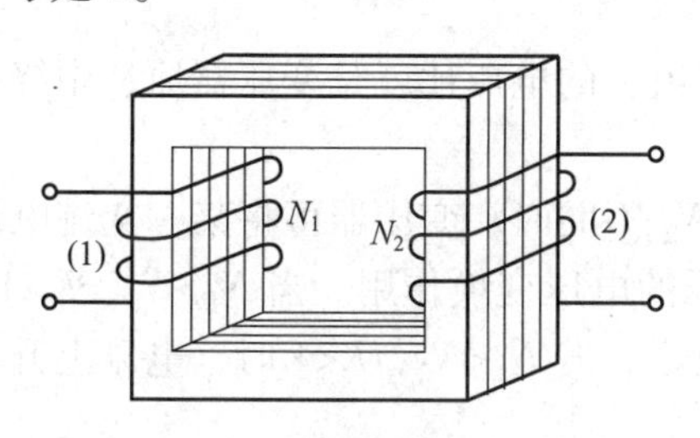

图 6.3.1　变压器结构示意图

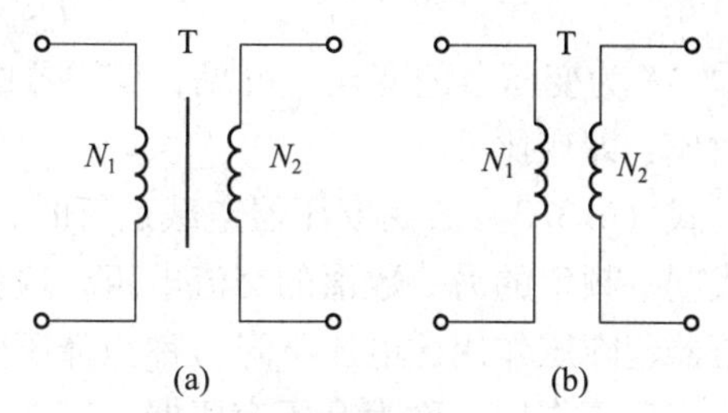

图 6.3.2　变压器的图形符号

3. 变压器的工作原理

变压器的工作原理涉及电路、磁路及其相互联系等诸方面的问题，故比较复杂。为了分析的方便，以铁芯变压器为例，分空载和负载两种情况讨论变压器的工作原理。

1）变压器的空载运行状态

变压器的原绕组接交流电源，副绕组不接负载（副边开路）的情况称变压器的空载运行状态，如图 6.3.3 所示。

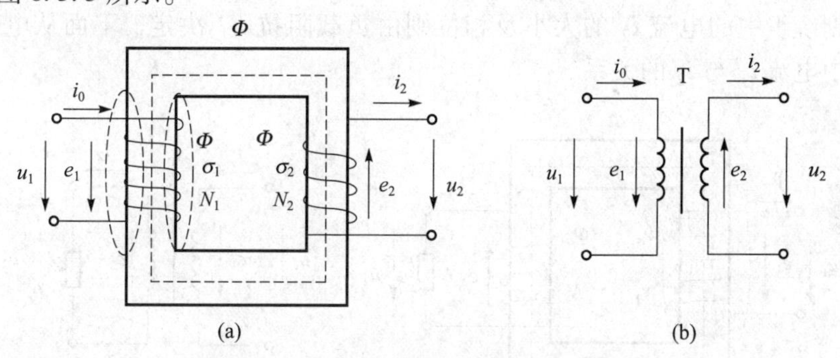

图 6.3.3　变压器空载运行的原理图和符号

当原绕组加上交流电源 u_1 后，原绕组中有电流 i_0 流通。i_0 称为空载电流，其有效值为原绕组额定电流的 3%～8%。电流 i_0 通过原绕组在闭合的铁心中建立了磁场，磁动势 i_0N_1 在铁心内部产生一个交变的磁通，这个交变磁通大部分沿着铁心磁路而闭合，并与原、副绕组相交链，叫做主磁通，用 Φ 表示。主磁通分别在原、副绕组中产生感应电动势 e_1、e_2，另外还有很少部分经过原、副绕组附近的空间而闭合的漏磁通 $\Phi_{\sigma1}$、$\Phi_{\sigma2}$。漏磁通很少，可以忽略。由于原绕组的电阻和感抗也很小，都可以忽略不计，则有：$\dot{U}_1 \approx -\dot{E}_1$，有效值关系为

$$U_1 \approx E_1 = 4.44fN_1\Phi_m \tag{6.3.1}$$

式中，N_1 为原绕组匝数；f 为电源频率；Φ_m 为主磁通的最大值。

由于变压器副绕组没有接负载，副绕组电流 $\boldsymbol{i}_2=0$，磁动势 $\boldsymbol{i}_2N_2$ 也为零。所以，副绕组电压$\dot{U}_{20}=\dot{E}_2$，其有效值关系为

$$U_{20}=E_2=4.44fN_2\Phi_{\mathrm{m}} \tag{6.3.2}$$

式中，U_{20}为空载时副边的输出电压；N_2 为副绕组的匝数。

原、副绕组的电压之比为

$$\frac{U_1}{U_{20}}\approx\frac{E_1}{E_2}=\frac{N_1}{N_2}=K \tag{6.3.3}$$

式中，K 为变压器的变比。可见，变压器的原、副绕组上的电压比就是变压器原、副绕组的匝数比，即变比 K。

式（6.3.3）表明变压器空载运行时，当 N_1 与 N_2 不同时，变压器可将某一交流电压转换成同一频率的另一数值的交流电压。这就是变压器的电压变换作用。当 $N_1>N_2$，$K>1$ 时，变压器起降压作用，电压下降，称为降压变压器。反之，若 $N_1<N_2$，$K<1$ 时，电压上升，变压器起升压作用，称为升压变压器。

必须指出，变压器的原绕组和副绕组之间，在电路上并不相互连接，其电能自原绕组输入，通过电磁感应的形式传递到副绕组上输出。

2）变压器的负载运行状态

当变压器原绕组接上交流电源，副绕组接上负载后，变压器便在有载的情况下运行。这时变压器的原、副绕组中分别有电流 $\boldsymbol{i}_1$ 和 $\boldsymbol{i}_2$ 流过，如图 6.3.4 所示。从能量转换的角度看，副绕组接上负载后，副边电路出现电流 $\boldsymbol{i}_2$，副边有能量输出，必然使原绕组从电源吸取比空载时更多的能量，以满足副边用电设备的需要。这时原绕组的电流 $\boldsymbol{i}_1$ 比空载时的励磁电流 $\boldsymbol{i}_0$ 大很多。而副绕组中的电流 $\boldsymbol{i}_2$ 的大小及相位则由负载阻抗 Z_{L} 决定，下面从电磁方面分析原、副绕组中电流 $\boldsymbol{i}_1$ 与 $\boldsymbol{i}_2$ 的关系。

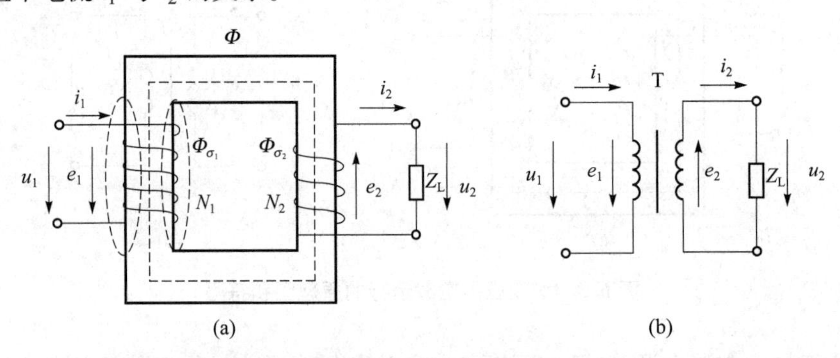

图 6.3.4　变压器负载运行的原理图和符号

空载运行时主磁通是由原绕组 N_1 中通入励磁电流 $\boldsymbol{i}_0$ 产生的，磁路中的磁动势为 $\boldsymbol{i}_0N_1$。而在负载运行时，原绕组和副绕组中分别有电流 $\boldsymbol{i}_1$ 和 $\boldsymbol{i}_2$ 通过，主磁通是由磁动势 $\boldsymbol{i}_1N_1$ 以及 $\boldsymbol{i}_2N_2$ 共同产生的。变压器在空载和负载时主磁通 Φ 不变，故各磁动势有下列关系式：

$$\boldsymbol{i}_1N_1+\boldsymbol{i}_2N_2=\boldsymbol{i}_0N_1 \tag{6.3.4}$$

式（6.3.4）用向量的形式表示为

$$\dot{I}_1N_1+\dot{I}_2N_2=\dot{I}_0N_1 \tag{6.3.5}$$

这就是变压器的磁动势平衡方程。变压器的空载电流是很小的，故在变压器接近满载的情况下，$\boldsymbol{i}_0N_1$ 远远小于 $\boldsymbol{i}_1N_1$ 和 $\boldsymbol{i}_2N_2$，因而常常可以忽略 $\boldsymbol{i}_0N_1$，故式（6.3.5）就可以写成：

$$\dot{I}_1N_1=-\dot{I}_2N_2 \tag{6.3.6}$$

用有效值形式表示为

$$I_1N_1=I_2N_2 \tag{6.3.7}$$

$$\frac{I_1}{I_2}\approx\frac{N_2}{N_1}=\frac{1}{K} \tag{6.3.8}$$

式（6.3.8）表明变压器负载运行时的电流变换作用，即原、副绕组的电流有效值之比近似等于变压器原、副绕组匝数比的倒数。由此可见，变压器负载运行时原绕组电流 I_1 是由副绕组电流 I_2 的大小决定的，当副绕组电流 I_2 随着负载变化而增大时，原绕组的电流 I_1 必然成正比例增大。式（6.3.6）中的负号表示对于如图 6.3.3 所示电流的参考方向，其原、副绕组上流过的电流在相位上差 180°。变压器在负载运行时，根据图 6.3.4 所示的参考方向，可得到原、副绕组上的电压平衡方程（用相量形式表示）为

$$\dot{U}_1=\dot{I}_1R_1-\dot{E}_1-\dot{E}_{\sigma1} \tag{6.3.9}$$

$$\dot{U}_2=-\dot{I}_2R_2+\dot{E}_2-\dot{E}_{\sigma2} \tag{6.3.10}$$

忽略数值较小的漏抗和电阻压降，则方程可简化为

$$\dot{U}_1\approx-\dot{E}_1 \tag{6.3.11}$$

$$\dot{U}_2=\dot{E}_2 \tag{6.3.12}$$

写成有效值的形式为

$$U_1\approx E_1=4.44fN_1\Phi_{\mathrm{m}}$$

$$U_2\approx E_2=4.44fN_2\Phi_{\mathrm{m}}$$

故，变压器负载运行时的原、副绕组电压比为

$$\frac{U_1}{U_2}\approx\frac{E_1}{E_2}=\frac{N_1}{N_2}=K \tag{6.3.13}$$

将式（6.3.3）与式（6.3.13）相比可知：变压器原、副绕组的电压之比等于匝数比的结论不仅适用于空载运行的情况，而且也适用于负载运行的情况。不过，负载时比空载时的误差稍大些。

将式（6.3.8）与式（6.3.13）相比可知：变压器原、副绕组的电压之比与电流之比互为倒数。这是由于变压器输送的功率是符合能量守恒定律的，其高压绕组电流小，低压绕组电流大。

【例 6.3.1】　有一台降压变压器，原边电压为 220 V，原绕组匝数为 1 760 匝，若从副边输出 12 V 电压，问：（1）副绕组匝数为多少？（2）若副绕组电流为 1 A，原绕组电流为多少？

【解】（1）由 $\frac{U_1}{U_2}=\frac{N_1}{N_2}$，得：

$$N_2=\frac{U_2N_1}{U_1}=\frac{12\times1\ 760}{220}\text{匝}=96\text{ 匝}$$

（2）由 $\dfrac{I_1}{I_2}=\dfrac{N_2}{N_1}$，得：

$$I_1=\frac{I_2N_2}{N_1}=\frac{96\times1}{1\ 760}\text{A}\approx54.5\text{mA}$$

3）变压器的阻抗变换作用

变压器不仅能起变换电压和变换电流的作用，还具有变换负载阻抗的作用。在电子设备中，为了获得较大的功率输出，常采用变压器来获得所需要的等效阻抗，以实现电路的阻抗匹配。

在图 6.3.5（a）中，负载阻抗 Z_L 接在变压器的副边，图中点画线部分可以用一个等效的阻抗 Z_L' 来代替，如图 6.3.5（b）所示。所谓等效，就是输入电路的电压、电流和功率不变。也就是说，直接接在电源上的阻抗 Z_L' 和接在变压器副边的负载阻抗 Z_L 是等效的。为简化分析，设变压器为理想变压器，即忽略变压器原、副绕组的漏抗、励磁电流和损耗，即效率等于 100%。虽然，理想的变压器实际上并不存在，但性能良好的铁芯变压器的特性与理想变压器很相近。根据式（6.3.8）和式（6.3.13），Z_L' 和 Z_L 两者的关系可推导如下

$$\frac{U_1}{I_1}=\frac{(N_1/N_2)\ U_2}{(N_2/N_1)\ I_2}=\left(\frac{N_1}{N_2}\right)^2\frac{U_2}{I_2}=K^2Z_L$$

由图 6.3.5（b）可知

$$\frac{U_1}{I_1}=Z_L',\quad \frac{U_2}{I_2}=Z_L$$

根据等效原理代入得

$$Z_L'=(N_1/N_2)^2Z_L=K^2Z_L \tag{6.3.14}$$

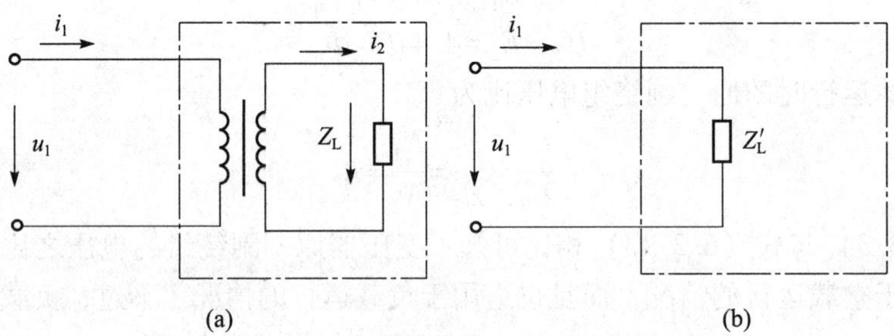

图 6.3.5　变压器的阻抗变换

式（6.3.14）表明：接在变压器副边的阻抗 Z_L 对电源而言，相当于接上等效阻抗为 K^2Z_L 的负载，这就是变压器阻抗变换的作用。可以采用不同的匝数比，把负载阻抗变换成所需要的数值。因此，这种阻抗变换的过程又称为变压器的阻抗匹配。

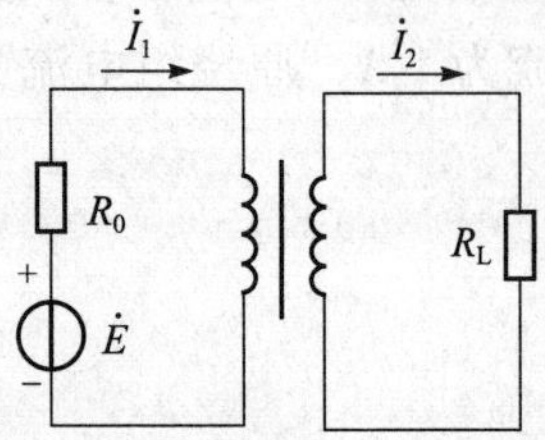

【例 6.3.2】在图 6.3.6 中，交流信号源的电动势 $E=10$ V，内阻 $R_0=200\ \Omega$，负载电阻 $R_L=8\ \Omega$，$N_1=500$ 匝，$N_2=100$ 匝。试求：（1）负载电阻折合到原边的等效电阻；（2）输送到负载电阻的功率；（3）若不经过变压器，将负载直接与信号源连接时，输送到负载上的功率。

图 6.3.6　例 6.3.2 图

【解】（1）等效电阻为

$$R'_L=\left(\frac{N_1}{N_2}\right)^2R_L=\left(\frac{500}{100}\right)^2\times8\ \Omega=200\ \Omega$$

（2）输送到负载的功率为

$$P=\left(\frac{E}{R_0+R'_L}\right)^2R'_L=\left(\frac{10}{200+200}\right)^2\times200\ \text{W}=0.125\ \text{W}$$

（3）当负载直接接到信号源上时，有：

$$P=\left(\frac{E}{R_0+R_L}\right)^2R_L=\left(\frac{10}{200+8}\right)^2\times8\ \text{W}\approx18.5\ \text{mW}$$

6.3 测试题及答案

6.4　变压器的使用

要正确地使用变压器，必须了解变压器的外特性、效率、额定值及绕组极性的测定方法。

6.4.1　变压器的外特性

通过前面的介绍，了解到变压器的电压变换关系在变压器空载或轻载时才准确，而电流变换关系则在接近满载时才准确。一般情况下，当电源电压 U_1 保持不变，负载变化时，由于变压器原、副绕组都具有电阻，且漏磁感抗压降发生变化，使得变压器副绕组的电压 U_2 也随之发生变化。当电源电压 U_1 和负载功率因数 $\cos\varphi_2$ 为常数时，$U_2=f(I_2)$ 的关系曲线称为变压器的外特性，如图 6.4.1 所示。

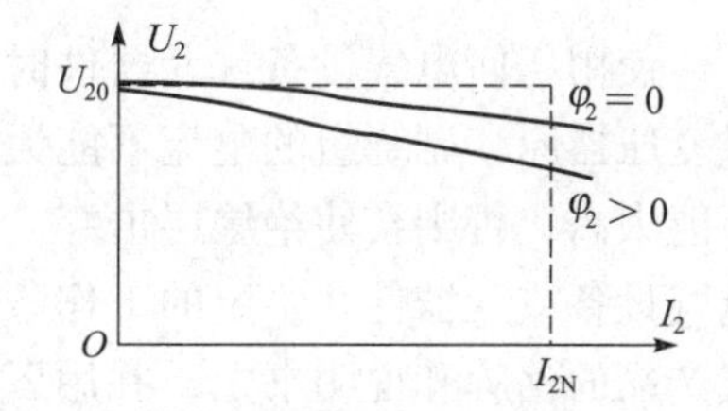

图 6.4.1　变压器的外特性曲线

特性曲线表明：变压器副绕组电压随负载的增加而下降；对于相同的负载电流，感性负载的功率因数越低，副绕组上的电压下降越多。

通常副绕组电压 U_2 的变动越小越好。为了反映 U_2 从空载到额定负载的变化程度，引入电压变化率 ΔU 为

$$\Delta U=\frac{U_{20}-U_2}{U_{20}}\times100\% \tag{6.4.1}$$

一般变压器的电阻和漏抗都很小，电压变化率不大，通常电力变压器的电压变化率约为5%。

6.4.2　变压器的损耗和效率

1. 变压器的损耗

变压器的损耗和交流铁心的损耗很相似，它在传递能量的过程中自身会产生铜损 ΔP_{Cu} 和铁损 ΔP_{Fe} 两种损耗，即

$$\Delta P=\Delta P_{Cu}+\Delta P_{Fe} \tag{6.4.2}$$

式中，ΔP 为变压器的损耗；ΔP_{Cu} 为变压器的铜损；ΔP_{Fe} 为变压器的铁损。

变压器的铜损 ΔP_{Cu} 是变压器在运行时，电流流经原、副绕组电阻 R_1、R_2 所消耗的功率。变压器空载时铜损为 0，满载时铜损最大。铜损随负载电流的变化而变化，因此又称可变损耗。

变压器的铁损是主磁通在铁心中交变时所产生的磁滞损耗和涡流损耗，它的大小与铁心内磁感应强度的最大值 B_m 有关，与电源电压 U_1、频率 f 有关，但与负载电流的大小无关。对于运行中的变压器，由于它的 Φ_m 和 B_m 基本不变，铁损也就基本不变，因此铁损又称为不变损耗。

2. 变压器的效率

变压器的效率是变压器输出功率 P_2 与对应的输入功率 P_1 的比值，通常用百分数来表示，即

$$\eta = \frac{P_2}{P_1} = \frac{P_2}{P_2 + \Delta P} \times 100\% \tag{6.4.3}$$

式中，η 为变压器的效率；P_2 为变压器的输出功率；P_1 为变压器的输入功率。

由于变压器没有转动部分，它的功率损耗很小，它的效率是很高的。大型变压器的效率可达 98%～99%，小型变压器的效率可达 70%～80%。研究表明：当变压器的铜损等于铁损时，其效率最高。

6.4.3 变压器的额定值

使用任何电气设备或元器件时，其工作电压、电流、功率都是有一定限度的。比如：流过变压器原、副绕组的电流不能无限增大，否则绕组会因过热而烧坏；施加到原绕组的电压不能太高，否则会使绝缘层击穿，造成变压器损坏，甚至危及人身安全。所谓额定值，就是电气设备或元器件在给定的工作条件下能够正常运行的允许工作数据。通常额定值标注在电气产品的铭牌和说明书上，并用下标“N”来表示。

变压器的铭牌上的主要数据有以下几种。

1. 额定电压

额定电压是指根据变压器的绝缘强度和允许温升而规定的电压值，以伏（V）或千伏（kV）为单位。变压器的额定电压有原边额定电压 U_{1N} 和副边额定电压 U_{2N}。U_{1N} 指原绕组应加的电源电压；U_{2N} 指原边加上 U_{1N} 时副绕组的空载电压。

注意：三相变压器的原边和副边的额定电压都是指线电压。另外，使用变压器时，不允许超过其额定的工作电压值。

2. 额定电流

额定电流是指变压器根据规定的工作方式（长时间连续工作、短时工作或间歇工作）运行时，原、副绕组上允许通过的最大电流 I_{1N}、I_{2N}，以安（A）或千安（kA）为单位。它们是根据绝缘材料允许的温度确定的。

注意：三相变压器的原边和副边的额定电流都是指线电流。另外，使用变压器时，不要超过其额定的工作电流值。变压器长期过载工作将会缩短它的使用寿命。

3. 额定容量

额定容量是指变压器副边的额定视在功率 S_N，即副绕组上的额定电压 U_{2N} 和额定电流

I_{2N}的乘积。额定容量反映了变压器传递电功率的能力。对于单相变压器而言，S_N、U_{2N}和I_{2N}的关系如下：

$$S_N = U_{2N}I_{2N} \approx U_{1N}I_{1N} \tag{6.4.4}$$

由于$U_{2N} \approx U_{1N}/K$，$I_{2N} \approx KI_{1N}$，所以$U_{2N}I_{2N} \approx U_{1N}I_{1N}$，变压器的额定容量$S_N$也可以近似地用$U_{1N}$和$I_{1N}$的乘积表示。

对于三相变压器而言，有：

$$S_N = \sqrt{3}U_{2N}I_{2N} \approx \sqrt{3}U_{1N}I_{1N} \tag{6.4.5}$$

注意：视在功率的单位是伏·安（V·A）或千伏·安（kV·A），而输出功率的单位是瓦（W）。

4. 额定频率

我国规定标准工频频率为50 Hz，有些国家规定是60 Hz，使用时应注意区分。改变使用频率会导致变压器的某些电磁参数、损耗和效率发生变化，会影响变压器的正常工作。

5. 额定温升

变压器在额定运行情况下，变压器内部的温度允许超出规定的环境温度（+40 ℃）。规定在变压器的运行中允许的温度超出参考环境温度的最大温升，称为额定温升。对于使用A级绝缘材料的变压器，其额定温升为65 ℃。

变压器在使用前应进行检验，各项检验都应符合设计标准，否则不宜使用。通常其检验内容有：

（1）区分绕组、测量各绕组的直流电阻；

（2）绝缘检查；

（3）各绕组的电压和变压比；

（4）磁化电流I_μ，变压器副边开路时的原绕组电流叫磁化电流，I_μ一般为原绕组额定电流的3%～8%。

【例6.4.1】　某单相变压器额定容量为$S_N = 5$ kV·A，原绕组的额定电压$U_{1N} = 220$ V，副绕组的额定电压$U_{2N} = 36$ V，求：变压器原、副绕组上的额定电流。

【解】副绕组的额定电流为

$$I_{2N} = \frac{S_N}{U_{2N}} = \frac{5\times10^3}{36}\ \text{A} \approx 139\ \text{A}$$

故，原绕组的额定电流为

$$I_{1N} = \frac{S_N}{U_{1N}} = \frac{5\times10^3}{220}\ \text{A} \approx 23\ \text{A}$$

【例6.4.2】　有三相变压器的额定数据如下：$S_N = 100$ kV·A，$U_{1N} = 6\,000$ V，$U_{2N} = U_{20} = 400$ V，$f = 50$ Hz。由实验得：铁损$\Delta P_{Fe} = 600$ W，额定负载时的铜损$\Delta P_{Cu} = 2\,400$ W。试求：（1）变压器的额定电流；（2）满载时的效率。

【解】（1）额定电流为

$$I_{2N} = \frac{S_N}{\sqrt{3}U_{2N}} = \frac{100\times10^3}{\sqrt{3}\times400}\ \text{A} \approx 144\ \text{A}$$

$$I_{1N} = \frac{S_N}{\sqrt{3}U_{1N}} = \frac{100\times10^3}{\sqrt{3}\times6\,000}\ \text{A} \approx 10\ \text{A}$$

（2）满载时的效率为

$$\eta=\frac{P_2}{P_2+\Delta P_{Cu}+\Delta P_{Fe}}\times100\%=\frac{100\times10^3}{100\times10^3+600+2\ 400}\times100\%=97.1\%$$

6.4.4 变压器绕组的极性

变压器绕组的极性是指绕组两端产生的感应电动势的瞬时极性。它总是从绕组的相对瞬时电位的低电位端（“-”）指向高电位端（“+”）。在使用变压器或其他有磁耦合的互感线圈时，要注意线圈的正确连接。例如，变压器的原、副绕组的连接如图6.4.2中的1~2和3~4所示。当接到220V的电源上时，两绕组串联，如图6.4.2（b）所示；接到110 V的电源上时，两绕组并联，如图6.4.2（c）所示。如果连接错误，比如串联时将2和4两端连接在一起，将1和3两端接电源，这样，两个绕组的磁通势就相互抵消，铁心中便不再产生磁通，绕组中也就没有感应电动势。此时，绕组中将有很大的电流流过，把变压器烧坏。把原、副绕组电位瞬时极性相同的端点称为同极性端，又叫同名端。绕组的同名端可标记“•”以便识别。图6.4.2中的1和3是同名端，2和4也是同名端，但一般在图中只标出一组。当电流从两个线圈的同名端流入或流出时，产生的磁通方向相同；或者，当磁通变化（增大或减小）时，在同名端感应电动势的极性也相同。

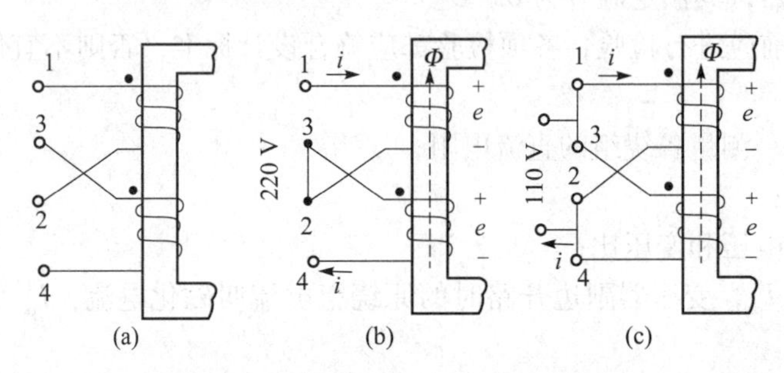

图6.4.2 变压器原绕组的正确连接

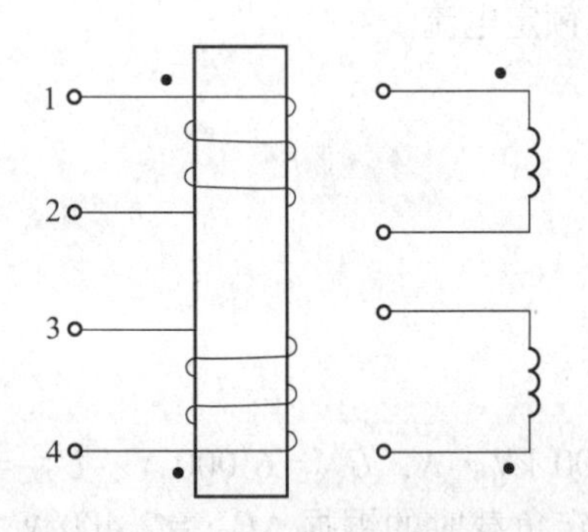

图6.4.3 一个线圈反接的连接图

如果将其中一个线圈反绕，如图6.4.3所示，则1和4两端应为同名端。串联时应将2和4两端连在一起。可见，同名端和线圈的绕向有关。因此，只需要根据线圈的绕向来确定变压器的同名端。若无法辨认绕向时，就要借助于实验的方法了。

1）直流法

直流法的接线方法如图6.4.4（a）所示，当开关S闭合时，若直流毫安表的指针正向偏转，则1和3是同名端；反向偏转，则1和4是同名端。

2）交流法

交流法的接线方法如图6.4.4（b）所示，用导线将两线圈1、2和3、4中的任一端子（如2和4）连接在一起，将较低的电压加于任一线圈（如1、2线圈），然后用电压表分别测出U_{12}、U_{34}和U_{13}，若$U_{13}=|U_{12}-U_{34}|$，则1和3是同名端；若$U_{13}=U_{12}+U_{34}$，则1和4是同名端。

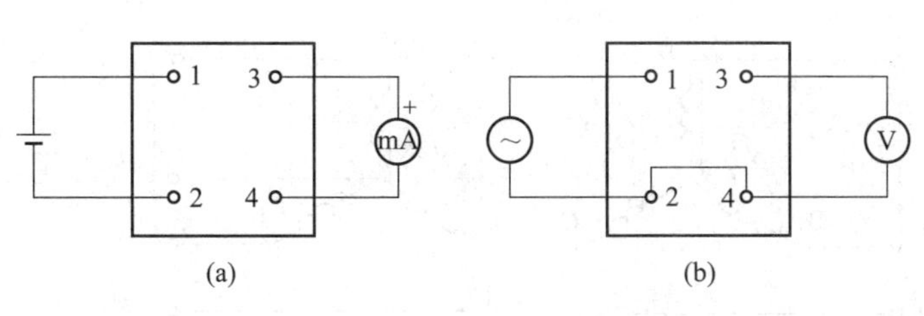

图 6.4.4 测定变压器绕组的同名端

（a）直流法；（b）交流法

6.4 测试题及答案

6.5 三相变压器与绕组连接

三相变压器是供电系统常采用的。目前交流供电系统都采用三相制，三相电压的交变可以采用两种方法来实现。一种方法是，用 3 台规格一致的单相变压器连接成三相变压器组；另一种方法是，用一台三相变压器。图 6.5.1 所示的是三相变压器的示意图。

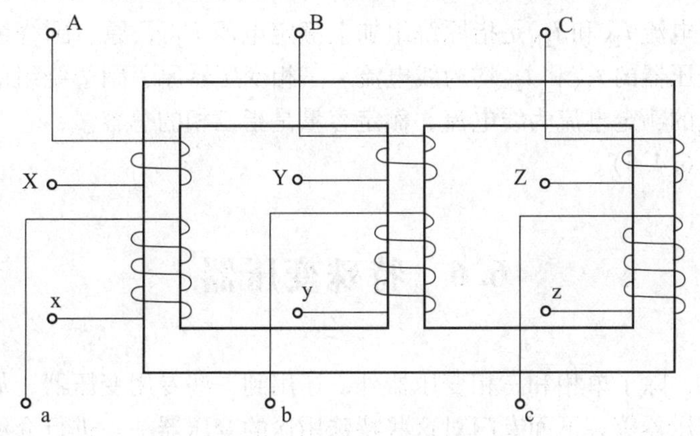

图 6.5.1 三相变压器示意图

从图中可看出，三相变压器共有 3 个铁心柱，每个铁心柱都有一个原绕组和一个副绕组。原绕组的始端分别用 a、b、c 表示，其对应的末端用 x、y、z 表示。三相变压器的工作原理，从每一相看，和单相变压器完全一样，因此这里不再重复。三相变压器与由 3 台单相变压器组成的三相变压器组相比较，在同样容量的条件下，显然三相变压器具有体积小、成本低、效率高等优点。故三相变压器在输电、配电的供电系统中得到了广泛的应用。

三相变压器的原绕组和副绕组都可以接成星形或三角形。当绕组接成星形时，每相绕组的相电流等于线电流，相电压只有线电压的 $1/\sqrt{3}$ 倍，相电压较低有利于降低绕组的绝缘强度要求，所以，变压器的高压侧多采用“Y”接法。目前我国生产的三相电力变压器，通常采用的接法有 Y/Y_0、$Y/\triangle$ 和 $Y_0/\triangle$ 3 种，其中分子表示原绕组的接法，分母表示副绕组的接法，Y_0 表示星形连接并有中线。其中 Y/Y_0 的接法常用于照明负载和动力负载混合电的线路中，照明负载接相电压，动力负载接线电压。三相变压器连接方法如图 6.5.2 所示，图 6.5.2（a）为 Y/Y_0 连接方法；图 6.5.2（b）为 $Y/\triangle$ 连接方法。三相变压器绕组的接法通常标在它的铭牌上。

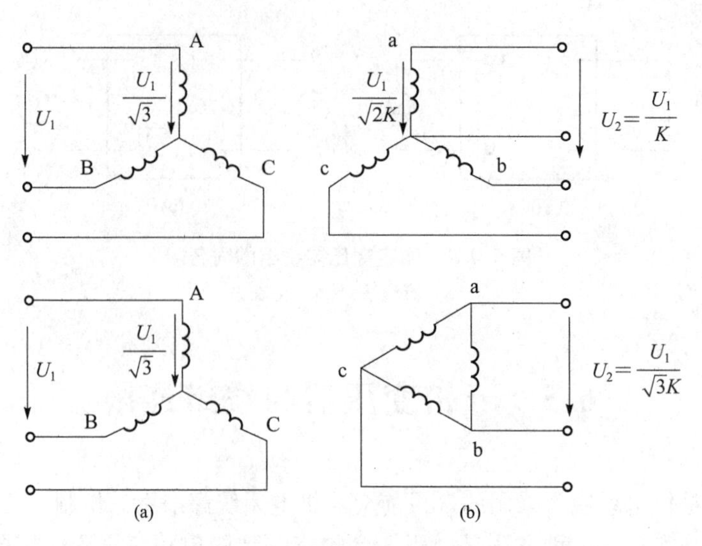

图 6.5.2　三相变压器连接方法

变压器的额定电流 I_{1N} 和 I_{2N} 是指原绕组加上额定电压 U_{1N}，原、副绕组允许长期通过的最大电流。三相变压器的 I_{1N} 和 I_{2N} 均为线电流。三相变压器原、副边绕组的额定电压为线电压，原、副边绕组的额定电流为线电流，额定容量是指三相的总容量，它与额定电压、额定电流的关系见式（6.4.5）。

6.5 测试题及答案

6.6　特殊变压器

在电气线路中，除了单相和三相变压器外，还用到一些专用变压器，如自耦变压器、仪用互感器、电焊变压器等。下面专门对这些特殊用途的变压器一一进行介绍。例如，常用于调节电压的自耦变压器；测量用的电压互感器和电流互感器；工业上常用的电焊变压器等。这些特殊用途的变压器的工作原理与前述的一般变压器类似，但各自在结构和特性上又有一些特点。

6.6.1　自耦变压器

图 6.6.1 所示是一种自耦变压器，它的结构特点：副绕组是原绕组的一部分。自耦变压器原、副绕组电压之比和电流之比分别为

$$\frac{U_1}{U_2}=\frac{N_1}{N_2}=K,\quad \frac{I_1}{I_2}=\frac{N_2}{N_1}=\frac{1}{K}$$

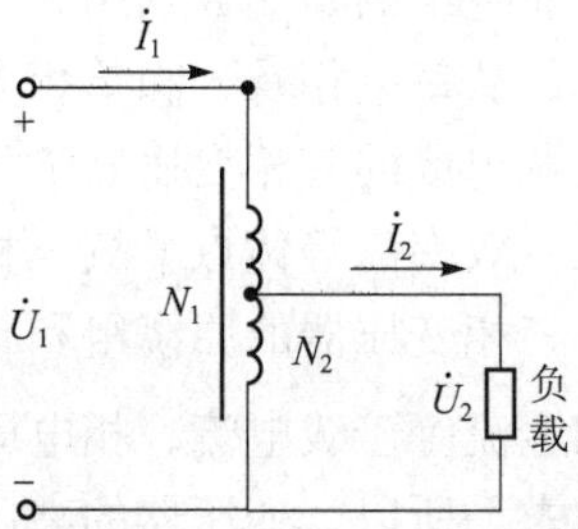

图 6.6.1　自耦变压器的电路

在实验室或某些电子设备中，往往需要平滑地调节交流电压，最简单的方法是用一种可改变副绕组匝数的自耦变压器来调压。自耦变压器也称为调压器。其外形和电路如图 6.6.2 所示。

从图 6.6.2（b）中可以看出，自耦变压器与普通变压器的区别在于，普通变压器有原

绕组和副绕组，而自耦变压器只有一个绕组作为高压绕组（原绕组），而低压绕组（副绕组）是高压绕组的一部分。因此其原、副绕组不仅有磁的联系，而且还有电的联系。

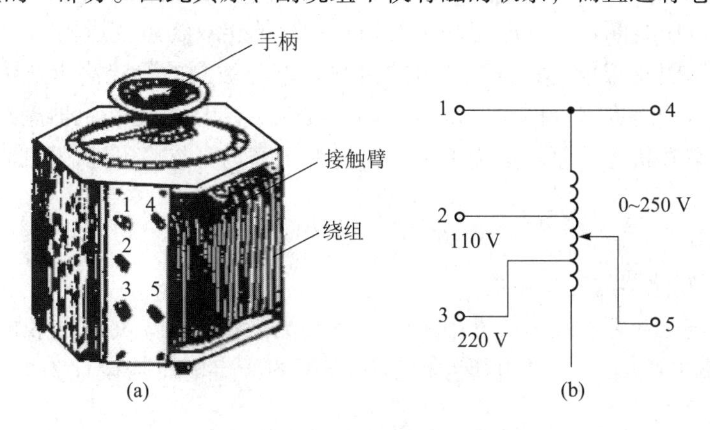

图 6.6.2　调压器的外形和电路

自耦变压器的工作原理和作用与双绕组变压器相同，双绕组变压器的变压、变流和变换阻抗的关系都适用于自耦变压器。自耦变压器高压绕组可以输入两种电压（如 110 V、220 V），输出电压随输出端“5”的位置而定（实际可实现 0~250 V 的连续可调）。

自耦变压器具有用料省、体积小、成本低、输出电压连续可调等优点，故应用广泛。但是，因为副绕组是原绕组的一部分，它们有电的连通，故原、副绕组应采用同一绝缘等级，而且对工作人员来说也是极其不安全的。因此自耦变压器只适用于低压供电系统，且变压比一般为 1.5~2。

另外，根据电气安全操作规程，自耦变压器不允许作为安全变压器使用，使用时要注意以下几点：

（1）不要把原、副绕组搞错，即不要把电源接到可调输出端，否则会损坏变压器。

（2）如图 6.6.2 所示，“1”端与“4”端共点，一定要接电源线，“2”端或“3”端一定接电源的相线，否则操作人员极易触电。

（3）接通电源前一定要让动头“5”端下滑到输出为零的位置，然后接通电源，逐渐将电压调到所需要的数值，否则会烧坏负载。

（4）接电源的输入端一般有 3 个接线头，它可用于 220 V 和 110 V 的供电线路，若接错就会把调压器烧坏。

三相自耦变压器的工作原理与三相变压器和单相自耦变压器一样，这里不再重复。它的 3 个绕组通常为 Y 形连接。三相自耦变压器常用来降压启动大功率的三相异步电动机，减小启动电流过大对电网的影响。

6.6.2　仪用互感器

仪用互感器是一种专供测量仪表、控制设备和保护设备中使用的变压器，可分为电压互感器和电流互感器两种。仪用互感器与测量仪表配合使用时，用于测量电力线路的高电压和大电流起隔离作用；在自动控制系统中，可作为电压和电流的检测、控制及保护器件。

1. 电压互感器

使用时，电压互感器的高压绕组跨接在需要测量的供电线路上；低压绕组与电压表、功率表和继电器的电压线圈相连。电压互感器如同一台单相双绕组变压器，如图 6.6.3 所示为电压互感器的接线图及符号。其高压绕组的匝数多，与被测的交流高电压 U_1 并联；低压绕组匝数少，与电压表组成闭合回路。电压表阻抗很大，所以电压互感器副绕组的电流很小，近似于变压器的空载状态，原、副绕组中的阻抗电压降均可忽略不计，因此可得

$$U_1=\frac{N_1}{N_2}U_2=K_U U_2 \tag{6.6.1}$$

式中，K_U 为电压互感器的变换系数。

可见，利用电压互感器能用低量程的电压表去测量高电压，将电压表的读数 U_2 乘以常数 K_U 就等于被测电压 U_1。通常电压互感器副绕组的额定电压均设计为标准值 100 V 或 50 V 等。

为了保证运行安全，使用电压互感器的注意事项主要有：

（1）副绕组不许短路。由于电压互感器正常运行时是接近空载，如果副绕组短路，电流会变得非常大，则绕组会因过热而烧坏。

（2）电压互感器的铁心及副绕组的一端必须接地。这样，当互感器绕组的绝缘层损坏时，在副绕组上出现对地的高电压时，不会危及工作人员的安全。

（3）副绕组接的阻抗不能太小，即不能多带电压表，否则原、副绕组上流过的电流都将增大，原、副边的漏磁通增加，进而降低了电压互感器的精度等级。

2. 电流互感器

图 6.6.4 所示的是电流互感器的接线图及符号，其原绕组只有一匝或几匝，与被测电流的电路串联，故原绕组流过的电流与被测电路的电流相等，其副绕组的匝数较多，它与电流表相连接。由于电流表的阻抗很小，因此，根据变压器原理可认为：

$$I_1=\frac{N_2}{N_1}I_2=K_I I_2 \tag{6.6.2}$$

式中，K_I 称为电流互感器的变换系数。

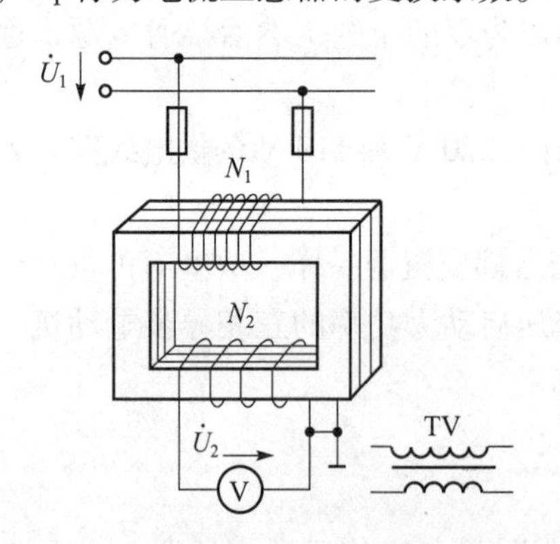

图 6.6.3　电压互感器的接线图及符号

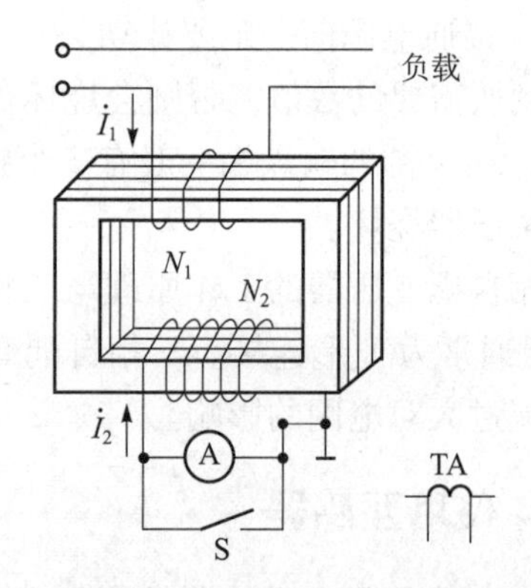

图 6.6.4　电流互感器的接线图及符号

可见，利用电流互感器可以用小量程的电流表去测量大电流，将电流表的读数乘以常数 K_I 即等于被测的电路电流 I_1。通常，电流互感器副绕组的额定电流均设计为 5 A 或 1

A 等。

电流互感器在运行中，副绕组电路是不允许断开的。因为其原绕组是与负载串联的，电流 I_1 的大小只取决于线路上的负载，不受 I_2 的影响。当副绕组电路开路时，$I_2=0$，I_2N_2 的去磁作用消失，而 I_1 仍然不变，这时原绕组的磁动势 I_1N_1 全部用于产生磁通。这样使得铁心损耗增大，铁心将过度发热，使互感器绝缘烧毁。同时，由于副绕组匝数较多，随着磁通的增加，副绕组将感应出很高的电势，这对工作人员是很危险的。在使用时，常在副边与电流表并联一开关 S（如图 6.6.4 所示），以便在更换仪表时作为短接副绕组之用。电流互感器不使用时或换接时，为防止开路而把开关 S 闭合，正常工作时开关 S 断开。

使用电流互感器的注意事项主要有：

（1）绝对不能让电流互感器的副边开路，否则易造成危险。

（2）铁心和副绕组一端均应可靠接地。

（3）为了不致使励磁电流增加，副边回路串入的阻值不能超过有关技术标准的规定。

常用的钳形电流表也是一种电流互感器。测量时，把待测电流的一根导线放入钳口中，这时该导线为一次绕组，匝数为一匝。这样可从安培表上直接读出被测电流的数值。电流表一般有几个量程，使用时应注意，被测电流不能超过最大量程，如图 6.6.5 所示。

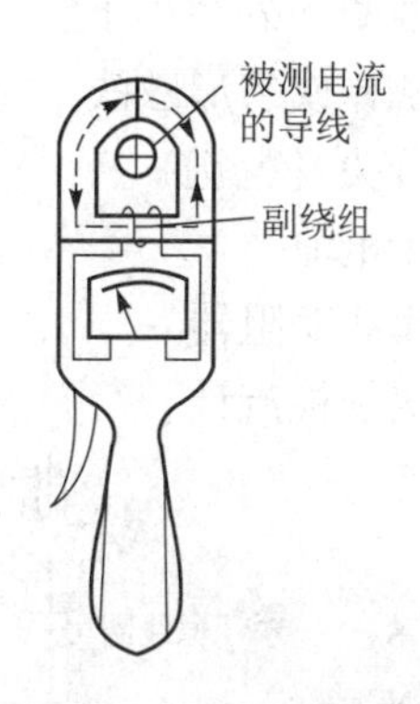

图 6.6.5　钳形电流表

若要检查电气设备运行时的某一相电流，通常可用钳形电流表，以免去停机接入一般电流表测电流的麻烦，从而可很方便地测出被测线路中的电流。

6.6.3　电焊变压器

6.6 测试题及答案

电焊变压器一般为降压变压器。根据电焊机的工作需要，要求它具有急剧下降的伏安特性，即外特性，如图 6.6.6 所示。空载时，副绕组电压 U_{20} 为 60~90 V（电弧引弧电压）。负载时，焊条与焊件接触，副绕组电压急剧下降，以使负载时的短路电流 I_S 不至于太大。而在焊接过程中，焊条与焊件间产生约 30 V 的电弧压降，电焊变压器陡降的外特性有利于维持工作电流 I_{2N} 的稳定。

为了适应不同的焊件和不同规格的焊条，还要求焊接变压器能够调节它的工作电流。常采用改变变压器漏抗的方法，如通过调节串联电抗器的气隙来改变其电抗值，从而调节工作电流。如图 6.6.7 所示的是常用的串联可变电抗式电焊变压器。

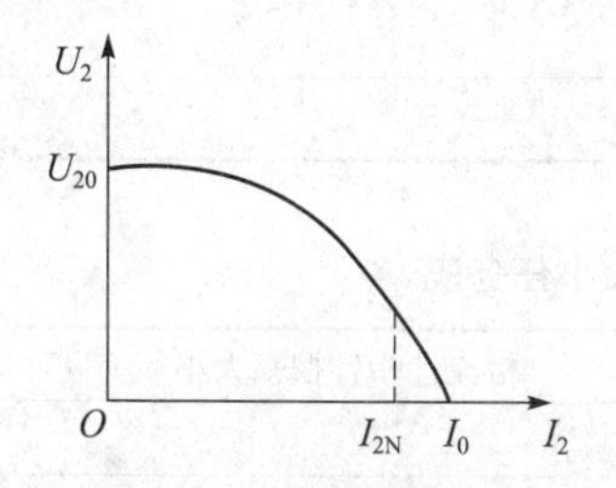

图 6.6.6　电焊变压器的外特性

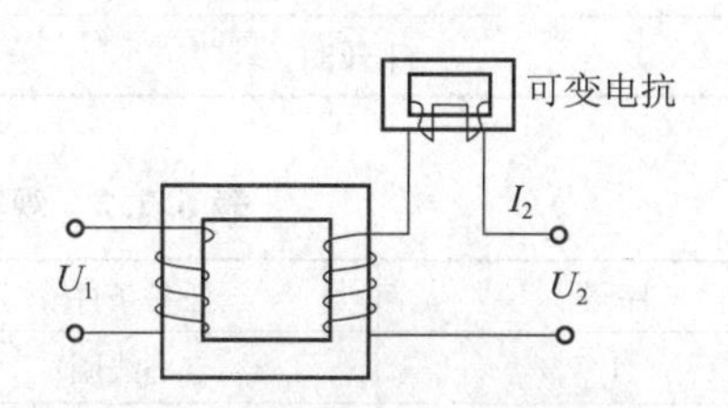

图 6.6.7　串联可变电抗式电焊变压器

6.7 任务训练——互感及同名端

一、任务目的

1. 进一步理解线圈相对位置及不同材料作为铁心时对互感的影响。
2. 加深对同名端的理解。

二、任务设备、仪器

空心筒形线圈	1个
线圈（外径小于空心线圈内径）用软铁棒作为铁心	1个
磁棒或条形磁铁	1根
开关（电键）	1个
干电池	1组
滑线变阻器	1只
灵敏检流计	1只

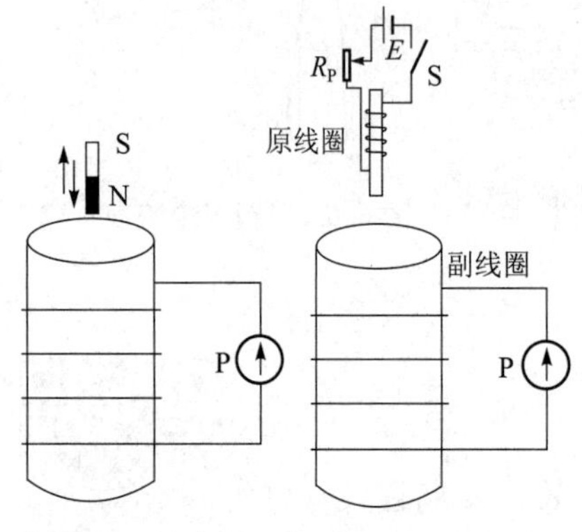

图6.7.1　判断互感及同名端任务接线图

三、任务内容及步骤

1. 按图6.7.1接线。

2. 根据线圈绕向，由同名端定义判断同名端，将判断结果写入表6.7.1中。

3. 将开关S合上（合上时间不要太长）和打开，观察检流计指针摆动方向，将任务结果写入表6.7.1中。

4. 将原线圈放入副线圈中。

① 线圈中不插入铁心，在开关S合上或打开瞬间，观察检流计指针摆幅，将任务结果写入表6.7.2中。

② 改变两个线圈的相对位置，接通或打开S瞬间，观察检流计指针摆幅变化，将任务结果写入表6.7.2中。

表6.7.1　用同名端定义判断同名端任务表

用同名端定义判断同名端	同名端
开关S动作方向	检流计指针摆动方向
合上时	
打开时	

表6.7.2　观察检流计指针摆幅大小任务表

序号	任务条件	检流计指针摆幅大小
1	空心线圈	
2	原线圈插入铁棒	
3	改变两个线圈相对位置	

四、任务报告

1. 用互感理论知识解释表6.7.2中的任务结果。

2. 根据表6.7.1中的任务结果指出当开关S合上和打开时，一个线圈中接电源正极的端子和另一个线圈接检流计正极的端子为同名端时，检流计指针偏转方向。如果改变检流计接线极性，情况又怎样。

电　磁　铁

电磁铁是利用通电的铁心线圈吸引衔铁或保持某种机械零件、工件于固定位置的一种电器。当线圈通电后，电磁铁的铁心被磁化，吸引衔铁动作来带动机械装置发生联动。断电时，电磁铁的磁性会随之消失，衔铁或其他零件会立即被释放。

电磁铁有直流电磁铁和交流电磁铁两大类。

电磁铁主要由线圈、铁心及衔铁3部分组成。它的结构形式有以下3种，如图6.8.1所示。

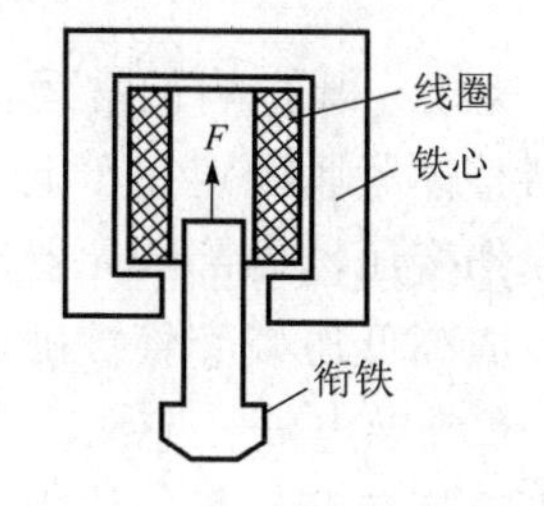

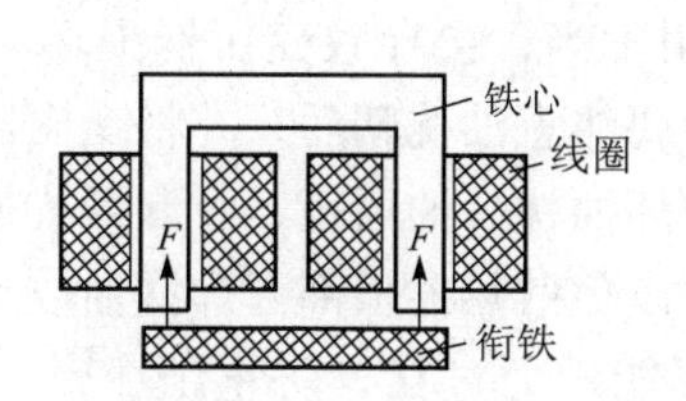

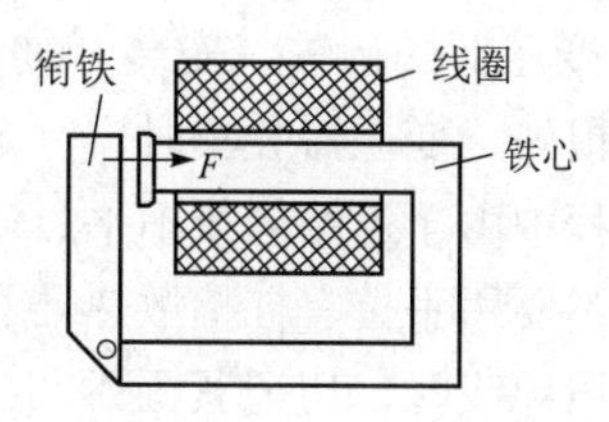

图6.8.1　电磁铁的几种构造

电磁铁在工业生产中得到了广泛的应用。在机床中，常用电磁铁操纵气动或液压传动机构的阀门和控制变速机构。可以用电磁铁起重以提放钢材。如图6.8.2所示的是用电磁铁来制动机床和起重机的电动机。当接通电源后，电磁铁动作而拉开弹簧，把抱闸提起，于是放开了装在电动机轴上的制动轮，这时，电动机便可以自由转动。当断开电源时，电磁铁的衔铁落下，弹簧便把抱闸压在制动轮上，制动电动机。起重机中用电磁铁可以避免由于突然断电而使重物滑下造成事故。

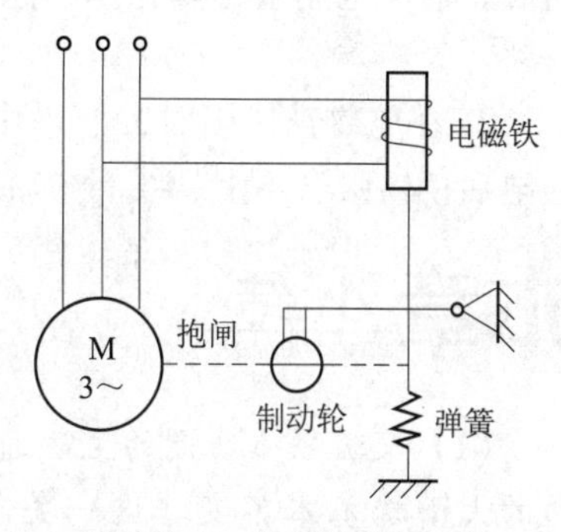

图6.8.2　电磁铁应用一例

先导案例解决

问题1解答：因为电源电压（220 V）远大于小灯泡的额定电压，小灯泡会立即烧毁。如果现在只有照明电源，可以根据以前所学的电路知识，拿一个阻值适当的电阻与小灯泡串联，接入照明电路中就可以使小灯泡正常工作。但是，这种方法电阻上的分压较大，也消耗一定的电功率，电源电能的利用率并不高。

问题2解答：事实上，上述矛盾在现实中普遍存在。在日常生活、生产中使用的各种用电设备，需要的电压不是都一样的。如家用电器（电灯、电炉等）需要220 V电压，电视机显像管又需要一万多伏电压……在由统一的电源供电的情况下，为适应这些不同的电压需要，就需要有一种能改变电压的电气设备，即本章介绍的变压器。

问题3解答：该线路工找来一根干燥的竹竿将变台跌落开关拉开，在确定无大问题后，便再次用竹竿合跌落开关时造成了触电事故。因为，倒闸操作应由两人进行，一人操作，一人监护，并认真执行唱票、复诵制。发布指令和复诵指令都要严肃认真，使用规范术语，准确清晰，按操作顺序逐项操作，每操作完一项，应检查无误后，做一个“V”记号。操作中发生疑问时，不准擅自更改操作票，应向操作发令人询问清楚无误后再进行操作。操作完毕，受令人应立即向发令人汇报。并且，操作机械传动的断路器（开关）或隔离开关（刀闸）时应戴绝缘手套。没有机械传动的断路器（开关）、隔离开关（刀闸）和跌落式熔断器（保险），应使用合格的绝缘棒进行操作。雨天操作应使用有防雨罩的绝缘棒，并戴绝缘手套。操作柱上断路器（开关）时，应有防止断路器（开关）爆炸时伤人的措施。

生产学习经验

1. 变压器的运输、安装和使用不当，会导致变压器损坏、烧毁，既影响正常运输又造成经济损失。变压器装车时，一定要注意油枕朝后，并将变压器整体紧紧固定在车上，以免运输过程中由于道路颠簸不平，破坏油枕、油面镜、吸湿器或损伤变压器内部的元器件。卸车时，不要用手拉、杠抬散热器，以免散热器根部开焊漏油或造成高低压瓷套管被破坏。在接高低压导线时，切记紧固螺母不能用力过猛，防止压坏瓷套管或导电杆，造成高压头开焊、低压接头搭壳、器身内螺母脱落。变压器在使用过程中，不得超负荷运行，使用一段时间后，需停电用手触摸壳体，感觉温度判断是否正常，并将高低压线的压线螺钉适当再紧一紧。

2. 在电磁铁使用时，如果由于某种机械故障，电磁铁的衔铁或机械可动部分被卡住，通电后衔铁吸合不上，线圈中就会有很大的电流流过，致使线圈严重发热，甚至烧毁。

本章小结
BENZHANGXIAOJIE

（1）交流铁心线圈的主磁通只与电源电压、频率及线圈匝数有关，只要U、f不变，主磁通的大小就基本不变。这一关系适用于一切交流励磁的磁路，如变压器、电磁铁、电动机等。

（2）变压器是根据电磁感应原理制成的静止电气设备。变压器主要由用硅钢片叠成的铁心和绕在铁心柱上的线圈（即绕组）构成。铁心是用来提供磁路，接电源的绕组称为原绕组，接负载的绕组称为副绕组。

（3）变压器工作原理及作用。变压器的工作原理是遵循电磁规律的。它具有变换电压、电流和阻抗的功能，变换关系分别为：

① 电压变换：$\frac{U_1}{U_2}=\frac{N_1}{N_2}=K$；

② 电流变换：$\frac{I_1}{I_2}=\frac{N_2}{N_1}=\frac{1}{K}$；

③ 阻抗变换：$Z_L'=(N_1/N_2)^2Z_L=K^2Z_L$。

（4）变压器带负载时的外特性 $U_2=f(I_2)$ 是一条稍微向下倾斜的曲线。若负载增大，功率因数减小，端电压就下降，其变化情况由电压变化率 ΔU 来表示。

（5）变压器额定值主要是指 U_{1N}、U_{2N}、I_{1N}、I_{2N}、S_N、f_N 等。额定电流 I_{1N} 和 I_{2N} 是指原绕组加上额定电压 U_{1N} 后，原、副绕组允许长期通过的最大电流。三相变压器的原、副边绕组的额定电流 I_{1N} 和 I_{2N} 均为线电流。三相变压器原、副边绕组的额定电压 U_{1N} 和 U_{2N} 为线电压，额定容量是指三相总容量，它与额定电压、额定电流的关系：

$$S_N=\sqrt{3}U_{2N}I_{2N}\approx\sqrt{3}U_{1N}I_{1N}$$

（6）变压器绕组同名端的判别及连接原则。

① 同名端。变压器中的两个绕组中，当一个绕组的某一端瞬时电位为正时，另一个绕组必然有一个瞬时电位为正的对应端，这个对应端称为这两个绕组的同极性端或同名端。

② 同名端的判别方法。知绕向用定义判别；不知绕向的采用交流法、直流法测量。

③ 绕组连接原则。要提高电压时，绕组顺串（即异名端相连）；要增大电流时，绕组同名端相连的并联。注意：串联绕组额定电流应相等，并联绕组额定电压应相等。

（7）目前我国生产的三相电力变压器，通常采用的接法有 Y/Y_0、$Y/\triangle$ 和 $Y_0/\triangle$ 3 种，三相变压器绕组的接法通常标在它的铭牌上。

（8）自耦变压器的结构特点：副绕组是原绕组的一部分，它又称为调压器。

习　题

一、填空题

1. 变压器的基本结构是由__________和__________两大部分组成。

2. 变压器负载运行时，原绕组电流是由__________的大小决定的。

3. 根据铁心线圈励磁电流的不同，把铁心分为__________和__________。

4. 变压器在传递能量的过程中会产生__________和__________两种损耗，

5. 变压器带负载运行时，若负载增大时，其铁损将__________，铜损将__________。

6. 变压器中的铁损是主磁通在铁心中交变时所产生的__________和__________。

7. 变压器铭牌上的主要数据有额定电压、__________、__________、额定频率和额定温升。

8. 当三相变压器接成星形时，其线电流是相电流的__________倍，线电压是相电压的__________倍。

9. 自耦变压器的原边和副边既有__________的联系，又有__________的联系。

10. 通常副绕组电压的变动越__________越好。

二、选择题

1. 当副绕组随着负载变化而增大时，原绕组的电流必然将成（　　）比的增（　　）。

A. 反，小　　B. 正，大　　C. 正，小

2. 变压器铁损大小与铁心内磁感应强度的最大值有关，与电源电压、频率（　　）。

A. 有关　　B. 无关　　C. 看实际情况才能定

3. 当三相变压器接成星形时，其线电流是相电流的（　　）倍，线电压是相电压的（　　）倍。

A. $\sqrt{3}$，1　　B. $\sqrt{3}$，$\sqrt{3}$　　C. 1，$\sqrt{3}$

4. 当变压器的铜损等于铁损时，其效率（　　）。

A. 0　　B. 最低　　C. 最高

5. 变压器空载时的损耗（　　）。

A. 铜损为0　　B. 铜损最大　　C. 铁损为0

6. 一台变压器在（　　）时效率最高。

A. $S=S_N$　　B. $\beta=1$　　C. $P_{Cu}=P_{Fe}$

7. 变压器带负载时的外特性是一条稍微向下倾斜的曲线。若负载增大，功率因数减小，端电压就会（　　）。

A. 下降　　B. 不变　　C. 上升

8. 变压器的原副绕组的电压之比为（　　）。

A. 1∶1　　B. N_1∶N_2　　C. N_2∶N_1

9. 自耦变压器只适用于（　　）。

A. 高压供电系统　　B. 低压供电系统　　C. 高、低压供电系统

10. 以下可以作为电流的检测、控制及保护器件的是（　　）。

A. 自耦变压器　　B. 电压互感器　　C. 电流互感器

11. 如果将额定电压为220/24 V的变压器接入220 V的直流电源，将发生（　　）现象。

A. 输出24 V交流电　　B. 输出24 V直流电　　C. 没有电压输出

三、计算题

1. 简述交流铁心的功率损耗有哪些？它们是如何产生的？如何减少？

2. 有一台单相变压器 $U_1=380$ V，$I_1=0.4$ A，$N_1=1\,000$ 匝，$N_2=100$ 匝，试求变压器副绕组的输出电压 U_2，输出电流 I_2，电压比 K_u，电流比 K_i。

3. 单相变压器的原边电压 $U_1=3\,300$ V，其变压比 $K=15$，求副边电压 U_2。当副边电流 $I_2=60$ A，求原边电流 I_1。

4. 变压器能改变直流电压吗？如接上直流电压，会发生什么现象？

5. 自耦变压器为什么不能作为安全变压器用？使用中应注意什么？

第 7 章　交流电动机

本章知识点

1. 三相异步电动机的构造和工作原理；
2. 三相异步电动机的机械特性和工作特性；
3. 三相异步电动机各种控制、运行的方法和原理。

先导案例

有一台三相异步电动机正常运行时，突然转子被卡住不能转动，这时应该怎么办？为什么？

7.1　三相异步电动机的构造

三相异步电动机按转子结构的不同可分为笼型和绕线转子异步电动机两大类，笼型异步电动机由于结构简单、工作可靠、维护方便，已成为生产上应用最广泛的一种电动机。绕线转子异步电动机由于结构复杂、价格较高，一般只用于要求调速和起动性能好的场合，如桥式起重机。

异步电动机的两个基本组成部分：定子（固定部分）和转子（旋转部分）。笼型和绕线转子异步电动机的定子结构基本相同，所不同的是转子部分。笼型异步电动机的主要部件如图 7.1.1 所示。

7.1.1　定子

异步电动机的定子由定子铁心、定子绕组和机座等部分组成。机座用铸铁或铸钢制成，用以固定铁心和绕组；为了增加散热面积，封闭式电动机机座外表面带有散热筋片。定子铁心由厚度为 0.5 mm 的两面涂有绝缘漆的硅钢片叠成，以减小涡流损失。硅钢片内圆上有均匀分布的槽，用以嵌放定子三相绕组。对于大、中型异步电动机，为了使铁心中的热量能快

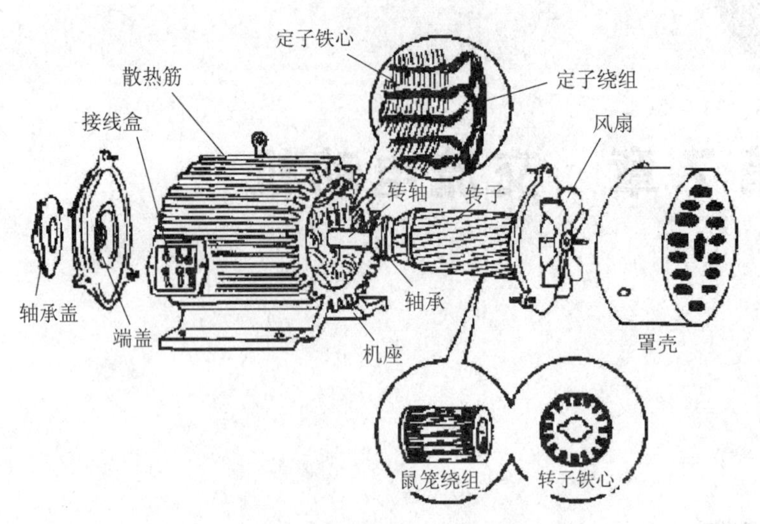

图 7.1.1　笼型异步电动机的主要部件

速地散发出去，常在铁心中设有径向通风沟。定子绕组由许多线圈按一定规律连接而成，通常先用漆包线绕制好，再对称地嵌入定子铁心槽内。三相绕组的 6 个出线（U_1、U_2、V_1、V_2、W_1、W_2）端引至机座的接线盒中，与接线盒中的 6 个接线柱相连，根据需要，三相绕组可接成星形或三角形，如图 7.1.2 所示。

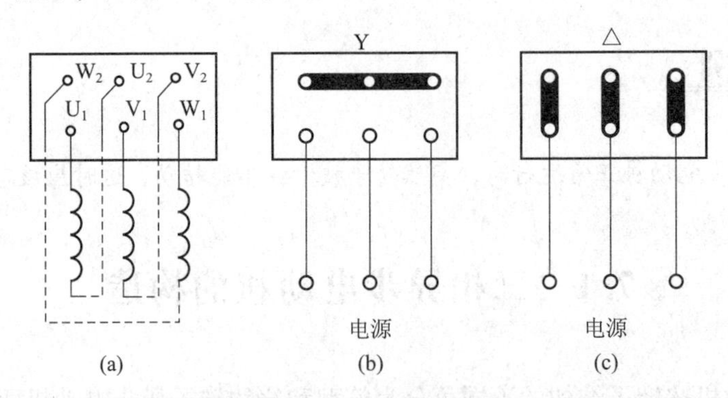

图 7.1.2　定子绕组的连接方式

（a）接线端位置；（b）星形连接；（c）三角形连接

7.1.2　转子

异步电动机的转子由转子铁心、转子绕组和转轴等部件组成。转子铁心一般也由 0.5 mm 厚的硅钢片叠成。外圆上冲槽，固定在转轴上。转子绕组有两种形式：笼型和绕线式，故有笼型异步电动机和绕线转子异步电动机之分。

异步电动机转子绕组一般采用笼型绕组，它是由安放在转子铁心槽内的裸导体和两端的环形端环连接而成。如果去掉转子铁心，绕组的形状像一个捕老鼠的笼子，故又称为鼠笼式转子。这种转子在制造时，可将转子铁心每个槽中穿入一根裸铜条，两端用短路环短接；也可将铝熔化后注入转子槽中，连同短路端和风扇叶片一次浇注成型，如图 7.1.3 所示。而且铸铝转子槽不与转轴平行，总是扭斜一个角度，其作用可以削弱由定子、转子齿槽产生的齿谐波电势，从而可改善异步电动机的启动性能以及减小电动机运转时的噪声。这种电动机在工作时，因为转子绕组的电压很低，所以铜条与铁心之间不需要绝缘。

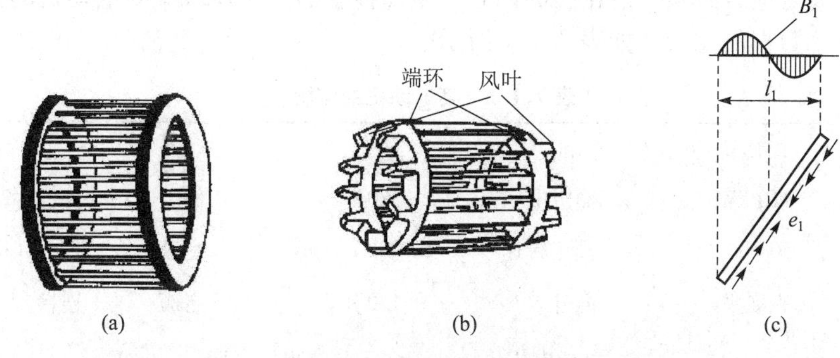

图 7.1.3　鼠笼式转子的绕组

（a）铜条绕组；（b）铸铝绕组；（c）斜槽削弱齿谐波磁场的作用

绕线式转子绕组与定子绕组相似，也是用彼此绝缘的导体按一定的规律连接成三相绕组，其极数与定子绕组的极数相同。转子绕组一般接成星形，每相绕组的一端各连接在一个铜质的滑环上，在滑环的上面有电刷与它滑动接触，如图 7.1.4 所示。从 3 组电刷上分别引出 3 根导线到外接的变阻器上，当电动机起动时，在转子绕组中接入变阻器，用以限制起动电流，增大起动转矩，改善起动性能。电动机起动之后，就将变阻器切除，并将 3 个滑环短接起来。

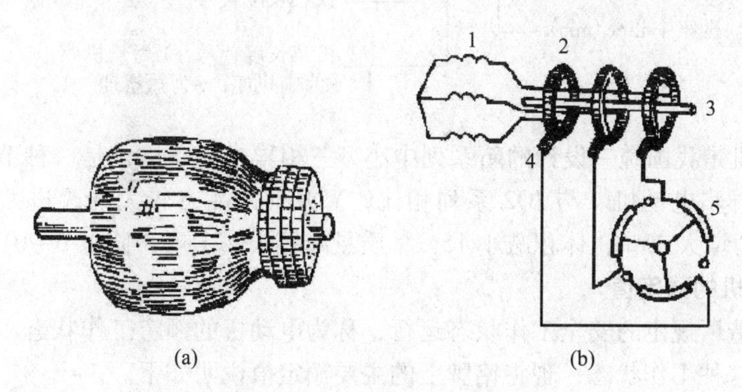

图 7.1.4　绕线式转子的绕组

1—绕组；2—滑环；3—轴；4—电刷；5—变阻器

7.1.3　气隙

和其他电动机一样，异步电动机的定子和转子之间必须有一气隙。异步电动机的特点在于它的气隙很小，中、小型异步电动机的气隙一般为 0.2~1.5 mm。气隙虽小，但磁阻甚大，故为磁路系统中的重要部分，对电动机的运行性能有很大影响。为了降低电动机的空载电流和提高电动机的功率因数，气隙应尽可能地小。但气隙过小，将使装配困难和运行不可靠，因此，采用的最小气隙是受加工可能性以及机械安全考虑能达到的最小值所限制。

7.1.4　三相异步电动机的铭牌数据

电动机在出厂前，要在外壳上的显著位置装一个标有这台电动机的型号、额定数据以及使用条件的铭牌。铭牌就是一个简单的说明书，它是选用电动机的主要依据，对于安装、使用、维修电动机也极为重要。因此，必须注意保护电动机的铭牌，不得损坏和丢失。在安装、使用和维修之前，必须弄清铭牌的内容。下面抄录的是 Y315M2-6 电动机的铭牌。下面说明铭牌上各个数据的意义，如表 7.1.1 所示。

表 7.1.1　某电动机的铭牌

型　　号	Y315M2-6	标准			
额定功率	110 kW	额定电压	380 V	额定电流	204 A
额定频率	50 Hz	额定转速	980 r/min	绝缘等级	B 级
接　　法	Y 接法	温升	130 ℃	定额	连接
质　　量	kg	×××电机厂		出厂日期	年　　月

1. 异步电动机的型号

为满足不同用途和不同工作环境的需要，电机制造厂把电动机制成各种系列，每个系列的电动机用不同的型号表示。如：

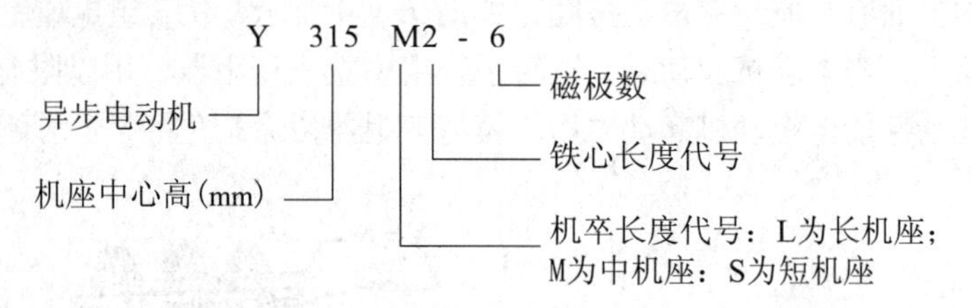

Y 系列电动机是我国统一设计的新系列中小型三相异步电动机，是一种节能产品，用以取代原 JQ2 系列异步电动机。与 JQ2 系列相比，Y 系列产品有较大的改进：效率平均提高 0.41%，起动能力增大 33%，体积减小 15%，质量减轻 12%，噪声降低 5~10 dB。

2. 异步电动机的额定值

电动机按制造厂规定的安全工作状态运行，称为电动机的额定工作状态。通常用额定值来表示电动机的这种工作状态，现将铭牌上的主要额定值说明如下。

1）额定功率 P_N

额定功率是指电动机额定运行时，电机轴上所输出的机械功率，单位为千瓦（kW）。使用时，应注意电动机的功率与拖动的机械相配套，避免“小马拉大车”损坏电动机及“大马拉小车”浪费电力的现象。

2）额定电压 U_N

额定电压是指电动机额定运行时，外加于定子绕组上的线电压，单位为伏（V）。小型电动机铭牌上标有两种线电压，例如 220/380 V，即表示这台电动机既可以使用交流 220 V 的电源（定子绕组接成三角形），又可使用线电压为 380 V 的三相电源（定子绕组接成星形）。

3）额定电流 I_N

额定电流是指电动机在额定电压和额定频率的电源下，输出额定功率时，定子绕组允许长期通过的线电流，单位为安（A）。额定电流是电动机的最大电流，超过了这个电流，电动机便会过热。

4）额定频率 f_N

额定频率是指通入电动机交流电的频率，我国电力网的频率为 50 Hz。交流电的频率对于电动机的转速和功率都有很大的影响，如果交流电的频率比额定频率低，则会使电动机的空载电流变大，功率因数降低，达不到额定功率，甚至会使电动机过热而烧毁。

5）额定转速 n_N

额定转速是指电动机在额定电压、额定频率和额定功率下运行时，转子每分钟所转的转数，单位为转/分（r/min）。

6）额定温升 θ_N

额定温升是指电动机长时间运行所允许的最高温度与周围环境温度之差。在额定温升下电动机可以长期运行，不致损坏绝缘。由于周围环境温度随季节而异，因此，我国规定环境温度以 40 ℃为标准。同时，电动机的容许温升还与电动机的绝缘等级有关。

此外，对绕线式异步电动机还标有转子绕组接法、转子电压（电势）和额定运行时的转子电流等技术数据。

另外，在铭牌上没有标的技术数据，一般在产品使用说明书上给出，如起动电流倍数 I_S/I_N，过载能力 T_m/T_N，额定功率因数 $\cos\varphi_N$，额定效率 η_N 等。其中：

$$\eta_N = \frac{P_N}{P_{1N}} \times 100\%$$

式中，P_N 即是电动机输出的额定机械功率，$P_N = P_{2N}$；P_{1N} 为电动机定子的额定输入功率：

$$P_{1N} = \sqrt{3} U_{1N} I_{1N} \cos\varphi_N$$

7.1 测试题及答案

7.2 三相异步电动机的工作原理

三相异步电动机的定子绕组接通三相电源后，转子就会以某一转速旋转。通电后电动机为什么会转动？电动机的转速与哪些因素有关？为了解答这些问题，下面先讨论使转子转动的重要因素——旋转磁场。

7.2.1 三相旋转磁场的产生和特点

1. 旋转磁场的产生

图 7.2.1 表示最简单的三相定子绕组。它们在空间按互差 120°的规律对称排列，可接成星形，即 3 个末端 U_2、V_2、W_2 连在一起，3 个首端 U_1、V_1、W_1 与三相电源 U、V、W 相连（从图 7.2.1 可知，此时 U、V、W 三相电源是按顺序顺时针接入三相定子绕组的），于是三相定子绕组便通过三相对称电流：

$$i_u = I_m \sin \omega t$$
$$i_v = I_m \sin(\omega t - 120°)$$
$$i_w = I_m \sin(\omega t - 240°)$$

其波形如图 7.2.2 所示，下面选几个不同时刻来分析三相对称电流在定子绕组中是怎样产生旋转磁场的。

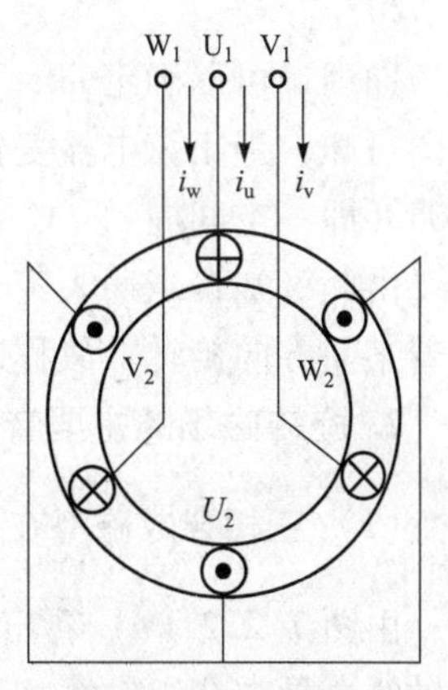

图 7.2.1 简化的三相定子绕组

假定电流从每相绕组的首端（即 U_1、V_1、W_1）流入，而从每相绕组的末端（即 U_2、V_2、W_2）流出时为正；电流从末端流进，首端流出时为负。则在不同时刻三相对称电流产生的磁场如图 7.2.2 所示。

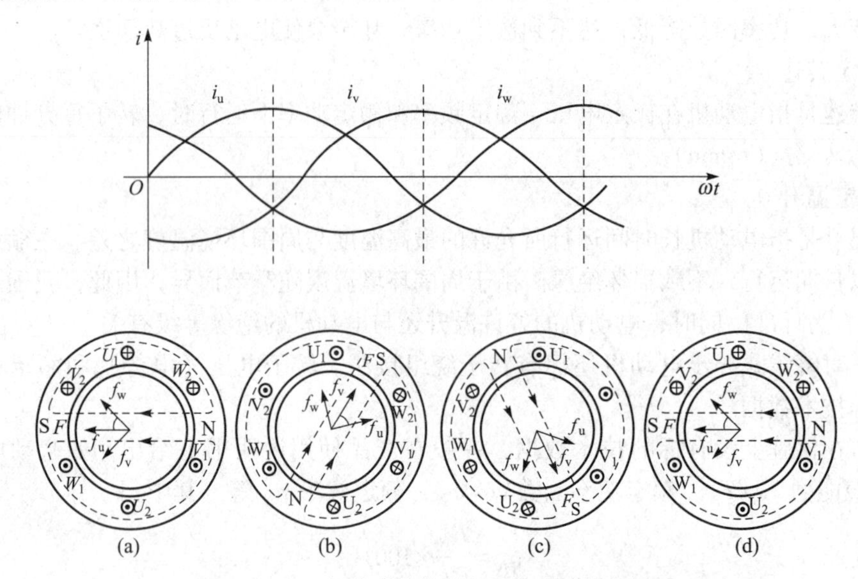

图 7.2.2　三相合成旋转磁场及合成磁势相量图

（a）$\omega t=90°$；（b）$\omega t=90°+120°$；（c）$\omega t=210°+120°$；（d）$\omega t=330°+120°$

当 $\omega t=90°$ 时 $i_u=i_m$，此时电流从 U_1 流入（⊕），U_2 流出（⊙）；$i_v=i_w=\frac{1}{2}i_m$，都是负的，所以电流分别从 V_2、W_2 流入，V_1、W_1 流出，如图 7.2.2（a）所示。此时刻三相电流所产生的磁场可用右手螺旋定则确定，磁场的方向是从定子内壁右边出来，左边进去，即定子的右边是 N 极，左边是 S 极。

当 $\omega t=210°$ 时，电流随时间变化了 120°电角度，即 1/3 周期。这时 i_v 为正，电流从 V_1 端流入，V_2 端流出；i_u 和 i_w 都为负，电流分别由 U_2、W_2 端流入，U_1、W_1 端流出。因而从图 7.2.2（b）可以看出，这时的磁场方向较 $\omega t=90°$ 时在空间顺时针旋转了 120°。

同理，可以确定 $\omega t=330°$ 和 $\omega t=450°$ 时的磁场方向［已标在图 7.2.2（c）、（d）中］。由图可知，当正弦电流变化了 360°电角度（即一个周期）时，磁场在空间上也正好旋转了 360°（即一空间周）。

由此可知，当通入定子三相绕组的三相电流随时间变化时，在定子铁心中产生的磁场会沿着某一方向旋转，故称这种磁场为旋转磁场。

2. 旋转磁场的主要特点

（1）三相合成磁势在任何时刻保持着恒定的振幅，它是单相脉动磁势振幅的 $\frac{3}{2}$ 倍。

由图 7.2.2（a）看出，每相绕组电流产生的磁势方向，可根据右手螺旋定则确定，磁势轴线总是与绕组轴线相重合，并且每相绕组磁势的大小与绕组电流成正比，所以每相绕组瞬时磁势的大小分别为

$$f_v = F_m$$

$$f_u = f_w = -\frac{1}{2}F_m$$

三相绕组合成磁势，按照图 7.2.2（a），用相量图解法求得

$$F = f_u + f_v + f_w = \frac{1}{2}F_m\cos 60° + F_m + \frac{1}{2}F_m\cos 60° = \frac{3}{2}F_m$$

式中，F_m 为每相绕组磁势的最大值。

当 $\omega t = 210°$ 时，如图 7.2.2（b）所示，此时每相绕组电流产生的磁势为

$$f_v = F_m$$

$$f_u = f_w = -\frac{1}{2}F_m$$

合成磁势为

$$F = f_u + f_v + f_w = \frac{1}{2}F_m\cos 60° + F_m + \frac{1}{2}F_m\cos 60° = \frac{3}{2}F_m$$

同理可得，当 $\omega t = 330°$ 时，W 相电流为正的最大值，$f_w = F_m$，$f_u = f_v = -\frac{1}{2}F_m$，把 3 个磁势相量相加得到合成磁势的幅值也为 $\frac{3}{2}F_m$。由于合成磁势相量顶点的轨迹为一个圆，故有圆形旋转磁场之称。

（2）当某相电流达到最大值时，合成磁势的幅值就与该相绕组的轴线重合。

由图 7.2.2（a）看出，每相绕组电流产生的磁势方向，可根据右手螺旋定则确定，同样三相绕组中电流产生的合成磁势方向也可根据三相绕组所有导体的电流方向，用右手螺旋定则确定。由于该时刻 U 相电流达到最大值，三相绕组的合成磁势幅值恰好与 U 相绕组的轴线重合。依此类推，当 V 相电流达到最大值时，合成磁势的幅值恰好与 V 相绕组的轴线重合，如图 7.2.2（b）所示，当 W 相电流达到最大值时，合成磁势的幅值恰好与 W 相绕组的轴线重合，如图 7.2.2（c）所示。

（3）合成磁势的旋转方向，取决于三相电流的相序。

如上所述，合成磁势的轴线是和电流为最大值的那相绕组的轴线相重合，故合成磁势的旋转方向，与三相电源接入定子绕组的电流相序有关。不难看出，如图 7.2.2 所示的磁场是顺时针方向旋转的，此方向恰与三相电源接入定子绕组的相序即 U-V-W 的顺序一致。如果把接到电源定子绕组的 3 根引出线任意调换两根，例如将 V、W 两根对调，如图 7.2.3 所示，则可证明此时的磁场将随电流变化沿逆时针方向旋转。利用这一方法可很方便地改变三相异步电动机的转动方向。

（4）合成磁势的旋转速度，仅取决于定子电流的频率和电动机的极对数。

按上述条件产生的旋转磁场只有 N 和 S 两个磁极，即一对磁极。只有两个磁极的电动机称为二极电动机。对于二极电动机来说，当三相电流变化一个周期时，旋转磁场也按电流的相序方向在空间旋转一周，所以每分钟的转速是 $60f_1$ r/min，即

$$n_s = 60f_1 = 60\times 50 \text{ r/min} = 3\,000 \text{ r/min}$$

式中，n_s 为同步转速，单位为 r/min；f_1 为电网频率，单位为 Hz，我国电网频率为 50 Hz。

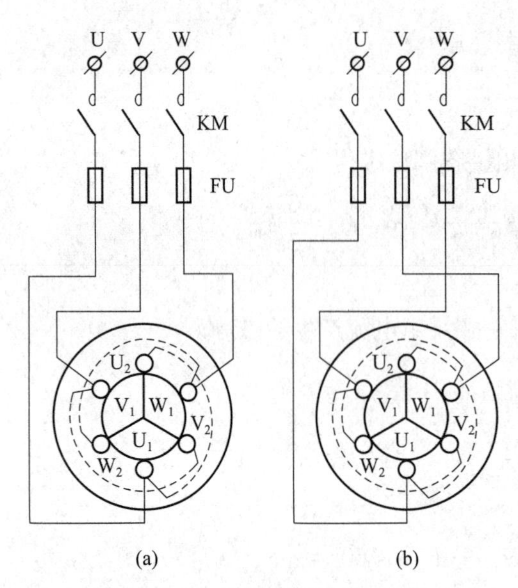

图 7.2.3　合成磁势的旋转方向

在实际应用中常要用多对磁极的异步电动机。多对磁极是由定子绕组采用一定的结构和接法而构成的，很容易证明，如果是四极（两对极）电动机，如图 7.2.4 所示，当三相电流变化一周时（360°电角度），旋转磁场在空间只转半圈（空间角度 180°）。同理，对于 p 对磁极的异步电动机，当三相电流变化一周时，其旋转磁场在空间只转 $\frac{1}{p}$ 周 $\left(即\frac{360°}{p}空间角度\right)$。可见，当电源频率为 f_1 时，具有 p 对磁极的旋转磁场每分钟的转速为：

$$n_s = \frac{60f_1}{p}$$

对于工作频率为 50 Hz 的异步电动机，不同的磁极对数 p 对应的同步转速列于表 7.2.1 中。

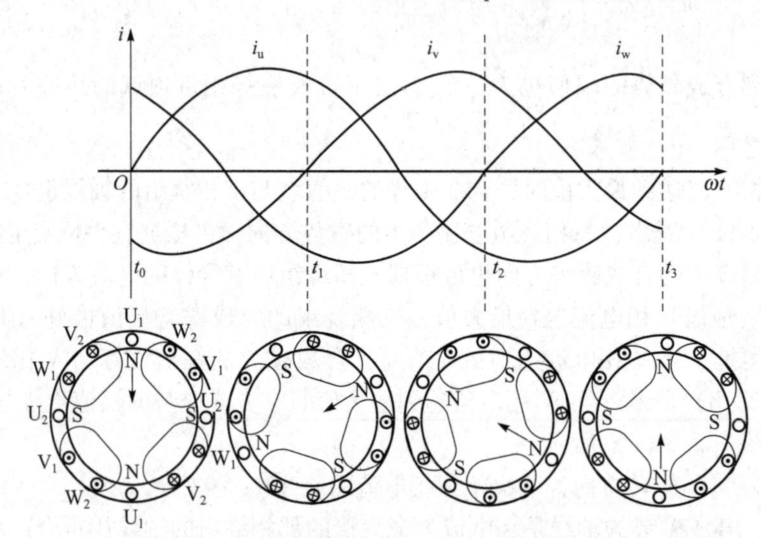

图 7.2.4　4 极（两对极）电动机

表 7.2.1　磁极对数 p 与同步转速的关系

p（磁极对数）	1	2	3	4	5
n_s/（r·min^{-1}）	3 000	1 500	1 000	750	600

7.2.2　工作原理

1. 转子如何转动

从上面的分析知道，当三相异步电动机的定子绕组通入三相交流电流产生旋转磁场时，定子的旋转磁场与静止的转子导体之间就产生了相对运动。根据电磁感应定律，这时在转子

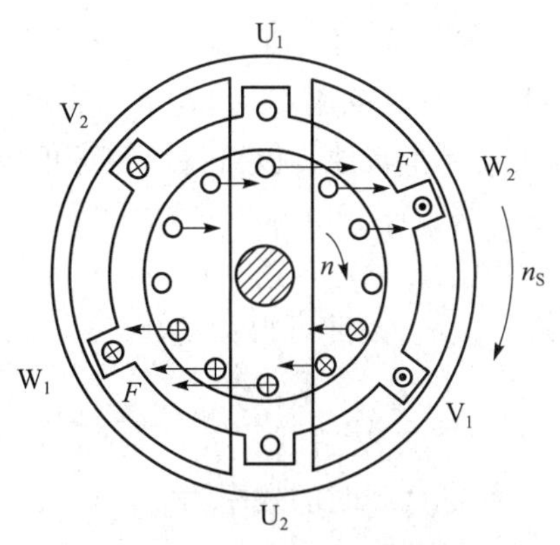

图 7. 2. 5　电动机转子的转动

导体中会感应出电势来。又因为各导体是被端环短路的，因此，在感应电动势的作用下，转子导体内就有感应电流通过。于是，定子的旋转磁场与转子的感应电流相互作用，使转子各导体受到电磁力的作用，从而产生电磁转矩，推动转子转动起来。

电动机的转动方向，可根据磁场和电流方向由左手定则确定。在图 7. 2. 5 中，假定定子旋转磁场以同步转速 M 在空间顺时针方向旋转，根据右手定则（注意：拇指代表导体切割磁力线的相对运动方向，在图中应与旋转磁场的旋转方向相反），就可确定转子各导体中感应电动势的方向。在转子上半部是出来的，下半部是进去的。再按左手定则确定转子导体所受电磁力 f 的方向，在转子的上半部分是指向右方，下半部分则指向左方。这个力对转轴作用使形成一个电磁转矩，推动转子顺着旋转磁场的方向转动起来。

由此得出如下结论：三相异步电动机的转子是顺着定子绕组接入三相电流的相序旋转的。如果把接到定子绕组的 3 根电源线任意对调两根，则电动机将反向旋转。

2. 异步的概念

既然异步电动机的转子是顺着旋转磁场的方向转动的，那么它的转速 n 能不能达到旋转磁场的转速 n_s 呢？答案是不能。假如转子能达到同步转速，则转子与旋转磁场之间便没有相对运动（即二者相对静止），也就是说，转子导体就不再切割旋转磁场了，因而转子便没有感应电动势产生，转子电流也随之消失。在这种情况下，电磁转矩等于零，在一定阻转矩作用下，转子速度减慢。一旦转子速度低于磁场的同步转速，转子导体又开始切割旋转磁场，而重新受到电磁转矩的作用。因此，电动机的转子速度 n 总是略低于旋转磁场的转速，即转子不能与旋转磁场同步，故这种电动机称为异步电动机。又因为这种电动机的转动原理是建立在电磁感应基础上的，故又称为感应电动机。

7. 2. 3　转差率

由工作原理可知，转子转速 n 总是略低于旋转磁场转速 n_s 的，也就是说旋转磁场与转子之间存在着转速差，即 $n_2=n_s-n$。转速差 n_2 与同步转速 n_s 之比，称为异步电动机的转差率 S，即

$$S=\frac{n_2}{n_s}=\frac{n_s-n}{n_s}$$

当 $n<n_s$ 时，S 为正值；当 $n>n_s$ 时，S 为负值；当电动机的转向与旋转磁场的方向相反时，$S>1$。当电动机刚接通电源，旋转磁场已经建立，但由于机械惯性，转子尚未转动，此时 $n=0$，$S=1$。因此，转差率 S 是表征异步电动机运行性能的一个重要参数，根据转差率的大小，便可判断异步电动机运行在电动状态（$0<S<1$）、发电状态（$S<0$）和制动状态（$S>1$）。

异步电动机正常运行时，转速 n 与同步转速 n_s 一般很接近，转差率 S 很小，在额定工作状态下为 0. 02~0. 06。

【例 7.2.1】 已知三相异步电动机的额定数值为：额定功率 55 kW，额定电压 $U_{1N}=380$ V，额定电流 $I_{1N}=120$ A，额定转速 $n_N=570$ r/min，额定功率因数 $\cos\varphi_N=0.79$，求该电动机的同步转速、极对数、额定负载时的效率和转差率（$f_1=50$ Hz）。

【解】 因为电源频率为 50 Hz 时，同步转速 M 与磁极对数 p 的关系如表 7.2.1 所示。

现已知额定转速 $n_N=570$ r/min，因额定转速略小于同步转速，该电动机的同步转速为 600 r/min，因此可得：

$$p=\frac{3\ 000}{n_S}=\frac{3\ 000}{600}=5$$

额定负载时的效率为

7.2 测试题及答案

$$\eta_N=\frac{P_N}{P_{1N}}=\frac{P_N}{\sqrt{3}U_{1N}I_{1N}\cos\varphi_N}$$
$$=\frac{55\times10^3}{\sqrt{3}\times380\times120\times0.79}=0.88$$

额定负载时的转差率为

$$S_N=\frac{n_1-n_N}{n_S}=\frac{600-570}{600}=0.05$$

7.3 三相异步电动机的电磁转矩

从异步电动机的工作原理可知，电磁转矩是转子电流与旋转磁场的主磁通相互作用而产生的。为了进一步说明电磁转矩的物理本质，本节着重分析电磁转矩与磁通、转子电流、电动机的参数和转差率之间的关系，从而得到电磁转矩的 3 种表达式。

7.3.1 转矩的物理表达式

转矩的物理表达式为

$$T=\frac{P_M}{\omega_1}=\frac{m_1E_2'I_2'\cos\varphi_2}{\omega_1} \tag{7.3.1}$$

式中，P_M 为电磁功率最大值。

又因为：

$$E_2'=4.44f_1K_{dp1}N_1\Phi_m=\frac{2\pi}{\sqrt{2}}f_1K_{dp1}N_1\Phi_1$$

$$\omega_1=\frac{2\pi n_s}{60}=2\pi\frac{f_1}{p}$$

将其值代入式（7.3.1）经整理得

$$T=\frac{m_1}{\sqrt{2}}K_{dp1}N_1p\Phi_mI_2'\cos\varphi_2$$
$$=C_T\Phi_mI_2'\cos\varphi_2 \tag{7.3.2}$$

式中，C_T 对已经制成的电动机是一个常数，称为转矩常数。式（7.3.2）说明了异步电动机的电磁转矩是气隙主磁通 Φ_m 和转子电流的有功分量 $I_2'\cos\varphi_2$ 相互作用产生的。在电动机正常工作时，由于外施电压 U_1 和频率认为不变，主磁通 Φ_m 也可认为不变，因此，电磁转矩与转子电流的有功分量成正比。异步电动机电磁转矩的这种性质极为重要，且与其运行性能关系极大。所以式（7.3.2）称为转矩的物理表达式，它在形式上与直流电动机的转矩公式 $T=C_T\Phi I_a$ 极为相似。

7.3.2　转矩的参数表达式

式（7.3.2）的物理概念虽然清楚，但是运用它来计算很不方便，同时这个公式不能直接表达电磁转矩与转速的关系，为此导出电磁转矩与转速关系的表达式，即参数表达式。由前述已知

$$T=\frac{P_M}{\omega_1}=\frac{1}{\omega_1}m_1 I_2'^2\frac{r_2'}{S}$$

当 $m_1=3$ 时，有：

$$T=\frac{3}{\omega_1}I_2'^2\frac{r_2'}{S} \tag{7.3.3}$$

从异步电动机的简化等值电路得

$$I_2'=\frac{U_1}{\sqrt{\left(r_1+\frac{r_2'}{S}\right)^2+(X_1+X_2')^2}}$$

代入式（7.3.3）后，即得异步电动机电磁转矩的参数表达式为

$$T=\frac{3pU_1^2\frac{r_2'}{S}}{2\pi f_1\left[\left(r_1+\frac{r_2'}{S}\right)^2+(X_1+X_2')^2\right]} \tag{7.3.4}$$

式中，当电压用 V，电阻和漏电抗用 Ω 作单位时，计算出的转矩单位为牛顿·米(N·m)。

式（7.3.4）表明了电磁转矩与电压、频率、电机参数和转差率的关系。当电网电压频率为常数，并且电机参数（电阻和漏电抗）可认为不变时，则电磁转矩仅与转差率 S 有关。为了进一步揭示电磁转矩与转差率之间的变化规律，使它们的关系更为直观形象，常将它画成曲线，称为 T–S 曲线，又称为异步电动机的机械特性，如图 7.3.1 所示。该曲线表示了异步电动机的 3 种工作状态：$0<S<1$ 为电动工作状态；$S>1$ 为制动工作状态；$S<0$ 为发电工作状态。由于异步电动机主要工作在电动状态，所以下面着重分析电动机工作状态时的 T–S 曲线。

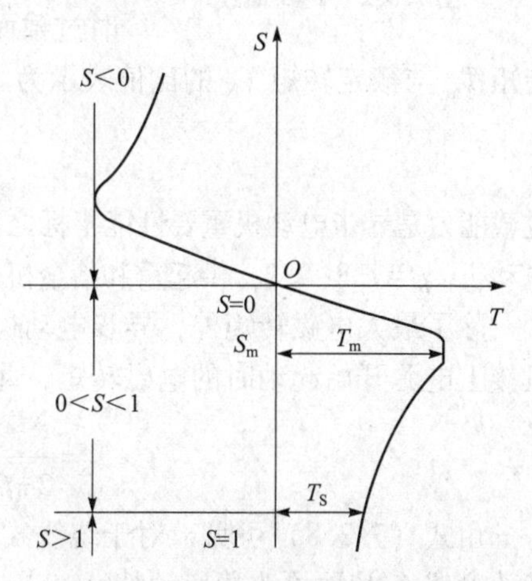

图 7.3.1　异步电动机的机械特性

转矩参数表达式（7.3.4）是一个 S 的二次方程

式，在某一转差率 S_m 时，转矩有一最大值 T_m，称为异步电动机的最大转矩（又称临界转矩）。因此将式（7.3.4）对 S 求导，并令 $\frac{dT}{dS}=0$ 时，可求出产生 T_m 的转差率 S_m，即：

$$S_m=\pm\frac{r_2'}{\sqrt{r_1^2+(X_1+X_2')^2}} \tag{7.3.5}$$

S_m 称为临界转差率。将式（7.3.5）代入式（7.3.4）可求得最大转差率为

$$T_m=\pm\frac{3pU_1^2}{4\pi f_1\left[\pm r_1+\sqrt{r_1^2+(X_1+X_2')^2}\right]}$$

上两式中正号对应于电动状态，负号则对应于发电状态，故只取正号，不取负号。

通常 $r_1\ll(X_1+X_2')$，故上两式可近似变为

$$S_m\approx\frac{r_2'}{X_1+X_2'} \tag{7.3.6}$$

$$T_m\approx\frac{3pU_1^2}{4\pi f_1(X_1+X_2')} \tag{7.3.7}$$

由上两式可知：

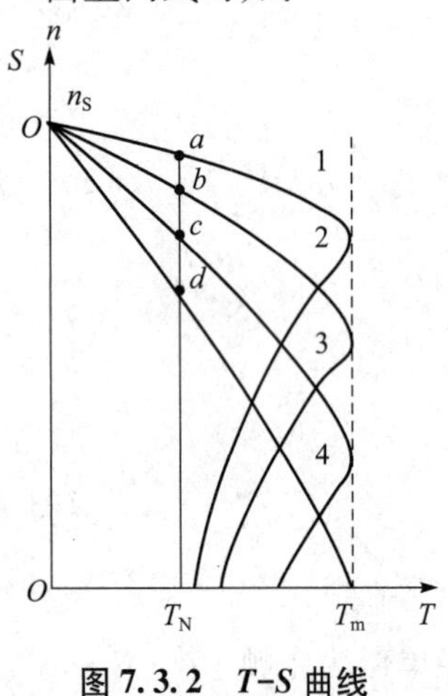

图 7.3.2 T-S 曲线

（1）当电源频率和电动机参数不变时，T_m 与外加电压 U_1 的平方成正比，而临界转差率 S_m 与 U_1 无关。

（2）T_m 与转子电阻 r_2' 无关，S_m 则与 r_2' 成正比，因而改变 r_2' 时 T_m 大小不变，而使整个 T-S 曲线随 r_2' 增大向 $S=1$ 的方向移动，如图 7.3.2 所示。同时，转子电路串入的电阻越大，转差率 S 也越大，电动机的转速 n 就越低，这就是异步电动机改变转子电阻调速的依据。

（3）当电源电压及频率不变时，S_m 及 T_m 近似地与 (X_1+X_2') 成反比。

T_m 是异步电动机可能产生的最大转矩。如果负载转矩 $T_L>T_m$，电动机将因承担不了而停转。为保证电动机不会因短时过载而停转，电动机必须具有一定的过载能力 β，它用最大转矩 T_m 与额定转矩 T_N 的比值表示为

$$\beta=\frac{T_m}{T_N}$$

过载能力是异步电动机重要性能指标之一，它反映了电动机短时过载的极限。对于一般的异步电动机，$\beta=1.8\sim2.2$；供起重和冶金机械用的 YZ、YZR 系列异步电动机，$\beta=2.2\sim2.8$。

除了最大电磁转矩外，异步电动机还有另一重要性能指标，即起动转矩。它是异步电动机接上电源开始起动时的电磁转矩，此时 $S=1$（$n=0$），代入式（7.3.4）得

$$T_S=\frac{3pU_1^2r_2'}{2\pi f_1\left[(r_1+r_2')^2+(X_1+X_2')^2\right]} \tag{7.3.8}$$

由式（7.3.8）可见，对于绕线式异步电动机，转子电路串接变阻器（即加大 r_2'），即能改变 T_S，从而可改善启动特性。

对于笼型异步电动机，起动转矩 T_S 不能用转子电路串接电阻的方法改变。通常用额定

转矩的倍数来表示启动转矩，比值为

$$\beta_S=\frac{T_S}{T_N}$$

称为起动转矩倍数。β_S 是笼型异步电动机的一个参数，它反映了电动机的起动能力。显然，当 $T_S>T_L$ 时，电动机才能起动起来。在额定负载下，只有 $\beta_S>1$ 的笼型异步电动机才能起动。对于某一型号的笼型异步电动机，其 β_S 的数值可从产品目录中查到。

7.3.3　转矩的实用表达式

上述参数表达式，对于分析电磁转矩与电动机参数之间的关系，进行某些理论分析，是非常有用的。但是根据式（7.3.4）绘制机械特性曲线，或将该式用于工程计算，必须知道电动机的参数 r_1、r_2'、X_1、X_2' 等，而这些参数在电动机的产品目录中是查不到的，因此不够实用。为了便于对电力拖动问题进行分析和计算，必须导出电磁转矩的实用表达式。

将式（7.3.4）除以式（7.3.3）得

$$\frac{T}{T_m}=\frac{2\left[\pm r_1+\sqrt{r_1^2+(X_1+X_2')^2}\right]\frac{r_2'}{S}}{\pm\left[\left(r_1+\frac{r_2'}{S}\right)^2+(X_1+X'_2)^2\right]}$$

由式（7.3.5）得到：

$$r_1^2+(X_1+X_2')^2=\left(\frac{r_2'}{S_m}\right)^2$$

故有：

$$\frac{T}{T_m}=\frac{2+2\frac{r_1}{r_2'}S_m}{\frac{S}{S_m}+\frac{S_m}{S}+2\frac{r_1}{r_2'}S_m}$$

不论 S 为何值，$\frac{S}{S_m}+\frac{S_m}{S}>2$；又 S_m 值大致在 0.1~0.2 之间，因此 $2\frac{r_1}{r_2'}S_m$ 比 2 小得多，为了避免用到参数 r_1 和 r_2'，将上式分子分母中的 $2\frac{r_1}{r_2'}S_m$ 忽略不计，于是得到实用转矩表达式为

$$T=\frac{2T_m}{\frac{S}{S_m}+\frac{S_m}{S}} \tag{7.3.9}$$

式（7.3.9）中的 T_m 可从电动机的产品目录中查得的数据求得，计算方法如下：

$$T_m=\beta T_N$$

式中，有：

$$T_N=9\ 550\frac{P_N}{n_N}$$

上两式中的 β、P_N、n_N 均可从产品目录中查得，将 $S=S_N$ 及 $T=T_N$ 代入式（7.3.9）得

$$T_N=\frac{2T_m}{\frac{S_N}{S_m}+\frac{S_m}{S_N}}$$

移项得

$$\frac{S_N}{S_m}+\frac{S_m}{S_N}=2\frac{T_m}{T_N}=2\beta$$

即

$$S_m^2-2\beta S_N S_m+S_N^2=0$$

故有：

$$S_m=S_N\left(\beta\pm\sqrt{\beta^2-1}\right) \tag{7.3.10}$$

式中的“±”号，只有“+”号有实际意义，因为“-”号求得的临界转差率 S_m 将小于额定转差率 S_N，实际上不存在。已知 S_N 及 β，可通过上式求得 S_m。这样在转矩实用表达式中，只剩下 T 和 S 两个未知数。如欲绘制异步电动机的机械特性曲线，只要给定一系列的 S 值，就能按实用表达式求出相应的 T 值，即可绘出 $T=f(S)$（或 $n=f(T)$）曲线。同样，利用式（7.3.9）还可以进行机械特性的其他计算，其应用极为广泛。但是，运用实用表达式时要特别注意，它只适用额定负载以内的情况，不能推广到 $S>S_m$ 的区域。这是由于在导出这个公式时，作了多次假定与忽略的原因。

前述三相异步电动机电磁转矩的3种表达式，其应用场合各有不同。物理表达式一般适用于定性分析 T 与 Φ_m 及 $I_2'\cos\varphi_2$ 之间的关系；参数表达式可用于分析各种参数变化时对电动机运行性能的影响；实用表达式最适用于机械特性的工程计算和机械特性曲线的绘制。实际上转矩表达式可视为异步电动机的机械特性方程式。

【例 7.3.1】 一台三相 6 极笼型异步电动机，$P_N=3$ kW，$U_{1N}=380$ V，Y 接法，$n_N=957$ r/min，$r_1=2.08\ \Omega$，$X_1=3.12\ \Omega$，$r_2'=1.525\ \Omega$，$X_2'=4.25\ \Omega$，求该电动机的额定电磁转矩、最大转矩、过载能力、起动转矩及其倍数。

【解】

$$n_1=\frac{60f_1}{p}=\frac{60\times50}{3}\ \text{r/min}=1\ 000\ \text{r/min}$$

$$S_N=\frac{n_1-n_N}{n_1}=\frac{1\ 000-957}{1\ 000}=0.043$$

按 Y 接法，得额定相电压为

$$U_1=\frac{U_{1N}}{\sqrt{3}}=\frac{380}{\sqrt{3}}\ \text{V}=220\ \text{V}$$

故有：

$$T=\frac{3pU_1^2\frac{r_2'}{S_N}}{2\pi f_1\left[\left(r_1+\frac{r_2'}{S_N}\right)^2+(X_1+X_2')^2\right]}$$

$$=\frac{3\times3\times220^2\times\frac{1.525}{0.043}}{2\pi\times50\times\left[\left(2.08+\frac{1.525}{0.043}\right)^2+(3.12+4.25)^2\right]}\ \text{N}\cdot\text{m}$$

$$=33.59\ \text{N}\cdot\text{m}$$

$$T_{\text{m}}=\frac{3pU_1^2}{4\pi f\left[r_1+\sqrt{r_1^2+(X_1+X_2')^2}\right]}$$

$$=\frac{3\times3\times220^2}{4\pi\times50\times\left[2.08+\sqrt{2.08^2+(3.12+4.25)^2}\right]}\ \text{N}\cdot\text{m}$$

$$=71.17\ \text{N}\cdot\text{m}$$

额定负载转矩为

$$T_{\text{N}}=9\ 550\frac{P_{\text{N}}}{n_{\text{N}}}=9\ 550\times\frac{3}{957}\ \text{N}\cdot\text{m}=29.94\ \text{N}\cdot\text{m}$$

过载能力为

$$\beta=\frac{T_{\text{m}}}{T_{\text{N}}}=\frac{71.17}{29.94}=2.38$$

起动转矩为

$$T_{\text{S}}=\frac{3pU_1^2r_2'}{2\pi f_1[(r_1+r_2')^2+(X_1+X_2')^2]}$$

$$=\frac{3\times3\times220^2\times1.525}{2\pi\times50\times[(2.08+1.525)^2+(3.12+4.25)^2]}\ \text{N}\cdot\text{m}$$

$$=31.43\ \text{N}\cdot\text{m}$$

起动转矩倍数为

$$\beta_{\text{S}}=\frac{T_{\text{S}}}{T_{\text{N}}}=\frac{31.43}{29.94}=1.05$$

7.3 测试题及答案

7.4　三相异步电动机的机械特性和工作特性

由前述的转矩参数表达式可知，当外加电压及频率不变时，异步电动机的电磁转矩只随转差率 S 而变。电磁转矩与转差率的关系，实际上也是电磁转矩与转速的关系，所以 $T=f(S)$ 关系曲线，也称为异步电动机的机械特性曲线。在 $U_1=U_{1\text{N}}$、$f=f_{\text{N}}$ 条件下，转子没有接入电阻时的机械特性称为固有机械特性；而电压、频率、转子电阻、电抗改变时的机械特性称为人为机械特性。为简便起见，下面只介绍固有机械特性。

由异步电动机的转矩表达式，可获得固有机械特性曲线 $n=f(T)$，如图 7.4.1 所示。

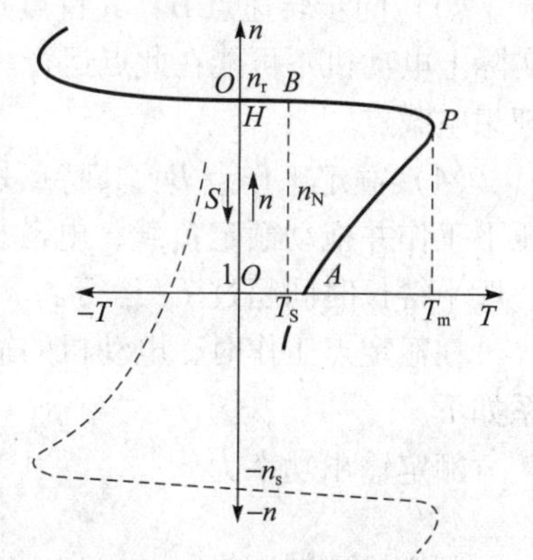

图 7.4.1　三相异步电动机的机械特性曲线

因此，异步电动机的机械特性是由电动机本身的结构与参数所决定，它与负载的大小无关。但是，电动机在拖动负载运行时，必定在机械特性对应的点上工作（如图中

的 B 点）。所以，电动机的机械特性是生产设备选择拖动电动机的重要依据，生产设备本身的机械特性，必须与电动机的机械特性相配合，才能实现合理的拖动。

7.4.1 固有机械特性分析

由图 7.4.1 可知，三相异步电动机的机械特性曲线包含以下两个部分：

一是稳定运行段（HP 段）：一般情况下，电动机只能在此段稳定运行。在这一段内，电动机的转速较高，转差率 S 较小。但随着电磁转矩的增加，转子转速 n 略有下降，所以异步电动机具有硬的机械特性。由于异步电动机具有下垂的机械特性，当负载增大时，电动机的电磁转矩也将增大，因此能自动适应负载的需要，始终保持转矩平衡关系。

二是起动过渡运行段（PA 段）：在这一段内，电动机的转速 n 较低，转差率 S 较大，随着 n 的减小，电动机产生的电磁转矩也随着下降。异步电动机从起动开始，就一直处于不稳定的过渡状态。但只要起动转矩 T_S 大于负载的反抗转矩 T_L 时，转子便旋转起来，并逐渐加速，异步电动机的电磁转矩也随着增大，使系统获得更大的拖动转矩，继续加速，从 A 点加速经 P 点直到电动机的电磁转矩减小到 $T=T_L$ 时，才稳定在 B 点运行，所以这段曲线是非稳定运行段。

7.4.2 机械特性曲线的几个特殊运行点

下述几个特殊运行点，反映了异步电动机的主要技术指标和工作能力，可以加深对机械特性的理解。

（1）起动点 A：其特点是 $n=0$（$S=1$），$T=T_S$，起动电流 =（4~7）I_N。起动时，起动电流虽然大，但功率因数甚低，所以起动转矩 T_S 不大。当 $T_S<T_L$ 时，电动机将无法起动。T_S 值越大，拖动负载起动的能力就越强，起动过渡过程就越短，可使生产效率提高。

（2）临界点 P：其特点是 $S=S_m$，$n=(1-S_m)\ n_1$，$T=T_m$。此时电动机的电磁转矩达到最大值。它反映了电动机在短时内承受负载的能力，即过载能力。当负载转矩大于电动机的最大转矩时，电动机将无力拖动负载而势必停机。

（3）同步转速点 H：其特点是 $n=n_1$（$S=0$），$T=0$，$I_2'=0$，$I_1=I_0$。此点是同步运行点，实际上电动机不可能在此点运行。由于空载运行时 $t=T_0$，$n\approx n_1$，故 H 点称为异步电动机的理想空载点。

（4）额定工作点 B：其特点是 $n=n_N$（$S=S_N$），$T=T_N$，$I_1=I_N$。该点是电动机在额定电压下工作并拖动额定负载、电动机输出额定功率 P_N 时的运行点。异步电动机正常工作时，一般不得长时间超过 T_N 运行。

在额定点工作时，电动机的输出功率与输入功率均达到额定值，其功率与电磁转矩的关系如下。

额定输出功率为

$$P_N=T_N\omega_N$$

额定输出转矩为

$$T_N=9\ 550\frac{P_N}{n_N}$$

额定输入功率为

$$P_{1N} = \sqrt{3} U_{1N} I_{1N} \cos \varphi_N$$

一般情况下，电动机在接近额定点运行时，其效率和功率因数均较高，因此异步电动机应尽量在接近额定状态下运行。

7.4.3　异步电动机稳定运行分析

异步电动机拖动负载转动时，必须符合动力学规律，只有电磁转矩与负载转矩和空载转矩相平衡时，电动机才能稳定运行。一般来说，平衡是相对的、有条件的；不平衡是绝对的。电动机运行时，其负载总是在一定范围内变化。例如，机床进刀量发生变化，切削不同材料等。根据运动方程式可知：

$T=T_0+T_2$ 时，等速旋转；

$T>T_0+T_2$ 时，加速旋转；

$T<T_0+T_2$ 时，减速旋转。

由前面的知识可知，异步电动机是依靠转子转速的变化，来调节电动机的电磁量，从而使电动机的电磁转矩得到相应的改变，使之适应负载的需要来实现新的平衡。

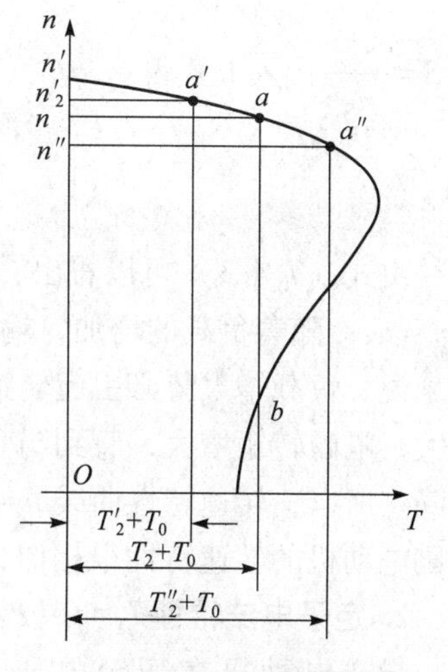

图 7.4.2　*T*-*n* 曲线

在图 7.4.2 中，假定电动机工作在稳定运行区域的 a 点。此时由于电磁转矩等于制动转矩，即 $T=T_0+T_2$，电动机以 n 的速度旋转。若由于某种原因，负载转矩突然降低，即由 T_0+T_2 变为 $T_0+T'_2$。此时因 $T>T_0+T'_2$，电动机加速旋转，转差率减小，转子感应电势和电流减小，从而使电磁转矩减小，直到电磁转矩与新的负载制动转矩 $T_0+T'_2$ 相平衡，电动机便在转速较高的 a' 点稳定运行。若负载转矩突然增加，也就是说 $T_0+T''_2>T$，电动机便减速旋转，转差率增大，转子感应电动势和电流增大，电磁转矩也增大，直到与增加的负载转矩 $T_0+T''_2$ 相平衡，电动机便在较低转速的 a'' 点稳定运行。

如果电动机运行在 b 点，这时 $T=T_0+T_2$，只要负载发生变化，用同样的方法可以证明 b 点为不稳定运行点。因此从起动到最大转矩部分的曲线为不稳定运行区域，从最大转矩到同步转速的那部分曲线是稳定运行区域。所以最大转矩是电动机从稳定过渡到不稳定的临界点。为了使电动机有一定的过载能力，除了增大最大转矩以外，电动机稳定运行点不宜靠近临界点。

7.4.4　异步电动机的工作特性

异步电动机的工作特性是指在额定电压和额定频率运行时，电动机的转速 n、定子电流 I_1、电磁转矩 T、功率因数 $\cos \varphi_1$、效率 η 等与输出功率 P_2 的关系，即 $U_1=U_{1N}$、$f_1=f_{1N}$时，n、I_1、$\cos \varphi_1$、$\eta=f(P_2)$ 的曲线。由于异步电动机是一种交流电动机，所以对电网来说需要考虑功率因数；同时由于单边励磁，励磁电流与负载电流共存于定子绕组中，所以要注意

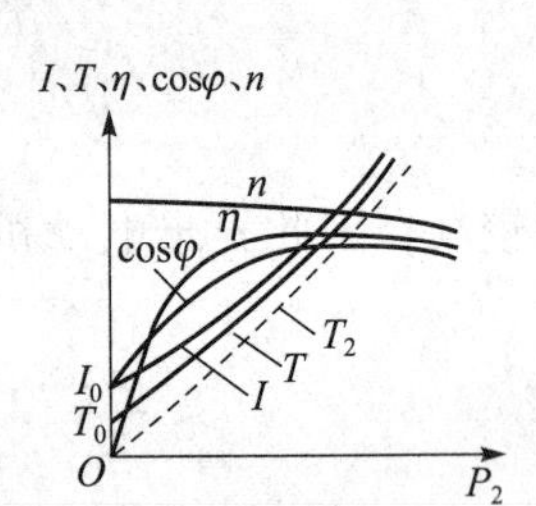

图7.4.3 异步电动机的工作特性曲线

到定子电流，而转子电流一般不能直接测取，故这些特性仅对输出功率而言。

异步电动机的工作特性指标在国家标准中都有具体规定，设计和制造都必须满足这些性能指标。工作特性曲线可用等值电路计算求得，也可以通过实验测定。如图7.4.3所示是异步电动机的工作特性曲线，现简要分析如下。

1. 转速特性 $n=f\ (P_2)$

异步电动机在额定电压和额定频率下，转速随输出功率变化的曲线 $n=f\ (P_2)$ 称为转速特性曲线。

根据式 $P_{Cu2}=SP_M$ 可知异步电动机的转差率 S、转子铜耗 P_{Cu2} 和电磁功率 P_M 的关系（T_0 为空载转矩，T_2 为负载转矩）为

$$S=\frac{P_{Cu2}}{P_M}=\frac{m_2 I_2^2 r_2}{m_2 E_2 I_2 \cos\varphi_2}$$

将 $S=\frac{n_S-n}{n_S}$ 代入上式得：

$$n=n_1-\frac{I_2 r_2}{E_2\cos\varphi_2}n_S \tag{7.4.1}$$

由式（7.4.1）可以看出，当异步电动机空载时，输出功率 $P_2=0$，转子电流 $I_2\approx0$，所以 $n\approx n_S$；随着负载的增加，输出功率就增大，转子电流 I_2 增加，所以转速下降。从物理概念来说，负载增大势必引起转速下降。主磁通相对转子的速度增加，转子感应电动势和电流增大，电磁转矩增大，直到与负载转矩相平衡。因此，随着输出功率 P_2 的增大，转速稍有下降。所以，转速特性曲线 $n=f\ (P_2)$ 是一条稍微下斜的直线，如图7.4.3所示。它与直流他励电动机的转速特性很相似，也是硬特性。

2. 定子电流特性 $I_1=f\ (P_2)$

异步电动机在额定电压和额定频率下，输出功率变化时，定子电流的变化曲线 $I_1=f\ (P_2)$ 称为定子的电流特性。

由等值电路得异步电动机的定子电流方程式（即磁势平衡方程式）为

$$\dot{I}_1=\dot{I}_0+(-\dot{r}_2)$$

上面已经说明，空载时 $P_2=0$，$n\approx n_S$，转子电流 $I_2'\approx0$，此时定子电流全部为励磁电流 I_0。随着负载的增加，转速下降，转子电动势和电流 I_2 增大，与之平衡的定子电流负载分量 $(-I_2')$ 也增加，以维持励磁磁势近似不变。所以定子电流随负载成正比例增加，其特性曲线如图7.4.3所示。

3. 功率因数特性 $\cos\varphi_1=f\ (P_2)$

异步电动机在额定电压和额定频率下，输出功率变化时，定子功率因数 $\cos\varphi_1=f\ (P_2)$ 称为功率因数特性。

从异步电动机的等值电路可以看出，对于电源来说，异步电动机相当于一个电阻和电感串并联的负载，因而功率因数总是滞后的，也总小于1。空载运行时，定子电流基本上是励磁电流 I_0。因此，空载时功率因数很低，通常小于0.2。当负载增加时，定子电流的有功分

量增加，功率因数逐渐上升，在额定负载附近，功率因数达到最大值。超过额定负载后，由于转速降低较多，转差率 S 较大，$\frac{r_2'}{S}$变小，转子电路中的功率因数角 $\varphi_2=\arctan\frac{SX_2}{r_2}$，$\cos\varphi_2$ 及 $\cos\varphi_1$ 均随之下降，所以功率因数曲线如图 7.4.3 所示。一般的电动机，额定负载时的功率因数在 0.75~0.90。

4. 转矩特性 $T=f(P_2)$

异步电动机在额定电压和额定频率下，输出功率变化时，电磁转矩的变化曲线 $T=f(P_2)$称为转矩特性。

异步电动机稳定运行时，电磁转矩应与负载的制动转矩相平衡，即 $T=T_0+T_2$。因 $T_2=\frac{P_2}{\omega}=\frac{60P_2}{2\pi n}$，且电动机从空载到额定负载运行时，其转速变化不大，可认为是常数。所以 T_2 与 P_2 成比例关系。而空载转矩 T_0 也可近似认为不变，因此当 P_2 增大时，电磁转矩 T 也近似直线上升，如图 7.4.3 所示。

5. 效率特性 $\eta=f(P_2)$

异步电动机在额定电压和额定频率下，输出功率变化时，效率的变化曲线 $\eta=f(P_2)$ 称为效率特性。

根据效率的定义，异步电动机的效率为

$$\eta=\frac{P_2}{P_1}=\frac{P_2}{P_2+\sum P}=\frac{P_2}{P_2+P_{\mathrm{Cu1}}+P_{\mathrm{Cu2}}+P_{\mathrm{Fe}}+P_{\mathrm{j}}+P_{\mathrm{S}}} \tag{7.4.2}$$

与直流电动机一样，异步电动机中的损耗也可分为不变损耗和可变损耗两部分。从空载运行到额定负载运行，由于主磁通和转速变化很小，所以铁耗 P_{Fe}和机械损耗 P_{j} 变化也很小，可看成不变损耗；而定子、转子的铜耗（分别与定、转子电流的平方成正比）和附加损耗随负载而变，称为可变损耗。空载时，无输出功率，效率为零。当负载开始增加，可变损耗增加较慢，总损耗增加较少，所以效率增加较快；负载继续增加，当可变损耗增加到与不变损耗相等时，效率达到最高。若负载继续增大，由于定子、转子的钢耗增加很快，可变损耗大于不变损耗，效率反而下降，如图 7.4.3 所示。一般说来，中小型异步电动机的最大效率出现在负载为 0.7~1.0 倍的额定负载时，而且电动机的功率越大，效率也就越高。

由上面的分析可知，异步电动机的功率因数和效率一样，都在额定负载附近达到最大值。所以选用电动机时，功率应与负载相匹配，不宜过大或过小。如果电动机的功率选得过小，将使电动机经常处于超载运行，效率降低，电动机过热，温升增加而影响电动机的使用寿命；但功率选得太大，不仅电动机的价格较高，而且由于电动机长期处于轻载运行，其效率和功率因数都较低，增加运行费用，很不经济。

7.5　三相异步电动机的起动、制动与调速

7.4 测试题及答案

7.5.1　异步电动机的起动性能

三相异步电动机的起动性能主要是指起动电流和起动转矩，它是电动机性能好坏的一个

重要标志。为了使电动机能够转动起来，并很快地达到额定转速而正常工作，要求电动机具有足够大的起动转矩（即 $T_S>T_2$）；但又希望起动电流不要太大，以免电网产生过大的电压降而影响接在电网上的其他电机和电气设备的正常工作。另外，起动电流过大时，将使电动机本身受到过大电磁力的冲击；如果经常起动，还有使绕组过热的危险。因此，对电动机的要求是希望在起动电流比较小的情况下，能获得较大的起动转矩。

1. 起动电流 I_S

在实际工作中，当普通结构的笼型异步电动机不采取任何措施而直接接入电网起动时，往往不能满足上述要求，因为它的起动电流很大，而起动转矩并不大。这是由于异步电动机起动时，$n=0$，$S=1$，旋转磁场以同步速度切割转子绕组，将在转子中感应很大的电势和电流，从而引起与它平衡的定子电流负载分量也跟着急剧增加，以致定子电流很大。从等值电路看，因为

$$I_2'=\frac{U_1}{\sqrt{\left(r_1+\frac{r_2'}{S}\right)^2+(X_1+X_2')^2}}$$

当电动机在额定负载运行时，转差率 S 很小（为 0.02~0.06）。现设 $S=0.05$，则 $\frac{r_2'}{S}=\frac{r_2'}{0.05}=20r_2'$。但在起动瞬间 $n=0$，$S=1$，代入上面的关系式，可见$\frac{r_2'}{S}$将由 $20r_2'$ 减小到 r_2'。因此，起动阻抗显著下降，电流大大增加，电动机将从电网吸收很大的起动电流，即

$$I_S=\frac{U_{1N}}{\sqrt{(r_1+r_2')^2+(X_1+X_2')^2}}=\frac{U_{1N}}{Z_k} \tag{7.5.1}$$

式（7.5.1）表明，异步电动机的起动电流与外加电压 U_1 成正比，而与短路阻抗 $Z_k=\sqrt{r_k^2+X_k^2}$ 成反比。因此，在 $U_1=U_{1N}$下起动时，由于短路阻抗 Z_k 很小，所以起动电流很大，为额定电流的 4~7 倍。

2. 启动转矩 T_S

在刚起动时，虽然转子电流 I_2' 很大，但由于 $S=1$，$f_2=f_1$，转子漏电抗 X_2' 远大于转子电阻 r_2'，从而使转子功率因数角 $\varphi_2=\arctan\frac{SX_2'}{r_2'}$接近 90°，$\cos\varphi_2$ 很小，所以尽管 I_2' 很大，但其有功分量 $I_2'\cos\varphi_2$ 却不大。并且，由于起动电流很大，定子漏阻抗压降增大，使感应电动势 E_1 减小，主磁通 $I_2'\cos\varphi_2$ 也减小，因此，从电磁转矩表达式 $T=C_T\Phi_m I_2'\cos\varphi_2$ 可知 T_S 并不大。

从以上分析可知，异步电动机起动时的主要问题是起动电流 I_S 大，起动转矩 T_S 小。这一现象是电动机的固有特性，与电动机的负载大小无关。但是电动机一经起动，上述问题将不复存在。为了限制起动电流，并得到适当的起动转矩，对不同功率的异步电动机采用不同的起动方法。

7.5.2 直接起动

直接起动就是利用闸刀开关或接触器把电动机直接接到电网上起动。直接起动的优点是操作和起动设备简单；缺点是起动电流大。为了利用直接起动的优点，现今设计制造的笼型异步电动机都按直接起动时的电磁力和发热来考虑它的机械强度和热稳定性。因此，从电动

机本身来说，笼型异步电动机都允许直接起动。这样，直接起动方法的应用主要是受电网容量的限制。若电网容量不够大，则电动机的起动电流可能使电网电压显著下降，影响接在同一电网上的其他电动机和电气设备的正常工作。在一般情况下，只要直接起动时的起动电流在电网中引起的电压降为10%~15%（对于经常起动的电动机取10%，对于不经常起动的电动机取15%），就允许采用直接起动。按国家标准 GB 755—1965 规定，三相异步电动机的最大转矩应不低于1.6倍的额定转矩。因此，当电网电压降低15%时，最大转矩至少仍有 $1.6\times0.85^2T_N=1.156T_N$，这样接在同一电网上的其他异步电动机的正常运行不会受到影响。

7.5.3 降压起动

1. 定子串电阻或电抗降压起动

1）接线图

图7.5.1所示，起动时在异步电动机的定子电路中串入对称电阻或电抗，当转速基本稳定时，再将它切除。

2）操作步骤

首先合上电源开关（图中未画），其次将接触器 KM_1 闭合，KM_2 断开，电动机定子串入电阻后起动。此时由于串联电阻上降落了部分电压，加在定子绕组上的端电压也就降低了，因此减小了起动电流。另外，调节起动电阻的 r_S 大小就可以达到所需要限制的起动电流。最后待电动机转速上升后使接触器 KM_2 闭合，电动机加上全电压运行。

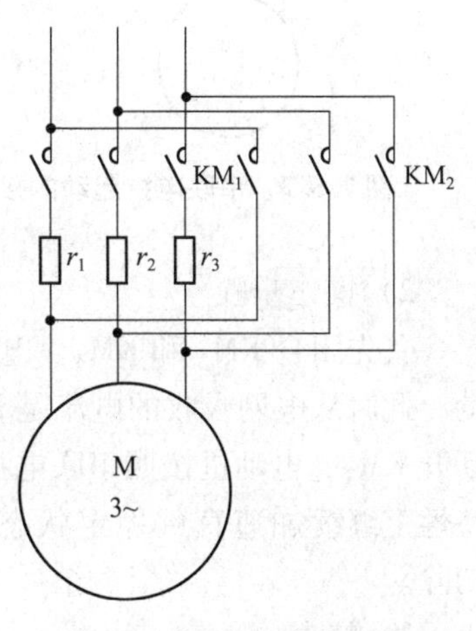

图7.5.1 定子串电阻或电抗降压起动接线图

3）特点

设 K（$K>1$）为所需降低起动电流的倍数，则降压时的起动电流 I'_S 为

$$I'_S=\frac{1}{K}I_S \tag{7.5.2}$$

如果认为在降低电压时电动机的参数仍然保持不变，由式（7.5.1）可知降低后的电压 U_S 应为

$$U_S=\frac{1}{K}U_{1N} \tag{7.5.3}$$

由于 $T\propto U_2^2$，所以降压时的起动转矩 T'_S 为

$$T'_S=\frac{1}{K^2}T_S \tag{7.5.4}$$

可见采用串联电阻限制起动电流时，起动转矩减少的程度要比起动电流来得严重。因此，这种方法只能用于轻载或空载起动的场合。由于在电阻上要消耗电能，且电动机功率越大，起动电阻上的损耗也越大，很不经济。因此，对于大功率和中等功率的笼型异步电动机常采用定子串电抗器降压起动，以减少起动时的能量损耗。串联电抗起动的接线原理如图7.5.2所示，起动时的操作步骤与串联电阻起动相同。

2. 自耦变压器（起动补偿器）降压起动

1）接线图

自耦变压器降压起动原理如图 7.5.3 所示。自耦变压器的高压边接入电网，低压边接至电动机。一般有几个不同电压比的分接头可供选择。例如，使副边电压是原边的 40%、60%、80%等。

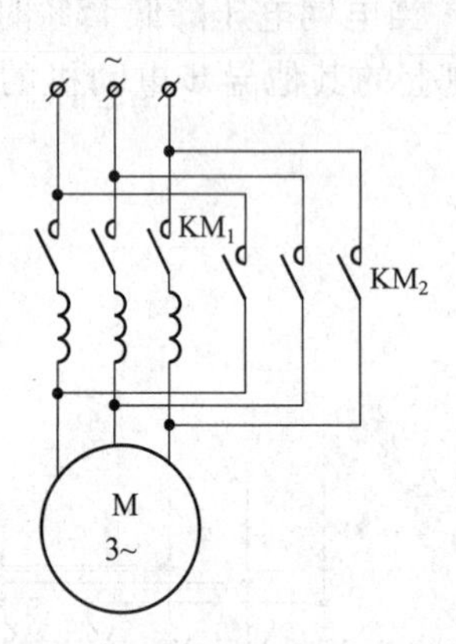

图 7.5.2　串联电抗起动的接线原理图

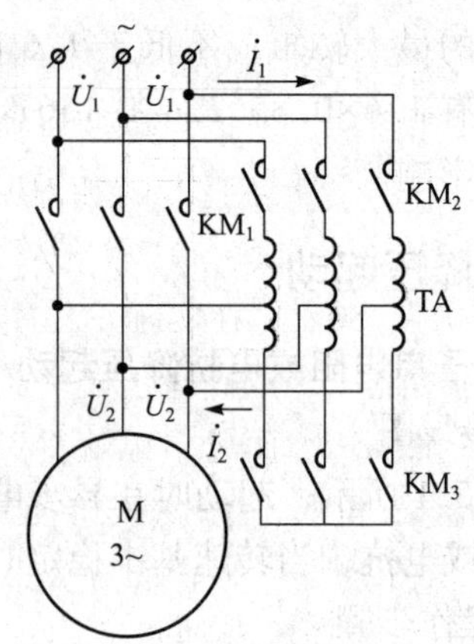

图 7.5.3　自耦变压器降压起动原理图

2）操作步骤

首先闭合 KM_2 和 KM_3，电网电压 U_1 经自耦变压器降低为 U_2 后加到电动机定子进行起动，此时从电网吸收的电流是 I_1，电动机的定子电流是 I_2'，$I_1<I_2'$。当转速升高到一定数值时断开 KM_3，电动机按照串联电抗方式继续加速。最后闭合 KM_1，电动机加上全电压，在固有特性上继续加速直到稳定状态，起动过程结束。然后断开 KM_2，将自耦变压器从电网上切除。

3）特点

设自耦变压器的变比为 K，即 $K=\dfrac{N_1}{N_2}=\dfrac{U_1}{U_2}=\dfrac{I_2}{I_1}$。在低压起动时，$U_1=U_{1N}$，$U_2=U_1$，因此降压倍数是：

$$\frac{U_{1N}}{U_1}=K \tag{7.5.5}$$

这时，I_2 就是降压起动时电动机的定子电流，如果不考虑自耦变压器内阻抗的影响，则有

$$\frac{I_S}{I_2}=\frac{U_{1N}}{U_S}=K$$

或

$$I_2=\frac{1}{K}I_S$$

但是，这时从供电电源获得的电流并不是 I_2，而是 I_1。也就是说，I_1 才是自耦变压器降压起动时电源所提供的起动电流。为了和前面所讲的统一起来，把它写做 I_2' 即

$$I_S'=I_1=\frac{1}{K}I_2=\frac{1}{K^2}I_S \tag{7.5.6}$$

因此，采用自耦变压器降压起动时，电压降低的比值是 K，而起动电流降低的比值却是 K^2。至于起动转矩，它与电压的平方成正比，即：

$$T'_S=\frac{T_S}{\left(\frac{U_{1N}}{U_S}\right)^2}=\frac{1}{K^2}=T_S \tag{7.5.7}$$

这样一来，起动转矩和起动电流降低的比值相同，因而就像串联电阻降压那样，限于很轻的负载才能起动，所以自耦变压器广泛应用于功率较大的低压电动机作为降压起动。

常用的自耦变压器有 QJ_2 和 QJ_3 型两种，QJ_2 系列抽头分别为电源电压的55%、64%、73%；QJ_3 系列则分别为40%、60%、80%。在实际工作中可以根据具体情况选用适当的起动电压，以满足不同负载的需要。它的缺点是体积大，质量重，因而价格也就贵一些。

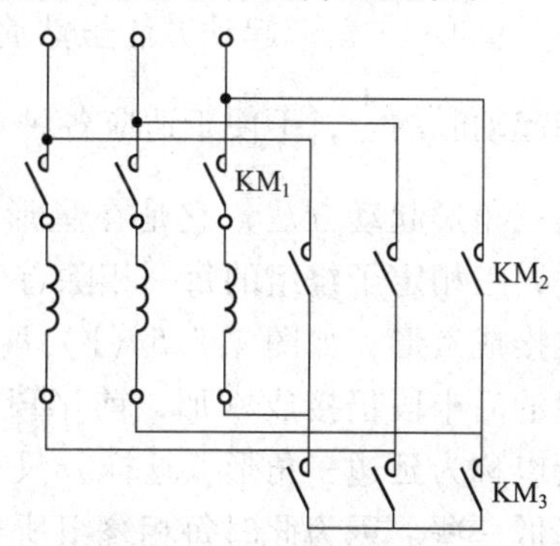

图7.5.4　Y-△降压起动

3. 星形-三角形（Y-△）降压起动

1）接线图

星形-三角形降压起动只适用正常运行时定子绕组接成三角形的电动机。在起动时先将定子接成星形，起动完毕再接成三角形，接线原理如图7.5.4所示。

2）操作步骤

首先闭合 KM_1 和 KM_3，将定子绕组接成星形起动。当转速升高到一定数值时，断开 KM_3，闭合 KM_2，将定子绕组接成三角形，电动机继续加速到稳定状态，起动过程结束。由星形连接改为三角形连接时，KM_3 先断开、KM_2 后闭合的动作顺序是很重要的，如果 KM_2 先闭合，就会造成电源短路。

3）特点

正常运行时，定子接成△形，其相电压 $U_\triangle$ 等于线电压 U_{1N}；起动时，定子接成Y形，其相电压 $U_Y=\frac{1}{\sqrt{3}}U_{1N}$，因此电压降低的比值是 $K=\sqrt{3}$，即

$$U_S=U_Y=\frac{1}{\sqrt{3}}U_\triangle=\frac{1}{\sqrt{3}}U_{1N}=\frac{1}{K}U_{1N} \tag{7.5.8}$$

Y形连接时，相电流 I_Y 等于线电流 I'_S；△形连接时，相电流 $I_\triangle$ 等于线电流 I_S 的 $\frac{1}{\sqrt{3}}$。又由于 $U_Y=\frac{1}{\sqrt{3}}U_\triangle$，所以 $I_Y=\frac{1}{\sqrt{3}}I_\triangle$，于是有：

$$I'_S=I_Y=\frac{1}{\sqrt{3}}I_\triangle=\frac{I_S}{3} \tag{7.5.9}$$

与前述一样，起动转矩与电压的平方成正比，即

$$T'_S=\frac{T_S}{\left(\frac{U_\triangle}{U_Y}\right)^2}=\frac{1}{(\sqrt{3})^2}T_S=\frac{T_S}{3} \tag{7.5.10}$$

因此，星形-三角形降压起动的性质与自耦变压器降压起动一样，都能使起动转矩和起动电流所降低的比值相同，不过星形-三角形起动比值只能是“3”，它是不可调的。

星形-三角形起动靠改变定子绕组的接法来降低电压，初期投资少，具有简单、经济、可靠等优点。不足之处在于定子绕组必须引出6个出线端，这对于高压大型电动机来说是很困难的，因而只用于500 V以下的低电压电动机起动。同时因降压比是固定的，有时不能满足起动的要求。

4. 延边三角形起动

星形-三角形起动方法虽然简单，但它只能固定地把起动电流和起动转矩都降低到直接起动时的$\frac{1}{3}$，不便于适应各种不同的情况。为了解决这个问题，人们在实践中创造了延边三角形起动方法，它是在星形-三角形起动的基础上发展而成的。运用这种起动方法时，三相定子绕组的每一相除首、尾两端外，中间还要抽出一个端头。运行时，定子绕组也接成△形，如图7.5.5（b）所示。起动时，则如图7.5.5（a）所示那样接线，各相绕组的后半段仍接成△形，前半段则按Y形连接，合起来像一个三边都延长一段的△形，所以称为延边三角形。这样，只有一部分绕组改成星形，因而起动电流和起动转矩可以少降低一些。因为此时每相绕组所承受的电压既不是电源的线电压，也不是电源的相电压，而是介于线电压和相电压之间的一个电压值。这个电压的大小，与绕组中抽头的位置有关。若星形部分绕组所占的比例越多，三角形部分绕组所占的比例就越少，则电压也就越低；反之，星形部分绕组所占的比例越少，三角形部分绕组所占的比例就越多，电压也就越高。例如，当抽头比例（Y形部分与△形部分绕组之比）是1∶1时，接到380 V的电源上起动，实测电动机定子绕组的相电压为268 V，相当于降低为70.5%的额定电压起动。当抽头比例是1∶2时，起动时实测电动机绕组的相电压为290 V，相当于降低为76.3%的额定电压起动。可见，采用不同的抽头比例，就可以得到不同的起动电压，以适应不同的负载要求。

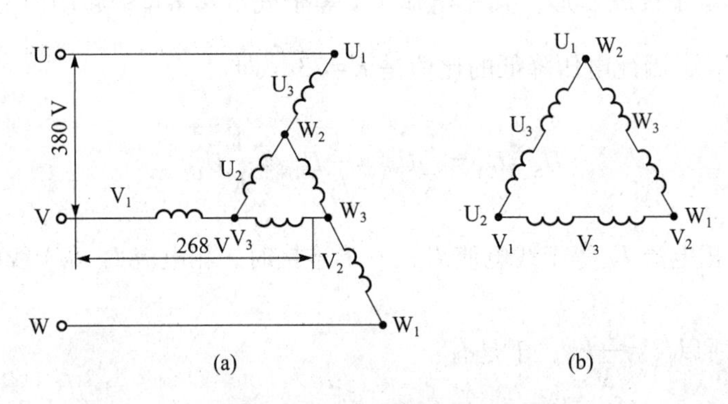

图7.5.5　延边三角形起动

延边三角形起动方法和其他降压起动方法一样，起动转矩都与电压的平方成比例地减小。该起动方法的缺点是定子绕组比较复杂，其要求必须在订货时提出，一旦电动机制成，中间抽头就不能随意切换了。

【例7.5.1】　一台三相笼型异步电动机的数据为：$P_N = 75$ kW，$U_{1N} = 380$ V，定子△连

接，$I_{1N}=160$ A，$n_N=585$ r/min，$\frac{I_S}{I_{1N}}=6.5$，起动转矩倍数$\beta=\frac{T_S}{T_N}=1.4$，过载能力$\beta=2.0$。车间变电所允许最大的冲击电流为 700 A，生产机械要求起动转矩不得小于 800 N · m，试选择起动方法。

【**解**】（1）使用直接起动，因为：

$$I_S=6.5I_{1N}=6.5\times160\text{ A}=1\,040\text{ A}>700\text{ A}$$

所以不能采用直接起动法。

（2）试用定子绕组串电阻起动。为了限制起动电流在 700 A 内，取电流减小倍数为

$$K=\frac{I_S}{I_2}=\frac{1\,040}{700}=1.486$$

因为：

$$T_N=9\,550\frac{P_N}{n_N}=9\,550\times\frac{75}{585}\text{ N}\cdot\text{m}=1\,224.4\text{ N}\cdot\text{m}$$

所以有：

$$T'_S=\frac{T_S}{K^2}=\frac{1.4T_N}{K^2}=\frac{1}{1.486^2}\times1.4\times1\,224.4\text{ N}\cdot\text{m}=775.6\text{ N}\cdot\text{m}<800\text{ N}\cdot\text{m}$$

也不能采用此方法。

（3）试用 Y-△起动。根据式（7.5.9）得

$$I'_S=\frac{I_S}{3}=\frac{1}{3}\times1\,040\text{ A}=346.7\text{ A}<700\text{ A}$$

又根据式（7.5.10）得

$$T'_S=\frac{T_S}{3}=\frac{1.4T_N}{3}=\frac{1}{3}\times1.4\times1\,224.4\text{ N}\cdot\text{m}=571.4\text{ N}\cdot\text{m}<800\text{ N}\cdot\text{m}$$

起动电流虽然远比电源允许值小，但起动转矩不够，此法也不适用。

（4）试用自耦变压器降压起动。当采用抽头为电源电压的 73%时，则有

$$K=\frac{1}{0.73}=1.37$$

根据式（7.5.6）得

$$I'_S=\frac{1}{K^2}I_S=\frac{1}{1.37^2}\times1\,040\text{ A}=554.1\text{ A}<700\text{ A}$$

同时根据式（7.5.7）可得

$$T'_S=\frac{T_S}{K^2}=\frac{1}{K^2}\times1.4T_N=\frac{1}{1.37^2}\times1.4\times1\,224.4\text{ N}\cdot\text{m}=913.3\text{ N}\cdot\text{m}<800\text{ N}\cdot\text{m}$$

由于 T'_S 和 I'_S 均符合要求，因此应该选用抽头比为 73% 的自耦变压器降压起动，即可满足负载起动的要求。

7.5.4　三相绕组式异步电动机的起动

从上面的讨论可知，对于笼型异步电动机，无论采用哪种降压起动方法来减少起动电流，电动机的起动转矩都跟着减少。同时，为了改善异步电动机的起动性能，希望在起动

时转子绕组具有较大的电阻。这样，一方面可以限制起动电流，另一方面可以提高转子电路的功率因数，增大起动转矩，两对矛盾都得到解决。所以，对于不仅要求起动电流小，而且要求起动转矩大的生产机械，必须采用起动性能较好的绕线式起步电动机来拖动。

因为绕线式异步电动机的转子绕组可以经过3个滑环与外电路相连接，所以可以在起动时在转子电路中串接电阻，以改善它的起动性能。因异步电动机的最大转矩不随转子电阻而变化，但最大转差率却随转子电阻成正比例增大。如果适当增加串入的起动电阻，使转子绕组每相的总电阻为 $r_2'+R_S'=\sqrt{r_1^2+(X_1+X_2')^2}$，此时 $S_m=1$，便可在起动时获得最大转矩 T_m。虽然转子电路串入起动电阻 R_S'，可使电动机转子的起动电流减小，从而也减小定子的起动电流。但是，由于转子电路串入电阻后，使得转子电路的功率因数角 φ_2 减小，功率因数增加，转子电流的有功分量 $I_2'\cos\varphi_2$ 增加，所以起动转矩也随之增加。当然起动转矩增大也是有限度的，若转子电阻过度地增大，将使转子电流 I_2' 过度地减小，这样转子电流有功分量及转矩 T_S 反而减小。下面将着重讨论绕线式异步电动机转子串接起动电阻和频敏变阻器时的起动方法及起动电阻的计算步骤。

1. 转子电路串入对称电阻起动

通常在转子电路中接入3~4级星形连接的三相起动变阻器，在小功率和中等功率的电动机中，变阻器材料采用高电阻的合金或铸铁电阻片组成；而在大功率的电动机中，则可用大电阻。起动变阻器通过电刷及滑环与转子绕组连接起来，如图7.5.6（a）所示。

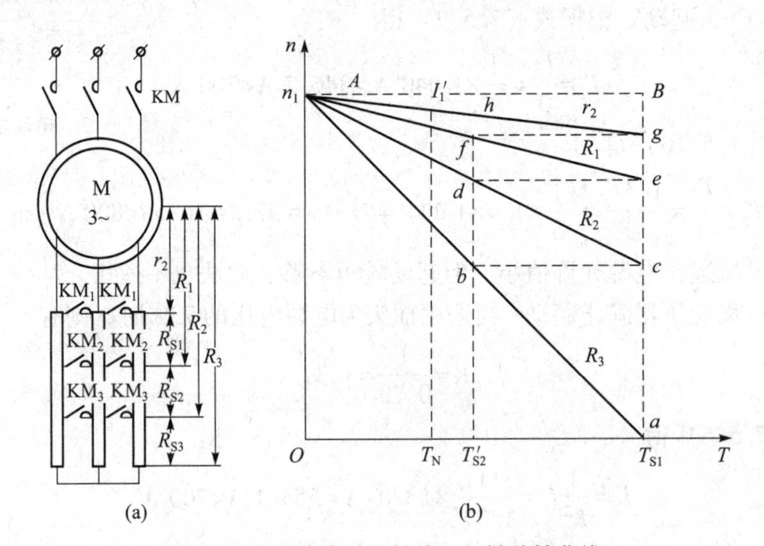

图7.5.6　异步电动机接线和机械特性曲线

在开始起动时，将全部电阻接入转子电路，相应的机械特性曲线如图7.5.6（b）所示。虽然异步电动机的机械特性是非线性的，但在最大转矩点以上的运行段可以近似为直线。在整个起动过程中，随着电动机转速的上升，起动转矩将沿着 T-S 曲线相应减小，使起动效果逐渐变差。为了加快起动过程，缩短起动时间，不断增大转矩，可以采取将串入的起动电阻逐段切除的方法。也就是说，当转矩减少到一定数值 T_{S2} 时，便将起动电阻切除一段，从而使转矩重新恢复到 T_{S1}。这样，在整个起动过程中可保持电动机的转矩在 T_{S1} 和 T_{S2} 之间变化，直到转子中所串电阻 R 被全部切除为止，电动机便稳定运行在固有机械特性上，起动过程结束。

下面根据图 7.5.6（b）所示的3级起动机械特性曲线进一步说明起动过程。起动时转子电路接入全部起动电阻，相应的机械特性曲线为 Aa 直线，电动机沿着 aA 直线加速。为了使电动机有较大的加速度，到 B 点时接触器 KM_3 闭合，将电阻 R_3 切除。此时电动机转子电流增大，转矩立即增大到 T_{S1}。因为在切除电阻的瞬间，由于机械惯性，电动机转速来不及改变，转矩却上升为 T_{S2}，所以从第一条特性上的 b 点水平地过渡到第二条特性上的 c 点，电动机将沿着 cA 直线继续加速。同理，至 d 点切除 R_{S2}，至 f 点再切除 R_{S1}，最后电动机便运行到固有机械特性上。若电动机轴上的负载转矩 $T_2+T_0=T_N$，则电动机将稳定运行在 n'点。

在起动完毕后，转子绕组便被直接短路。这时，为了减少电刷在滑环上的摩擦，对于起动次数不多的大功率绕线式电动机，装有提刷装置，在电动机起动后将电刷提起，同时把滑环直接短路，如图 7.5.7 所示。当电动机停转时，再把电刷放下，并把起动变阻器的电阻全部接入，以便下次进行起动。

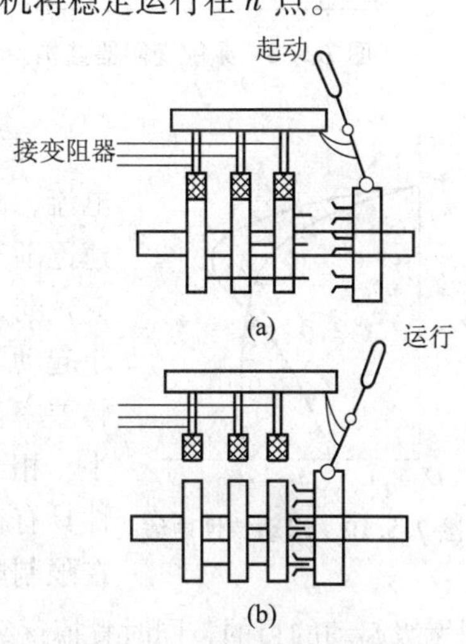

图 7.5.7 电动机提刷装置

2. 转子电路串入频敏变阻器起动

绕线式转子采用串联电阻的方法起动时，要获得良好的起动特性，就需要较多的起动级数，这样就会使控制设备复杂，既要增加设备投资，又给维修带来困难，特别在大容量电力拖动系统中，矛盾更突出。于是人们会想到，既然双笼型或深槽式电动机能够让转子阻抗自动地随频率变化，以获得较高的起动转矩，那么对于绕线式电动机是否也能做到这一点呢？按照这个指导思想，我国工程技术人员研制出频敏变阻器。

1）频敏变阻器的结构

频敏变阻器是电阻（实际上还有电抗）值自动随频率变化的装置，其结构如图 7.5.8 所示。它的外形很像一个没有次级绕组的变压器，但实质上却是一个铁心损耗很大的三相电抗器。铁心一般做成三柱式，是由几块一定厚度的实心铁板或钢板叠成（每块厚度达 30~50 mm，比变压器用的硅钢片厚100倍左右），每柱铁心上绕有一个线圈，三相连接成星形，然后接到绕线式电动机的转子滑环上。

2）工作原理

起动时当转子的感应电流通过频敏变阻器的线圈时产生交变磁通，由于它的铁心是由特厚的钢板做成的，该磁通将在铁心中产生大量的涡流损耗。这个涡流损耗可以用一个等值电阻 R_m 来代替，电阻的大小取决于铁心的几何形状和铁心材料的电阻系数。同时，频敏变阻器线圈本身又是一个电抗，电抗 X 同样也是交变磁通产生的。因此，R_m 和 X 都承受同一个转子电势。为便于分析，转子电流可分为两个分量，即产生交变磁通的励磁电流 I_q 和产生铁损耗的有功电流 I_p，因此变阻器的等值电路可看成是由 R_m 和 X 并联，再和线圈电阻 r_2 串联的电路，如图 7.5.9 所示。电路中 R_m 和 X 都随电流频率的增减而增减，并且在频敏变阻器厚铁心的特定条件下，铁心中涡流的趋表效应强弱也随频率而变化，同样也引起等位电阻 R_m 和电抗 X 的变化。

当绕线式异步电动机的转子串接一台适当参数的频敏变阻器时，它的起动特性如图 7.5.10 所示。电动机起动时，转速 $n=0$，$f_2=f_1$，电抗 X 较大，转子电流 I_2 大部分流经等值电阻 R_m

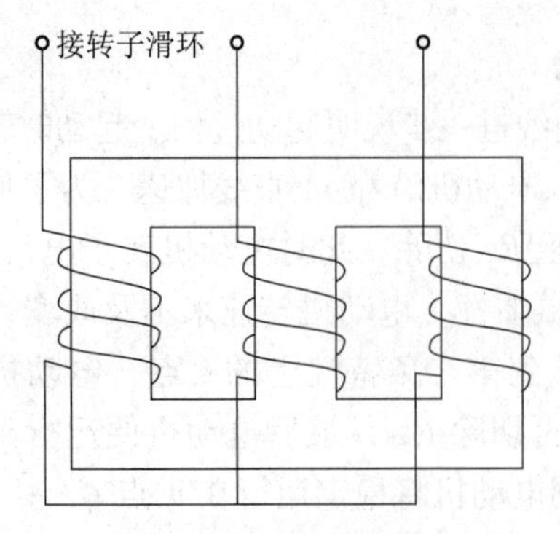

图 7.5.8　频敏变阻器结构示意图

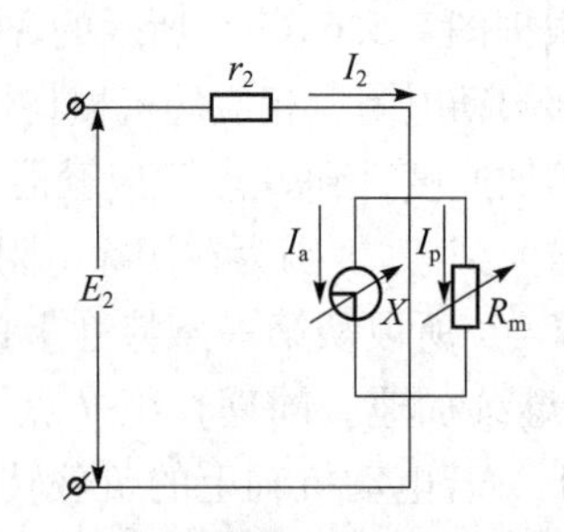

图 7.5.9　频敏变阻器简化分析图

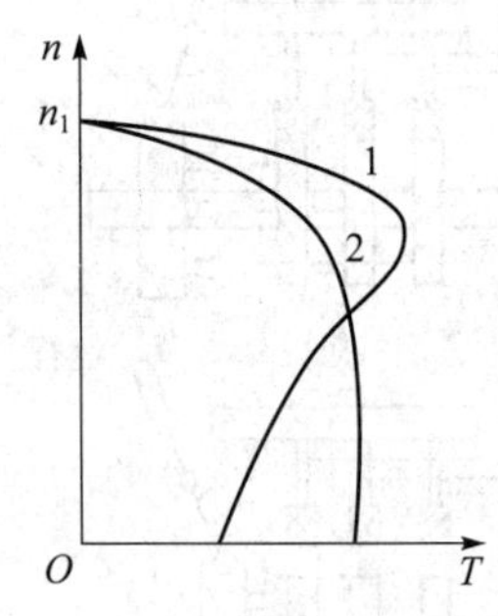

图 7.5.10　起动特性曲线

支路。这就相当于在转子电路串入一个电阻 R_m，它限制起动电流，并增大起动转矩，因而获得较好的起动性能。当电动机转速逐渐升高时，S 逐渐减小，转子电流频率也减小，涡流的集肤效应减弱，电抗 X 也逐渐减小，R_m 也逐渐减小，相当于自动连续减小起动电阻一样。当电动机起动完毕，转速接近于同步速度时，转差率很小，转子电流频率也很小，频敏变阻器的 R_m 和 X 都很小，相当于短路。如果频敏变阻器的参数选得恰当，可使起动特性具有近似恒转矩的性质，如图 7.5.10 所示。这就使得拖动系统在限制电流和增大转矩的情况下，能够获得较大的加速度，而达到无级起动的目的，同时省掉逐级切换电阻的起动设备。

3）应用

频敏变阻器是一种静止的无触点变压器，它具有结构简单、材料和加工要求低、寿命长、使用维护方便等优点，因而广泛地应用在绕线式异步电动机的起动上。但与转子串入电阻的起动方法比较，频敏变阻器不仅具有一定的电阻，而且具有一定的电抗，转子功率因数较低，在同样的起动电流倍数下，接入频敏变阻器起动时的转矩，要比接入起动电阻时的转矩小。

在实际工作中常根据电动机的功率和起动要求，从产品目录中选用相应的频敏变阻器。单台频敏变阻器的体积、自重不要过大，当电动机的功率大到一定程度时，可由多组频敏变阻器连接使用。连接种类有单组、二组串联、二组并联、二串联二并联等接法，如图 7.5.11（a）~图 7.5.11（d）所示。

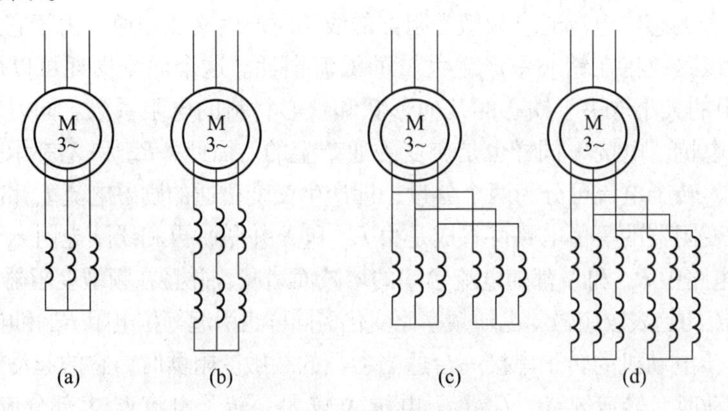

图 7.5.11　变阻器连接

由于频敏变阻器只能根据产品的经验公式或使用表格进行选择，精确度不高，因而使用时一般都要通过调节来获得良好的启动性能。频敏变阻器的线圈抽头是作粗调阻抗用的，线圈匝数越多，阻抗越大。还可以通过调节铁心的气隙来微调阻抗，气隙越大，阻抗越小。所以，在使用时若发生下列情况，应调整频敏变阻器的匝数和气隙。

若起动电流过大，起动太快，应增加匝数，可换接抽头，使用100%的匝数。由于匝数增加，起动电流减小，起动转矩也减小。

若起动电流过小，起动转矩不够，起动太慢，应减少匝数，使用80%或更少的匝数。由于匝数减少使起动电流增大，起动转矩也增大。

如在刚起动时，起动转矩过大，机械有冲击，但起动完毕后稳定转速又太低，这时可增加铁心气隙。由于增加气隙使起动电流略增；起动转矩略减，但起动完毕时转矩增大，这样提高了稳定转速。

7.5.5 三相异步电动机的调速

异步电动机有许多突出的优点，但在调速和控制性能上，还不如直流电动机。虽然异步电动机的调速方法很多，但还没有找到一种调速范围广、精度高，而又价廉、可靠，能够完全取代直流电动机的交流调速系统。如果能够很好地解决此问题，将给电力拖动系统带来很大的变革。

根据异步电动机的转速公式：

$$n=(1-S)\,n_S=(1-S)\,\frac{60f_1}{p}$$

可将异步电动机的调速方法分为两大类：

（1）在定子方面改变同步转速 n'。可以用：① 改变电动机的磁极对数；② 改变电源频率来实现。

（2）在转子方面改变转差率。可以用：① 在绕线式转子电路中串接电阻；② 在绕线式转子电路中引入附加电动势来实现。

此外，不属于上述两大类的还有电磁转差离合器调速等。

异步电动机的运行特点是在接近同步转速工作时（即 S 较小时）机械特性较硬，效率和功率因数都较高；如果远低于同步转速（即 S 较大），各方面的性能都要变差。因此，调节 S 不是理想的调速方法，而改变，又不像直流电动机改变电枢电压那么方便，这就是异步电动机调速的困难所在。下面分别介绍异步电动机的调速方法。

1. 改变磁极对数调速

由公式 $n_s=\frac{60f_1}{p}$ 可知，在电源频率不变的条件下，若改变定子的磁极对数，可使异步电动机的同步速度 n_s 改变，从而调节转速。

1）变极原理

改变定子的磁极对数，通常用改变定子绕组的接法来实现。为了说明改变绕组的连接而变更磁极对数的原理，现研究如图7.5.12所示的一相绕组改接方法。在图中只画出U相绕组，它包含两个线圈（或线圈组）。在图7.5.12（a）中，将两个线圈的头尾相串联（设 U_1 为头，U_2 为尾）时，按照电流方向就能形成4极磁场，同步转速为1 500 r/min。若采用相反的连接，无论是串联反接（见图7.5.12（b））或并联反接（见图7.5.12（c））均为2极磁场，同步转速为3 000 r/min。故欲使磁极数减少一半，可将其相邻的线圈组反接，改变其电流方向即可。由此可见，改变定子绕组的接法，得到的极对数成倍地变化，转速也是成倍地变化，所以这种调速属于有级调速。能够变极调速的电动机称为多速电动机。

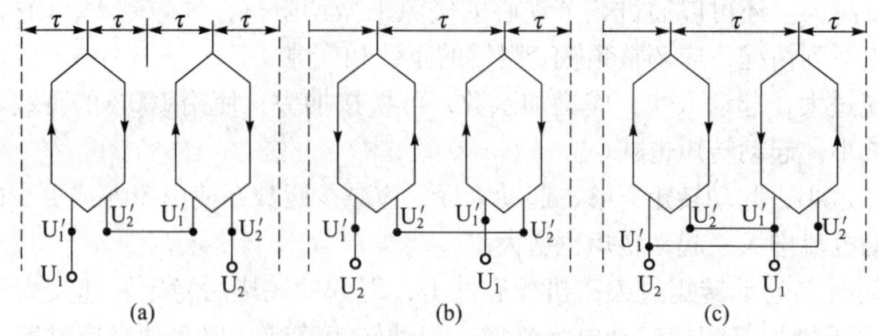

图 7.5.12　一相绕组改接方法

变换极数的多速电动机都是笼型转子，因为笼型绕组本身没有确定的极数，其磁极数完全决定于定子绕组的极数，所以变极时只要换接定子绕组即可。如果采用绕线式转子，则定、转子绕组必须同时换接才行。

最后应该说明一下，一套绕组极数成倍变换时，必须同时倒换电源的相序。因为极数不同时，空间电角度的大小也不一样。例如，2 极电动机，极对数 $p=1$，这时有：

$$电角度=空间的机械角度$$

若 U 相的空间位置为 0°，则 V、W 两相分别在 U 相后面 120°（电角度）和 240°（电角度）。换接成 4 极时，极对数 $p=2$，则有：

$$电角度=2\times空间机械角度$$

由于是同一套绕组，只是换接了每一相内部的半相绕组，U、V、W 三相的空间机械位置并没有改变。仍假设 U 相为 0°，则 V 相距 U 相的电角度变为 2×120°=240°，W 相距 U 相的电角度变成 2×240°=480°（相当于 120°）。如果电源仍按原来的相序接线的话，所产生的旋转磁场必然反向。为了使调速前后电动机的转向一致，必须在变极的同时倒换电源的相序。

上面所举的例子只是一种最简单、最常用的变极方法，还有复杂的变极方法，可使极数不成倍地改变，或者在定子上装上两套独立的绕组，各接成不同的极对数，就能得到 3 极或 4 极电动机，但采用一组独立绕组的变极调速比较经济。

2）典型的变极方法及其机械特性

上面介绍了变极的原理，具体的变极方法很多，这里只讨论 Y-双 Y、△-双 Y 两种典型的方法，它们的两组机械特性不同，适应于不同的调速方式。

（1）Y-双 Y 接法。Y-双 Y 接法的接线图如图 7.5.13（a）所示。Y 接法时，每相的两个半相绕组串联，相当于上面所说的 4 极接法，或者一般地说，极对数等于 $2p$，同步转速为 n_S。双 Y 接法时，每相的两个半相绕组反向并联（同时倒换相序），相当于上面的 2 极接法，或者说，极对数减半，等于 p 同步转速为 $2n_S$，比 Y 接法时提高 1 倍。

现在再分析一下两种不同接法时电动机带负载的能力。设电网电压为 U_N（线电压），绕组每相额定电流为 I_N 时，则绕组接成星形（Y），电动机的输出功率为

$$P_{YN}=3\frac{U_N}{\sqrt{3}}I_N\cos\varphi_N\eta_N$$

式中，η_N 为电动机的额定效率。

若将单星形（Y）改接成双星形（双 Y），并保持改接前后绕组支路的电流不变，则电

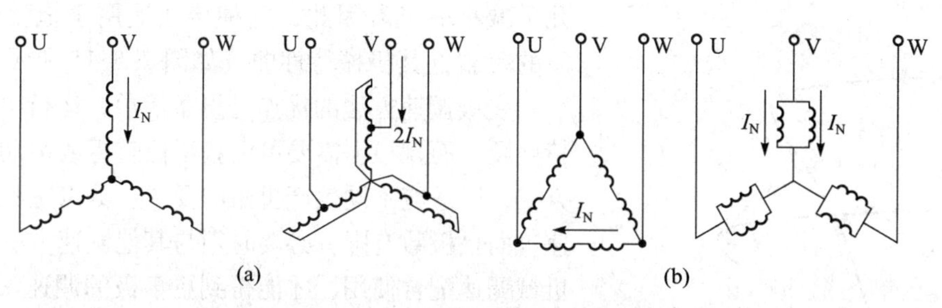

图 7.5.13 Y-双 Y 接法和△-双 Y 接法

(a) Y-双 Y 接法；(b) △-双 Y 接法

动机输出功率为（假设改接前后 $\cos\varphi_N$、η 不变）

$$P_{YYN}=3\frac{U_N}{\sqrt{3}}\times 2I_N\cos\varphi_N\eta_N$$

两种接法电动机输出功率比为

$$\frac{P_{YYN}}{P_{YN}}=\frac{3\frac{U_N}{\sqrt{3}}\times 2I_N\cos\varphi_N\eta_N}{3\frac{U_N}{\sqrt{3}}I_N\cos\varphi_N\eta_N}=2$$

即电动机输出功率增加一倍。由于额定转矩为

$$T_N=9\ 550\frac{P_N}{n_N}$$

所以，改接后当功率增加一倍，电动机转速也增加一倍时，其功率与转速的比值不变，则转矩不变。因此，这种变极调速适用于拖动恒转矩负载，其机械特性如图 7.5.14 所示。

（2）△-双 Y 接法。△-双 Y 接法接线图如图 7.5.13（b）所示。△接法时，半相绕组串联，极对数等于 $2p$，同步转速为 M；双 Y 接法时，半相绕组反向并联，极对数等于 p，同步转速为 $2M$，比△接法时提高一倍。

改接前，电动机接成△形，其输出功率为

$$P_{\triangle N}=3U_NI_N\cos\varphi_N\eta_N$$

电动机接成双 Y 形，其输出功率为

$$P_{YYN}=3\frac{U_N}{\sqrt{3}}\times 2I_N\cos\varphi_N\eta_N$$

则改接前后电动机的输出功率之比为

$$\frac{P_{YYN}}{P_{\triangle N}}=\frac{3\sqrt{3}U_NI_N\cos\varphi_N\eta_N}{3U_NI_N\cos\varphi_N\eta_N}=1.15$$

由此可知，改接前后电动机的输出功率变化很小，只有 15%，而额定转矩为

$$T_N=9\ 550\frac{P_N}{n_N}$$

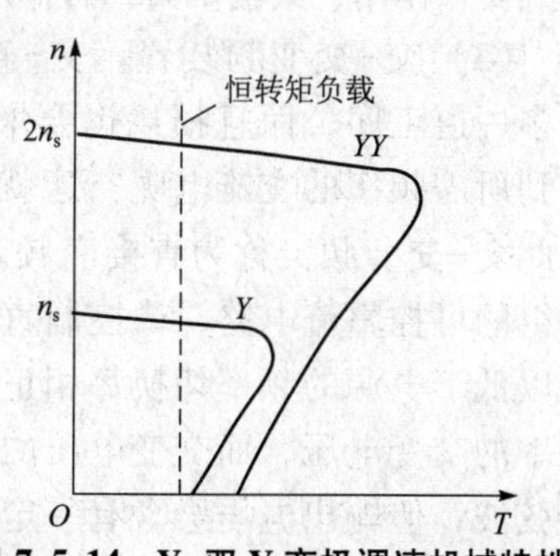

图 7.5.14 Y-双 Y 变极调速机械特性

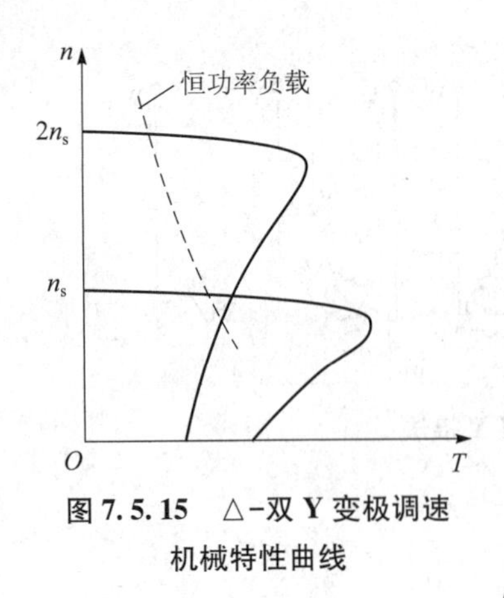

图 7.5.15　△-双 Y 变极调速机械特性曲线

几乎减小一半。因此，这种接法适用于拖动恒功率性质的负载，其机械待性曲线如图 7.5.15 所示。

变极调速方法的优点是设备简单，运行可靠，机械特性硬，而且根据需要可以获得恒转矩或恒功率的调速方式，以适应不同生产机械的要求。缺点是只能有极调速，而且极数有限，必要时须与其他调速方法或齿轮箱机械调速配合使用，才能得到更多极的调速。因此，变极多速电动机主要用于驱动那些不需要平滑调速的金属切削机床、通风机、水泵和升降机等。

2. 变频调速

由异步电动机转速 $n=(1-S)\dfrac{60f_1}{p}$ 可知，如果改变加在定子绕组的三相电源频率 f_1，电动机转速跟着变化，这种利用改变电源频率来改变电动机转速的方式称为变频调速。这种调速方法可以得到很大的调速范围、很好的调速平滑性和有足够硬度的机械特性，类似于直流电动机的降压（降低 f_2 时）调速和弱磁（升高 f_1 时）调速，是最有发展前途的一种交流调速方法，问题是如何得到平滑可调的变频电源。

怎样获得经济、可靠的变频电源，是解决异步电动机变频调速的关键问题，也是目前电力拖动系统的一个重要发展方向。现有的变频电源的种类如下：

（1）变频机组。变频机组由直流电动机和交流发电机组成，通过调节直流电动机的转速就能改变交流发电机的频率。这种装置设备费用很高，效率低，用途不广，只适用于一些特定的情况。随着半导体变流技术的发展，这种变频机组已被晶闸管变频装置所取代。

（2）交-直-交变频装置。机组虽然能够调频，但是，作为一般异步电动机调速的变频电源，则更倾向于采用静止的变频装置。静止装置与旋转机组相比有许多优越之处。目前，静止变频装置多用晶闸管组成，有交-直-交变频和交-交变频两大类。图 7.5.16 是交-直-交变频装置的示意图，它的输入接普通的交流 50 Hz 电源，先用晶闸管整流装置将交流变成直流，再用逆变装置转变成频率可调的交流电源。所谓“逆变器”，就是把直流转变成交流的装置，与整流器的作用恰好相反。对于交-直-交变频器来说，整流器可完成变压作用，逆变器完成变频作用，其输出为二者作用的结果。

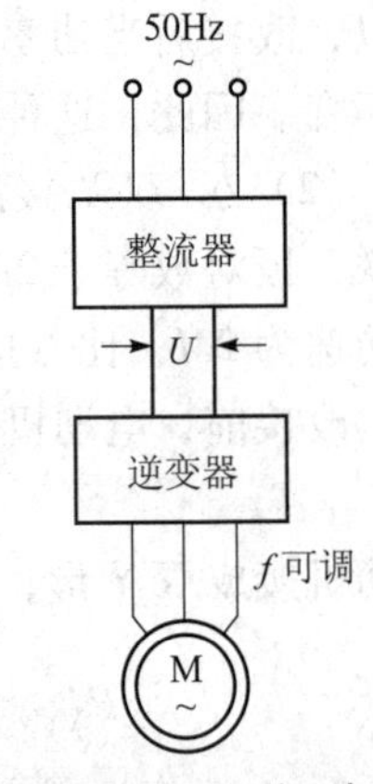

图 7.5.16　交-直-交变频装置示意图

（3）交-交变频装置。交-直-交变频须经过两次电量变换，不仅多一道工序，而且损耗也要增大。能不能直接从 50 Hz 交流电源得到所需频率的交流电呢？这就是交-交变频装置所要解决的问题，因此交-交变频又称为直接变频。目前的交-交变频电路是在交流电源每相都接上正、反两组的可控整流电路，像控制直流电动机的可逆线路那样，如图 7.5.17 所示。只要交替地以低于电源的频率切换每相正、反两组整流电路的工作状态，就可以在负载端得到相应频率的交变电压，而交变电压的幅值又可通过改变每组晶闸管的控制角来控制，使它接近正弦波，但输出电压会含有一定的高次谐波成分。

直接变频与交-直-交变频相比，虽然效率会高一些，但必须使用大量的晶闸管，像如

图7.5.17所示的交-交变频系统，如果每组整流电路都是三相桥式，一共需要36个晶闸管，同时，它的输出频率一般只能是电网频率的1/3以下，所以，这种方法只适用于低速大功率的交流拖动。

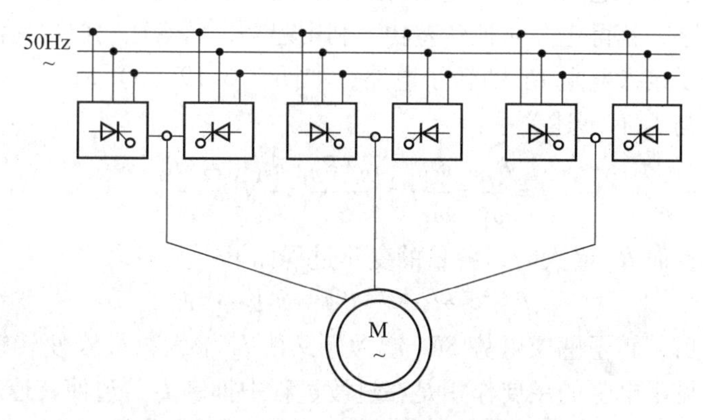

图7.5.17　交-交变频系统

变频调速具有优良的性能，调速范围较广，调速的相对稳定性与平滑性较好，变频时U按不同规律变化可实现恒转矩或恒功率调速，以适应不同负载的要求。低速时机械特性的硬度较高，是异步电动机调速最有发展前途的一种方法。这种调速方法的缺点是必须有专门的变频电源，设备庞大，投资多，不易维护，因而使变频调速的应用受到一定的限制。近几年来，由于变流技术的进一步发展，促进了变频调速的应用，从而可从根本上解决笼型电动机的调速问题。

3. 绕线式电动机转子串电阻调速

在绕线式电动机转子电路中串电阻调速的接线图和起动时一样，所不同的是：一般起动电阻都是按短时工作设计的，而调速电阻则长期工作。

当在转子电路中串入电阻R_p时，机械特性上的同步转速n_S不变，最大转矩T_m也不变，但临界转差率S_m却随着电阻的增大而增加。因此，转子电路串联不同的电阻，将得到斜率越来越大的机械特性曲线，如图7.5.18所示。在同一转矩下，转差率S与转子总电阻R_2+R_p成正比，所以，随着调速电阻R_p的增加，运行点将从a、b、c、d向下移动，即转差率增大，电动机转速下降，从而达到调速的目的。

调速的物理过程：现假定调速时U_1、f_1一定，负载转矩T_L为常数，根据电压平衡关系可知电动势E_1、E_2'及主磁通Φ_m基本不变。在接入调速电阻的瞬间，由于转子的惯性，电动机的转速还来不及改变，于是转子电流I_2'因电阻的增加而减小，此时电磁转矩将随转子电流而减小，$T<T_L$，电动机的转速便开始下降，转差率S开始增加，转子感应电动势E_{2S}和I_{2S}开始增加。这一过程直到转子中的电流恢复到原来的数值，使电磁转矩T重新增至和T_L相平衡的数值为止，这时电动机的转速即稳定在较低的转速，不再下降。

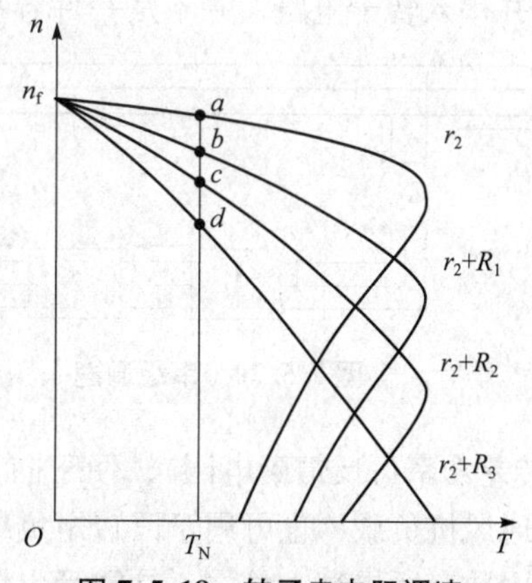

图7.5.18　转子串电阻调速机械特性曲线

4. 绕线式电动机转子引入附加电势调速

在不改变 n_S 只调节 S 的调速方法中，转差功率的损耗是一个重要问题。串电阻时，转速调得越低，这个损耗就越大，也是这种方法的致命弱点。要解决这个问题，就得想办法把转差功率利用起来，而不让它白白地浪费掉。

先研究一下串联接入电阻 R_p 的转子电路，如图 7.5.19（a）所示。根据电路的基本规律，并鉴于转矩 T 与 I_2 有下述关系：

$$T=\frac{P_M}{\omega_1}=\frac{m_1}{\omega_1}I'^2_2\frac{r'_2+R'_p}{S}=\frac{m_1}{\omega_1}I_2^2\frac{r_2+R_p}{S} \tag{7.5.11}$$

当负载转矩不变而 R_p 增大时，各量的变化过程如下：

$$R_p\uparrow\rightarrow I_2\downarrow\rightarrow T\downarrow\rightarrow n\downarrow\rightarrow S\uparrow$$

转差率 S 上升后，转子感应电势 SE_2 增大，又使 I_2 增大，最终使转矩 T 回升到与负载转矩平衡为止。可见串电阻的主要作用是在过渡过程中抑制 I_2，迫使转速 M 降低。

如果不串入电阻，而串联接入一个与 SE_2 频率相同、相位相反的电动势 E_f，如图 7.5.19（b）所示，则变化过程为

$$\text{引入 } E_f\rightarrow I_2\downarrow\rightarrow T\downarrow\rightarrow n\downarrow\rightarrow S\uparrow$$

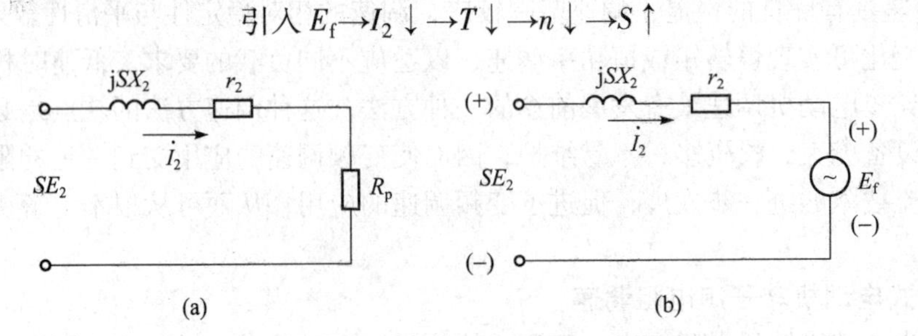

图 7.5.19　串联接入电阻 R_P 及串联接入一个电动势 E_f 的电路

同样会使 SE_2 增大，而使 I_2 和 T 回升，因此与串入电阻 R_P 一样可达到迫使转速降低的目的。但是，这时从 E_f 与 I_2 的相位关系上看，提供电动势 E_f 的装置是吸收电功率的。如能回收这部分功率而加以利用，就能够解决转差功率的问题。

然而转子频率 Sf_1 是随转速变化的，要找到一个频率总是随着转速变化的外加交流电势 E_f 并串入转子电路，并不是一件容易的事。过去采用换向器式交流电动机，终因结构复杂、维护不方便而未能得到进一步的发展。比较好的办法是把转子的交流电动势用整流器整成直流，再用一个可控的直流电动势去和它对接，就可以避免需要随时变频的麻烦。这种晶闸管整流设备与绕线式异步电动机串级连接以实现平滑调速，也称为串级调速，如图 7.5.20 所示。

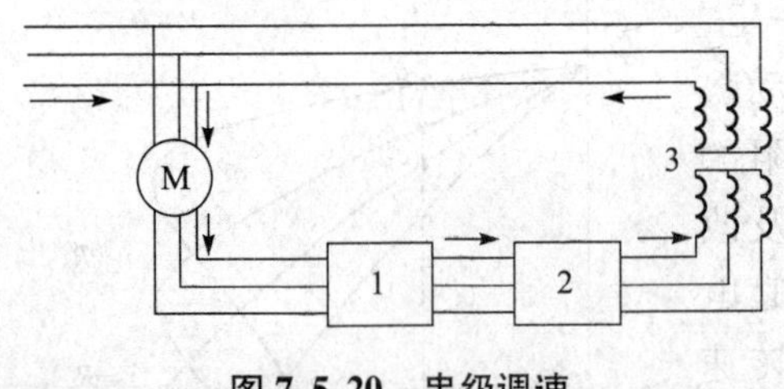

图 7.5.20　串级调速

这种调速方法具有调速范围宽，效率高（转差功率可反馈到电网），便于向大容量发展等优点。同时它的应用范围也很广，既适用于通风机负载，也可用于恒转矩负载。其缺点是功率因数较低，现采用电容补偿等措施，功率因数有所提高。总之，晶闸管串级调速向大功率发展是很有前途的。

5. 利用电磁离合器调速（滑差电机）

电动机和负载（包括传动齿轮等）之间一般用联轴器硬性连接起来，只要调节电动机的转速，负载的转速也随着改变。既然异步电动机的调速比较麻烦，能不能不去调节电动机的转速，而在联轴器上面想办法呢？电磁离合器即是一种用电气方法来实现无级调速的联轴器。

这种装置由笼型异步电动机、电磁离合器和控制设备组成，如图 7.5.21（a）所示。

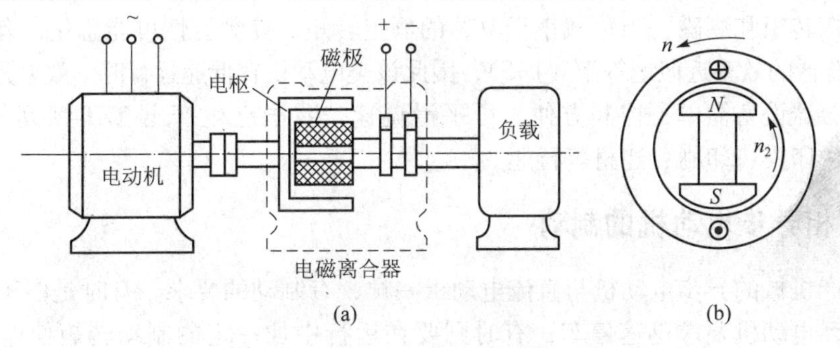

图 7.5.21　电磁离合器调速

1）结构特点

电磁离合器，根据它的结构形式、惯量大小和励磁线圈的供电方式可以分为多种，但不论是哪一种电磁离合器都是由电枢和磁极两个主要部分组成。电枢是用铸钢做成的圆筒形结构，用联轴器和电动机作硬性连接，并由电动机带着它转动，称为主动部分。被动部分是磁极，其铁心呈极状，绕有励磁绕组，从滑环引入直流电流 I_f。磁极通过联轴器和生产机械作硬性连接，因而电枢与磁极在机械上是分开的，中间有气隙，如果不通励磁电流，则电枢与磁极互不相干。通励磁电流之后，才靠电磁作用互相联系起来，所以是一种电磁的离合器。

2）工作原理

在磁极励磁的条件下，当异步电动机带动离合器的电枢逆时针旋转时，由于电枢与磁极间作相对运动，因而使电枢感应产生涡流，其方向可按右手定则确定，如图 7.5.21（b）所示。此电流又与磁场相互作用而产生转矩，按左手定则，转矩 T 作用在电枢上的方向是顺时针的，其反作用转矩加在磁极上则是逆时针的。后者使磁极随电枢旋转，并拖动负载，与负载力矩相平衡；前者则成为异步电动机的阻力矩，正如硬性连接的联轴器把负载阻力矩传递给电动机一样。所不同的是，硬性连接时，电动机和负载的转速完全相同，现在则不同，磁极转速 n_2 一定慢于电枢转速，如果赶上，磁极与电枢之间便没有相对运动，就不会在电枢中感应出电动势，也就不能产生转矩。因此，磁极与电枢之间必须有一定的转速差($n-n_2$)，这个原理和异步电动机的原理是很相似的，所以称为“电磁转差离合器”。它常与异步电动机装成一体，功率小的装在同一机壳内，总称“滑差电机”或“电磁调速异步电动机”。

由上述可知，当异步电动机带动圆筒形的电枢旋转时，因它切割磁极的磁力线而感应出涡流，涡流再与磁极相互作用产生转矩，拖动磁极跟随电枢而旋转，从而带动生产机械转动起来。显然，当励磁电流等于零时，磁极没有磁通，电枢不会产生涡流，不能产生转矩，磁极也就不会转动，这就相当于生产机械被“断开”；当通入励磁电流时，磁极立刻转动起来，这就相当于生产机械被“合上”。因此当负载一定时，如果减小励磁电流，将使磁极的磁通减少，转矩也随之减少，磁极与电枢的转速差增大，涡流增大，以便获得同样大的转

矩，使负载稳定在比较低的转速下运行。所以，只要调节电磁离合器的励磁电流，就可以平滑地调节生产机械的转速。

3）使用注意事项

调速范围及调速精度是选用电磁调速异步电动机时必须考虑的因素。在多粉尘环境中使用时，应采取必要措施防止电枢表面积尘导致电枢与磁极间的气隙堵塞而影响调速。由于离合器存在摩擦转矩和剩磁，当负载小于10%的额定转矩，控制特性可能恶化，有时甚至会发生失控。离合器的效率近似地等于（$1-S$），因此该类电动机在低速运行时，效率是较低的。

电磁离合器设备简单，控制方便，可平滑调速，我国已生产出 YZT 系列的成套产品，适用于纺织、印染、印刷、建材等行业。

7.5.6 三相异步电动机的制动

拖动生产机械的异步电动机与直流电动机一样，有制动的要求。有时是由于生产上或安全上的原因，电动机要求迅速停车；有时则要在运行中加一定的制动转矩使电动机低速运行。因此，制动对于提高劳动生产效率和保证设备、人身安全是很重要的。

异步电动机的制动状态有回馈制动、反接制动和能耗制动3种。其共同特点是电动机的转矩 T 与转速 n 的方向相反，也是一种人为控制的工作状态，此时电动机由轴上吸收机械能，并转换为电能。

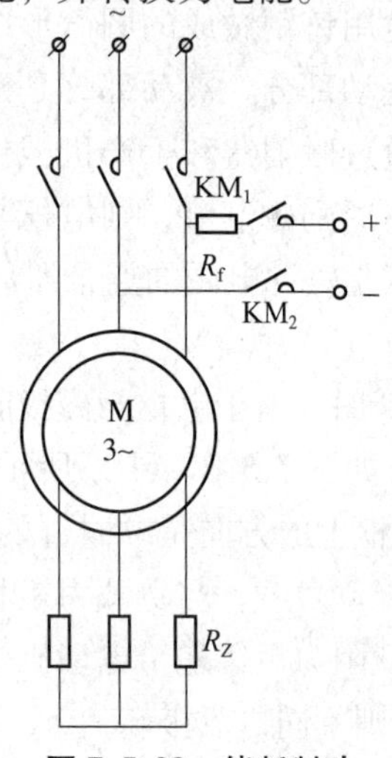

图 7.5.22 能耗制动

1. 能耗制动

1）能耗制动的实现

这种方法是把异步电动机的定子绕组从交流电源上切断后接到直流电源上，如图7.5.22所示。为了限制转子电流和得到不同的制动特性，在转子电路中需要接入制动电阻 R_Z。由于定子绕组改用直流励磁，绕组的感抗为零，所以在定子电路也需要接入励磁限流电阻 R_f 以得到所需要的直流电流。这时流过定子绕组的直流电流在空间产生一个静止磁场，而转子由于惯性继续按原方向在静止磁场中转动，所以在转子绕组中将产生感应电动势和电流，根据左、右手定则不难确定这时转子电流与静止磁场相互作用产生了制动转矩，使电动机减速，最后停止。因为这种方法是将转子的动能转化为电能，并消耗在转子电路的电阻上，因此称为能耗制动。

2）能耗制动的机械特性

从上述可见，异步电动机在能耗制动时，产生转矩的原理和电动状态是相似的，因此它们的机械特性也应该相似，所不同的仅在于磁场与转子相对速度的大小。在电动状态时，表示相对速度的转差率为 $S=\dfrac{n_S-n}{n_S}$，而在能耗制动时，由于磁场是静止不动的，转子对磁场的相对速度也就是转子的转速 n，因此制动时的转差率为 $S_Z=\dfrac{n}{n_S}$，当 $n=n_S$ 时，$S_Z=1$；当 $n=0$ 时，$S_Z=0$。所以能耗制动时的机械特性可以看成是倒过来的电动机的机械特性，如图7.5.23所示。图中第一象限内是电动机的固有机械特性曲线，第二象限内是能耗制动特性曲线。能耗制动机械特性曲线的形状与定子通入的直流和转子中的电阻有关，在相同直流电流的情况下，转子电阻越大，特性曲线越向上方偏移，但最大转矩不变，如图7.5.23中曲线1和2。而在同一转子电阻下，定子直流电流越大，则在同一转速下的转矩越大，如图7.5.23中曲线1和3（曲线1的直流大于曲线3的直流）。由此可见，改变通入定子中的直流电流的大小或转子电路中的电阻，都可以改变制动转矩。而且当电动机转速下降为零时，其制动转矩亦降为零，所以运用能耗制动能使生产机械准确停车，被广泛用于矿井提升和起重运输等生产机械上。

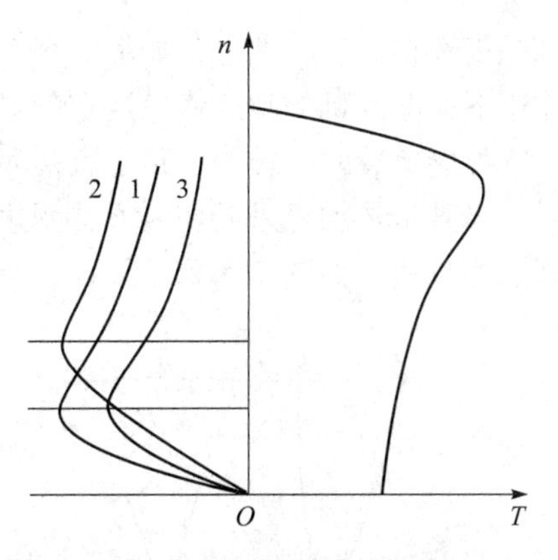

图7.5.23 能耗制动时的机械特性曲线

2. 回馈制动

1）回馈制动的实现

在起重设备中，当重物下降时，电动机处在反转电动状态下，如图7.5.24（a）所示，因而在位能负载转矩作用下，转子转速大于同步转速，如图7.5.24（c）所示，即$n>n_S$，转差率$S<0$。此时电动机转子导体对磁场的相对运动方向改变，所以转子电动势、电流和电磁转矩也随之改变，这样电磁转矩方向与转子旋转方向相反，变为制动转矩，这就限制了重物下放的速度，保证设备与人身的安全。因此电动机工作时如同一台与电网并联的异步发电机，供电给电网，故称为回馈制动状态。

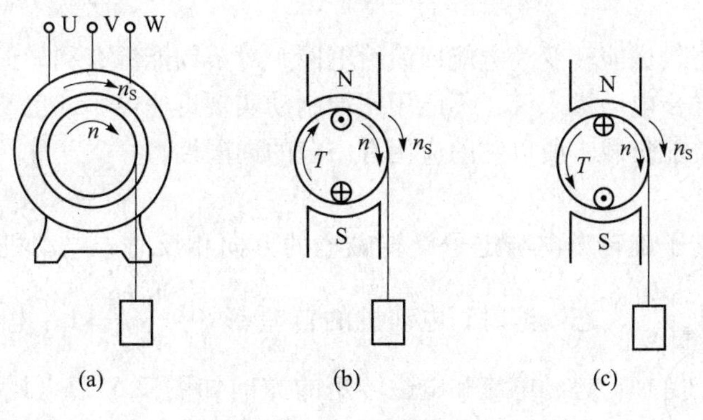

图7.5.24 回馈制动

2）回馈制动的功率关系

因回馈制动时转差率$S<0$，所以电磁功率$P_M=m_1I_2'^2\frac{r_2'}{S}<0$，表明电磁功率是从转子通过气隙传递到定子的。同时机械功率$(1-S)P_M=(1+|S|)P_M<0$，表示机械功率是输入的，其中一部分变为电磁功率P_M。经定子回馈给电网的另一部分变成转差功率SP_M消耗在转子电阻中。另外，异步电动机定子必须接到电网上，并从电网吸取无功功率以产生磁场。

3）回馈制动的特性曲线

当异步电动机带动提升机构时，可以工作在回馈制动状态下降位能负载。为了使电动机从提升位能负载转变为回馈制动状态下降位能负载，可依靠反接定子来实现，如图7.5.25所示机械特性上的f点或e点。要使回馈制动下降位能负载的速度不至于太高，通常电动机都是工作在固有特性上，如图7.5.25中的f点所示。如果转子串入电阻，在同样的位能转矩作用下，电动机的转速将稳定在较高的数值上，如图7.5.25中的e点所示。因此回馈制动下降位能负载时，转子电路不宜接入过大的电阻。

当异步电动机采用变极方法调速时，在从高速降到低速的过程中，可以采取回馈制动实现迅速减速，如图7.5.26所示。

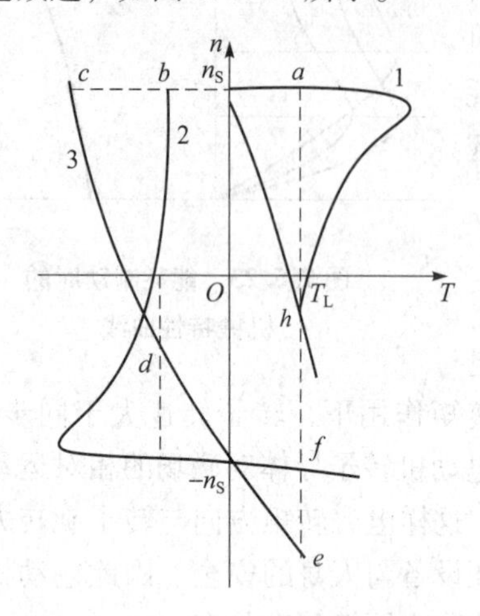

图7.5.25 回馈制动的特性曲线

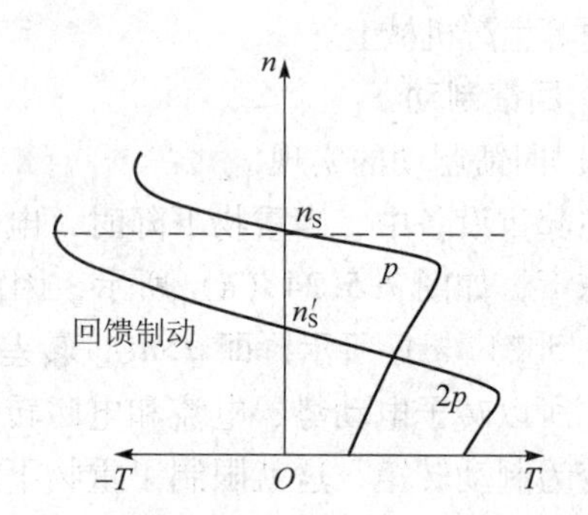

图7.5.26 回馈制动的变极调速曲线

回馈制动能够将机械能转变为电能回馈给电网，对节约能源有利。但是，对于通常都是接在电网上运行的异步电动机来说，不能用回馈制动实现迅速停车，也不能在低于同步转速的情况下匀速下降位能负载，所以它的应用有一定的局限性。

3. 反接制动

异步电动机的转子旋转方向与定子旋转磁场的方向相反时，电动机即进入反接制动状态。这时，电动机的转差率$S=\frac{n_S-n}{n_S}>1$。电动机的转子感应电势、电流和电磁转矩的方向如图7.5.27（b）所示。由图可见，电磁转矩的方向与转子旋转方向相反，变为制动转矩。由于转差率S符号不变，和图7.5.27（a）电动运行状态比较，这时转子导体与磁场相对运动方向不变，转子电势和电流方向不变，所以定子电流方向也应不变，仍然从电网获得输入电功率。

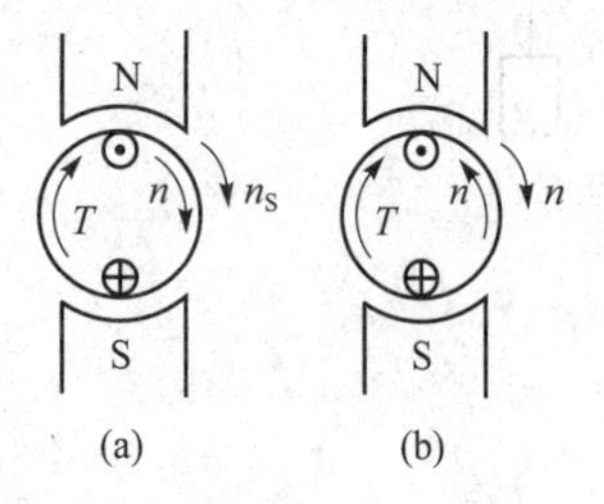

图7.5.27 反接制动

1）倒拉反接制动

在绕线式电动机提升重物时，不改变电动机的电源接线，如果不断增加转子电路电阻，电动机的转子电流和电磁转矩大为减小，其转速也不断下降。若电阻达到一定值时，可使转速为零。如果再增加电阻，电动机产生的转矩小于负载转矩，则电动机将被重物拖着反转。这时电动机的转动方向与旋转磁场的方向相反而产生制动作用，称为倒拉反接制动。在这种制动转矩的作用下，限制了重物下降的速度，因此这种制动方法常用于起重机低速下放重物。

2）电源反接制动

（1）电源反接制动的实现。电源反接制动是通过改变电动机定子的相序来实现的。当电动机带动生产机械在图 7.5.28 中 A 点运行时，为了迅速停车或反转，可将电源线任意对调两极，则电动机的旋转磁场立刻改变转向。而电动机转子由于惯性作用，仍然保持原来的转向。此时电动机的转矩方向与转子的转动方向相反而起制动作用，这种制动称为电源反接制动。

（2）电源反接制动时的机械特性。电源反接制动的机械特性曲线如图 7.5.28 所示。在电源反接前，电动机稳定运行在固有特性曲线上的 A 点。电源反接后，定子磁场的旋转方向与电动状态的旋转方向相反，所以这时电动机的机械特性曲线绕坐标系旋转 180°，如图 7.5.28 中第三象限所示，它的理想空载转速为 M。但在电源反接瞬间，电动机和生产机械本身由于机械惯性的作用，转子的速度来不及改变。因此，对于原来运行在第一象限中的 A 点现在过渡到第二象限 BC 线上的 B 点运行，在电磁制动转矩作用下，迫使电动机沿 BC 线迅速下降，直到电动机速度下降到零（如图 7.5.28 中的 C 点），反接制动过程结束。如欲停车，必须立即切断电源，否则电动机就进入反向启动过程。

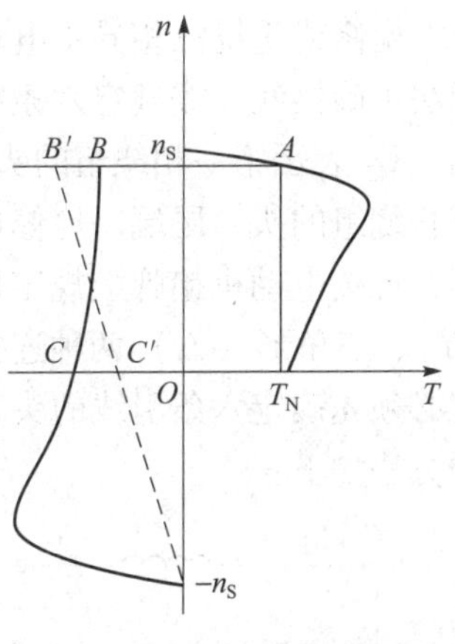

图 7.5.28　电源反接制动

在电源反接制动过程中（如图 7.5.28 中的 BC 段），电动机的转差率 $S=\dfrac{(-n_S)-n}{(-n_S)}=\dfrac{n_S+n}{n_S}>1$，并且在反接开始时（图 7.5.28 中的 B 点），$n\approx n_S$。如果转子电路中不串接制动电阻，则此时制动电流将比启动电流还要大。但因这时转子电流频率和感抗较大，功率因数很低，制动转矩比启动转矩还要小（$T_B<T_A$）。为了限制过大的制动电流和增大制动转矩以提高制动效果，在绕线式电动机中，一般在转子电路中接入制动电阻 R。接入制动电阻后的机械特性如图 7.5.28 中的 BC 线，这样在制动开始时可获得较大的制动转矩（$T_B'>T_B$）。因此改变制动电阻的数值，就可以调节制动转矩的大小，以适合各种生产机械的要求。同样制动电阻可采用分段（一般取 2~6 段）切除，使制动转矩保持在一定数值范围之内，以提高制动效果。

这种制动方法的优点是制动迅速，但很不经济，电能消耗大，有时可能会出现反转，多用于经常正、反转的生产机械。

7.6　任务训练——三相异步电动机的接线判别

一、任务目的

1. 进一步了解三相异步电动机的构造和工作原理。
2. 掌握三相异步电动机的接线方法。

7.5 测试题及答案

二、任务设备、仪器

三相异步电动机　　1 台
导线　　6 根

接线板　　　　　　　　　　1个
电源　　　　　　　　　　　1组
万用表　　　　　　　　　　1只

三、任务内容及步骤

检修或重绕三相异步电动机三相绕组的六条引出线，头、尾必须分清，否则在接线盒内无法正确接线。按规定六条引出线的头、尾分别用 U_1、V_1、W_1、U_2、V_2、W_2 标注。其中 U_1、U_2 表示第一相绕组的头、尾端；V_1、V_2 表示第二相绕组的头、尾端；W_1、W_2 表示第三相绕组的头、尾端。检修电动机时，如果六条引线上标号完整，只有接线盒内接线板损坏，可按电动机铭牌上规定的接法更换接线板，正确接线即可。电动机接线方法分为星形（Y）、三角形（△）两种连接方法。如果六条引线上的标号已被破坏或重绕电动机绕组后，就必须先确定六条引线的头、尾端进行标号，然后再按规定接到接线板上。绕组头、尾确定的方法如下：

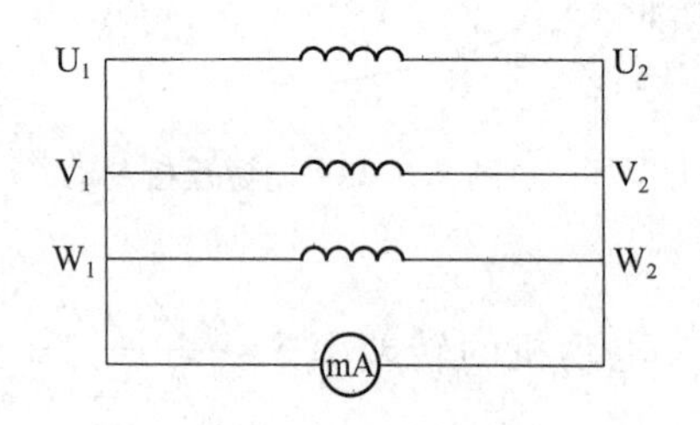

图 7.6.1　三相异步电动机的接线判别电路图

1. 用万用表电阻挡测量确定每相绕组的两个线端。电阻值近似为零时，两表笔所接为一组绕组的两个端，依次分清三个绕组的各两端。

2. 万用表法。

① 万用表置 mA 挡，按图 7.6.1 接线。假设一端接线为头（U_1、V_1、W_1），另一端接线为尾（U_2、V_2、W_2）。

② 用手转动转子，如万用表指针不动，表明假设正确。如万用表指针摆动，表明假设错误，应对调其中一相绕组头、尾端后重试，直至万用表不摆动时，即可将连在一起的 3 个线头确定为头或尾。

四、任务报告

1. 判断三相异步电动机的绕组端。
2. 绘制三相异步电动机的绕组接线方式。

7.6 测试题及答案

知识拓展

常用控制电器

电器被广泛地应用于发电厂、工矿企业、交通运输、农业及国防工业等各个部门，在电力输配电系统、电力拖动系统和自动控制系统中，电器都起着十分重要的作用。

那么什么是电器呢？凡是对电能的生产、输送、分配和应用都能起到控制、调节、检测及保护等各种作用的电工器械，均称为电器。

由于电器的用途广泛，所以其职能也是多种多样，品种规格繁多，它们的工作原理也各异，故有各种分类方法。

1. 按工作电压高低、结构和工艺特点分类

（1）高压电器——额定电压在3 kV以上的电器，例如高压断路器、隔离开关、负荷开关、高压熔断器、电流互感器、电压互感器、避雷器以及电抗器等。

（2）低压电器——额定电压在1.2 kV以下的电器，例如自动开关、低压熔断器、刀开关、转换开关、接触器、继电器、起动器、控制器、电阻器、变阻器和主令电器等。

低压电器是用于交、直流电压在1.2 kV以下的电路内起到通断、保护、控制或调节作用的电器。低压电器又可以分为低压配电电器和低压控制电器两类。低压配电电器主要用于低压配电电路中，其作用是对电路和设备进行保护及通断，转换电源或负载的电器。

低压配电电器主要有刀开关、转换开关、熔断器及自动开关等。

（3）自动化电磁元件——阀用电磁铁、电磁离合器、磁放大器、磁性逻辑元件、传感器和自动电压调节器等。

（4）成套电器和自动化成套装置——高压与低压开关柜、组合电器、电力用自动化继电保护屏、半导体逻辑控制装置、顺序控制器及无触点自动化成套装备等。

2. 按电器的用途分类

（1）电力网系统用电器——例如，高压断路器、高压熔断器、电抗器、避雷器、自动开关、低压熔断器等。除电抗器和避雷器外，对这类电器的主要技术要求是通断能力强，限流效应好，电动稳定性和热稳定性高，操作过程中电压低和保护性能完善等。

（2）电力拖动系统和自动控制系统用电器——例如，接触器、起动器、控制器、控制继电器等。对这类电器的主要技术要求是有一定的通断能力，操作频率高，电气和机械寿命长等。

（3）自动化通信用弱电电器——例如，微型继电器、舌簧管、磁性或晶体管逻辑元件等。对这类电器的主要技术要求是动作时间快，灵敏度高，抗干扰能力强，特性误差小，寿命长和工作绝对可靠等。

3. 按电器执行功能分类

（1）有触点电器——电器通断电路的执行功能由触点来完成。

（2）无触点电器——电器通断电路的执行功能，是依据输出信号的高低电平来实现。

（3）混合式电器——有触点和无触点相结合的电器。

每种电器都有一定的使用范围和条件，要根据使用要求正确选用，它们的技术参数是选用的主要依据。其参数可以在产品说明书（样本）及电工手册中查阅。

保护电器（如自动开关、热继电器、熔断器等）及控制电器（如接触器、继电器等）的使用，除了要根据保护要求和控制要求正确选用电器的类型外，还要根据被保护、被控制电路的具体条件，进行必要的调整，整定动作值。

先导案例解决

这是因为负载转矩超过了电动机的最大转矩，电动机带不动负载而发生停车，此时电动机的电流立即增大到额定电流的6~7倍，电机会在大电流的作用下严重过热，甚至烧毁。因此要立即切断电源，查明发生的原因。

生产学习经验

1. 异步电动机的定子和转子之间必须有一气隙，为了降低空载电流和提高功率因数，气隙应尽可能地小，但要注意气隙过小会导致装配困难和运行不可靠。

2. 在实际工作中，有的地区规定用电单位如有独立的变压器，则在电动机起动频繁时，电动机功率小于变压器容量的20%时允许直接起动；如果电动机不经常起动时，其功率小于变压器容量的30%时，才允许直接起动。

本章小结

BENZHANGXIAOJIE

（1）异步电动机的结构，主要由定子、转子及其气隙组成。三相异步电动机定子铁心槽内对称地分布着三相绕组，三相定子绕组一般引出6个接线端，以供绕组改接和连接电源之用。转子绕组分为笼型和绕线式两种，绕线式绕组的3根出线端通过轴上的滑环、电刷引至机壳外，以备连接起动变阻器与调速变阻器之用。

（2）旋转磁场是异步电动机工作的基础。异步电动机定子产生旋转磁场的条件是：三相绕组在空间上对称放置在定子槽内，接成三相对称电路，通入三相对称电流，旋转磁场的极对数与三相绕组的空间分布有关，它的旋转方向取决于通入定子绕组三相电流的相序，而它的转速却与电源频率和磁极对数有关。

异步电动机是靠转子导体中的感应电流在旋转磁场中受到电磁力的作用，产生电磁转矩，驱使转子跟着定子旋转磁场而转动的。其转子速度 M 总是略低于同步转速 n，这样才能确保转子导体切割旋转磁场产生感应电动势和电流，从而产生电磁转矩，使转子不断旋转。

（3）利用等值电路可导出异步电动机的功率和转矩方程式，进一步表明了功率与转矩之间的关系。电磁转矩是载流导体在磁场中受电磁力的作用而产生的。在电磁转矩作用下，电动机转子才能拖动生产机械旋转，向负载输出机械功率，因此电磁转矩是电动机进行机电能量转换的关键，本章重点分析、讨论了异步电动机的电磁转矩和机械特性，导出了电磁转矩3种表达式；

① 物理表达式

$$T=C_T\Phi_m I_2'\cos\varphi_2$$

② 参数表达式

$$T=\frac{3pU_1^2\dfrac{r_2'}{S}}{2\pi f_1\left[\left(r_1+\dfrac{r_2'}{S}\right)^2+(X_1+X_2')^2\right]}$$

③ 实用表达式

$$T=\frac{2T_m}{\dfrac{S}{S_m}+\dfrac{S_m}{S}}$$

物理表达式用于分析异步电动机在各种运行状态下的物理过程时较方便，因为与左手定则配合，用于分析电磁转矩 T 与磁通 Φ_m 及转子电流的有功分量 $I_2'\cos\varphi_2$ 之间的方向与数量关系。

参数表达式也称为机械特性方程式，能直接反映异步电动机的转矩与一些参数间的关系，配合参数表达式推导出的 T_m、S_m 及其他公式，可分析一些参数改变时对电动机性能与特性的影响，从而得出改善电动机性能与特性的途径。

实用表达式在电力拖动中应用最为广泛，在按产品目录求出 T_m 和 S_m 后，由实用表达式即可绘制机械特性或进行机械特性的计算。

(4) 当电动机负载变化时，异步电动机的转速、效率、功率因数、电磁转矩、定子电流随输出功率而变化的曲线称为它的工作特性。从工作特性可知，随着负载功率增加，电流增加，转速略有降低，电磁转矩近似正比于负载功率而增加，功率因数和效率最大值一般出现在额定功率附近。

(5) 异步电动机起动的基本要求和直流电动机一样，即要产生足够大的起动转矩，而起动电流必须限制在一定的许可范围内。对于笼型异步电动机，如果电网容量允许，应尽量采用直接起动，以获得较大的起动转矩。当电网容量较小时，应当采用降压起动，以减小起动电流。常用的方法是星形–三角形换接起动和自耦变压器降压起动，但降压后，起动转矩随电压的平方而减少。绕线式异步电动机的起动方法主要是在转子电路中串入起动电阻，既能限制起动电流，又能适当增大起动转矩。

(6) 三相异步电动机的调速方法很多，适用于笼型异步电动机的方法有变极调速和变频调速，适用于绕线式异步电动机的方法有转子串电阻调速和串接附加电动势调速。变极调速是通过改变定子绕组的连接方法实现的，它只用于不需要平滑调速的场合。变频调速范围大，平滑性好，低速时特性较硬，但需要专用的变频电源。串电阻调速时，因机械特性硬度随转速降低而减小，调速范围不大，平滑性较差，能量损耗大，效率低，但设备简单，只用在要求不高的场合。串接附加电动势调速能有效地利用转差功率，效率高，调速范围大，平滑性好，便于向大容量方向发展。而电磁离合器调速系统结构简单，运行可靠，维护方便，能平滑调速，扩大了笼型异步电动机的调速范围，但只能用在小功率的设备上。

(7) 三相异步电动机的制动方法与直流电动机十分相似。能耗制动的经济性较好，因为除了用直流电源供给小的功率外，不需要电网输入电功率，并且在任何转速下都可以制动，以实现准确停车。回馈制动不需要改变电动机的接线和参数，能把旋转系统的动能转变成电能反馈回电网，既简便又经济，可靠性也好，但回馈制动只能用于位能性负载且转速大于同步转速的场合，应用范围小。反接制动效果较好，制动较迅速，在任何转速下都可制动；但能量损耗大，经济性较差。采用电源反接制动时，当转速接近零时，必须及时切断电源，否则电动机可能反转，因此多应用于可逆旋转的电力拖动系统。

习　题

一、填空题

1. 三相异步电动机按转子结构的不同可分为＿＿＿＿＿＿和＿＿＿＿＿＿异步电动机两大类。

2. 异步电动机的两个基本组成部分：＿＿＿＿＿＿和＿＿＿＿＿＿。

3. 异步电动机的定子由__________、__________和__________等部件组成。

4. 异步电动机的转子由__________、__________和__________等部件组成。

5. 合成磁势的旋转速度，仅决定于定子电流的__________和__________。

6. __________与__________之比，称为异步电动机的转差率。

7. 电磁转矩是由__________与__________的主磁通相互作用而产生的。

8. 随着__________的增加，__________略有下降，所以异步电动机具有硬的机械特性。

9. 异步电动机中的损耗可分为__________和__________两部分。

10. __________、__________的铜耗和附加损耗随负载而变，称为可变损耗。

11. 三相异步电动机的起动性能主要是指__________和__________。

12. 直接起动就是利用__________或__________把电动机直接接到电网上起动。

13. 异步电动机的降压起动有__________、__________、__________、__________四种。

14. 星形-三角形降压起动靠改变__________的接法来降低电压。

15. 三相绕组式异步电动机的起动有__________、__________。

16. 三相异步电动机的调速方法有__________、__________、__________三种。

17. 变极调速方法的优点是__________、__________、__________。

18. 变频调速方法可以得到__________、__________和__________的机械特性。

19. 异步电动机的制动状态有__________、__________和__________三种。

20. 异步电动机的__________与__________的方向相反时，电动机即进入反接制动状态。

二、选择题

1. 经常起动的电动机直接起动时引起的电压降不得超过（　　）。

A. 5%　　B. 10%　　C. 15%　　D. 20%

2. 星形-三角形降压起动的电压只有直接起动电压的（　　）。

A. 1/3　　B. 1/2　　C. $1/\sqrt{3}$　　D. $\sqrt{3}$

3. 三相异步电动机的转差率计算公式是（　　）。（n_0：旋转磁场的转速，n：转子转速）

A. $s=(n_0-n)/n_0$　　B. $s=(n_0+n)/n$

C. $s=n_0/(n_0-n)$　　D. $s=n/(n_0+n)$

4. 三相异步电动机的转速越高，其转差率绝对值越（　　）。

A. 小　　B. 大　　C. 不变　　D. 不一定

5. 三相对称电流电加在三相异步电动机的定子端，将会产生（　　）。

A. 静止磁场　　B. 脉动磁场

C. 旋转圆形磁场　　D. 旋转椭圆形磁场

6. 一般三相异步电动机在起动瞬间的转差率（　　），在空载时的转差率（　　），在额定负载时的转差率为（　　）。

A. ≈0，≈1，0.02~0.06　　B. =1，≈0，0.002~0.006

C. =1，≈0，0.02~0.06　　D. =1，=1，≈0

7. 异步电动机在（　　）运行时转子感应电流的频率最低；异步电动机在（　　）运行时转子感应电流频率最高。

A. 启动，空载　　B. 空载，堵转

C. 额定，启动　　D. 堵转，额定

8. 一台八极三相异步电动机，其同步转速为 6 000 r/min，则需接入频率为（　　）的三相交流电源。

A. 50 Hz　　B. 60 Hz　　C. 100 Hz　　D. 400 Hz

9. 三相异步电动机轻载运行时，三根电源线突然断了一根，这时会出现（　　）现象。

A. 能耗制动，直至停转

B. 反接制动后，反向转动

C. 由于机械摩擦存在，电动机缓慢停车

D. 电动机继续运转，但电流增大，电机发热

10. 一台三相异步电动机的额定数据为 $P_N=10$ kW，$n_N=970$ r/min，它的额定转差率 S_N 为（　　），额定转矩 T_N 分别为（　　）N·m 。

A. 0.03，98.5　　B. 0.04，58　　C. 0.03，58　　D. 0.04，98.5

三、计算题

1. 异步电动机旋转时，转子的频率、电动势、电流和漏电抗如何变化？

2. 某台三相异步电动机，Y200L2—6 型，$P_N=22$ kW，$n_N=970$ r/min；$\cos\varphi_N=0.83$，$\eta_N=90.2\%$，$U_N=380$ V，Δ 形接线，$f=50$ Hz，试求：额定电流 I_N 和定子绕组电流 I_{Np}。

3. 某三相异步电动机 Y280M—8，$f=50$ Hz，$P_N=45$ kW，$n_N=740$ r/min，$U_N=380$ V，$I_N=93.2$ A，$\cos\varphi_N=0.8$，试求：（1）极数 $2p$；（2）转差率 S_N；（3）效率 η_N。

4. 某台三相异步电动机，6 极，$f=50$ Hz，额定转差 $S_N=0.0035$，试求：（1）额定转速 n_N；（2）额定运行时改变相序瞬时的转差率 S。

5. 某台 8 极三相异电动机，$f=50$ Hz，$S_N=0.01334$，试求：（1）定子旋转磁势的转速 n_1；（2）额定转速 n_N；（3）转子的转速 $n=730$ r/min 时的转差率 S；（4）$n=780$ r/min 时的 S；（5）起动瞬间的 S。

6. 有一台三相笼型异步电动机，型号为 Y160M1—2，即 $2p=2$ 极，$P_N=11$ kW，50 Hz，定子铜耗 $P_{Cu1}=360$ W，转子铜耗 $P_{Cu2}=239$ W，铁耗 $P_{Fe}=330$ W，机械损耗 $P_{mec}=340$ W，试求：（1）电磁功率 P_m；（2）输入功率 P_1；（3）转速 n。

7. 笼型异步电动机在额定电压起动时，为什么起动电流很大，但起动转矩并不大？

8. 绕线式异步电动机在转子电路中串入电阻起动时，为什么既能降低起动电流又能增大起动转矩？串入的电阻愈大，是否起动转矩也愈大？为什么？

9. 笼型异步电动机的降压起动方法有哪几种？各有何优缺点和应用条件？

10. 笼型异步电动机的转子采用深槽和双笼结构，为什么能改善起动性能？

11. 多速三相异步电动机在改变极对数的同时为什么要改变定子电源的相序？变频调速时为什么要按照一些特定的规律调节电压？

第8章　供电与安全用电

本章知识点

1. 提高发电、供配电可靠性的重要性；
2. 电流对人体的影响；
3. 供电系统保证安全用电的措施。

先导案例

苏联考纳斯市的一次音乐会上，一位大学生在演奏时不慎手触到失修电线，被电击倒，当场呼吸停止。遇到这样的紧急突发事件该如何处理呢？

为了安全有效地使用电能，除了要认识和掌握电能的性质和客观规律外，还必须了解工业企业供电和安全用电的知识、技术及措施等。对电力电气设备的安装、使用不合理，检查不到位，维修不及时以及违反操作规程等，都可能造成停电停产、设备损坏，甚至引起火灾及严重的人身伤亡事故。因此，在工业企业生产过程中和人们日常工作、生活中，都必须要重视和掌握安全用电的常识以及安全用电的措施。

8.1　发电与输电概述

在电力生产中，大、中型发电厂往往建设在产煤地区或水力资源丰富的地区。因发电厂距负荷中心较远，必须通过高压输电线路和变电站这一中间环节，将生产的电能降压供给用户使用。把电能从发电厂传输到用户要通过的导线系统称为电力网。

为了提高供电的可靠性和实现经济运行，往往将许多发电厂和电力网连接在一起并列运行。这样，把由发电厂、电力网和用户组成的统一整体称为电力系统，如图 8.1.1 所示，图中 T_1、T_2 分别为升压、降压变压器。

电力网按功能常分为输电网和配电网两大部分。输电网是由 35 kV 及以上的输电线路和与其相连接的变电所组成，是电力系统的主要网络。它的作用是将电能输送到各个地区的配电网或直接送给大型的工业企业用户。我国国家标准中规定输电网的额定电压为 35 kV、110 kV、220 kV、330 kV、500 kV 等。配电网是由 10 kV 及以下的配电线路和配电变压器所组成。它的作用是将电力分配到各类用户。输送电能的距离越远，要求输电线的电压越高。电力网和电气设备的额定电压等级如表 8.1.1 所示。

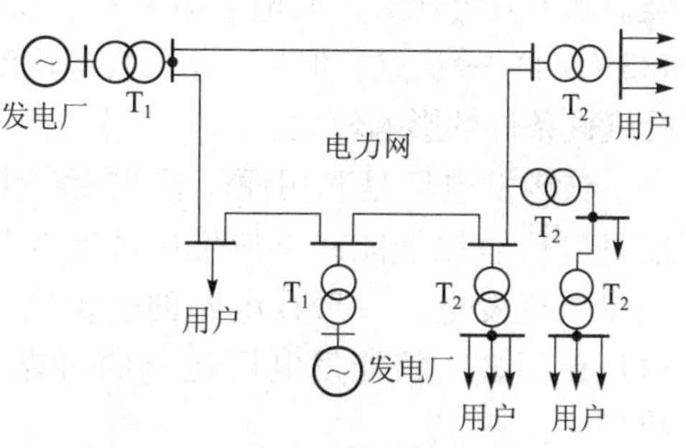

图 8.1.1　电力系统结构示意图

表 8.1.1　电力网和电气设备的额定电压等级　（单位：kV）

电网额定电压	发电机额定电压	变压器额定电压	
		原　边	副　边
0.22	0.23	0.22	0.23
0.38	0.40	0.38	0.40
3	3.15	3~3.15	3.15~3.3
6	6.3	6~6.3	6.3~6.6
10	10.5	10~10.5	10.5~11
35	13.8	35	38.5
110	15.75	110	121
220	18.00	220	242

发电厂按照所利用的能源种类不同可分为以下几种类型：水力发电厂、火力发电厂、核能发电厂以及利用风力、太阳能等其他能源作为动力的发电厂。在现代的电力系统中，仍然以火力发电厂和水力发电厂为主。近几十年来，世界上已有 20 多个国家和地区建成了各种类型的核能发电厂，总容量已超过 1 亿 kW。我国自行设计建造的核能发电厂已于 1993 年投入运行。至于地热发电厂、风力发电厂和太阳能发电厂，由于技术要求复杂以及受地理、气候和开发条件等的限制，容量还不能做得很大。

火力发电厂是利用煤、石油或天然气等燃料发电的电厂。在火力发电厂中，一般利用锅炉产生水蒸汽，用水蒸汽冲击汽轮机的叶片使其转动，由汽轮机带动发电机发电。采用燃气轮机的发电厂也是火力发电厂中的一种。有些火电厂中装有供热式机组，除了发电之外，还向周围的工业企业和住宅区供应生产用气和生活用热水，俗称为热电厂。我国由于煤的资源丰富，分布也较广，所以目前的火电厂仍以燃煤为主。

利用自然界的江河水流在高处与低处之间存在的位能进行发电的电厂，称为水力发电厂。在水力发电厂中，一般从河流较高处或水库内引水，利用水的压力或流速冲动水轮机旋转，通过水轮机再带动发电机发电，如我国的葛洲坝水力发电站、三峡大坝工程就属于这类。水力发电比火力发电节省燃料、没有污染、能量转换效率高、发电成本低（为火电的1/3~1/4）等优点。但是，水力发电厂的不足之处是，一次投资较大，建设工期较长，同时受气候条件的影响较大。

核能发电厂是利用原子核裂变产生的原子能转变为热能来发电的电厂，又称为原子能发电厂。原子能在反应堆中转变为热能，将水加热为蒸汽，然后蒸汽冲动汽轮机，带动发电机发电。一般核电站的造价比烧煤的火电厂高50%~60%，发电成本与烧煤的火电厂差不多。核能发电厂运行的可靠性也在逐年提高，设备利用率已与一般的火电厂接近。

接在电力系统各级电力网上的一切用电设备所需用的功率，称为用户的用电负荷。按照消耗功率的性质，用电负荷分为有功负荷（kW）和无功负荷（kvar）。电力系统中，工业企业的负荷，按其重要程度一般可分为以下3级。

1. 一级负荷

一级负荷负荷停电后，会引起人身伤亡或重大设备损坏事故以及国民经济的大型企业的大量减产。例如，对炼钢厂的炼钢炉突然停电超过30 min，可能会造成炼钢炉的报废；对电解铝厂停电超过15 min，电解槽就要遭到破坏；矿井下突然停电，可能造成人身事故或矿井倒塌事故等。

2. 二级负荷

二级负荷负荷停电后，将引起主要设备损坏、产品的大量报废或大量减产，如纺织厂、化工厂等。

3. 三级负荷

不属于一、二级的负荷称为三级负荷，如工业企业的附属车间等。

随着国民经济的发展，发电厂数量的增加，电网供电范围的逐步扩大，电能的需求量也逐年上升，电力系统的规模越来越大。电力系统之间通过联络线实现并网运行，则形成了所谓联合电力系统。电力系统和联合电力系统较地区电厂单独供电有以下几点好处：

（1）减少电力系统的总装机容量和备用容量。

（2）提高供电可靠性。

（3）提高运行的经济性。

（4）提高电能质量。

（5）便于安装大容量机组连接。

电力系统中的各种动力设备以及发电厂、电力网和用户的电气设备都可能发生各种故障，影响电力系统的正常运行，造成对用户供电的中断。电气设备常发生的故障主要是各种形式的短路和断路。短路故障，如发电机、变压器等绝缘损坏引起的匝间或层间短路，线路在承受雷击后发生的导线与大地间的短路，以及由于操作人员过失而造成的带地线合闸等三相短路。断路故障，包括一相断路或二相断路的非全相运行等。

对用户供电的中断，会给工农业生产和国民经济造成损失，影响人们的正常生活。

衡量供电可靠性的指标，一般以全部用户平均供电时间占全年时间（8 760 h）的百分数来表示。例如，用户每年平均停电（包括事故和检修停电）时间为8.76 h，则停电时间占全年时间的0.1%，即供电可靠性为99.9%。

为了提高电力系统的供电可靠性，除了在设计时选择合理的电力系统结构和接线，采用高度可靠的电气设备和自动装置外，运行过程中还应做好发、供电设备的定期维护和检修，加强运行管理工作，提高电气运行人员的技术水平以防止可能发生的各种错误操作。另外，制定合理的系统运行方式，保持适当的备用容量也是减少事故、缩小事故范围、提高供电可靠性的措施之一。

8.2　工企供配电

8.1 测试题及答案

8.2.1　工企供配电概述

在工厂企业中，电力是现代化生产的主要动力。由于电能具有传输迅速、变换方便、使用简单、便于远距离控制等特点，为实现生产自动化提供了良好的条件。工厂企业中，只有建立足够容量的变、配电站，才能满足生产和发展的需要。

工厂企业（包括其他用户）中设有中央变电所和车间变电所（小规模的企业往往只有一个变电所），这些变电所属于降压变电所。中央变电所用来接收送来的电能，然后分配到各车间变电所或配电柜，将电能分配给各用电设备。高压配电线的额定电压有 3 kV、6 kV 和 10 kV 3 种。低压配电线的额定电压有 380 V、220 V。用电设备的额定电压多为 220 V 和 380 V，大功率电动机的电压为 3 000 V 和 6 000 V，机床局部照明的电压为 36 V。降压变电所一般又分为一次降压或二次降压两种。对某些用电负荷很大的工厂或联合企业，往往从供电系统以 35 kV 或 110 kV 供电，由 35 kV 或 110 kV 首先降压为 6~10 kV（称为一次降压），再由 6~10 kV 降为 0.38、0.22 kV（称为二次降压），供给低压电气设备使用。这种方式称为两次降压供电方式。

工厂企业供配电系统是指接收发电厂电源输入的电能，并进行检测、计量、变压等，然后向工厂企业及其用电设备分配电能的系统。工厂企业供配电系统通常包括工厂企业内的变配电所、所有高低压供配电线路及用电设备，如图 8.2.1 所示。从车间变电所或配电柜到用电设备的线路属于低压配电线路。低压配电线路的连接方式主要有放射式（见图 8.2.2）和树干式两种。放射式配电线路主要用于负载点比较分散而各个负载点又有相当大的集中负载的场合。如图 8.2.3 所示为树干式配电线路，图 8.2.3（a）为负载集中，同时各个负载点位于变电所或配电柜的同一侧，其间距较短的情况；图 8.2.3（b）为负载比较均匀地分布在一条线上的情况。

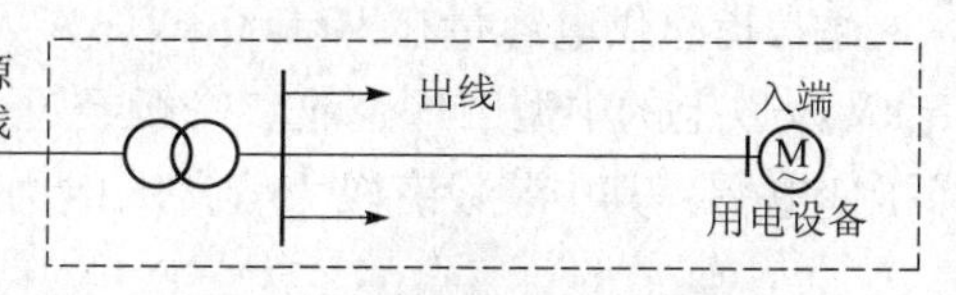

图 8.2.1　供配电系统示意图

（虚线内为工厂或企业）

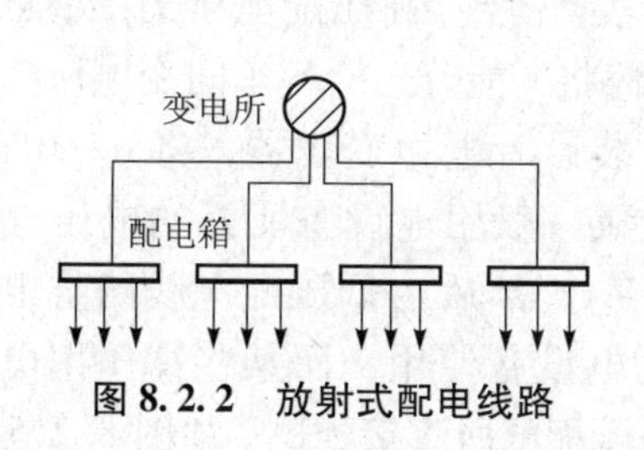

图 8.2.2　放射式配电线路

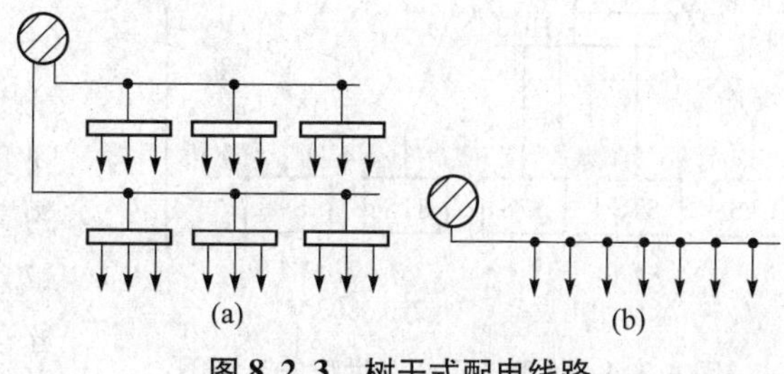

图 8.2.3　树干式配电线路

8.2.2 对工企供配电系统的要求

电能是社会生产和生活中最重要的能源和动力。现代工企更离不开电能。由上所述，工企供配电是研究工企所需电能的供应和分配的问题。例如，某个企业的供配电系统是指该企业所需要的电力电源从进入企业起到所有用电设备入端止的整个电路。

为保证工厂企业的正常生产和生活，对工企供配电系统的基本要求如下。

1. 安全性

安全性是指在电力的供应、分配和使用中，应避免发生人身事故和设备事故，实现安全供电。

2. 可靠性

可靠性是指工企供配电系统能够连续向企业中的用电设备供电，不得中断。若系统中的供电设备（如变压器）发生故障或检修，应有备用电源供电。

3. 经济性

经济性是指供配电系统的投资要少，运行费用要低，并尽可能节约电能和有色金属的消耗量。

4. 合理性

合理性是指要合理处理局部与全局、当前与长远等关系，既要照顾局部和当前利益，又要有全局观点，按照统筹兼顾、保证重点、择优供应的原则，做好企业供电工作。

8.2.3 工企供配电系统的组成

1. 大型工厂企业

通常指总供电容量在 10 000 kV · A 及以上的大型工厂企业，以及某些电源进线电压为 35 kV 及以上的中型工厂企业。一般经过两次降压，也就是电源进入工厂企业以后，先经总降压变电所，其中装设有较大容量的电力变压器，将 35 kV 及以上的电源电压降为6~10 kV 的配电电压，然后通过高压配电线路将电能送到各个车间变电所，也有的经高压配电所再送到某些车间变电所，最后降到一般低压用电设备所需的电压，具有总降压变电所的大型工厂企业供配电系统如图 8.2.4 所示。

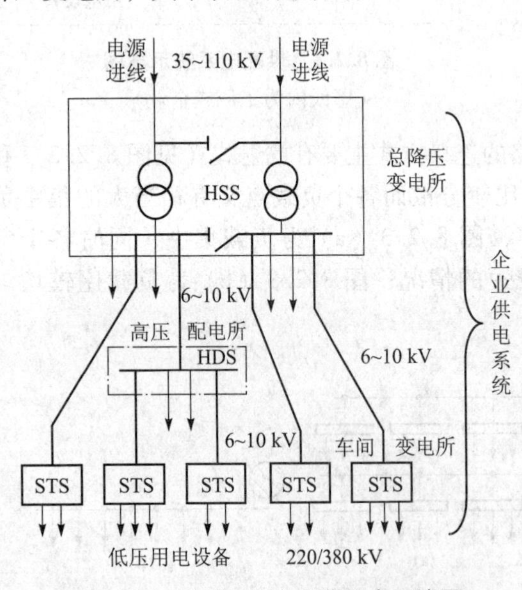

图 8.2.4 大型工厂企业供配电系统图

2. 中型工厂企业

通常指总供电容量在 1 000~10 000 kV · A 范围的中型工厂企业，其电源进线电压可采用 6~10 kV，电能先经过高压配电所集中，再由高压配电线路将电能分送给各车间变电所。车间变电所内装设有电力变压器，将 6 ~ 10 kV 的高压降低成一般用电设备所需的电压（如 220V、380 V），然后由低压配电线路将电能分送给各用电设备使用，而某些高压用电设备，则由高压配电所直接配电。如图 8.2.5 所示是一个比较典型的中型企业供配电系统。

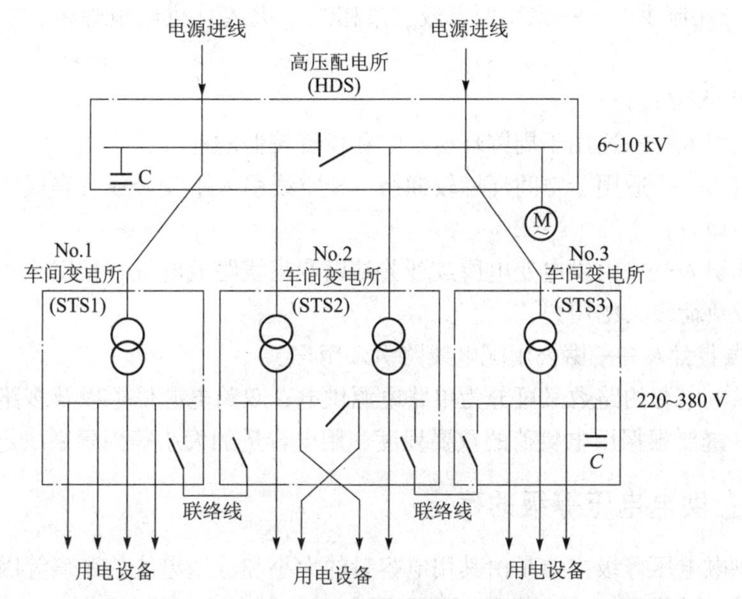

图 8.2.5　中型企业供配电系统图

3. 小型工厂企业

通常指总供电容量不超过 1 000 kV · A 的小型工厂企业，一般只设一个简单的降压变电所，其容量只相当于图 8.2.4 中一个车间变电所。若企业所需容量在 160 kV · A 及以下时，可采用低压电源直接进线，在这种情况下，只需设置一个低压配电室即可，如图 8.2.6 所示。

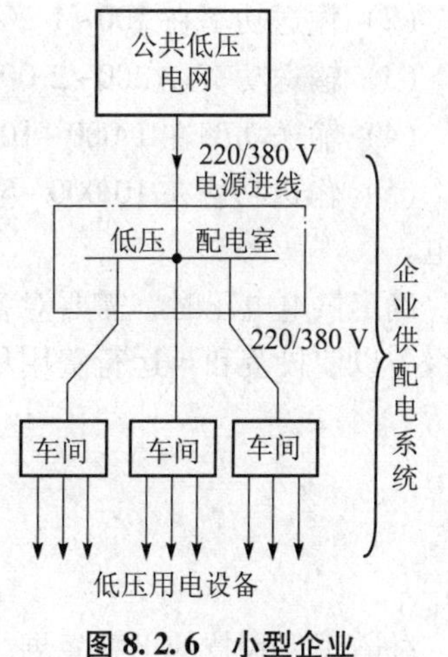

图 8.2.6　小型企业供配电系统图

8.2.4　工企变配电系统的作用和分类

工企变电所的作用是接收电能、变换电压和分配电能，而配电所的作用只是接收电能和分配电能。两者的区别主要在于变电所装有变换电压的电力变压器。因此在工厂企业中，根据容量的大小、引入电压的高低，变配电系统可分为一次降压变电系统、二次降压变电系统和配电所 3 种类型。

工企变配电所的主要电气设备包括电力变压器、高低 K 电器、互感器、移相电容器、配电装置、电气测量仪表以及继电保护和过电压保护装置等。

8.2.5　工企变、配电站的供电方式

供电方式可分如下几种。

1）按供电系统的电压高低分

（1）高压供电——6 kV 及以上的电压供电者；

（2）低压供电——0. 38 kV 及以下的电压供电者。

2）按供电电源的相数分

（1）单相制供电——采用一条相线（火线）和一条零线供给照明、电热等单相负荷；

（2）两相/三相制供电——采用两条或三条相线（火线）供给电焊机、电炉以及电动机等负荷。

3）按电源引入方式分

（1）架空线引入——适用于周围环境空旷和投资较低的地方；

（2）电缆引入——适用于空间环境较拥挤、架空线引入不安全或有碍观测以及对供电可靠性要求较高的地方；

（3）直配线引入——由供电变电所或开关站以专用线路或电缆直接引入用户，适用于用电性质较重要或负荷较大的用户；

（4）公用线上引入——由公用配电线路引入用户。

此外，按供电电源的路数又可分为单路电源供电、双路电源供电以及多路电源（指3路及以上）供电。这要根据用电负荷的重要程度、用电容量的大小等因素来决定。

8.2.6 对工企供电电压等级的确定

工厂企业供电电压等级主要是由其用电容量的大小和输送电能的距离等因素决定的。

（1）一般输送功率在100 kW以下或供电距离在0.6 km，采用0.38/0.22 kV供电；

（2）输送功率在100~1 200 kW或供电距离在4~15 km，采用6 kV供电；

（3）输送功率在200~2 000 kW或供电距离在6~20 km，采用10 kV供电；

（4）输送功率在1 000~10 000 kW或供电距离在20~70 km，采用35 kV供电；

（5）输送功率在10 000~50 000 kW或供电距离在50~150 km，采用110 kV及以上电压供电。

确定供电电压时，需要对各种方案进行技术、经济比较，从中选出较为合理的供电电压等级，以使投资和年运行费用尽可能最少。

8.2测试题及答案

8.3 安全用电

随着现代科技的迅猛发展，电作为主要的动力源在工业、农业、国防、日常生活等方面得到广泛的应用。为了使电能更有效地为社会主义建设服务，造福于人类，不仅要牢记电的基本规律，还必须了解安全用电的知识，合理地使用电能，避免设备损坏，甚至造成人身伤亡事故的发生。

8.3.1 电流对人体的危害

如果对电气设备使用不当、安装不合理、设备维护不及时和违反操作规程等，都可能造成人身伤亡的触电事故，使人体受到各种不同程度的伤害。

触电可分为电伤和电击两类。电伤是指因电流的热效应、化学效应或机械效应或熔断器熔断时，对人体外部的伤害，比如皮肤被电流灼伤、金属溅伤、电烙印等。电击是电流通过人体使人体的内部器官组织受到损伤，但在外部不留痕迹。如果受害者不能迅速摆脱带电体，当电流作用于控制心脏和呼吸的神经中枢时会破坏心脏的正常工作或使呼吸停止，从而导致死亡。

根据大量触电事故资料的分析和实验，触电的危害程度与很多因素有关。触电的伤亡程度主要取决于通过人体的电流大小、途径和时间。人体的电阻越大，通入的电流越小，时间越短，伤害程度也越轻。

1. 人体电阻的大小

研究结果表明，当人体的皮肤处于干燥、清洁和无损的情况下，人体电阻值为 10~100 kΩ，但在潮湿、皮肤受到损伤或沾有金属导电粉尘等其他条件下，人体电阻值可降为 800~1 000 Ω。

2. 电流/电压的大小

从电击的观点看，频率为 25~300 Hz 的工频交流电最危险。当频率为 50 Hz 时，如果通过人体的电流在 100 mA 时，就能使人致命；30~50 mA 电流通过人体心脏只要很短的时间，就会让人窒息，心脏停止跳动。

例如，在三相四线制的 380/220 V 低压配电线路中，当人站在地上触及一根火线，人体电阻为 2 200 Ω 时，通过人体的电流为

$$I=\frac{U}{R_{人}}=\frac{220}{2\ 200}\ \mathrm{A}=0.1\ \mathrm{A}=100\ \mathrm{mA}$$

可见，这个电流值绝对能使人致命，也就是说即使是 220 V 的低压，也能造成触电死亡。根据 1956 年的调查，在触电死亡事故中，1 kV 以下死亡的占 69. 32%，其中又以 220 V 触电死亡最多。在实际工作中确定安全界限时，常以电压来区分，而不是电流。一般通过电流不超过 50 mA 时较安全。通常，50 Hz 的交流电，规定 36 V 以下为安全电压。工程上规定的安全电压有交流 36 V、12 V 两种，直流 48 V、24 V、12 V、6 V 4 种。为了减少触电事故，要求所有经常接触电气设备的工作人员全部使用安全电源。环境越潮湿，使用安全电压等级越低。例如，机床上的照明灯一般使用 36 V 电压供电，坦克、装甲车使用 24 V 电源供电，汽车使用 24 V、12 V 电源供电。

注意：“安全电压”并不是所有情况下都绝对安全，只不过是在一般情况下触电死亡的可能性和危险性小而已。因此，即使在使用 36 V 以下的电气设备时，在安装和使用上一定要符合操作规程，否则还是会有不安全因素存在。

此外，触电的后果还与电流作用的持续时间、电流经过人体的路径（经过心脏等重要器官时最危险）及触电者的个人特征（如患心脏病、精神病）等有很大关系。

8. 3. 2　触电方式及触电急救

1. 触电原因

（1）设备未及时检修，引起设备漏电而产生触电。

（2）缺乏安全用电常识，如有的小孩爬上铁塔取雀蛋，有人用手接触电或用 220 V 验电笔检查 6 kV 线路是否有电等引起触电。

（3）缺乏必要的安全措施或安全工具。

（4）工作疏忽、思想麻痹、违反安全规定引起触电的事故极多。如前所述，在触电死亡人数中，大部分是触及低压而死，其主要原因就是麻痹大意，认为 220 V 没事。此外，工作者误触未停电导线，及检修未完成而违章送电等而引起的触电事故也很多。

由此可见，如果了解安全用电的规程，随时注意按安全规程办事，则触电事故可大大减少。

2. 触电方式

由上述可知当人体被施加一定电压时，将会受到伤害。目前我国采用三相三线制和三相四线制供电方式，因此触电有下面几种类型。

1）双相触电

如图8.3.1所示，当人的双手或人体的某两个部位接触三相电中的两根火线时，人体承受线电压。环路电阻为人体电阻加接触电阻。这时，将有一个较大的电流通过人体，这种触电方式属最危险的一种触电。

2）单相触电

（1）电源中性点接地的单相触电。如图8.3.2所示，人体的一个部位接触一根火线，另一部位接触大地。这样，人体、大地、中线、一相电源绕组形成回路。人体承受相电压，构成三相四线制单相触电。

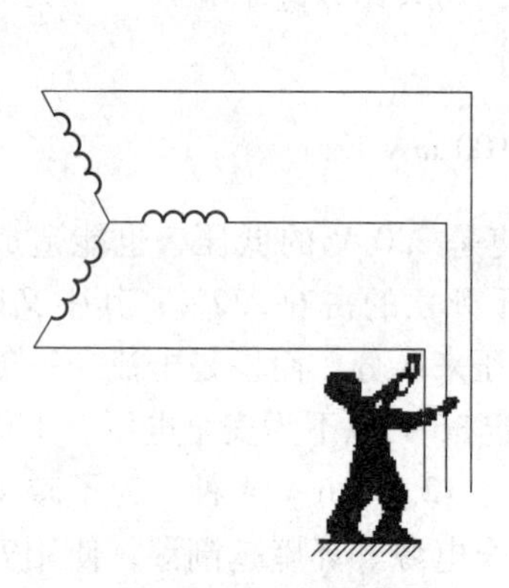

图8.3.1　双相触电

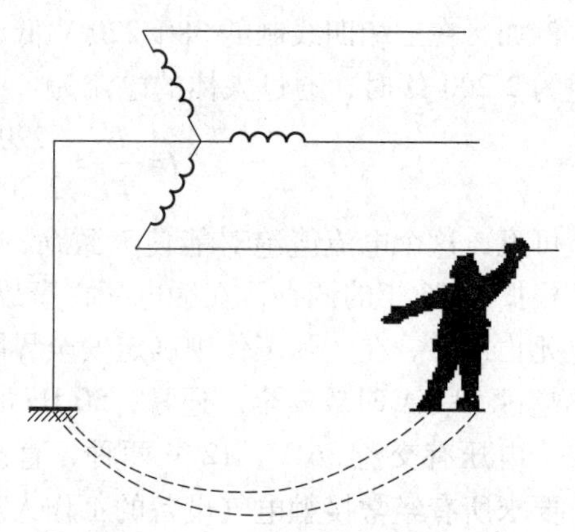

图8.3.2　单相触电（电源中性点接地）

（2）电源中性点不接地的单相触电。如图8.3.3所示，这种触电方式也非常危险，乍看一下，似乎不能构成回路。事实上，电路的输电线路与大地均属导体，二者间便存在电容，当人体某部位接触火线时，人体、大地及导体对地电容构成环路，引起触电事故。这种触电方式又称三相三线制单相触电，其环路电流与对地电容的大小有关。导线越长，接地电容越大，对人体的危害越大。

3）跨步触电

如图8.3.4所示，跨步触电是指在接地点附近，由两脚之间的跨步电压引起的触电事故。当带电的电线掉落到地面上时，以电线落地的一点为中心，画许多同心圆，这些同心圆之间有不同的电位差。跨步电压就是指人站在地上具有不同对地电压的两点，在人的两脚之间所承受的电压差。跨步电压与跨步大小有关，人的跨步距离一般按0.8 m考虑。显然，若接地电阻大于规定值或接地电流过大（如雷电流），将导致跨步电压或接触电压超过安全电压，走到接地器附近也不安全。

4）接触异常带电的设备触电

例如，电动机的外壳本来是不带电的，由于绕组绝缘损坏而与外壳相接触，使它带电。人手触及带电的电动机或其他电气设备外壳，相当于单相触电。大多数触电事故属于这种情况。

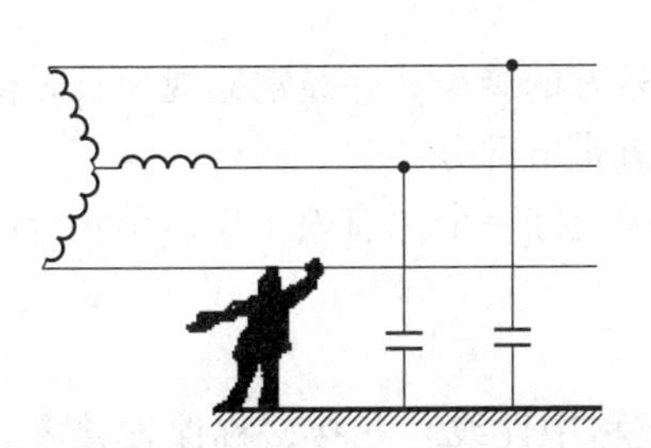

图 8.3.3 电源中性点不接地的单相触电

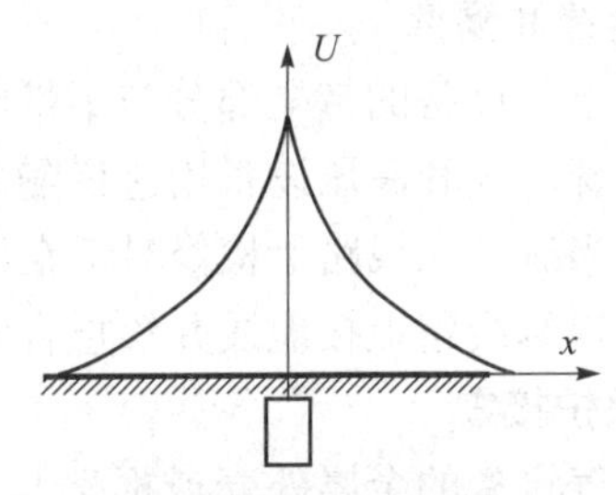

图 8.3.4 跨步电压触电

3. 触电急救

万一发现有人触电时，应当及时抢救。首先应迅速切断电源或用绝缘工具（如木棍、干扁担、干布带、干衣架或干绳等）将电路线断开，使伤员脱离电源。如果伤员未脱离电源，救护人员须用绝缘的物体（如隔着干衣服等）才能接触伤员的肌体，使伤员脱离电源。如果伤员在高空作业，还须预防伤员在脱离电源时摔下而导致摔伤。

伤员脱离电源被救下以后，如果一度昏迷，尚未失去知觉，则应使伤员在空气流通的地方静卧休息，如果是呼吸暂时停止，心脏停止跳动，伤员尚未真正死亡或者虽有呼吸，但是比较困难，这时必须用人工呼吸法和心脏按压法进行抢救。

1）人工呼吸法

将伤员伸直仰卧在空气流通的地方，解开领口、衣服、裤带，要使其头部尽量后仰，鼻孔朝上，使舌根不致阻塞气道，救护人员用一只手按紧伤员鼻孔，用另一只手的拇指和食指扳开伤员嘴巴，先取出伤员嘴里的东西，然后救护人员紧贴着伤员的口吹气约 2 s，放松 2 s。如图 8.3.5 所示。依次吹气和放松，连续不断地进行。如果扳不开嘴巴，可以捏紧伤员的嘴巴，紧贴着鼻孔吹气和放松。

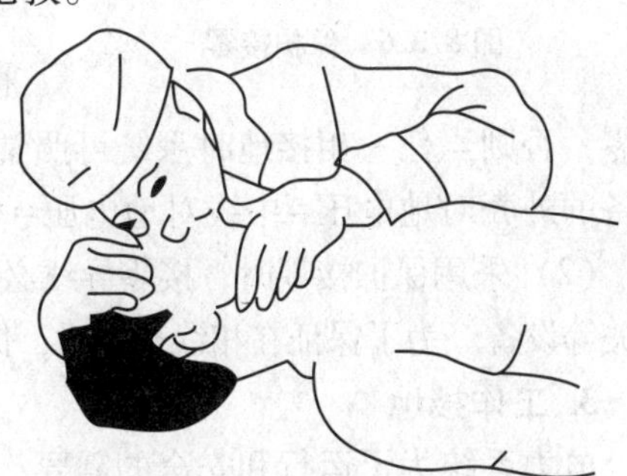

图 8.3.5 口对口人工呼吸法

人工呼吸法在进行中，若伤员表现出有好转的迹象时（如眼皮闪动和嘴唇微动）应停止人工呼吸数秒钟，让他自行呼吸；如果还不能完全恢复呼吸，须把人工呼吸进行到能正常呼吸为止。人工呼吸法必须坚持长时间地进行，在没有呈现出明显的死亡症状以前，切勿轻易放弃。

2）心脏按压法

将伤员平放在木板上，头部稍低，救护人员站在伤员一侧，将一手的掌根放在胸骨下端，另一只手叠于其上，救护人员向其胸骨下端用力加压，陷下 3 cm 左右，随即放松，让胸廓自行弹起，如此有节奏地压挤，每分钟 60~80 次。急救如有效果，伤员的肤色即可恢复，瞳孔缩小，颈动脉搏动可以摸到，自发性呼吸恢复。心脏按压法可以与人工呼吸法同时进行。

8.3.3 保护接零和保护接地

电气设备经过长时间运行，内部的绝缘材料有可能已老化。如不及时修理，将出现带电部件与外壳相连，从而使机壳带电，极易出现类似人体接触异常带电的设备触电的事故。为此，采用接零和接地两种保护措施。

1. 绝缘和隔离

（1）电气设备的带电部分与不带电部分之间应有较好的绝缘，并经常巡视和及时检修。

（2）裸导线和高压设备用遮栏隔离，使人不能接近带电部分。

（3）当有人在线路上检修时，在该线路的电源开关上挂一个“有人工作，禁止合闸”的牌子，在检修线路上接地线并禁止合闸。

2. 保护接零

将电气设备的金属外壳或框架与系统的零线（或称中性线）相接，称保护接零。一般适用于1 000 V以下中线接地良好的三相四线制系统，如380/220 V系统。

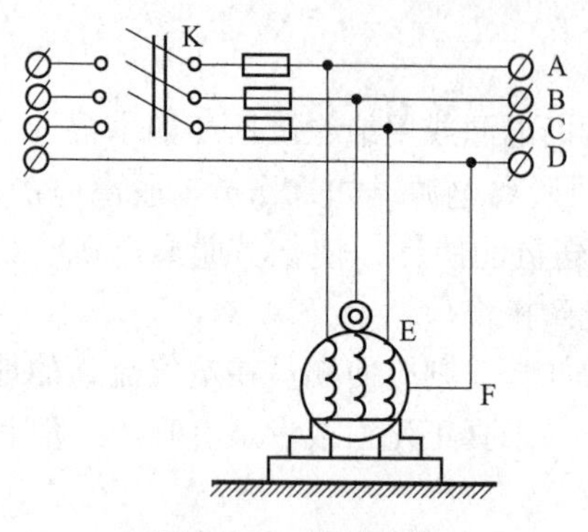

图 8.3.6　保护接零

图8.3.6为保护接零示意图。EF线为接零线。当电动机某相绕组因绝缘损坏而与机壳连接，形成了单相短路，因有接零保护使该相电源短接，电流很快烧断该相熔断丝或继电保护设备，将故障设备从电源切除，外壳不再带电，从而防止了人身触电的可能性。即使在熔丝熔断前人体触及外壳时，也由于人体电阻远大于线路电阻，通过人体的电流也是极小的。

在采用接零保护时，必须注意以下几点。

（1）对中点接地的三相四线制系统，电力装置宜采用低压接零保护。而中性点绝缘的系统则不许用保护接零，否则当任一相接地时系统可照常运行，这时接地的火线与大地等电位。于是有：接地设备的外壳对地电压=中线对地电压=中线对火线的电压。

（2）采用保护接零时，接零导线必须牢固，以防折断脱线。在零线中不允许安装熔断器和开关等设备。为了保证在相线碰壳时，保护电器可靠地动作，要求接零的导线电阻不要太大。

3. 工作接地

电力系统为了运行和安全的需要，常将中性点接地，这种接地方式称工作接地，其主要目的如下。

1）降低触电电压

在中性点不接地的系统中，当一相接地而人体触及另外两相之一时，触电时的电压为线电压。而中性点接地的系统中，此情况发生时的触电电压近似为相电压。

2）迅速切断故障设备

在中性点不接地的系统中，当一相接地时，接地电流很小，不足以使保护装置动作而切断电源，接地故障很难发现，时间久了，对人身不安全。而在中性点接地的系统中，一相接地后的接地电流接近单相短路电流，保护装置迅速动作，断开故障点。

3）降低电气设备对地的绝缘水平

在中性点不接地的系统中，当一相接地时，会使两相对地电压增大到线电压。而在中性点接地的系统中，该电压近似于相电压，故可以适当降低电气设备和输电线路的绝缘要求，节约投资。

4. 保护接地

保护接地就是把电气设备的金属外壳、框架等（正常情况下不带电）用接地装置与大地可靠连接，以保护人身安全。它适用于1 000 V以下电源中性点不接地的电网和1 000 V

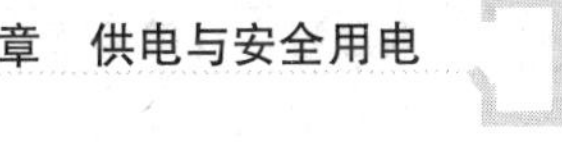

以上的任何形式电网。

保护接地的示意图如图 8. 3. 7 所示，当某相绕组与机壳相碰，使机壳带电，而人体与机壳相碰时，因接地电阻很小，远小于人体电阻，电流绝大部分通过接地线入地，从而保护人身安全。保护接地有如下两种情况：

（1）当电动机某相绕组的绝缘损坏使外壳带电而外壳未接地的情况下，人体触及外壳，相当于单相触电。此时，接地电流的大小取决于人体电阻和绝缘电阻的大小，当系统绝缘性能下降时，就有触电的危险。

（2）当电动机某相绕组的绝缘损坏使外壳带电而外壳接地的情况下，人体触及外壳时，由于人体电阻与接地电阻并联，通常人体电阻远远大于接地电阻，所以通过人体的电流很小，不会有危险。

安装接地装置时有以下几大注意事项：

（1）同一电源上的电气设备不可一部分设备接零，另一部分接地。因为当接地的电气设备绝缘损坏而碰壳时，可能由于大地的电阻较大使保护开关或保护熔丝不能动作，于是电路中性点电位升高（等于接地短路电流乘以中性点接地电阻），以至于使所有的接零电气设备都带电（见图 8. 3. 8），反而增加了触电危险性。

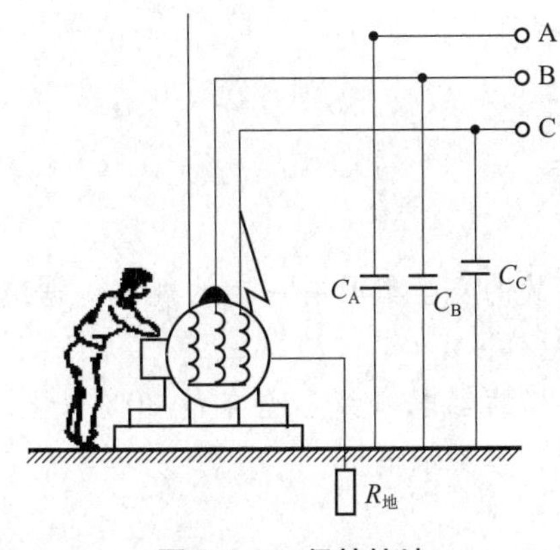

图 8. 3. 7　保护接地

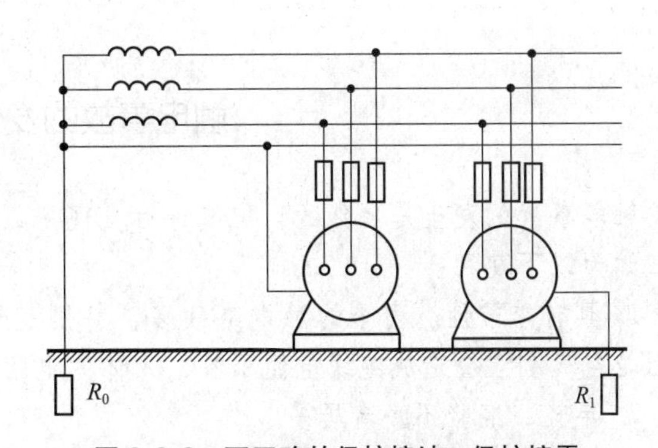

图 8. 3. 8　不正确的保护接地、保护接零

（2）接地装置的安装要严格按照国家有关规定，安装完毕必须严格测定接地电阻，以满足完好运行的要求。

8. 3 测试题及答案

8.4　节 约 用 电

电力系统经济运行的目的是在满足用户负荷的情况下，使整个系统的燃料消耗量最少，电能成本最低。由于系统内各个电厂或机组的效率不同，每度电的能耗有高有低，因此，应在发电厂之间或厂内机组之间实行经济负荷分配，即使发电厂中效率高的机组多带负荷，并尽量减少不必要的开停机次数。有条件时，可借助计算机控制，按机组的经济特性分配负荷。

水电厂和火电厂之间也要合理分配负荷。例如，在丰水季节应使水电厂多带负荷，代替火电厂以节省燃料；在枯水期则应使水电厂担当调峰任务，使火电厂在平稳的负荷下运行。

为了降低电能成本，应尽量减少网络损耗，即减少电能在线路和变压器中的损耗。节约用电的具体措施如下。

（1）发挥用电设备的效能。通常电动机和变压器在接近额定负载运行时效率最高，轻载时效率较低。故必须正确选用其功率。

（2）做好无功功率的合理分布。无功功率在电网中的传输会造成功率和电能损失的增加，也使电压质量下降。为此，在受电地区装设必要数量的无功补偿设备以减少线路输送无功功率，还可借助电子计算机进行无功功率合理分布的计算，实现无功功率的经济调度。

（3）减少电压变换次数。每进行一次变压，要消耗1%~2%的有功功率，所以应尽量减少变压次数。

（4）线路改造，降低线路损耗。对负荷过重或迂回曲折以及供电半径过长的输配电线路进行改造，以减少线路中的损耗。

（5）技术革新。比如，电阻炉上采用硅酸铝纤维代替耐火砖作保温材料，可节约用电30%左右。

（6）加强用电管理，特别要注意照明用电的节约。

知识拓展

触电事故的发生规律

触电事故的发生是偶然的，但统计后发现多数触电事故的发生都具有一定的规律，据统计归纳为以下几种：

1. 具有季节性。雨季的触电事故多，特别是春夏季节的触电事故占全年的80%以上。原因是空气潮湿会造成绝缘电阻下降，人体的电阻也降低，容易触电。

2. 年轻、经验不足者居多。

3. 低压电比高压电触电频率高。曾有资料显示，每16人触电死亡，其中就有11人是低压触电，低压占68.7%。

4. 劳动密集型产业触电概率高。在诸如冶金、建筑、矿山等行业中，手持电动工具使用较多，漏触电的概率自然提高。特别是有些企业人员简单培训甚至未培训就上岗了，更增加了安全隐患。

先导案例解决

当遇到这样的情况，千万不能乱了阵脚，立即找人急救，因为此时的呼吸停止仅仅只能算是临床死亡，而不能算是生理死亡，即真正的死亡。当时，现场的两名医务人员立即对遇难者进行人工呼吸，并施行心脏按压，然后把他抬到医院复苏科，坚持不懈地进行抢救，18天后，遇难者慢慢睁开了眼睛，创造了触电者“起死回生”的奇迹。这次事件中，医务人员的果断急救措施起到了决定性的作用。

1. 随着电力系统装机容量不断扩大，各电压等级的变电站母线短路容量增大，10 kV线路近区短路后混线故障不断增多。为了解决110 kV变电站10 kV线路近区短路产生的混线，从1993年开始引入10 kV绝缘导线，在变电站出口10 kV线路1 km以内，把裸导线调换为绝缘导线，同时采取重新调整挡距、加大相间距离、调整自动重合闸时间等技术措施，收到了较好的效果，之后未曾在近区短路时发生混线故障，较好地解决了配电线路混线的难题。

2. 解救触电者脱离电源的方法如下：对于低压电源触电处理方法有4个字——拉、切、挑、拽；当有人对于高压设备触电时，救护者应戴上绝缘手套、穿上绝缘鞋后拉开电闸。

3. 同一电源上的电器设备不可以一部分设备接零，另一部分接地，否则反而会增加了触电的危险性。

本章小结
BENZHANGXIAOJIE

本章介绍了如何安全、经济和可靠地发电，供电电厂中常见的几种一次电器、母线连接形式和常见的低压控制电路，以及安全用电的常识。每个人都必须了解电气安全常识，严格遵守安全规程。

(1) 发电和供配电的可靠性和经济性既是统一的，又是矛盾的。显然，不能安全、可靠地发电、供电就不能最大限度地发展国民经济，发电厂的利润也无从说起。必须根据负载的重要性和电厂在系统中的地位，采取相应的措施以提高发电、供配电的可靠性，以期获得最大的经济效益。安全运行是正常发电、供配电的前提。

(2) 电流对人体的作用不仅和人体电阻大小、电流作用的持续时间及触电者的个人特征等有很大关系，还与电流通过人体的路径以及带电体接触面积和压力有关。

(3) 为保证工厂企业的正常生产和生活，对工企供配电系统的基本要求有安全性、可靠性、经济性、合理性。工厂企业供电电压等级，主要是由其用电容量的大小和输送电能的距离等因素决定的。

(4) 在使用电气设备和家用电器时，为了确保操作者或使用者的人身安全和设备安全，必须采取相应的措施，如工作接地、保护接地、保护接零等。

(5) 对中点接地的三相四线制系统，电力装置宜采用低压接零保护。而中性点绝缘的系统则不能用保护接零，否则当任一相接地时系统可照常运行，这时接地的火线与大地等电位，于是有：接地设备的外壳对地电压=中线对地电压=中线对火线的电压。

(6) 电力系统经济运行的目的是在满足用户负荷的情况下，使整个系统的燃料消耗量最少，电能成本最低。

习 题

一、填空题

1. 把电能从发电厂传输到用户要通过的导线系统称为____________。

2. 人们把发电厂、__________和用户组成的统一整体称为电力系统。
3. 按照消耗功率的性质，用电负荷分为__________和__________。
4. 工厂企业供电电压等级主要由其用电容量的大小和__________等因素决定。
5. 触电的伤亡程度主要取决于通过人体的电流________、________和________。
6. 触电有__________、__________、__________和接触异常带电的设备触电。
7. 对中性点接地的三相四线制系统，电力装置宜采用__________。

二、选择题

1. 在现代的电力系统中，主要仍以（　　）发电和（　　）发电为主。

A. 火力，水力　　B. 风力，火力　　C. 风力，水力

2. （　　）负荷停电后，将引起主要设备损坏、产品的大量报废或大量减产。

A. 一级　　B. 二级　　C. 三级

3. 接在电力系统各级电力网上的一切用电设备所需用的功率称为（　　）。

A. 用户　　B. 用电负荷　　C. 电力网

4. 工企变、配电站供电时，（　　）适用于周围环境空旷和投资较小的地方。

A. 电缆引入　　B. 用电负荷　　C. 电力网

5. 人体的电阻越（　　），通入的电流越小，时间越短，伤害程度也越轻。

A. 0　　B. 小　　C. 大

6. 中性点绝缘的系统不能用（　　）。

A. 保护接地　　B. 工作接地　　C. 保护接零

三、思考题

1. 为什么远距离输电要采用高电压？
2. 为保证工厂企业的正常生产和生活，对工厂企业供配电系统的基本要求是什么？
3. 试说明安全用电的意义及安全用电的措施。
4. 在同一供电系统中，为什么不能同时采用保护接地和保护接零？
5. 为什么中性点接地的系统中采用保护接地而不是采用保护接零的保护方式？
6. 试说明工作接地、保护接地和保护接零的区别。
7. 工作接地的主要目的是什么？
8. 节约用电的措施有哪些？

第 9 章 电工测量

本章知识点

1. 电工仪表的类型及测量方法；
2. 仪表准确度与误差的关系；
3. 万用表、电能表的结构及使用。

先导案例

万用表又叫多用表、三用表、复用表，是一种多功能、多量程的测量仪表，一般万用表可测量直流电流、直流电压、交流电压、电阻和音频电平等，有的还可以测交流电流、电容量、电感量及半导体的一些参数（如β）。那在使用万用表来测量相关的参数时需要注意些什么呢?

在电能的生产、传输、分配和使用等各个环节中，都需要通过电工仪表对系统的电能质量、负载情况等加以监测，人们常把测量各种电量（包括磁量）的仪器仪表统称为电工测量仪表。电路中主要涉及的物理量有电压、电流、电功率、电能、相位、频率、功率因数等，这些物理量除了用分析与计算的方法求得外，还常用实验的方法，即用电工测量仪表去测量。

电工测量就是将被测的电量（或磁量）与同类标准量进行比较的过程。根据比较方法的不同，测量方法也不一样，这样就给测量带来了不同的测量误差。因此，在测量中除了应该正确选用仪表和使用仪表之外，还必须采用合适的测量方法，掌握测量的操作技术，以便尽可能地减小测量误差。电工测量是电工技术的一个重要组成部分，对生产过程的监测、保证生产安全、实现生产过程自动化都有着非常重要的作用。随着社会生产自动化水平的日益提高，非电测量和远距离测量的迅速发展，电工测量技术在现代各种测量技术中的地位越来越重要。

电工测量技术具有以下优点：

（1）电工测量仪表的结构简单，使用方便，准确度高。

（2）电工测量仪表可以灵活安装在需要进行测量的地方，并可实现自动记录。

（3）电工测量仪表可以进行远距离测量，为集中管理和控制提供了方便。

（4）能利用电工测量的方法对非电量进行测量。

9.1 测试题及答案

9.1 电工仪表与测量的基本知识

9.1.1 常用电工仪表的符号与型号

1. 常用电工仪表的符号

在实践中当选用或使用电工仪表时，会看到在仪表的表盘上及外壳上有各种符号。这些符号表明了电工仪表的基本结构特点、准确度、工作条件等。常用电工仪表的符号如表9.1.1所示。

2. 电工仪表的型号

电工仪表的产品型号可以反映出仪表的用途和工作原理。电工仪表的产品型号是按主管部门制定的电工仪表型号编制法，经生产单位申请并由主管部门登记颁发的。对安装式和可携式指示仪表的型号规定有不同的编号规则。

安装式指示仪表型号的组成如图9.1.1所示。形状第一位代号按仪表的面板形状最大尺寸编制，形状第二位代号按仪表的外壳尺寸编制；系列代号按仪表工作原理的系列编制，如磁电式代号为“C”、电磁式代号为“T”、电动式代号为“D”、感应式代号为“G”、整流式代号为“L”、静电式代号为“Q”、电子式代号为“Z”等。比如，T62-V型电压表，其中“T”表示电磁式仪表，“62”为设计序号。“V”表示用于电压测量。

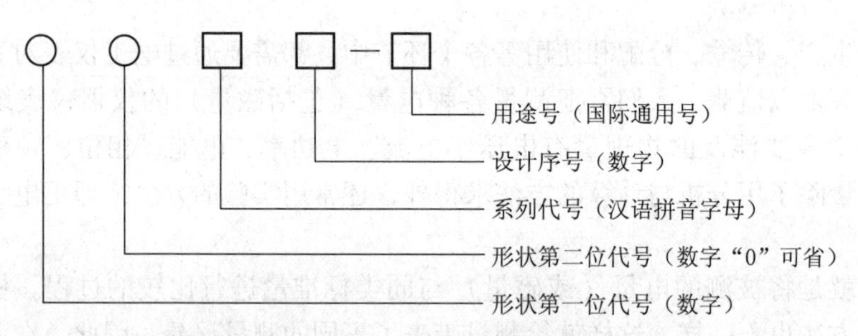

图9.1.1 安装式仪表型号的编制规则

电能表的型号编制规则基本上与可携式指示仪表相同，只是在组别前再加上一个“D”字表示电能表，如“DD”表示单相、“DS”表示三相四线、“DX”表示无功等。比如DD28型电能表中“DD”表示单相，“28”则表示设计序号。

表 9.1.1　常用电工仪表的符号

分　类	符　号	名　称	被测量
电流种类	-	直流电表	直流电流、电压
	~	交流电表	交流电流、电压、功率
	≃	交直流两用表	直流电量或交流电量
	≋或 3~	三相交流电表	三相交流电流、电压、功率
测量对象	(A) (mA) (μA)	安培表、毫安表、微安表	电流
	(V) (kV)	伏特表、千伏表	电压
	(W) (kW)	瓦特表、千瓦表	功率
	kW · h	千瓦时表	电能量
	(φ)	相位表	相位差
	(f)	频率表	频率
	(Ω) (MΩ)	欧姆表、兆欧表	电阻、绝缘电阻
工作原理		磁电式仪表	电流、电压、电阻
		电磁式仪表	电流、电压
		电动式仪表	电流、电压、电功率、功率因数、电能量
		整流式仪表	电流、电压
		感应式仪表	电功率、电能量
准确度等级	1.0	1.0 级电表	以标尺量限的百分数表示
	(1.5)	1.5 级电表	以指示值的百分数表示
绝缘等级	2 kV	绝缘强度试验电压	表示仪表绝缘经过 2 kV 耐压试验
工作位置	→	仪表水平放置	
	↑	仪表垂直放置	
	∠60°	仪表倾斜 60°放置	

续表

分类	符号	名称	被测量
端钮	+	正端钮	
	-	负端钮	
	±或✻	公共端钮	
	⊥或⏚	接地端钮	

3. 电工仪表的分类

通常用的直读式电工仪表主要从以下几方面分类。

（1）按被测量的种类分：电流表、毫安表、电压表、千伏表、功率表、千瓦表、电能表、频率表、相位表、欧姆表、兆欧表等。

（2）按电流的种类分：直流仪表、交流仪表和交直流两用仪表。

（3）按工作原理分：磁电式仪表、整流式、电磁式仪表、电动式仪表等。

磁电式仪表、电磁式仪表、电动式仪表在结构上有差异，但工作原理都是利用电磁现象使仪表的可动部分受到电磁转矩的作用而转动，从而带动指针偏转来指示被测量的大小。

磁电式仪表（又称动圈式仪表）是根据载流导体在磁场中受到电磁力作用的原理制成的。其优点是：刻度均匀，灵敏度和准确度高，阻尼强，消耗功率小，受外界磁场影响小（由于仪表本身的磁场强）等。这种仪表的缺点有：只能测量直流电压、直流电流及电阻直流量等；不能承受较大过载，否则将引起弹簧过热使弹性减弱，甚至烧坏。

电磁式仪表（又称动铁式仪表）是利用置于固定线圈中的铁芯受到线圈电流产生的磁场磁化后，铁芯与线圈或铁芯与铁芯之间互相作用产生转矩的原理制成的。它有推斥型和吸入型两种构造类型，常用于制作电流表和电压表。其优点主要有：构造简单，价格便宜，可用于交直流量的测量，能测量较大的电流和允许较大的过载。这种仪表的缺点有：刻度不均匀，磁场弱，准确度和灵敏度不高等。

电动式仪表的原理与磁电式仪表基本相同，只是电动式仪表的磁场用通电的固定线圈取代永久磁铁来产生磁场。这种仪表的准确度高，适用于交直流量的测量，但因其自身的磁场很弱，容易受外界磁场的干扰，且过载能力较小。

整流式仪表的优点是：灵敏度高、功率消耗小；其缺点主要是：由于整流元器件的非线性特性，使仪表的标尺刻度不均匀，受温度和波形的影响大，所以准确度一般为1.5级。

9.1.2 电工仪表的误差和准确度

电工仪表的准确度是指测量结果（示值）与被测量的真实值（真值）之间相接近的程度，它是测量结果准确程度的量度，是电工仪表的一个主要特性。准确度等级较高（0.1、0.2、0.5级）的仪表常用来进行精密测量或校正其他仪表。仪表的准确度与其误差有关，但无论仪表制造得多精确，仪表示值与真值之间总存在误差。仪表误差主要有两类：一是基本误差，它是仪表在正常工作条件下，由于仪表制造工艺的限制，仪表结构本身的缺陷所造成的误差。如标尺刻度不准确、弹簧的永久变形、零件位置安装不正确等因素引起的误差都是基本误差。二是附加误差，它是仪表因环境温度改变、外电场或外磁场的影响、波形非正

弦等外界因素对仪表读数的影响造成的。在这种非正常的工作条件下进行测量，测量方法不完善，读数不准确等。

1. 测量误差

测量的目的是希望通过测量求取被测量的真值。测量值与被测量的真值之间的差值称为测量误差。随着科学技术的发展，对于测量精确度的要求越来越高，要尽量控制和减小测量误差，使测量值接近真值，所以测量工作的价值取决于测量的精确程度。当测量误差超过一定限度时，由测量工作和测量结果所作的结论或发现将是没有意义的，甚至会给工作带来危害，因此对测量误差的控制就成为衡量测量技术水平乃至科学技术水平的一个重要方面。但是，由于误差存在的必然性与普遍性，因而人们只能将它控制在尽量低的限度内，而不能完全消除它。测量误差产生的原因很多，其表现形式也多种多样，有仪器仪表本身的误差、测量方法和手段不当、观测者的感官差异、测量人员操作经验不足等。

测量误差主要有三大类。

1）系统误差

在测量过程中保持不变的误差称系统误差（又称装置误差）。它反映了测量值偏离真值的程度。凡误差的数值固定或按一定规律变化的都属于系统误差。系统误差是有规律的，因此可以通过实验的方法或引入修正值的方法予以修正，也可以重新调整测量仪表的有关部件予以消除。

2）粗大误差

粗大误差（又称过失误差）是指明显偏离真值的误差。它主要是由于测量者的粗心及仪器仪表突然受到外界强干扰所引起的。比如读错、记错数据，外界尖峰电压干扰等造成的误差。测量时如发现粗大误差，应该及时予以剔除。

3）随机误差

在同一条件下，多次测量同一被测量，有时会发现测量值的大小有变动，误差的绝对值和正负以不可预见的方式变化，这类误差称为随机误差（又称偶然误差）。它反映了测量值离散性的大小。多数随机误差都服从某种的统计规律（正态分布）。根据数理统计及概率理论可知，当存在随机误差时，是有办法得到测量值的近似值的。

测量误差根据其不同的特征一般有 3 种表示方法。

1）绝对误差 Δ

绝对误差 Δ 是仪表的示值 A_x 与被测量的真值 A_0 之间的差值。即

$$\Delta = A_x - A_0$$

绝对误差的单位与被测量的单位相同，绝对误差的符号有正、负之分。对准确度较高的仪表一般都给出校正值，以便在测量时校正被测量的读数，从而提高测量的准确度。

2）相对误差 γ

相对误差 γ 又称示值误差，它是绝对误差 Δ 与被测量的真值 A_0 之比，用百分数表示，即

$$\gamma = \frac{\Delta}{A_0} \times 100\%$$

在实际测量过程中，真值一般很难确定，工程中在已知误差很小或要求不高的场合，常常用示值 A_x 代替真值 A_0 来近似求出相对误差 γ。

3）引用误差 γ_m

对于同一台仪表，示值不一样，相对误差也不同，而且相对误差在整个仪表刻度尺的全长上是不恒定的。因此，在国家标准中，规定用引用误差来表示指示仪表的误差。引用误差实际上也是一种相对误差，只是表达式中的分母是仪表的测量上限值。引用误差用仪表的绝对误差 Δ 与仪表的满度值 A_m 之比的百分数表示，即

$$\gamma_m = \frac{\Delta}{A_m} \times 100\%$$

在选用仪表的量程时，应使被测量的值越接近满度值越好。一般应使被测量的值超过仪表的满度值的一半以上。

2. 对指示仪表的一般要求

在电工测量中，对电工仪表的选择和使用是否得当，直接关系到测量结果的准确性和可靠性。为此在选择和使用仪表时，不仅需要考虑到仪表的工作条件，还需要正确地选择仪表的量程。在仪表长期工作后要根据电气计量部门的规定，定期对仪表进行校验和维修。为了保证测量结果的准确可靠，对电工指示仪表有以下几项技术要求：

（1）有足够的准确度；

（2）有合适的灵敏度；

（3）仪表的阻尼良好；

（4）变差小；

（5）受外界的影响小；

（6）仪表本身消耗的功率尽量小；

（7）有良好的读数装置。

9.1.3 常用电工测量方法

1. 直接测量法

直接测量是指测量结果可以从一次测量的实验数据中获得，如图 9.1.2（a）所示。它可以使用度量器直接参与比较，测得被测量数值的大小；也可以使用具有相应单位刻度的仪表，直接测得被测量的值。比如，电压表直接测电压、万用表直接测电阻值等都是直接测量方法。该方法简便，读数方便迅速，但其准确度较低。

2. 比较测量法

比较测量是指将被测量与度量器在比较器中进行比较，从而测得被测量数值的一种测量方法。比较测量法有 3 种。

1）零值法

零值法（又称指零法）是利用被测量对仪器的作用，将被测量与标准量进行比较，使两者之间差值为零，从而求得被测量的一种方法，即指零仪表指零时，说明被测量与已知量相等。如同天平称物体的重量，当天平指针指零时表明被称物重与所放砝码的重量相等，然后由砝码的标示重量就可以得到被测物重。用零值法测量的准确度取决于度量仪器的准确度和指示仪表的灵敏度，如图 9.1.3 所示。

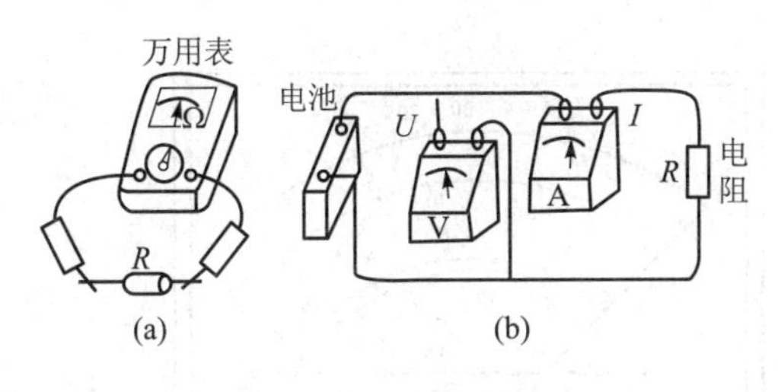

图9.1.2　测量方法

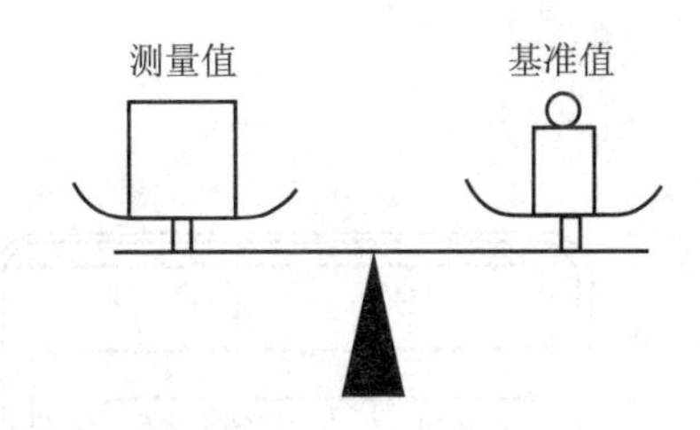

图9.1.3　天平称物重

2）差值法

差值法（又称较差法）是将被测量与已知量的差值作用于测量仪器而实现测量目的的一种测量方法。

3）替代法

替代法是把被测量与标准量分别接入同一测量仪器，且通过调节标准量，使仪器的工作状态在替代前后保持一致，然后根据标准量确定被测量的值。如用电桥测量某电阻 R_x，调节电桥使之平衡，取下 R_x，再接入可调标准电阻箱，不调节电桥，只改变电阻箱的阻值，使电桥平衡，此时电阻箱的阻值即是被测电阻 R_x 的阻值，这种方法测得的 R_x 与电桥准确度无关。

比较法的特点是准确度和灵敏度较高，但操作麻烦，设备复杂，一般适用于精密测量。

3. 间接测量法

测量时，只能测出与被测量相关的电量，然后通过计算求得被测量的数值的方法称为间接测量法，如图9.1.2（b）所示。比如，用伏安法测电阻器的电阻值，就是先测得电阻器两端的电压和电阻器中流过的电流，然后根据欧姆定律，计算出被测电阻器的电阻值。当然，间接测量法的测量误差相对较大，但工程上有些对准确度的要求不高的场合，用这种方法进行估算还是可取的。

9.2 测试题及答案

9.2　万　用　表

万用表也称复用电表或多用表，它是一种可以测量多种电量的多量程的便携式常用直读仪表，在工程技术人员中得到了广泛的应用。万用表一般可以测交直流电流、交直流电压、电阻值及音频电平等，还可以测量电感、电容及晶体管的交流电流放大倍数等其他电学量。万用表虽然准确度不高，但使用简单、携带方便，因此，特别适用于检查线路及电气维修和测试中。万用表主要有磁电式万用表和数字式万用表两种类型。

9.2.1　万用表的结构

万用表主要由测量机构（即表头）、测量电路、转换开关及外壳组成。它制成便携式或袖珍式，在其面板上有标度盘、转换开关、调零旋钮以及插孔等，外形布置上可以不相同。其结构如图9.2.1所示。

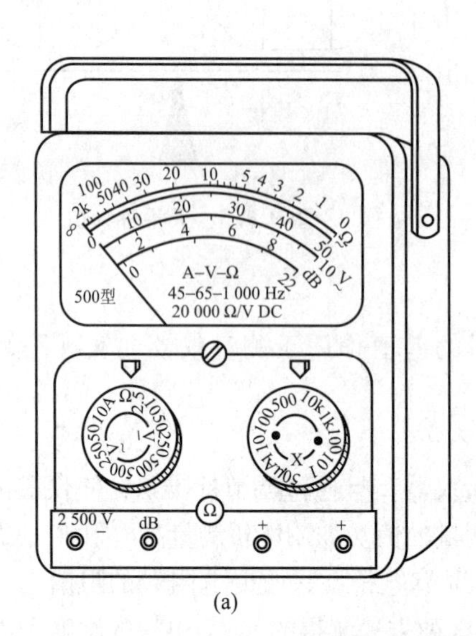

(a)

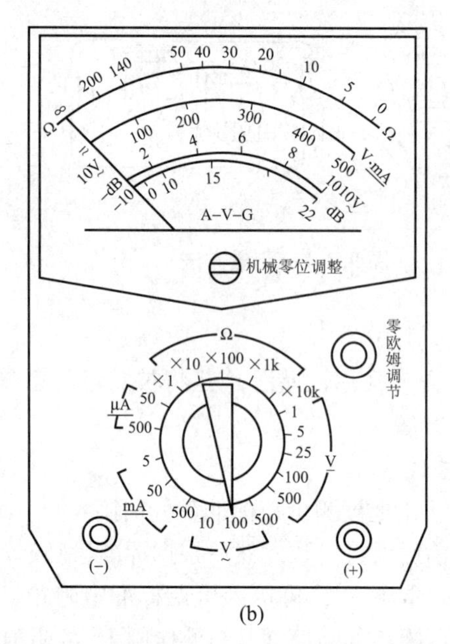

(b)

图 9.2.1　万用表面板结构图

（a）500 型万用表面板图；（b）MF-30 型万用表面板图

1. 测量机构（表头）

万用表的测量机构用来指示被测量的数值，多采用灵敏度、准确度高的磁电式直流微安表，其满刻度偏转电流一般为几微安至几百微安。满偏电流越小，灵敏度越高，测量电压时的内阻就越大，这样万用表对被测线路的工作状态影响也就越小。一般万用表在作为电压表使用时内阻为 2 000~10 000 Ω/V，高的可达 100 000 Ω/V。表头本身的准确度一般在 0.5 级以上，制成万用表后一般为 1.0~5.0 级。表头面板上刻有多种量程的刻度盘，还有指针及调零器等。

2. 测量电路

测量电路是万用表中很关键的组成部分。万用表能用一个测量机构测量多种电参量，且有多个量程，主要是其通过测量电路，将被测量转换成适合于表头指示用的电量。测量电路越复杂，万用表的测量范围就越广。

3. 转换开关

转换开关是利用固定触头和活动触头的接通与断开来实现多种量程和不同被测量的转换。固定触头一般称为“掷”，活动触头一般称为“刀”。万用表中的转换开关都采用多层多刀多掷波段开关或专用的转换开关。旋转刀的位置，使刀与不同的掷波段闭合，就可以改换和接通所要求的测量电路。

在用万用表测量时，必须注意正确的使用方法。为了保护仪表，目前有些万用表具有防表头超载用的二极管保护和电路过载的熔断保险管保护。但是电流挡和欧姆挡仍然经不起较高电压的误接入。因此，测量者使用时还应力求小心谨慎。使用完毕应将选择开关放到“空挡”或交流电压最高挡，以免在下次使用或别人使用时可能产生挡位错误而损坏仪表。

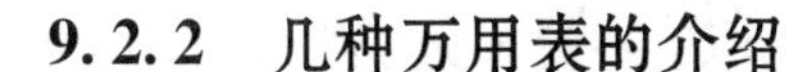

9.2.2　几种万用表的介绍

1. 磁电式万用表

磁电式万用表由磁电式微安表、若干分流器和倍压器、二极管以及转换开关等组成，它可用于测量交直流电流、交直流电压、电阻等电量。现以日常生活中常用的 MF-30 型万用表为例分析磁电式万用表的测量电路，图 9.2.1（b）是 MF-30 型万用表的面板结构图，图 9.2.2 所示为 MF-30 型万用表测量电路的原理图。

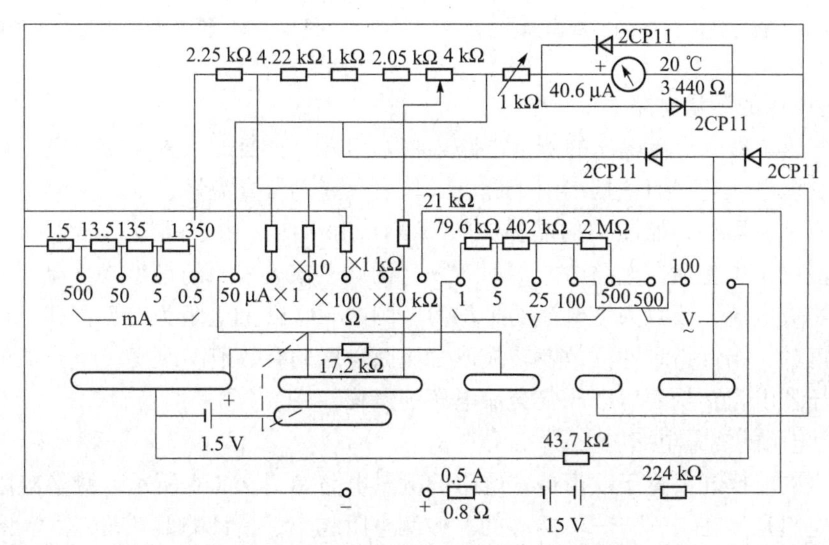

图 9.2.2　MF-30 型万用表测量电路原理图

1）直流电压的测量电路

将万用表的转换开关置于直流电压挡，量程选择开关置于直流电压的任何一挡，被测电压接在“+”“−”两端，这样就构成了直流电压的测量电路。直流电压的测量电路如图 9.2.3 所示，图中的 R_{V1}、$R_{V2}R_{V3}$是倍压器电阻，R 为直流调整电位器。图中直流电压是接到 25 V 挡。一般通过改变转换开关的挡位来改变倍压器电阻，从而达到改变电压量程的目的。量程越大，倍压器电阻也越大。电压表的内阻越高，从被测电路取用的电流越小，被测电路受到的影响就越小，这一特性可用仪表的灵敏度来表示。MF-30 型万用表在直流电压 25 V 挡上的仪表总内阻为 500 kΩ，则该挡的灵敏度为仪表的总内阻与电压量程的比值，即 $\frac{500\ \text{k}\Omega}{25\ \text{V}}=20\ \text{k}\Omega/\text{V}$。

2）直流电流的测量电路

如图 9.2.4 所示为直流电流的测量电路，将万用表的转换开关置于直流电流挡，量程选择开关置于直流电流的任何一挡，被测电流从“+”“−”两端接入，这样就构成了直流电流的测量电路。图中 $R_{A1}\sim R_{A5}$是分流器电阻，与表头构成闭合电路。图中转换开关放在 5 mA 挡位时，分流器电阻为 $R_{A1}+R_{A2}+R_{A3}$，其余则与微安表串联。量程越大，分流器电阻越小。改变转换开关的挡位也就改变了分流器电阻，从而达到改变电流量程的目的。

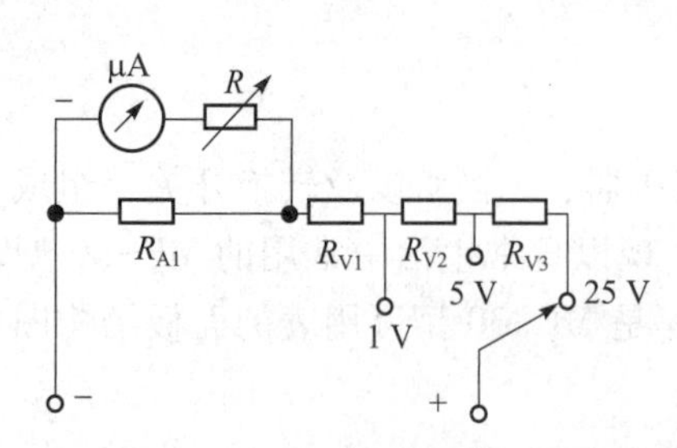

图 9.2.3　测量直流电压的原理电路

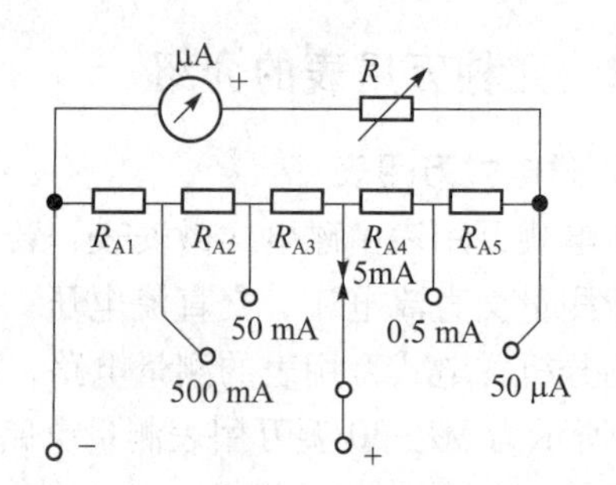

图 9.2.4　测量直流电流的原理电路

3）交流电压的测量电路

图 9.2.5 所示即为交流电压的测量电路，将万用表的转换开关置于交流电压挡，量程选择开关置于交流电压的任何一挡。由于磁电式仪表只能测量直流量，如果要测交流量，则电路中必须接有整流器件，如图中的晶体二极管 VD_1 和 VD_2。由于晶体二极管的单向导电特性，被测交流电压也是加在电路中的“+”“-”两端。该表采用的是半波整流，通过微安表的电流都是半波电流，读数为该电流的平均值。图中 600 Ω 的电阻为交流调整电位器，用来改变表盘刻度的，指针指示的读数就转换成了正弦电压的有效值。改变转换开关的挡位同样就改变了倍压器电阻，从而可以改变交流电压的量程。

4）直流电阻的测量电路

将万用表的转换开关置于欧姆挡，电阻的测量电路如图 9.2.6 所示，测量电阻时要接入电池，被测电阻是接在“+”“-”两端的。被测电阻越小，指针的偏转角越大。图中1.7 kΩ 是欧姆调零器，滑动触点可适当调节其对表头分流作用的大小。测量前应先旋转欧姆调零器进行校正，使指针位于欧姆标尺的零位上。

使用磁电式万用表时应该注意仪表转换开关的位置和量程，绝对不能在带电线路上测量电阻值，每次用完后，应将转换开关的位置置于高电压挡。

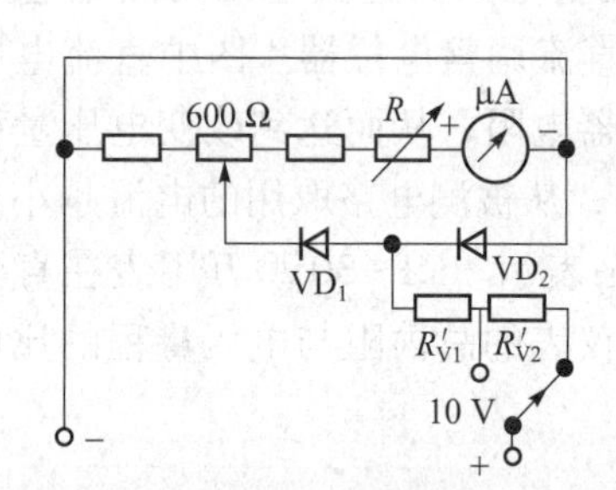

图 9.2.5　测量交流电压的原理电路

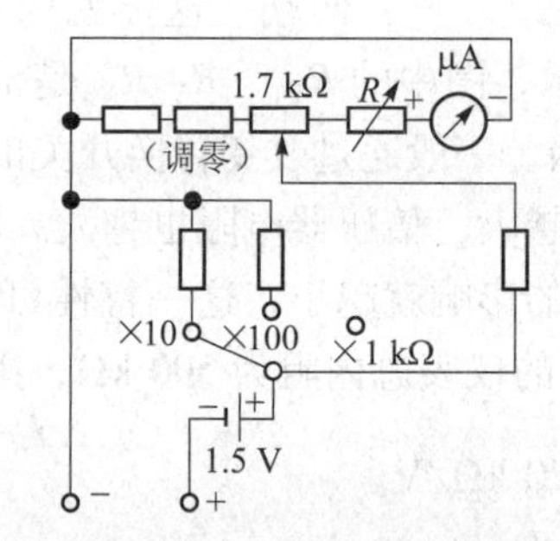

图 9.2.6　测量电阻的原理电路

2. 数字式万用表

由于科学技术的发展，尤其是半导体集成电路的出现，数字仪表及其测量技术也随之不断进步而形成一系列新型仪表。数字仪表和指示仪表的原理和显示方式均不相同。指示仪表直接指示模拟量，以连续方式用标尺读出被测量；数字仪表则将被测量经过模拟量变换成数字量后，并以离散方式用数字显示。

从数字显示所采用器件的结构来分类有以下几种：① 机械圆盘或翻牌窗口显示；② 白炽

灯组合显示；③ 辉光数码管显示；④ 荧光数码管显示；⑤ 发光二极管显示；⑥ 液晶显示。

数字式万用表与磁电式万用表一样，它也是一种多用途的便携式常用直读仪表。它具有测量速度快、精度高、输入阻抗高等优点，并且以十进制数字直接显示被测量的数值，读数直观、准确。

图 9.2.7 为数字式万用表原理框图，主要由功能变换器、转换开关和直流数字电压表等三部分组成。直流数字电压表是数字式万用表的核心部分，各种电参量的测量都要先经过相应的变换器，将该参量转化为直流数字电压表可以接收的直流电压，然后送入直流数字电压表，再经过 A/D 转换器变换为数字量，最后通过计数器以十进制数字的方式将被测量显示出来。数字式万用表的面板结构如图 9.2.8 所示，这是 DT-830 型的数字式万用表。

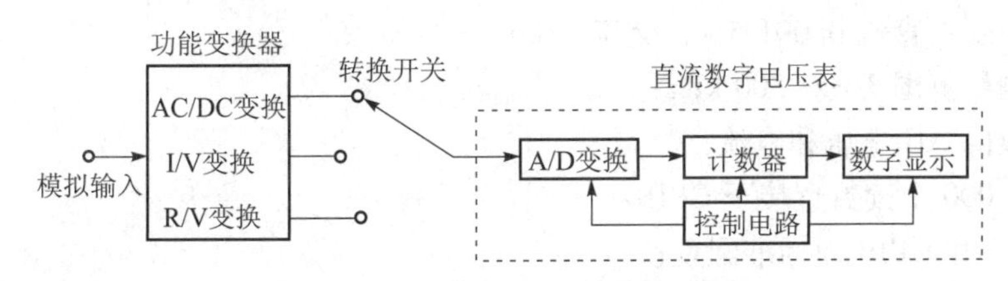

图 9.2.7　数字式万用表原理框图

1）测量范围

（1）直流电压挡的量程：200 mV、2 V、20 V、200 V、1 000 V。

（2）交流电压挡的量程：200 mV、2 V、20 V、200 V、750 V。

（3）交、直流电流挡的量程：200 μA、2 mA、20 mA、200 mA、10 A。

（4）电阻挡的量程：200 Ω、2 kΩ、20 kΩ、200 kΩ、2 mΩ、20 mΩ。

除此之外，它还可以检查晶体二极管的导电性能，还可以测晶体三极管的 β（或 h_{FE}）值，并检查线路的通断情况。

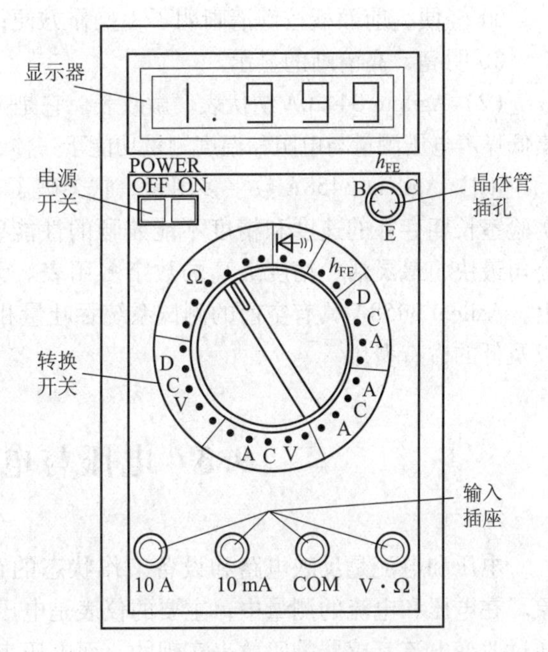

图 9.2.8　DT-830 型的数字式万用表

2）面板结构

（1）显示器。显示 4 位数字，最高位只能显示 1 或者不显示数字，最大指示值为 1999 或 - 1999。当被测量超过最大指示值时，显示“1”或“-1”。

（2）电源开关（POWER）。使用时将电源开关置于 ON 的位置；使用完毕后置于 OFF 的位置。

（3）晶体管插孔。晶体管插孔又称 β 插座，用于测量晶体三极管的 β（或 h_{FE}）值，要注意管型（PNP 型或 NPN 型）。

（4）转换开关。用于选择功能和量程。

（5）输入插座。将黑色测试笔插入 COM 插座。红色测试笔有如下 3 种插法：测量电压和电阻时插入V·Ω插座；测量小于200 mA的电流时插入10 mA插座；测量大于200 mA的电流时插入10 A插座。

3. Agilent公司系列的数字万用表（多用表）简介

（1）Agilent 34401A数字万用表。它具有强大的测试能力，从最小/最大/平均到内置的极限测试。可达到过去昂贵数字多用表才具有的精度。不仅能捕获隐藏于其他数字多用表中的信号细节，还能以高置信度进行整日的测量（24 h直流电压精度为0.001 5%）。34401A是世界上销量最大的数字万用表。其特性为：

① 6.5位分辨率，能捕获隐藏于其他数字多用表中的信号细节；

② 最高可测量1 000 V DC（750 RMS AC）；

③ 测量精度：直流0.001 5%，交流0.06%；

④ 频率测量范围3 Hz~300 kHz；

⑤ 真有效值AC电压和电流；

⑥ 每秒1 000个读数直接至GPIB；

⑦ RS-232和GPIB为标准配置；

⑧ 512 KB读数存储器；

⑨ 免费的Intuilink连接软件；

⑩ 轻便，前面板按键清晰明了，操作方便；

⑪ 明亮，高清晰的显示。

（2）Agilent 34420A纳伏表、微欧表。它是可提供低电平测量的最佳高灵敏度多用表。它集低噪声电压测量与电阻和温度测量功能于一体，以低电平测量能力建立了新的性价比标准。

（3）Agilent 3458A数字多用表。它突破了在生产测试、研制开发和校准实验室长期存在的速度和精度不能兼顾的性能壁垒。Agilent 3458A是Agilent公司最快、最灵活、精度最高的数字多用表。无论是在系统中还是在工作台上，Agilent 3458A具有空前的测试系统吞吐量和精度、7种功能的测量灵活性以及低的占有费用。

9.3 测试题及答案

9.3 电压与电流的测量

电压和电流是反映电路和设备工作状态的重要特征量，是电量测量中最基本的测量对象。在电压和电流的测量中，主要的仪表是电压表和电流表。电流表所具有的不同量程，是通过改变电流互感器的匝数来实现的，而电压表则是通过用不同的附加电阻来实现的。

9.3.1 电压的测量

测量电压最常用的方法是用电压表直接进行测量。测量直流电压时常用磁电式电压表，测量交流电压时常用电磁式电压表。测量时，应将电压表并联接在被测对象的两端，并且测量直流电压时，应注意极性，电压表的正端钮要接在电路中电位较高的一端，如图9.3.1所示。为了尽可能减小电压表负载效应的影响，电压表的内阻或内阻抗（亦称电压表的输入阻抗）应尽可能大。

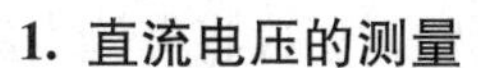

1. 直流电压的测量

（1）用磁电式电压表测量。

磁电式电压表可测几十毫伏至几千伏的电压。在测量高阻值两端的电压时，如果没有内阻合适的电压表，为避免因电压表负载效应而产生测量误差，可将毫安表或微安表与足够大的已知电阻 R_0 串联起来代替电压表，如图 9. 3. 2 所示，被测电压 U 可由毫安表内阻 R_m、读数 I_0 及已知串联电阻 R_0 算出：

$$U=I_0\ (R_m+R_0) \tag{9.3.1}$$

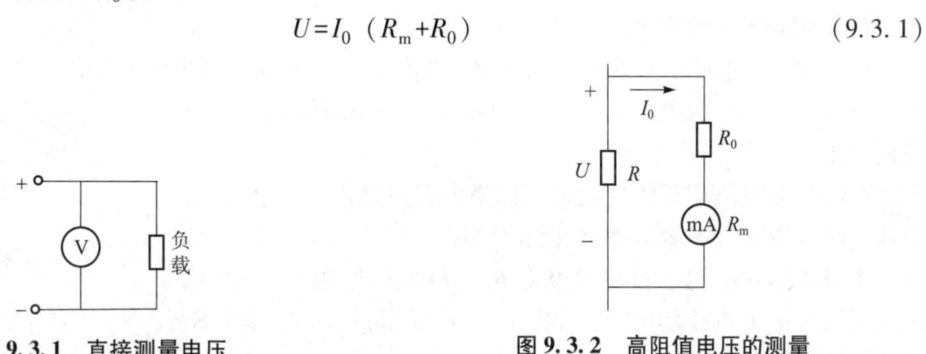

图 9. 3. 1　直接测量电压　　　　图 9. 3. 2　高阻值电压的测量

（2）用数字电压表测量。其准确度比磁电式电压表高，输入电阻也比磁电式电压表高，约为 10 MΩ。

（3）用直流电位差计测量。直流电位差计是利用补偿原理进行测量的，测量时不从电路取出电流，也无电流流入被测电路，因而主要用于电压的精确测量。

2. 交流电压的测量

（1）用电磁式电压表测量。用电磁式电压表可直接测量十几伏至几百伏的电压。要测量更高的电压可通过电压互感器（TV）接入电路进行测量。

（2）用电动式电压表测量。电动式电压表可用于实验测试、精密测量或在实验室用于标准表。

（3）用整流式电压表测量。万用表测量交流电压的原理就是整流式电压表的原理。

（4）用数字电压表、数字万用表测量。数字电压表可测量频率为 100 kHz 以下的电压，其准确度、输入电阻均比电磁式高。

（5）用电子电压表测量。电子电压表的测量频率范围为 20 Hz~20 kHz，故常用其测量频率较高的电压。

（6）用交流电位差计测量。交流电位差计与直流电位差计原理相同，是用补偿方法测交流电压，其优点是测量时不从被测电路吸取电流，也无电流流入被测电路，故最适合于测量没有带负载能力的高阻电源或弱信号源。为了获得补偿电压，需两正弦电源频率相同、相位相同、幅值相同，因而只能测量同频率正弦电压，且电位差计必须有幅值、相位两个调节回路，其中调节相位采用移相电路，但要实现准确移相是很困难的，并且电位差计工作时还易受外界干扰，故交流电位差计准确度一般只有 0. 1~0. 5 级，其应用受到限制。

9. 3. 2　电流的测量

测量电流最常用的方法是用电流表直接进行测量。测量直流电流时常用磁电式电流表，

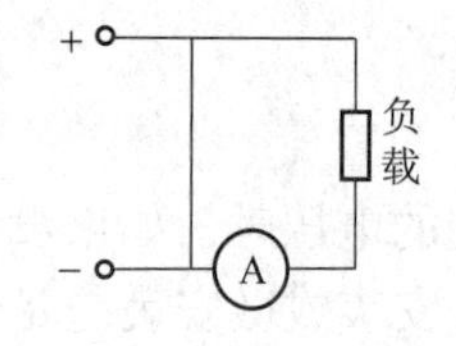

图 9.3.3　直接测量电流

测量交流电流时常用电磁式电流表。测量时，应将电流表串联接入被测电路中，如图 9.3.3 所示，测量直流电流时，应注意极性，必须将电流表的正端钮接到电路中电位较高的点，即应使电流从正端钮进入电流表。为了尽可能减小电流表负载效应的影响，电流表的内阻或内阻抗（亦称电流表的输入阻抗）应尽可能小。

1. 直流电流的测量

（1）常用磁电式电流表测量。磁电式电流表可直接测量微安级和毫安级电流，若带分流器则可测高达千安的电流。若要测电流低于微安级的电流，可采用检流计。

在测量低阻值负载的电流时，如果没有内阻合适的电流表，为避免因电流表负载效应而产生测量误差，可在被测电路中串联一个阻值足够小的已知标准电阻 R_0（称取样电阻），用毫伏表测量取样电阻两端的电压，如图 9.3.4 所示，若毫伏表内阻为 R_m，读数为 U_m，则被测电流为

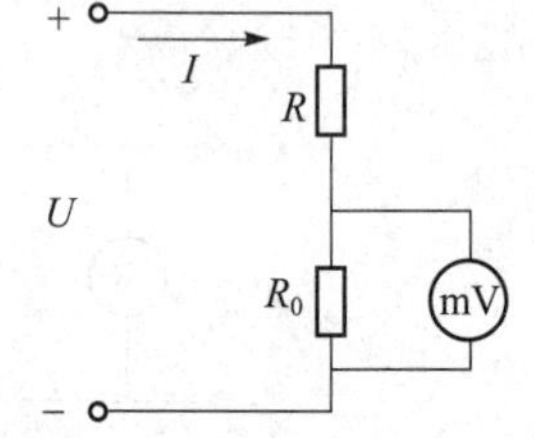

图 9.3.4　低阻值电流的测量

$$I=\frac{R_0+R_m}{R_0R_m}U_0 \tag{9.3.2}$$

（2）用直流电位差计测量。直流电位差计虽使用较为复杂，但准确度高。

2. 交流电流的测量

1）常用测量方法

（1）用电磁式电流表测量。电磁式电流表可直接测量 100 mA 到几百安的电流。

（2）用电动式电流表测量。电动式电流表适用于实验室中用于标准表或用于实验测试、精密测量等。

（3）用数字万用表测量。数字万用表测量准确度高。

（4）用钳形电流表测量。钳形电流表测量时不需要切断电路，常用于对测量准确度要求不高的场合。

（5）用交流电位差计测量。用交流电位差计测量电流的方法与用直流电位差计测量电流的方法相同，也是通过测量取样电阻的压降，间接测出电流。

（6）用热电式电流表测量。热电式电流表可测量直流、极低频率至兆赫以上的电流。热电式仪表由热电变换器与磁电式测量机构组成。其中热电变换器由热丝及温差电偶组成，热丝通过电流时发热，使由双金属丝构成的温差热电偶产生毫伏级的温差电动势，送至磁电式毫伏表，从而间接测量出通过热丝的电流值。

2）交流电流的测量 3 种情况

（1）低压（380/220 V）电路中电流的测量：测量低电压电路的电流或者被测电流不超过电流表的量程时，可将电流表直接串联在被测电路内。

（2）高电压电路的测量：测量高电压电路的电流或者被测电流超过电流表的量程时，必须经过电流互感器进行测量。通过电流互感器可将大电流变为小电流，从而扩大了电流表的量程，更重要的是经过电流互感器使仪表和工作人员与高压隔离，可确保安全。

（3）在不断电情况下电流的测量：用钳形电流表可以在不断电的情况下测量电流。

3. 大电流的测量

(1) 采用分流器测量。对于直流大电流，可采用分流器测量，其接线如图 9. 3. 5 所示。

(2) 大电流测量类似于高电压电路的测量，可采用电流互感器测量。测量交流大电流时，可将电流表通过电流互感器（TA）接入电路进行测量，如图 9. 3. 6 所示。

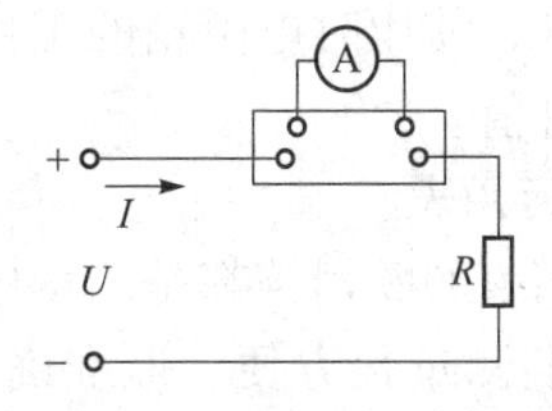

图 9. 3. 5　电流表经分流器

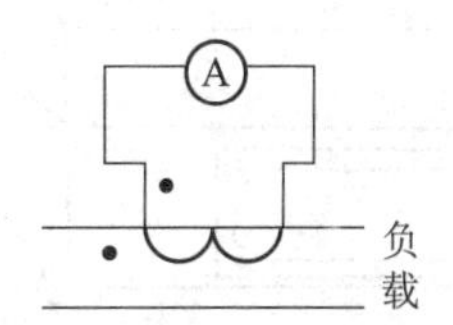

图 9. 3. 6　通过 TA 测量交流大电流

9. 4　电阻的测量

9. 4 测试题及答案

电阻是电路中基本的电参数之一，通常在直流条件下进行测量，也有在交流条件下进行测量的。在交流条件下测量时，由于集肤效应及邻近效应的影响，测量的电阻值与在直流情况下测量的值不同。但在工频条件下，通常可近似地认为交流电阻等于直流电阻，而在要求较高或频率较高时，应该加以区分。工程上常使用的电阻阻值范围很宽，为 $10^{-7} \sim 10^{15}$ Ω，对于不同的阻值范围，需要采用不同的测量方法。从测量角度出发，一般把电阻分为 3 类：小电阻、中值电阻和大电阻。

小电阻指阻值在 1 Ω 以下的电阻，如电动机绕组的电阻、电流表内阻、分流器电阻、短导线电阻和汇流排电阻等。测量小电阻时，因为被测电阻本身的阻值很小，所以将被测电阻接入仪表时，连接导线的接线电阻和接头处的电阻是不容忽视的。接触电阻指电流从一个导体过渡到另一个导体时所遇到的电阻。接触电阻与接触表面的面积、接触表面的平滑、粗糙、清洁及接触的紧密程度等因素有关。在测量小电阻时，必须采取措施，以消除接触电阻对测量结果的影响。

中值电阻是指阻值在 $1 \sim 10^{6}$ Ω 的电阻。

大电阻是指 10^{6} Ω 以上的电阻，实际工作中最常见的大电阻是绝缘电阻。绝缘电阻即绝缘材料的电阻，它是电气设备绝缘性能的重要标志。绝缘电阻值与温度、湿度及外加电压都有关，由于绝缘材料常因发热、受潮、污染、老化等原因使其绝缘电阻降低，泄漏电流增大，甚至绝缘层被破坏，从而造成漏电和短路事故，因此必须对绝缘电阻进行定期检查。

9. 4. 1　电阻测量专用仪器仪表

1. 标准电阻

标准电阻是用来复现和度量电阻单位的度量器具。标准电阻的名义值为 10^{n} 欧姆（n 为 4~6 的任意整数）。我国目前生产的标准电阻有 BZ3、BZ5、BZ10、BZ11 等型号。

2. 电阻箱

电阻箱是比较常见且使用方便的测电阻的器具。它是一种数值可以调节的精密电阻元件，它由若干个数值准确的固定电阻元件组合而成，并借助于转盘位置的变换来获得各电阻值。图9.4.1为旋转式电阻箱外形图。在使用电阻箱之前，应先旋转一下各个转盘，使转盘内弹簧触点的接触稳定且可靠。另外，使用时电阻箱的工作电流一定不能超过最大允许值。

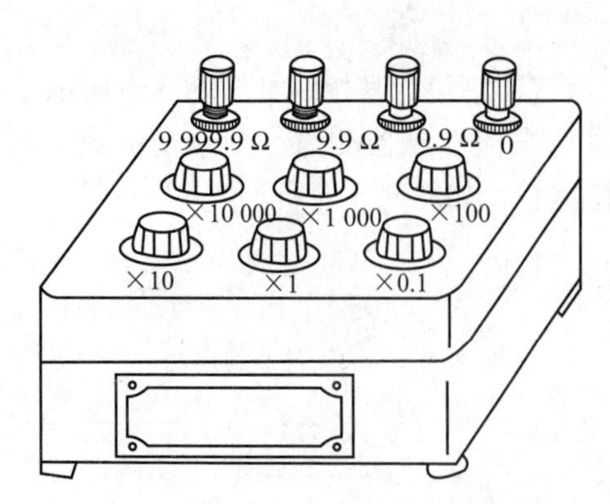

图 9.4.1　旋转式电阻箱外形图

3. 欧姆表和万用表

欧姆表和万用表的欧姆挡都是测量中值电阻的直读仪表，用它们测量很方便，但准确度比较低。注意：它们不能用于测大电阻的阻值。这是因为大电阻的阻值都比较大，例如几十兆欧或几百兆欧，在这个范围内万用表的刻度很不准确；另一方面主要是因为万用表测量电阻时所用的电源电压比较低，在低压下呈现的大电阻值不能反映在高电压作用下的大电阻的真正数值。另外，使用时还应注意量程的选择，尽量使测量值在标度尺分度中心（中值电阻）附近。万用表的结构特点和使用方法等见本章9.2节，在本节中不再重复介绍。

4. 直流单/双臂电桥

用直流单臂电桥可测量中值电阻，这种方法可以获得很高的准确度。有的高精度电桥的比较臂可作为精密电阻箱使用，比例臂可作为标准电阻使用或作为提高测量精度的过渡仪器用。而直流双臂电桥是测量小电阻的常用仪器，它可以消除接线电阻和接触电阻的影响，用它测量方便且准确度高。

5. 电压表和电流表

用电压表和电流表配合起来测电阻的方法称为伏安法。它是一种间接测量的方法。伏安法的优点是能在工作状态下进行测量，这一点对非线性电阻的测量非常重要。另一个优点是适用于对大容量变压器中具有大电感线圈电阻的测量。

6. 兆欧表

兆欧表又称摇表，是测量绝缘体电阻的专用仪表，主要由磁电式流比计与手摇直流发电机组成。工程中通常用兆欧表测量各种绝缘结构的大电阻。兆欧表结构简单，携带方便、读数稳定。在使用兆欧表时应注意额定电压的选择，电压太低不能反映绝缘结构在工作状态下的绝缘电阻，电压太高则可能发生绝缘击穿，在不同电压下测得的电阻值往往是不可比的。

9.4.2　伏安法测量电阻

在被测电阻 R_X 通有电流的条件下，分别用电压表和电流表测出电阻及通过的电流 I_X，然后根据欧姆定律求出被测电阻。即

$$R_X = \frac{U_X}{I_X} \tag{9.4.1}$$

伏安法测量电阻的线路通常有两种，如图9.4.2所示，图9.4.2（a）中电压表接在电流表的前面，称为电压表前接。图9.4.2（b）中电压表接在电流表的后面，称为电压表后接。

在电压表前接电路中，电流表的读数 $I=I_X$，但由于电流表与被测电阻串联，电压表的

读数 U 不等于 U_X，它还包含电流表的压降 I_X，即 $U=U_X+I_XR_A$。因此，按仪表读数计算出来的电阻为

$$R'_X=\frac{U}{I}=\frac{U_X+I_XR_A}{I_X}=R_X+R_A \quad (9.4.2)$$

式中，U_X 为电阻两端的电压，单位为 V；I_X 为电流表读数，单位为 A。R_A 为电流表的内阻，单位为 Ω。

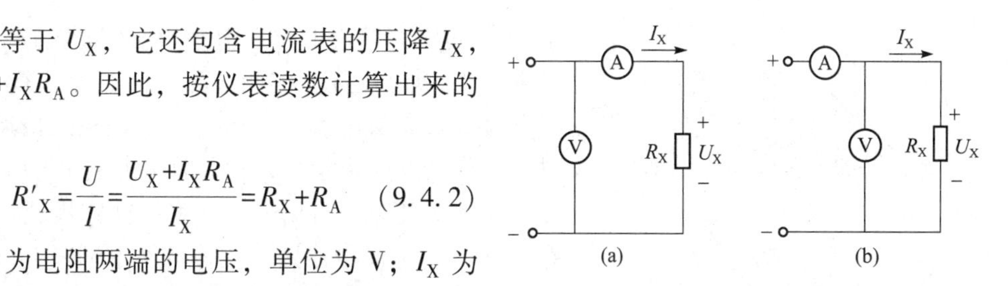

图 9.4.2 伏安法测量电阻

(a) 电压表前接；(b) 电压表后接

可以看出，R'_X 中包括了电流表内阻 R_A，这就形成了测量误差，其结果将使测量值偏大。相对误差 γ 为

$$\gamma=\frac{R'_X-R_X}{R_X}\times100\%=\frac{R_A}{R_X}\times100\% \quad (9.4.3)$$

显然，R_A/R_X 值越大，误差就越大，所以电压表前接的电路适用于测量 $R_X \gg R_A$（100倍以上）的情况，即测量较大电阻的情况。按式（9.4.3）算得的被测电阻值的误差应该为"+"。

在电压表后接电路中，电压表的读数 U 等于 U_X，但电流表的读数 I 不等于 I_X，因为电压表和被测电阻直接并联，所以电流表的读数为被测电阻 R_X 的电流 I_X 和电压表的电流 I_V 之和，即 $I=I_X+I_V$。因此按仪表读数计算出来的电阻值为

$$R''_X=\frac{U}{I}=\frac{U_X}{I_X+I_V}=\frac{1}{\frac{I_X}{U_X}-\frac{I_V}{U_X}}=\frac{1}{\frac{1}{R_X}+\frac{1}{R_V}}=\frac{R_XR_V}{R_X+R_V} \quad (9.4.4)$$

它等于被测电阻 R_X 与电压表内阻 R_V 并联的等效电阻，因而测量结果偏小。相对误差为

$$\gamma=\frac{R''_X-R_X}{R_X}\times100\%=\frac{-R_X}{R_X+R_V}\times100\% \quad (9.4.5)$$

由此可见，$\frac{R_X}{R_X+R_V}$ 值越大，误差就越大，只有当 $R_X \ll R_V$ 时，$R''_X \approx R_X$。所以电压表后接的电路，适用于测量 R_X 阻值较小的情况。按式（9.4.5）算得的被测电阻值的误差应该为"−"。当 R_X 和 R_V 已知时，两种接法都可以通过计算来消除误差。

用伏安表法测小电阻时，被测电阻需具有四端钮结构，通入检测电阻的电流要足够大，并采用灵敏度高的毫伏表测量该电阻两端的电压。测量时应尽量使用短导线连接，以减小接线电阻。采用上述方法，可以排除接线电阻和接触电阻对测量结果的影响。

用伏安表法也可以测量大电阻和高值电阻，注意用伏安法测量高值电阻时，应选用微安表。

9.4.3 直流单臂电桥测量电阻

直流电桥是一种测量电阻或与电阻有函数关系的参量的比较仪器。它主要是由比例臂、比较臂、被测臂等构成的桥式电路。在测量时，它是根据被测量与已知量进行比较而得到测量结果的。

直流单臂电桥又称惠更斯电桥，其简单原理线路如图 9.4.3 所示，电阻 R_X、R_2、R_3 和

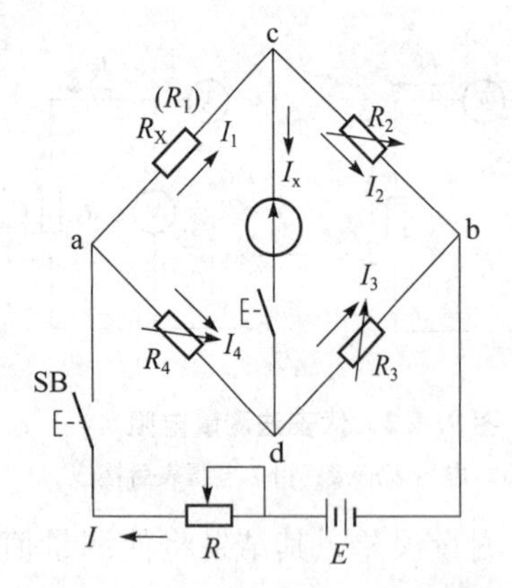

图 9.4.3　直流单臂电桥简单原理线路

R_4 接成封闭的四边形。其中 R_X 为被测臂，R_2、R_3 为比例臂，R_4 为比较臂。在四边形的一条对角线 ab 上，经过开关 S 接直流电源 E。cd 对角线上接入检流计，用于电桥平衡情况的指示。该检流计是指针式的，如果灵敏度还需要提高时，可用短路片将指针式检流计的端钮短路，然后在注有“外接”字样的两个端钮上，接入所选用的检流计。当开关闭合后，调节 R_2、R_3、R_4 3 个桥臂电阻，使得检流计的指示为零，此时称电桥平衡。根据电桥平衡原理，被测电阻的阻值 R_X 可以由下式得到

$$R_X=\frac{R_2}{R_3}R_4 \tag{9.4.6}$$

式中，$\frac{R_2}{R_3}$为电桥的平衡臂；R_4 为电桥的比较臂电阻。

这样，当电桥平衡时，就可以由式（9.4.6）得到被测量电阻的阻值 R_X。

直流单臂电桥根据其准确度的不同分为 8 个等级：0.01、0.02、0.05、0.1、0.2、1.0、1.5、2.0。

注意：

① 在使用直流单臂电桥前先将检流计的锁扣打开，并且将其调零。

② 接入被测电阻 R_X时，最好用较粗较短的导线，以免增加连接线的电阻和接触电阻。

③ 保持接头的接触良好，否则电桥会不稳定，严重时还会使检流计烧坏。

④ 使用完毕后，须切断电源，拆除被测电阻，锁上检流计（无锁扣的可将检流计短接），以保护检流计。

9.5 测试题及答案

9.5　功率的测量

9.5.1　电功率的测量

由电工基础知识可知，直流电路和交流电路的功率计算公式分别为

$$P=UI \tag{9.5.1}$$

$$P=UI\cos\varphi \tag{9.5.2}$$

因此，测量功率的仪表，在直流电路中应能够反映负载上的电压和流过负载的电流的乘积；在交流电路中，不仅要反映出负载电压和电流的乘积，还要反映出两者的相位关系。电动式功率表具有两组线圈，一组与负载串联，用来反映流过负载的电流；另一组与负载并联，用来反映负载两端的电压，所以它是一种较理想的测功率仪表。

1. 功率表的正确接线

单量程功率表有 4 个接线端钮，其中有两个是电流线圈端钮，另两个是电压线圈端钮。为了便于正确接线，通常在电流端和电压端标“ * ”号（一般称它们为“发电机端”）。接线时应遵循下列两条原则：如图 9.5.1（a）所示，一是两个电流线圈 A_1、A_3 可以任意串联

接入被测三相三线制电路的两线，使通过线网的电流为三相电路的线电流，同时应注意将“发电机端”接到电源侧。二是两个电压线圈 B_1 和 B_3 通过 U_1 端钮和 U_3 端钮分别接至电流线圈 A_1 和 A_3 所在的线上，而 U_2 端钮接至三相三线制电路的另一线上。如图9.5.1（b）所示，三相功率表的面板上有10个接线端钮，其中电流端钮6个、电压端钮4个。接线时应注意将接中性线的端钮接至中性线上。3个电流线圈分别串连接至3根相线中，而3个电压线圈分别接至各自电流线圈所在的相线上。

1）测量直流功率

接线方法如图9.5.2（c）所示，电流必须同时从电流、电压端流进。功率表的读数就是被测功率。

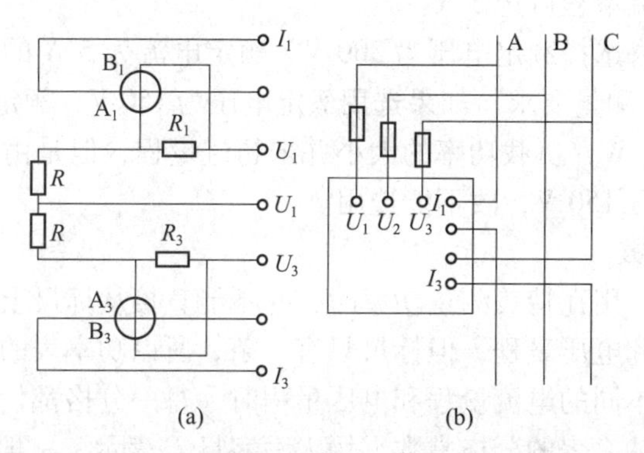

图9.5.1　三相功率表的内部/外部接线图

（a）内部接线；（b）外部接线

2）测量单相交流功率

单相交流功率的接线方法与直流功率相同，如图9.5.2所示。连接时应注意以下3点：

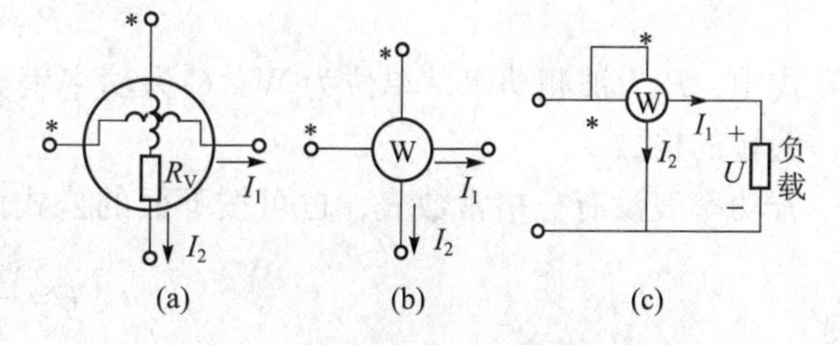

图9.5.2　直流和单相交流功率的测量

（a）测量原理图；（b）符号；（c）功率测量的接线图

(1) 功率表标有“＊”号的电流端钮必须接至电源的一端，而另一端电流端钮则接至负载端。电流线圈是串联接入电路中的。

(2) 功率表中标有“＊”号的电压端钮，可以接至电流端钮的任一端，而另一个电压端钮则跨接到负载的另一端。功率表的电压线圈是并联接入电路的。

(3) 这里两个线圈的首端标的“＊”号（或用“±”号代替）。

2. 功率表量程的选择

功率表通常做成多量程的，一般有2个电流表量程，2个或3个电压量程。通过选用不同的电流和电压量程，获得不同的功率量程。

例如，D19-W型功率表的额定值为5/10 A和150/300 V，其功率量程可计算如下：

在5 A、150 V量程：5 A×150 V=750 W；

在5 A、300 V或10 A、150 V量程：5 A×300 V或10 A×150 V=1 500 W；

在10 A、300 V量程；10 A×300 V=3 000 W。

可见，选择功率表测量功率的量程，事实上就是要正确选择功率表中的电流量程和电压量程，必须使电流量程能允许通过负载电流，电压量程能承受负载电压。这样测量功率的量程能满足测量要求。反过来，如果选择时只注意测量功率的量程，而忽视了电压、电流量程是否和负载的电压、电流相适应，是不对的。

【例9.5.1】 有一感性负载，其功率约为800 W，电压为220 V，功率因数为0.8，需要用功率表去测量它的功率，应怎样选择功率表的量程?

【解】 因为负载电压为220 V，所以所选功率表的电压额定值为250 V或300 V的量程。负载电流可按下式算出，根据式（9.5.2），有：

$$I=\frac{P}{U\cos\varphi}=\frac{800}{220\times0.8}\ \text{A}=4.5\ \text{A}$$

所以，功率表的电流量程可选5 A。

在上述例题中，如果选择额定电压为300 V、额定电流为5 A的功率表时，它的功率量程为1 500 W，能够满足测量要求。如果选用额定电压为150 V、额定电流为10 A的功率表，功率量程虽然仍为1 500 W，负载功率的大小并未超过量程，但是由于负载电压220 V已超过功率表所能承受的电压150 V，故不能选用。

3. 功率表的正确计数

功率表又称瓦特表，用瓦特表测量功率时，并不能直接从标尺上读取瓦特数，这是由于功率表通常有几种电流和电压量程，但标尺只有一条，所以功率表的标尺只标有分格数，而未注明瓦特数。在选用不同的电流量程和电压量程时，每一分格都代表不同的瓦特数。每一格所代表的瓦特数称为功率表的分格常数，用大写字母C表示。一般功率表附有表格，标明了功率表在不同电流、电压量程下的分格常数，以供查用。在测量时读取了功率放大器表的偏转格数后，乘以功率表相应的分格常数，就等于被测功率的数值。即

$$P=C\alpha \tag{9.5.3}$$

式中，P为被测功率，单位为W；C为功率表分格常数（瓦/格），单位为W/div；α为指针偏转的格数。

若功率表没有分格常数表，也可按下面的公式计算功率表分格常数：

$$C=\frac{U_{\mathrm{N}}I_{\mathrm{N}}}{\alpha_{\mathrm{m}}} \tag{9.5.4}$$

式中，U_{N}为所用功率表的电压额定值，单位为V；I_{N}为所用功率表的电流额定值，单位为A；α_{m}为所用功率表标尺的满刻度格数。

注意：用功率表进行测量时，一定要记下所选用量程的电流、电压的额定值及标度尺的满刻度格数、指针偏转格数，以便算出分格常数。

【例9.5.2】 用一只满刻度为150格的功率表去测量某一负载所消耗的功率，所选用量程的额定电流为10 A，额定电压为150 V，其读数为60格，问该负载所消耗的功率是多少?

【解】 功率表的分格常数为

$$C=\frac{U_{\mathrm{N}}I_{\mathrm{N}}}{\alpha_{\mathrm{m}}}=\frac{150\times10}{150}\ \text{W/格}=10\ (\text{W/div})$$

$$P=C\alpha=60\times10\ \text{W}=600\ (\text{W})$$

9.5.2 三相功率的测量

由于工程上广泛采用的是三相交流电，可以用单相功率表、三相功率表来专门测量三相

交流功率。在三相对称负载电路中，三相交流功率可用一只单相功率表测量；在三相三线制电路中，无论负载对称与否，三相功率都可用两只单相功率表测出；三相不对称负载可用 3 只单相功率表分别测量三相功率，还可以直接使用一只三相功率表来测量三相功率。另外，有功功率表不仅能测量有功功率，改变它的连接方式还可以测量无功功率，常用的方法有：用单相有功功率表测量无功功率，用 3 只有功功率表测量三相无功功率。

常用的测量三相功率的携带式单相功率表有 D19-W、D26-W 和 D51-W 等型号。

1. 一表法测三相功率

所谓一表法，如图 9.5.3 所示，图 9.5.3（a）、图 9.5.3（b）分别为三相负载星形连接、三角形连接时的功率表连接情况。单相功率表的电流线圈串联接入三相电路中的任意一相，通过电流线圈的电流为相电流；功率表带“＊”的电压线圈端接到电流线圈的任意一端，加到功率电压支路两端的电压就是相电压；功率表的读数就是对称负载一相的功率。在三相对称负载电路中，用一只单相功率表先测出一相功率，然后乘以 3，便得到三相负载的总功率。三相电路的总功率为 3 个相的有功功率之和，即

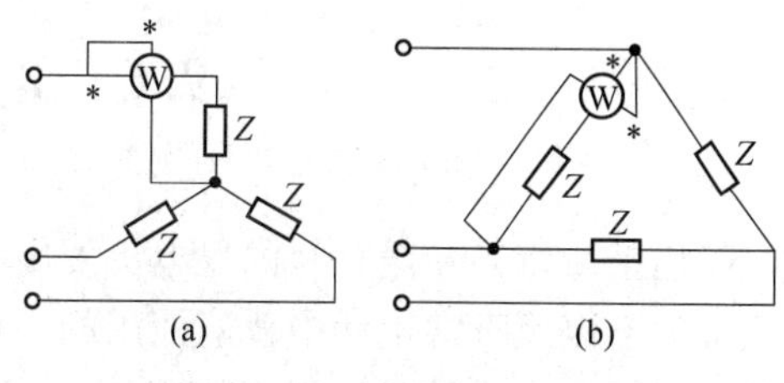

图 9.5.3 一表法测三相功率

$$P = 3P_1 \tag{9.5.5}$$

式中，P 为三相负载的总有功功率，单位为 W；P_1 为功率表读数，单位为 W。

2. 两表法测三相功率

在三相三线制电路中，无论负载如何连接，负载对称与否，用两个单相功率表测量三相功率是最常用的方法，即“两表法”。接线方法如图 9.5.4（b）所示，两个功率表都将显示出一个读数，就功率表的读数来说并没有什么意义，但把两个功率表的读数加起来却是三相总功率。

3. 三表法测三相功率

三相四线制负载多数是不对称的，不对称的电路需要用 3 个单相功率表才能测量，简称为“三表法”。3 个功率表的接线如图 9.5.4（a）所示，图中每个单相功率表的接线方式和“一表法”是一样的，只是把 3 个功率表的电流线圈相应地串接到每一相线，3 个功率表的电压线圈标“＊”的一端接到该功率表的电流线圈所在的线上，另一端接到中线上。三相电路的总功率就等于 3 个功率表的读数之和。

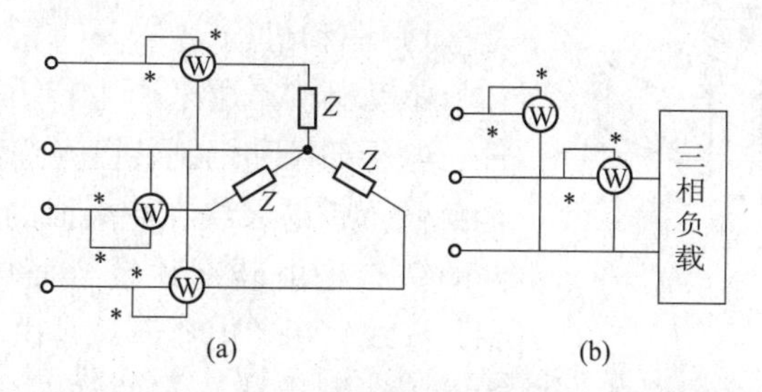

图 9.5.4 两表法、三表法测三相功率的接线图

4. 三相功率表测三相功率

为了使用方便起见，制造厂生产了两元件的三相功率表（简称二元功率表）和三元件的三相功率表（简称三元功率表）。比如，两元件的三相功率表，即把两只功率表的测量机

构放在一个外壳内，两个可动线圈共同作用在一个转轴上。由于偏转角是由两个线圈转矩的代数和决定的，所以指针所指示的读数就是三相功率。两元件三相功率表的背面共有7个接线柱，其中的4个属于两个电流线圈的，另外的3个属于两个电压线圈（其中一个为共用）的，三相功率表的原理接线图如图9.5.1（b）所示。

二元功率表适用于测量三相三线制或负载完全对称的三相四线制电路的功率，而三元功率表适用于测量三相四线制电路的功率。

9.6 测试题及答案

9.6 电能的测量

把用来测量某一段时间内发电机发出的电能或负载消耗电能的仪表称电能表。它是我国工农业生产以及日常生活中普遍使用的一种仪表。电能表需要不仅能反映出功率的大小，而且能够反映出电能随时间积累的总和。这点决定了电能表需要有不同于其他仪表（如功率表等）的特殊结构。因为电能表的指示器不能像其他指示仪表一样停在某一位置，而是随着电能的不断增长而不断转动，随时反映出电能积累的总量。

电量是电功率在时间上的积累，电力工业中电能的单位是千瓦小时，所以电能表有时又称千瓦时计。目前，凡是用到电的地方几乎都少不了电能表，它是电工测量仪表中生产量最多的一种仪表。

9.6.1 单相电能表的基本结构和工作原理

电能表按接入电源的相数不同分为单相、三相电能表两大类；按电能表工作原理的不同，分为感应式、电动式和磁电式电能表3种。目前，市场上广泛使用的是稳定性较高但成本不高的感应式电能表。各类型号的电能表的基本结构都是相似的。本节将以单相电能表为例介绍电能表的基本结构和工作原理。

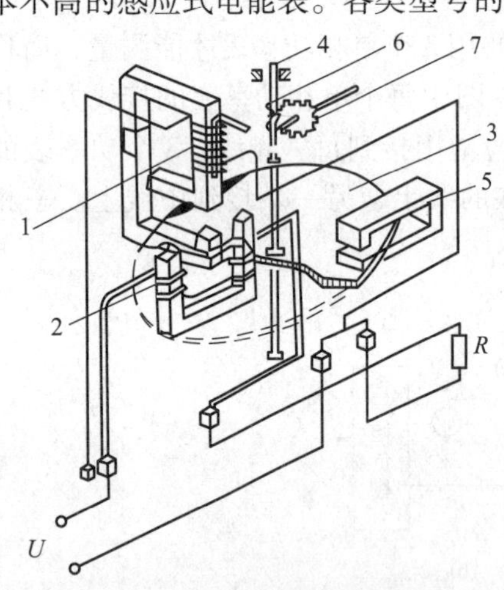

图9.6.1 DD1型单相电能表的内部结构

1—电压线圈；2—电流线圈；3—铝制转盘；4—转轴；5—制动永久磁铁；6—蜗杆；7—蜗轮

1. 基本结构

单相电能表内部结构如图9.6.1所示，主要由驱动机构、制动机构和积算机构三部分组成，还有一些零部件，如轴承、支架、接线盒等。

1）驱动机构

驱动机构是用来产生转矩的，它主要包括电流部件、电压部件和铝制转盘（简称铝盘）等。电流部件是由U形铁芯及绕在它上面的电流线圈组成。电流部件的铁心是由硅钢片叠合而成的，电流线圈匝数较少，导线较粗。电压部件是由U形铁芯及绕在它上面的电压线圈组成。它的铁芯也是由硅钢片叠合而成的，电压线圈匝数较多，导线较细。

2）制动机构

制动机构是用来在铝盘转动时产生制动力矩，使铝盘转速和负载的功率大小成正比，从而使电能表能

反映出负载所消耗的电能。它主要由永久磁铁、铝制转盘及转轴等组成。

3）积算机构

积算机构又称计度器，它是用来计算电能表转盘的转数，以实现电能的测量和计算。当转盘转动时，通过蜗轮、蜗杆及齿轮等传动机构带动“字轮”转动，从而可以在计算器窗口中直接显示出电能的数值。因为一般电能表不是显示盘的转数，而是直接显示出负载消耗的电能数值。

2. 单相电能表的工作原理

当电流线圈和电压线圈通以交流电流时，就有交变的磁通穿过铝盘，在铝盘上感应出涡流，涡流与交变的磁通相互作用产生转动力矩，从而使铝盘转动。同时制动磁铁与转动的铝盘也相互作用，产生了制动力矩。当转动力矩与制动力矩平衡时，铝盘以稳定的速度转动。欲使电能表铝盘的转数能正确地表示电路中所消耗的电能，首先应使铝盘所受的转矩与电路的有功功率成正比，即铝盘的转数与被测电能的大小成比例，从而测出所耗电能。

由上述单相电能表的工作原理分析可知，铝盘的转速与负载的功率有关，负载功率越大，铝盘的转速越快。即

$$P=C\omega \tag{9.6.1}$$

式中，P 为负载的功率；ω 为铝盘的转速；C 为常数。

设测量时间为 T，且保持功率不变，则有 $PT=C\omega T$，其中 PT 指在时间 T 内负载所消耗的电能，用 W（千瓦 · 小时）表示，等式右边 $C\omega T$ 的乘积是指铝制转盘在时间 T 内的转数，即电能表的转数，用 n 来表示，则有

$$W=Cn \tag{9.6.2}$$

可见，电能表的转数 n 与被测电能 W 成正比。这样常数 $C=\dfrac{W}{n}$，即铝盘每转一圈所代表的千瓦小时数。通常使用的电能表的铭牌就是电能表常数 N，它表示每千瓦小时对应的铝盘的转数，即

$$N=\frac{1}{C}=\frac{n}{W} \tag{9.6.3}$$

9.6.2　电能表的使用

1. 电能表的选择与计量

1）电能表的选择

每只电能表都标有铭牌，在铭牌上标明制造厂名、电表形式、额定电流、额定电压、相数、准确度等级、每千瓦时（或每千乏时）的铝盘转数（即电能表的常数 N）。

（1）根据具体任务选择仪表的类型。单相用电时选择单相电能表，三形用电时选择三相四线制的电能表或 3 个单相电能表。成套的配电设备可采用三相三线制的电能表。

（2）根据负载的最大电流、额定电压以及测量值需要达到的准确度，选择电能表的型号。额定电流应大于或等于负载上流过的最大电流值。

（3）当电路没有接入负载时，铝盘不转；当电能表的电流线路中无电流，但电压线路上有额定电压时，铝盘转动应不超过允许值。

2）电能表的倍率及计算

电能表常数用符号 R 表示，例如，DD862 型，5A /220 V 的电能表，R=1 200 r/kW，说明铝盘转动 1 200 r，就显示耗电 1 kW · h。

电能表的倍率一般分两种，一种是由电能表结构决定的倍率，称电能表本身的倍率。它等于电能表的齿轮比。如电能表只有一位小数，其齿转比及常数均为2 500 r，其倍数实为 1，则使用时将两次抄表电度数相减，即为实际用电量。另一种，当电能表经互感器接入时，其读数还要乘电流和电压互感器的变比，则有

电能表倍率=TV 变比×TA 变比×电能表本身的倍率

2. 电能表计量方法

根据《全国供用电规划》与国家电价分类的规定，用电户应分别安装电能表，以便每月计算电费。高压供电用户，原则上在高压测量电能计费，如果在低压测量电能时，则电费计算应包括变压器的钢、铁损耗在内。计费电能表的安装、移动，用户不得擅自进行。根据供用电规则的要求，计量电能的方式有以下几种。

（1）35 kV 供电用户，单台变压器容量在 3 150 kV · A 以上或有两台以上受电变压器时，一般可在低压测量电能，单台变压器容量在 1 000 kV · A 以上或有两台以上直配变压器时，仍应在高压测量电能。

35 kV 供电的工业用户实行两部制电价，应装最大需量有功电能表、无功电能表及电力定量器；35 kV 供电的非工业用户不实行两部制电价，应装有功、无功电能表。

（2）6~10 kV 供电用户，单台变压器容量在 315 kV · A 以上或装两台及以上受电变压器时，应在 5~10 kV 测量电能；单台变压器容量在 315 kV · A 及以下时，可在 400 V 低压测量电能。6~10 kV 供电的工业用户，实行两部制电价的应装最大需要量有功、无功电能表和电力定量器；不实行两部制电价而实行功率因数调整的，应装有功、无功电能表。6~10 kV 供电的用户，受电变压器容量在 100~315 kV · A 范围的，不实行两部制电价，而实行功率因数调整，照明和电力用电应分别装表，总表应安装有功、无功电能表，照明应安装分表。计量电度分线分表在技术经济上有困难时，经供电部门同意，可采用定比、定量的办法计算照明用电。

（3）380/220 V 低压供电用户，安装容量在 100 kV · A 及以上，不实行两部制电价而实行功率因数调整的，照明和电力应分别装表，总表应装有功、无功电能表，照明应装分表。原装有最大需量表的低压供电工业用户，在电网能力允许的情况下，不论其装接容量为多少，仍维持原规定，实行两部制电价。

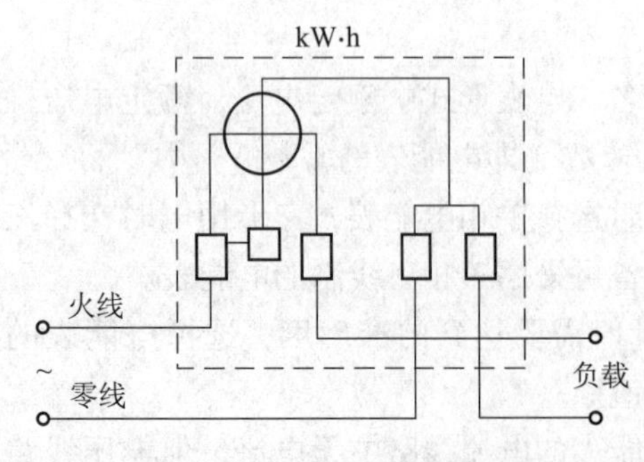

图 9.6.2　单相电能表的接线图

（4）220 V 普通居民、机关、学校低压供电用户，按其用电量可装单相或三相照明电能表，实行单一制电价。

3. 电能表的接线

（1）单相电能表的接线。电能表的下面有一排接线柱，利用这些接线柱，把电能表的电流线圈串接在负载电流中，电压线圈并联在电路中，如图 9.6.2 所示为单相电能表的接线图。

（2）三相三线制电路中电能表的接线。在低

压三相三线制电路中，有功电能的计量应采用更新的 DS862、DS864 型三相有功电能表。三相三线制电路有功电能表的接线方法如图 9.6.3 所示，图中为电能表经电流互感器接入的接线方法。

在高压三相三线制电路，测量三相有功电能可采用 DS864-2 型或 D864-4 型额定电压 100 V，标定电流 1.5（6）或 3（6）A，括号内为最大电流值。把 U 项和 W 项的电流互感器接入第一和第三元件的电流线圈，用两台单相电压互感器接成 V/V-12 型接线，也可以用三台单相电压互感器和一台三相电压互感器，接成 Y/Y_0-12 型接线。如图 9.6.4 所示为高压三相三线制电路有功电能表的接线方法，该图中电压互感器是采用的 Y/Y_0-12 型接线。

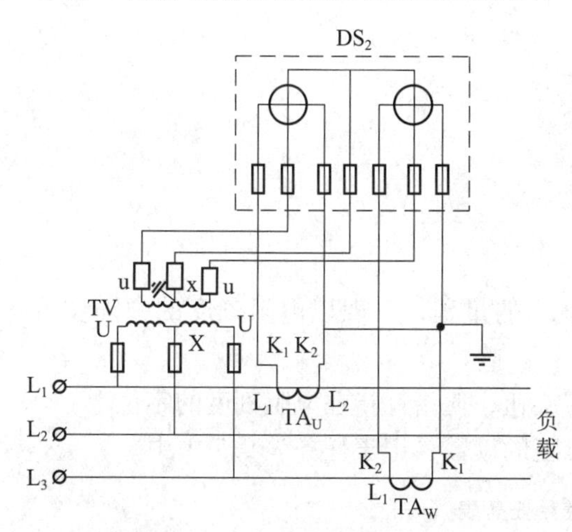

图 9.6.3　低压三相三线制电路有功电能表的接线

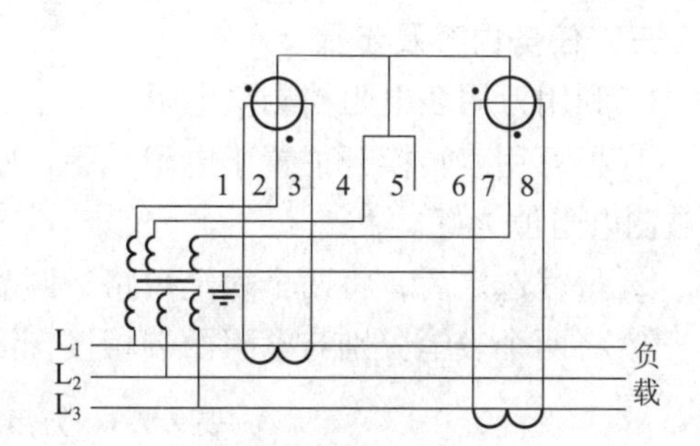

图 9.6.4　高压三相三线制电路有功电能表的接线

（3）低压三相四线制电路中电能表的接线。对于低压三相四线制电路，应选用三相四线制有功电能表来计量电能，以保证三相电压和电流在不对称时，也能正确计量。在负载功率较大时，则可将电能表配用电流互感器来计量电能。低压三相四线制电路电能表的接线方法如图 9.6.5 所示。

（4）三相无功电能表的接线。测量三相四线制无功电能，采用带附加电流线圈的三相无功电能表。通过图 9.6.6 所示 DX1 型三相无功电能表的接线，就可以读取三相无功电能。三相三线制无功电能的测量可用一种 60°相位角的三相无功电能表，如 DX2 型的三相无功电能表，也可以采用正弦三相无功电能表。

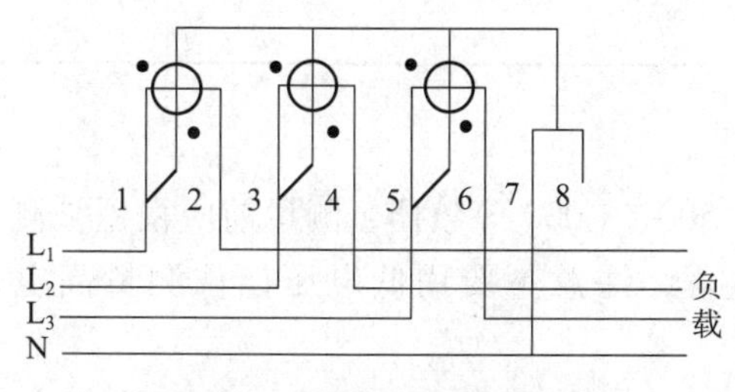

图 9.6.5　低压三相四线制电路有功电能表的接线

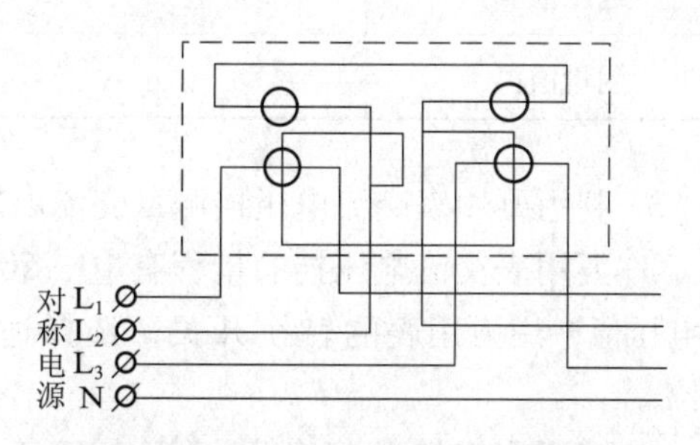

图 9.6.6　DX1 型三相无功电能表的接线

9.7 任务训练——万用表的使用

一、任务目的

1. 学会万用表的使用方法。

2. 学会用万用表测量电流、电压和电阻，熟练掌握伏安法测量电阻。

二、任务设备和仪器

直流稳压电源　　0~30 V　　1只

交流电源　　0~220 V　　1只

万用表　　1块

小功率电阻　　5只

三、任务内容及步骤

1. 利用万用表电阻挡测量电阻。

① 把万用表转换开关置于电阻挡上，选择适当的量程，一般以电阻刻度的中间位置接近被测电阻值为好。

② 量程选定后，将两个表笔短路，调节调零旋钮，使指针指在电阻刻度的零位上。

③ 将两个表笔分别与电阻两端相接，读出电阻的读数，记于任务表 9.7.1 中。

表 9.7.1　万用表的使用任务表（一）

R 标称值/Ω							
R 测量值/Ω							

2. 利用万用表直流电压挡测量直流电压。

① 万用表直流电压挡的量程有 0. 25、1、2. 5、10、50、250、500 等数挡，测量前应根据被测直流电压值，用万用表的转换开关，选择适当的量程，注意不要用低电压挡位测量高电压挡位。

② 将两个表笔分正负与被测电压正、负相并联，读出电压的读数，并记入表 9. 7. 2 中。

表 9.7.2　万用表的使用任务表（二）

电压值/V	5	10	15	20	25	30
测量值/V						

3. 利用万用表交流电压挡测量交流电压。

① 万用表交流电压挡的量程有 10、50、250、500、1 000 等数挡，测量前应根据被测交流电压值，用万用表的转换开关，选择适当的量程，注意不要用低电压挡位测量高电压挡位。

② 将两个表笔分正负与被测电压正、负相并联，读出电压的读数，并记入任务表 9. 7. 3 中。

表 9.7.3　万用表的使用任务表（三）

电压值/V	50	60	100	120	170	220
测量值/V						

4. 用伏安法测量电阻。

① 按图 9.7.1 接好电路。

② 万用表转换开关置于直流电流挡上，选择适当的量程。

③ 测量电流，将读数记入表 9.7.4 中。

④ 计算电阻，并作伏安特性曲线。

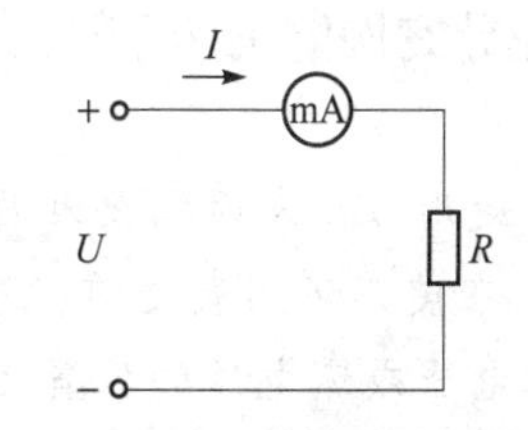

图 9.7.1　用伏安法测量电阻接线任务图

表 9.7.4　万用表的使用任务表（四）

电压值/V	5	10	15	20	25	30
电流值/mA						
电阻值/Ω						

四、任务报告

1. 作伏安特性曲线。

2. 分析用伏安法测量电阻产生误差的原因。

使用数字万用表判断三极管管脚

现在数字式的万用表已经是很普及的电工、电子测量工具了，由于它使用的方便性和准确性受到维修人员和电子爱好者的喜爱。但有朋友会说在测量某些元器件时，它不如指针式的万用表好用，如测三极管。其实数字万用表测量三极管是很方便的。以下就是一些使用经验，大家不妨试试看。比如，现在有一些三极管，假设不知它是 PNP 管还是 NPN 管。三极管的内部是两个 PN 结组合而成的，中间的都是基极（b 极）。

首先，要先找到基极并判断是 PNP 管还是 NPN 管。对于 PNP 管的基极是两个负极的共同点，NPN 管的基极是两个正极的共同点。这时可以用数字万用表的二极管档去测基极。对于 PNP 管，当黑表笔（连表内电池负极）在基极上，红表笔去测另两个极时一般为相差不大的较小读数（一般为 0.5~0.8），如表笔反过来接则为一个较大的读数（一般为 1）。对于 PNP 表来说则是红表笔（连表内电池正极）连在基极上。这样就可以先判断出基极和管子类型来。

找到基极并知道管子的类型后，就可以来判断发射极和集电极了。如果使用指针式万用表到了这一步可能就要用到两只手了。把万用表打到 h_{FE} 挡上，将管子引脚插到数字万用表的 NPN 小孔上，b 极对上面的 b 字母。读数，再把它的另二脚反转，再读数。读数较大的那次极性就对上表上所标的字母，这时对着字母就可以知道管子 c 极和 e 极了。

先导案例解决

在使用万用表时需要注意以下几点：

1. 在使用万用表之前，应先进行“机械调零”，即在没有被测电量时，使万用表指针指在零电压或零电流的位置上。

2. 在使用万用表过程中，不能用手去接触表笔的金属部分，这样一方面可以保证测量的准确，另一方面也可以保证人身安全。

3. 在测量某一电量时，不能在测量的同时换挡，尤其是在测量高电压或大电流时，更应注意。否则，会使万用表毁坏。如需换挡，应先断开表笔，换挡后再去测量。

4. 万用表在使用时，必须水平放置，以免造成误差。同时，还要注意避免外界磁场对万用表的影响。

5. 万用表使用完毕，应将转换开关置于交流电压的最大挡。如果长期不使用，还应将万用表内部的电池取出来，以免电池腐蚀表内其他元器件。

生产学习经验

1. 使用指针式万用表时，一定要根据参数工作情况定好哪个参数、哪个挡位，这样才能保证测量结果的精确性。

2. 使用电能表的注意事项：

（1）不允许将电能表安装在负载小于 10% 额定负载的电路中；

（2）不允许电能表经常在超过额定负载值 125% 的电路中使用；

（3）使用电压互感器、电流互感器时，其实际功耗应乘以相应的电流互感器及电压互感器的变比。

本章小结

BENZHANGXIAOJIE

（1）电工测量主要是用电工测量仪表测量各种电量（包括磁量），如有电压、电流、电功率、电能、相位、频率、功率因数等物理量。

（2）仪表的准确度与其误差有关，但无论仪表制造得多精确，仪表示值与真值之间总有误差存在。测量误差根据误差的不同特征一般有绝对误差、相对误差及引用误差 3 种表示方法。准确度等级数值越小，仪表的基本误差越小，准确度越高。

（3）电工测量的方法有直接测量法、比较测量法和间接测量法 3 种。其中比较测量法又分差值法和替代法两类。

（4）电工仪表按工作原理分为磁电式仪表、电磁式仪表、电动式仪表、整流式仪表等类型。其中，磁电式、电磁式、电动式仪表是常用的 3 种指针式仪表。磁电式仪表可用于测量直流电流和直流电压；电磁式仪表主要用于测量交流量；电动式仪表主要用来测量功率，还可以测量交直流电流、电压及功率。

（5）万用表是一种多量程、多用途的电工测量仪表，它有磁电式和数字式两种，可以测交直流电压、电流、电阻，还能测量电感、电容等其他电学量。

（6）测量电阻的仪器仪表有标准电阻、电阻箱、直流单/双臂电桥、电压表和电流表、兆欧表等。测量绝缘电阻必须要使用兆欧表。

（7）三相功率测量方法主要有一表法（一只单相功率表测量）、二表法和三表法以及三相功率表测量法。电能的测量用到电能表。

习 题

一、填空题

1. 测量的目的是希望通过测量求取被测量的____________。

2. 仪表误差主要有两类，一是____________，二是____________。

3. 测量误差主要有____________、____________和____________。

4. 万用表主要由测量机构、____________、____________及外壳组成。

5. 测量直流电流时，常用的是 ____________；测量交流电流时，常用的____________。

二、选择题

1.（　　）是测量结果准确程度的量度，是电工仪表的一个主要特性。

A. 准确度　　B. 灵敏度　　C. 误差度

2. 仪表示值与被测量的真值之间的差值叫（　　）。

A. 绝对误差　　B. 相对误差　　C. 引用误差

3. 测量时，只能测出与被测相关的电量，然后通过计算求得被测量的数值的方法称（　　）。

A. 直接测量法　　B. 比较测量法　　C. 间接测量法

4. 根据载流导体在磁场中受到电磁力作用的原理制成的电工仪表是（　　）。

A. 电磁式仪表　　B. 磁电式仪表　　C. 电动式仪表

5. 以下能用于测大电阻的阻值的仪表是（　　）。

A. 欧姆表　　B. 万用表　　C. 兆欧表

三、思考题

1. 为保证测量结果的准确可靠，对电工指示仪表有哪些技术要求？

2. 用量程 250 V 的电压表去测 220 V 的标准电源，读得电源电压为 219 V。求：测量的绝对误差和相对误差。

3. 单臂电桥为什么不适合测小电阻？

4. 为什么测量绝缘电阻要使用兆欧表，而不用万用表？

5. 使用电能表的注意事项有哪些？

习题参考答案

第1章　电路的基本概念和基本定律

一、填空题

1. 电流　电源　负载　控制器件　连接导线

2. 5　2

3. 55

4. 9　0

5. 1.56×10^{7}　1.3元

6. 0.2　0.2

二、选择题

1. B　2. C　3. C　4. A　5. B　6. C

三、计算题

1. 解：(1) 以O点为参考点：

$U_{AB}=5\ V$，$U_{BC}=10\ V$，$U_{AC}=15\ V$，$U_{CA}=-15\ V$；

(2) 以B点为参考点：

$V_A=5\ V$，$V_C=-10\ V$，$V_O=-5\ V$；

$U_{AB}=5\ V$，$U_{BC}=10\ V$，$U_{AC}=15\ V$，$U_{CA}=-15\ V$。

2. 解：$P=\frac{U^2}{R}\Rightarrow U^2=PR=10\times10^3\ V$　　$\therefore U=100\ V$

$P=I^2R\Rightarrow I^2=\frac{P}{R}=\frac{1}{10^4}$　　$\therefore I=0.01\ A$

3. 解：(1) $P=IU\Rightarrow I=\frac{P}{U}=\frac{1\ 000}{220}\ A\approx4.55\ A$

(2) $P=\frac{U^2}{R}\Rightarrow R=\frac{U^2}{P}=\frac{220^2}{1\ 000}\ \Omega=48.4\ \Omega$

(3) $P=\frac{U^2}{R}=\frac{110^2}{48.4}\ W=250\ W$

4. 解：查表得　$\rho_{铝}=2.9\times10^{-8}\ \Omega\cdot \text{m}$

$R=\rho\dfrac{l}{s}=2.9\times10^{-8}\dfrac{10^5}{20\times10^{-6}}\ \Omega=145\ \Omega$

5. 解：根据题意先求解出灯泡的电阻得 $P=\dfrac{U^2}{R}\Rightarrow R=\dfrac{U^2}{P}=\dfrac{220^2}{100}\ \Omega=484\ \Omega$

如果误接在 110 V 的电源上，灯泡功率为：

$P=\dfrac{U^2}{R}=\dfrac{110^2}{484}\ \text{W}=25\ \text{W}$

如果误接在 380 V 的电源上，灯泡功率为：

$P=\dfrac{U^2}{R}=\dfrac{380^2}{484}\ \text{W}\approx298\ \text{W}>100\ \text{W}$，所以不安全。

6. 解：$I=\dfrac{E}{r_0+R}=\dfrac{3}{0.2+1.3}\ \text{A}=2\ \text{A}$

$U=IR=1.5\times1.3\ \text{V}=2.6\ \text{V}$

7. 解：（1）$I=\dfrac{E}{r+R}=\dfrac{220}{10+100}\ \text{A}=2\ \text{A}$

（2）$U=E-Ir=(220-2\times10)\ \text{V}=200\ \text{V}$

（3）$U=IR=2\times100\ \text{V}=200\ \text{V}$

（4）$U_0=Ir=2\times10\ \text{V}=20\ \text{V}$

8. 解：根据题意分析得：

当合上开关 S 时，电压表的读数为 48 V，也就是电阻 R 两端的电压 $U=48\ \text{V}$

当断开开关 S 时，电压表读数为 50.4 V，此时的读数为电源电动势 $E=50.4\ \text{V}$

$I=\dfrac{U}{R}=\dfrac{48}{10}\ \text{A}=4.8\ \text{A}$

$E=U+Ir\Rightarrow r=\dfrac{E-U}{I}=\dfrac{50.4-48}{4.8}\ \Omega=0.5\ \Omega$

9. 解：通路时电源的输出电压 $U=E-Ir=(110-10\times0.5)\ \text{V}=105\ \text{V}$

若负载短路，短路电流 $I=\dfrac{E}{r}=\dfrac{110}{0.5}\ \text{A}=220\ \text{A}$

电源输出电压 $U=E=110\ \text{V}$

第 2 章　电路的分析方法

一、填空题

1. 4 Ω　10 Ω　1

2. 1 : 3　1 : 1　1 : 1　3 : 1

3. 3 300　22

4. 15　3

5. 10　0.5

6. 4　0.5　3.5

7. $\sum U=0$　$U_{ab}=I(R_1+R_2)-U_{S2}$

8. 多个电源线性　非线性

9. 一个理想电压源和一个电阻串联　有源二端网络两端的开路电压　有源二端网络所有电源不起作用时两端间的等效电阻

10. 1　20

二、选择题

1. A　2. B　3. C　4. A　5. C　6. A　7. C

三、计算题

1. 解：(a) $R=0\ \Omega$；(b) $R=2//2//1\ \Omega=0.5\ \Omega$；(c) $R=(5+10//15+5//20)\ \Omega=15\ \Omega$

2. 解：(1) 当开关 S 打开时，$I=\dfrac{E}{R_1+R_2+R_3}=\dfrac{220}{20+50+30}\ \text{A}=2.2\ \text{A}$

$$U_{R_2}=IR_2=2.2\times 50\ \text{V}=110\ \text{V}$$

(2) 当开关 S 合上后，$I=\dfrac{E}{R_1+R_3}=\dfrac{220}{20+30}\ \text{A}=4.4\ \text{A}$

因为流过 R_1、R_3电阻的电流增大，所以 R_1、R_3两端的电压增大，而 R_2因为被短路，所以电压为 0。

3. 解：根据支路电流法列出方程：$\begin{cases} I_1+I_2=I \\ E_1=IR+I_1r_1 \\ E_2=IR+I_2r_2 \end{cases}$

解得方程：$I_1=+\dfrac{185}{12}\ \text{A}$；$I_2=-\dfrac{115}{12}\ \text{A}$；$I=\dfrac{70}{12}\ \text{A}$

4. 解：

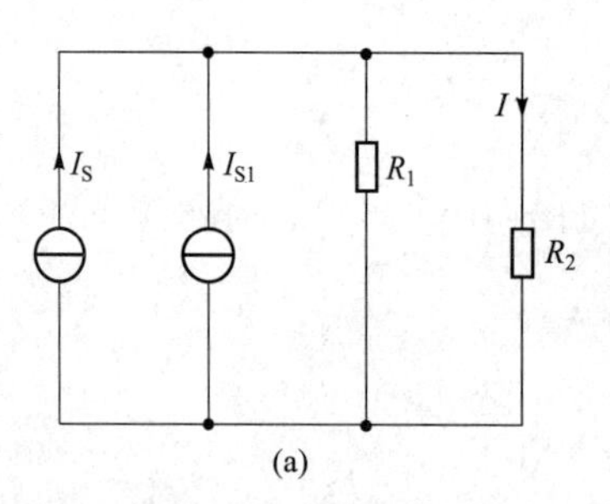

(a)

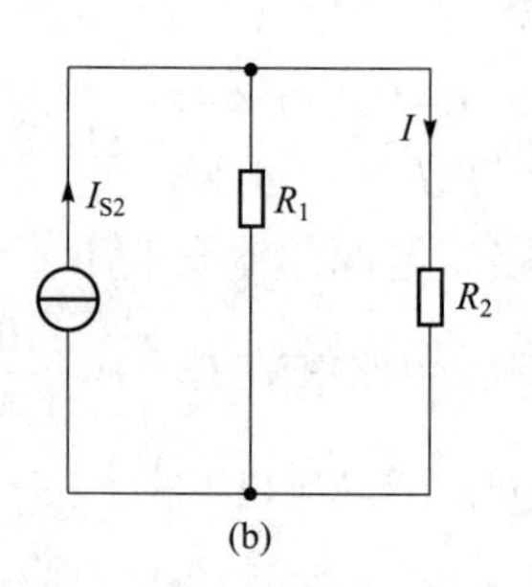

(b)

(1) 电压源等效变换成电流源，如图 (a)：

$$I_{S1}=\frac{U_S}{R_1}=2\ \text{A}$$

(2) 将两个电流源合并成一个电流源，如图 (b)：

$$I_{S2}=I_S+I_{S1}=10\ \text{A}$$

(3) 求 R_2上的电流和电压：

$$I=\frac{R_1}{R_1+R_2}I_S=\frac{2}{2+2}\times 10\ \text{A}=5\ \text{A}$$

$$U=IR_2=10\ \text{V}$$

5. 解：

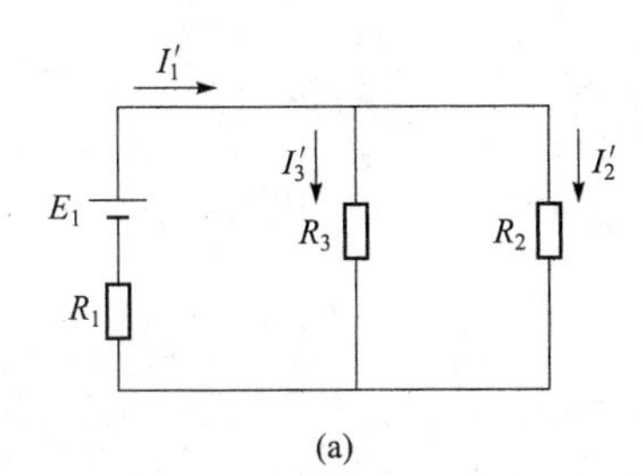

(a)

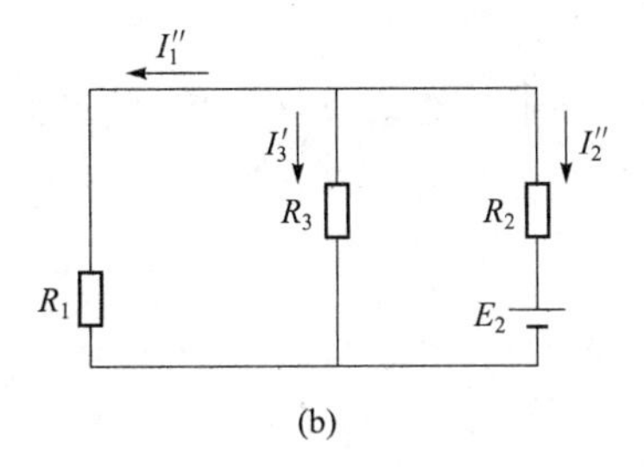

(b)

（1）E_1 单独作用，电路如图（a），求各支路电流：

$$I_1' = \frac{E_1}{R_1 + \frac{R_2 R_3}{R_2 + R_3}} = \frac{54}{1 + \frac{3 \times 6}{3 + 6}} \text{ A} = 18 \text{ A}$$

$$I_2' = \frac{R_3}{R_2 + R_3} I_1' = 12 \text{ A}$$

$$I_3' = \frac{R_2}{R_2 + R_3} I_1' = 6 \text{ A}$$

（2）E_2 单独作用，电路如图（b），求各支路电流：

$$I_2'' = \frac{E_2}{R_2 + \frac{R_1 R_3}{R_1 + R_3}} = \frac{27}{3 + \frac{1 \times 6}{1 + 6}} \text{ A} = 7 \text{ A}$$

$$I_1'' = \frac{R_3}{R_1 + R_3} I_2'' = 6 \text{ A}$$

$$I_3'' = \frac{R_1}{R_1 + R_3} I_2'' = 1 \text{ A}$$

（3）将各支路电流叠加起来（即求代数和），求得原电路中各支路电流为：

$I_1 = I_1' - I_1'' = 12 \text{ A}$

$I_2 = I_2' - I_2'' = 5 \text{ A}$

$I_3 = I_3' - I_3'' = 7 \text{ A}$

6. 解：

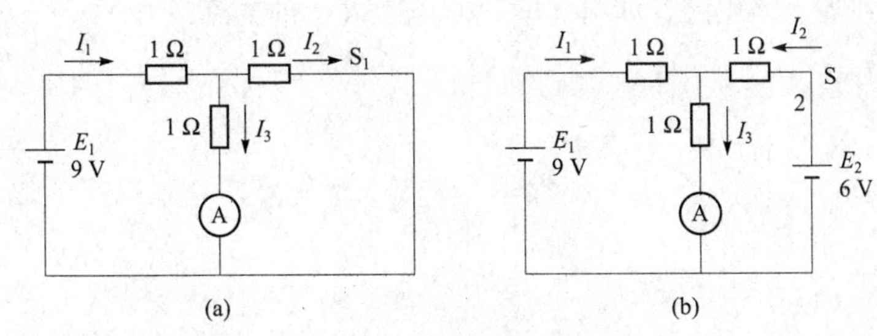

(a)

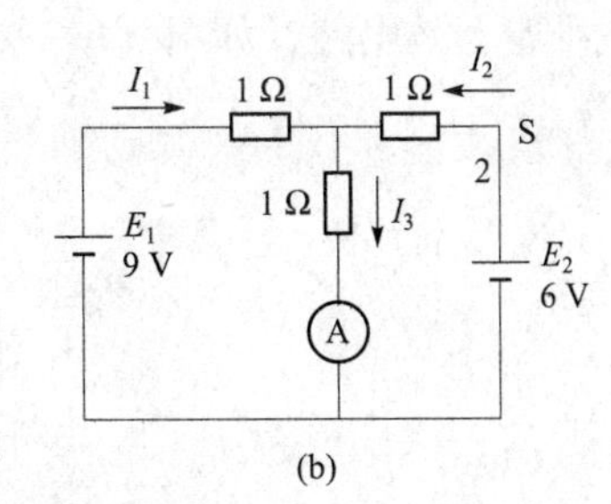

(b)

（1）当开关 S 打在位置 1 时，电路如图（a）所示：

$$I_1 = \frac{9}{1 + \frac{1 \times 1}{1 + 1}} \text{ A} = 6 \text{ A}$$

$$I_3=\frac{1}{1+1}\times 6\ \text{A}=3\ \text{A}$$

（2）当开关S打在位置2时，电路如图（b）所示：

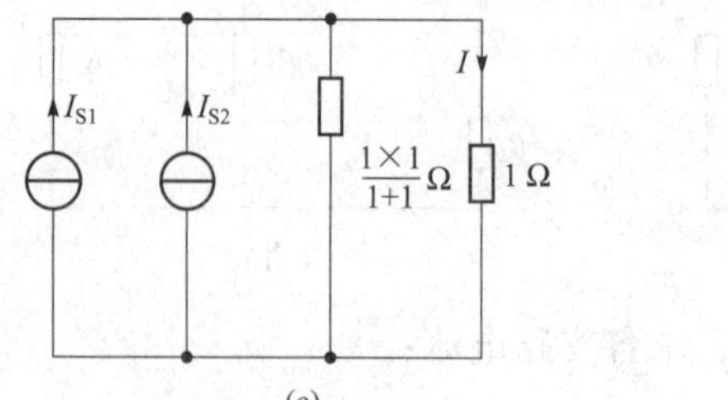

(c)

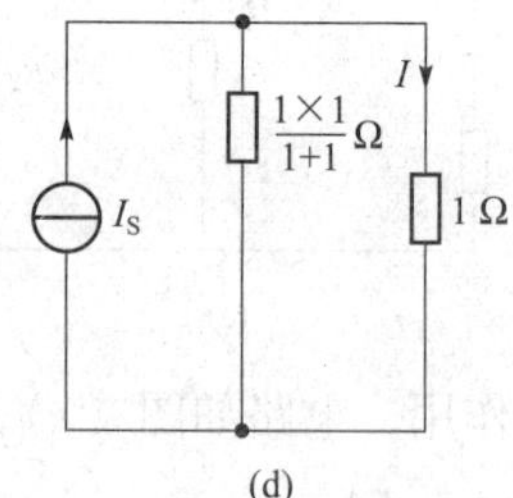

(d)

运用电压源等效转换成电流源，如图（c）、图（d）求得：

$$I_S=I_{S1}+I_{S2}=15\ \text{A}$$

$$I_3=\frac{\frac{1\times1}{1+1}}{1+\frac{1\times1}{1+1}}\times 15\ \text{A}=5\ \text{A}$$

7. 解：

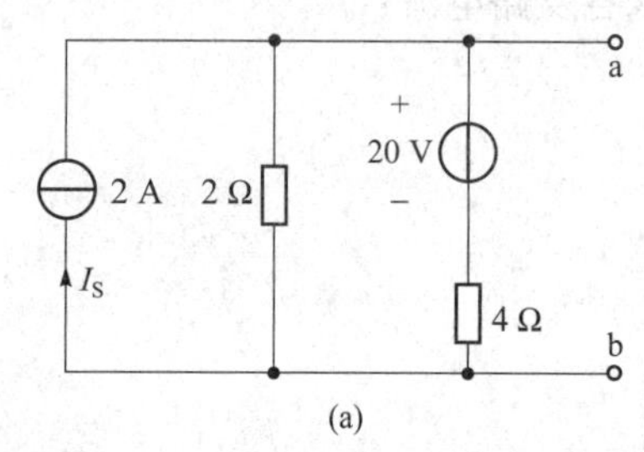

(a)

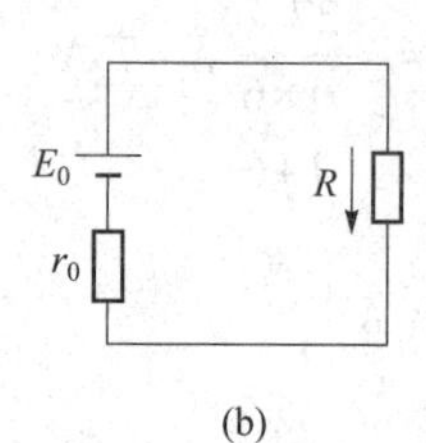

(b)

（1）将R所在的支路开路去掉，如图（a）所示，求开路电压U_{ab}：

$$U_{ab}=20+4\times\frac{20-2\times2}{-(2+4)}\ \text{V}=\frac{28}{3}\ \text{V}=E_0$$

（2）将电压源短路、电流源断路，求等效电阻R_{ab}：

$$R_{ab}=2//4=\frac{2\times4}{2+4}\ \Omega=\frac{4}{3}\ \Omega=r_0$$

（3）画出戴维宁等效电路，如图（b），求电阻R上的电流：

$$I=\frac{E_0-U}{r_0}=\frac{\frac{28}{3}-5}{\frac{4}{3}}\ \text{A}=\frac{13}{4}\ \text{A}$$

$$R=\frac{U}{I}=\frac{5}{\frac{13}{4}}\ \Omega=\frac{20}{13}\ \Omega\approx 1.54\ \Omega$$

第3章　正弦交流电路

一、填空题

1. 最大值　角频率　初相位
2. 50 Hz　0.02 s
3. 波形图　解析式　相量图
4. $u=310\sin(314t+60°)$ V
5. 60°　−60°　120°　u_1　u_2
6. $u=310\sin(314t+90°)$ V
7. $u=310\sin\left(314t-\frac{\pi}{6}\right)$ V 和 $u=310\sin\left(314t-\frac{5\pi}{6}\right)$ V
8. $u_1=220\sqrt{2}\sin\left(314t+\frac{7\pi}{12}\right)$ V
9. $u_2=220\sqrt{2}\sin 314t$ V
10. u_1和u_2同相　u_1和u_2正交　u_1和u_2反相
11. 同频率
12. $U=I\times X_L$　电压超前电流90°
13. 电感线圈对电流的阻碍作用　正　$2\pi fL$　Ω
14. $U=I\times\sqrt{R^2+X_L^2}$　电压超前电流　$\arctan\frac{X_L}{R}$　$R+jX_L$
15. $I^2\times R$　UI
16. $U=I\times X_C$　电压滞后电流90°
17. 电容对电流的阻碍作用　反　$\frac{1}{2\pi fC}$　Ω
18. $10\sqrt{2}\sin\left(1\,000t+\frac{\pi}{2}\right)$ A
19. $U=I\times\sqrt{R^2+X_C^2}$　电压滞后电流　$\arctan\frac{X_C}{R}$　$R-jX_C$
20. U　U_R　U_C　Z　R　X_C　P　Q　S
21. 20　14.14　14.14
22. $U=I\times\sqrt{R^2+(X_L-X_C)^2}$　$\arctan\frac{X_L-X_C}{R}$　$R+j(X_L-X_C)$
23. U　U_R　U_L-U_C　Z　R　X_L-X_C
24. >　<　=
25. <　>　=
26. >　<　=

27. $X_L=X_C$　$\frac{1}{2\pi\sqrt{LC}}$　$\frac{\omega_0 L}{R}=\frac{1}{R\omega_0 C}$

28. 相等　最小　电流　R

29. 1 Ω　1 Ω　1 Ω　1 Ω

30. $\frac{1}{2\pi\sqrt{LC}}$

31. $20\sqrt{2}$　$20\sqrt{2}$

32. $50\sqrt{2}$　$50\sqrt{2}$

33. 大　小　同相

34. 12

35. 充分利用电源设备的容量　减少输电线上的损耗

二、选择题

1. D　2. A　3. A　4. A　5. C　6. B　7. B　8. C　9. B　10. C　11. D　12. B　13. B　14. B　15. D　16. B

三、计算题

1. 0.001 7 s　0.005 s

2. $Z_1=10\angle \arctan\frac{3}{4}$

$Z_2=\omega_0 30°+\mathrm{j}10\sin30°=5\sqrt{3}+\mathrm{j}5$

$Z_1+Z_2=(8+\mathrm{j}6)+(5\sqrt{3}+\mathrm{j}5)=(8+5\sqrt{3})+\mathrm{j}11$

$Z_1-Z_2=(8+\mathrm{j}6)-(5\sqrt{3}+\mathrm{j}5)=(8-5\sqrt{3})+\mathrm{j}$

$Z_1\cdot Z_2=(8+\mathrm{j}6)\cdot(5\sqrt{3}+\mathrm{j}5)=(40\sqrt{3}-30)+\mathrm{j}(40+30\sqrt{3})$

$Z_1\cdot Z_2=10\angle \arctan\frac{3}{4}\cdot 10\angle 30°=100\angle\left(\arctan\frac{3}{4}+30°\right)$

$\frac{Z_1}{Z_2}=\frac{10\angle \arctan\frac{3}{4}}{10\angle 30°}=\angle\left(\arctan\frac{3}{4}-30°\right)$

3. （1）$\dot{U}=220\angle 160°$ V

（2）$\dot{U}=110\angle 60°$ V

（3）$\dot{U}=220\angle 90°$ V

（4）$\dot{U}=50\angle -60°$ V

4. （1）$u_1=100\sqrt{2}\sin(314t+30°)$ V

（2）$u_2=220\sin(314t-30°)$ V

（3）$i_1=100\sqrt{2}\sin\left(314t-\frac{\pi}{2}\right)$ A

（4）$i_2=20\sin\left(314t-\frac{\pi}{4}\right)$ A

5. $\dot{U}_1=220\angle 60^\circ=110+\mathrm{j}110\sqrt{3}$ V

$\dot{U}_2=220\angle 30^\circ=110\sqrt{3}+\mathrm{j}110$ V

$\dot{U}_1+\dot{U}_2=(110+\mathrm{j}110\sqrt{3})+(110\sqrt{3}+\mathrm{j}110)=(110+110\sqrt{3})\angle 45^\circ$ V

$u_1+u_2=(110+110\sqrt{3})\sin(314t+45^\circ)$ V

$\dot{U}_1-\dot{U}_2=(110\sqrt{3}-110)\angle 135^\circ$ V

$u_1-u_2=(110\sqrt{3}-110)\sin(314\mathrm{t}+135^\circ)$ V

图略

6. $X_L=\omega L=62.8\ \Omega$

$$I=\frac{U}{X_L}=\frac{220}{62.8}=3.5\ \mathrm{A}$$

图略

7. $X_{L_1}=2\pi f_1 L=2\times314\times50\times0.25\ \Omega=78.5\ \Omega$

$X_{L_2}=2\pi f_2 \mathrm{L}=2\times314\times1\ 500\times0.25\ \Omega=2\ 355\ \Omega$

$$I_{L_1}=\frac{U}{X_{L_1}}=\frac{220}{78.5}\ \mathrm{A}=2.8\ \mathrm{A}$$

$$I_{L_2}=\frac{U}{X_{L_2}}=\frac{220}{2\ 355}\ \mathrm{A}=0.093\ 4\ \mathrm{A}$$

$Q_{L_1}=I_{L_1}^2X_{L_1}=2.8^2\times78.5\ \mathrm{var}=615.44\ \mathrm{var}$

$Q_{L_2}=I_{L_2}^2X_{L_1}=0.093\ 4^2\times2\ 355\ \mathrm{var}=20.54\ \mathrm{var}$

8. $X_L=\dfrac{U}{I}=\dfrac{220}{22}\ \Omega=10\ \Omega$

$$L=\frac{X_L}{2\pi f}=\frac{10}{314}=0.031\ 8\ \mathrm{H}=31.8\ \mathrm{mH}$$

$\varphi=-30^\circ$

9. $X_C=\dfrac{1}{\omega C}=\dfrac{1}{2\pi fC}=\dfrac{1}{314\times50\times10^{-6}}\ \Omega=63.69\ \Omega$

$$I_C=\frac{U}{X_C}=2\pi fCu=314\times50\times10^{-6}\times220\ \mathrm{A}=3.454\ \mathrm{A}$$

$i_C=3.454\sqrt{2}\sin(314t+150^\circ)\ \mathrm{A}=488\sin(314t+150^\circ)\ \mathrm{A}$

$Q_C=I_C^2X_C=3.454^2\times63.69\ \mathrm{var}=759\ \mathrm{var}$

图略

10. $X_{C_1}=\dfrac{1}{\omega_1 \mathrm{C}}=\dfrac{1}{2\pi f_1 C}=\dfrac{1}{2\times314\times50\times100\times10^{-6}}\ \Omega=31.85\ \Omega$

$$X_{C_2}=\frac{1}{\omega_2 C}=\frac{1}{2\pi f_2 C}=\frac{1}{2\times314\times1\ 500\times100\times10^{-6}}\ \Omega=1.062\ \Omega$$

$$I_{C_1}=\frac{U}{X_{C_1}}=\frac{220}{31.85}\ \mathrm{A}=6.907\ \mathrm{A}$$

$I_{C_2}=\frac{U}{X_{C_2}}=\frac{220}{1.062}$ A = 207. 156 A

$Q_{C_1}=UI_{C_1}=220\times6.097$ var = 1 519. 6 var = 1. 519 6 kvar

$Q_{C_2}=UI_{C_2}=220\times207.156$ var = 45 574. 38 var = 45. 574 38 kvar

11. $\dot{U}=-\mathrm{j}X_C\cdot\dot{I}_C=-\mathrm{j}8\times10\angle10^\circ$ V $=80\angle80^\circ$ V

$\dot{I}_L=\frac{\dot{U}}{\mathrm{j}X_L}=\frac{80\angle-80^\circ}{4\mathrm{j}}$ A $=20\angle170^\circ$ A

$\dot{I}_R=\frac{\dot{U}}{R}=\frac{80\angle-80^\circ}{3}$ A $=26.67\angle-80^\circ$ A

$\dot{I}=\dot{I}_R+\dot{I}_L+\dot{I}_C=(4.63-\mathrm{j}26.26-19.7-3.473\mathrm{j}+9.848+1.7365\mathrm{j})$ A
$=28.48\angle-100.57^\circ$ A

12. $\dot{U}_R=\dot{I}_C\times(-\mathrm{j}X_C)=12\angle-60^\circ$ V

$\dot{U}_R=\dot{U}_C=12\angle-60^\circ$ V

$\dot{I}_R=\frac{\dot{U}_R}{3}=4\angle-60^\circ$ A

$I=I_C+I_R=(3\angle30^\circ+4\angle-60^\circ)$ A

$\dot{U}_L=\mathrm{j}X_L\cdot\dot{I}=\mathrm{j}^4(3\angle30^\circ+4\angle-60^\circ)$ V $=(12\angle120^\circ+16\angle30^\circ)$ V

$\dot{U}_S=\dot{U}_L+\dot{U}_C=(12\angle120^\circ+16\angle30^\circ+12\angle-60^\circ)$ V $=16\angle30^\circ$ V

13. $\dot{U}_C=\dot{I}\times(-\mathrm{j}X_C)=2\angle0^\circ(-\mathrm{j}500)$ V $=1\,000\angle-90^\circ$ V

$\dot{U}_{RL}=\frac{\dot{I}}{\dot{Y}}=\frac{2\angle0^\circ}{G-\mathrm{j}BL}=\frac{2\angle0^\circ}{\frac{1}{100}-\mathrm{j}\frac{1}{100}}$ V $=\frac{200\angle0^\circ}{1-\mathrm{j}}$ V $=\frac{200\angle0^\circ}{\sqrt{2}\angle45^\circ}$ V $=100\sqrt{2}\angle45^\circ$ V

$\dot{U}=\dot{U}_C+\dot{U}_{RL}=(1\,000\angle-90^\circ+100\sqrt{2}\angle45^\circ)$ V $=(-\mathrm{j}1\,000+100+\mathrm{j}100)$ V
$=(100-\mathrm{j}900)$ V $=905.5\angle63^\circ$ V

14. $P=I^2(R+r)$

$r=\frac{P}{I^2}-R=\left(\frac{580}{4.4^2}-28\right)$ Ω = 1. 958 6 Ω

$\dot{U}_{RL}=\dot{I}(R+r)=4.4\times29.9586$ V = 131. 81 V

$U_L=\sqrt{U^2-U_{RL}^2}=176$ V

$X_L=\frac{U}{I}=\frac{220}{4.4}$ Ω = 50 Ω

$L=\frac{X_L}{2\pi f}=159.2$ mH

15. $P=5$ kW

$S=\dfrac{P}{\cos\varphi}=\dfrac{5}{0.6}$ kVA $=8.33$ kVA

$I=\dfrac{S}{U}=\dfrac{8.33\times10^3}{220}$ A $=\dfrac{5}{0.6}$ A $=3.78$ A

$R=\dfrac{P}{I^2}=\dfrac{5\times10^3}{3.78^2}$ Ω $=350$ Ω

$\tan\alpha_1=\dfrac{4}{3}$

$X_L=R\tan\alpha_1=350\times\dfrac{4}{3}$ Ω $=466.7$ Ω

$\tan\alpha_2=0.48$

$X=R\tan\alpha_2=466.7\times0.48$ Ω $=224$ Ω

$X_C=X-X_L=(224-466.7)$ Ω $=-242.7$ Ω

$X_C=\dfrac{1}{\omega C}=13.11$ μF

应串接 13.11 μF 的电容

16. $f_0=\dfrac{1}{2\pi\sqrt{LC}}=500$ Hz

$X_L=\omega_0 L=1\ 250$ Ω

$X_C=\dfrac{1}{\omega_0 C}=1\ 250$ Ω

$Q=\dfrac{X_L}{R}=25$ Ω

$U_R=10$ V

$I_0=\dfrac{U_R}{R}=0.2$ A

$U_L=I_0X_L=250$ V

$U_C=I_0X_C=250$ V

17. $f_0=\dfrac{1}{2\pi\sqrt{LC}}=20$ Hz

$Z_0=\dfrac{L}{CR}=20$ kΩ

$I_0=\dfrac{U}{Z_0}=5$ μA

$I_{C0}=200$ μA

$\dot{I}_{RL0}=\sqrt{I_{C0}^2+I_0^2}=200$ μA

18. 略

19. 略

20. 略

21. 略

第4章　三 相 电 路

一、填空题

1. $\dot{U}_{\mathrm{W}}=220\angle 180°$ V　$\dot{U}_{\mathrm{UV}}=380\angle 90°$ V

2. 星形　三角形

3. 星形连接　三角形连接

4. 振幅（幅值）　频率　120°

5. 220

6. $\frac{1}{\sqrt{3}}$　相等

7. 火线　中线　火线　火线

8. 三角形　星形

二、选择题

1. C　2. B　3. A　4. B　5. A

三、计算题

1. 解：已知 $R=30\ \Omega$，$X_{\mathrm{L}}=40\ \Omega$，则有：

$|Z|=\sqrt{30^2+40^2}=50\ \Omega$，又已知 $U_{线}=220$ V，三相对称负载△连接，

则　$U_{相}=U_{线}=220$ V

$$\therefore\quad I_{相}=\frac{U_{相}}{|Z|}=\frac{220}{50}\ \mathrm{A}=4.4\ \mathrm{A}$$

$$I_{线}=\sqrt{3}I_{相}=4.4\sqrt{3}\ \mathrm{A}$$

2. 答：（1）正常工作时，电灯负载的电压和电流分别为：220 V，0.55 A。

（2）如果1相断开时，其他两相负载的电压和电流为190 V，0.475 A。

（3）如果1相发生短路，其他两相负载的电压和电流为380 V，0.95 A。

3. 答：（1）正常工作时，电灯负载的电压和电流为220 V，5.5 A。

（2）如果1相断开时，其他两相负载的电压和电流为220 V，5.5 A。

4. 解：因为星形连接时线电流等于相电流，且有

$\sin\varphi=\sqrt{1-\cos^2\varphi}=\sqrt{1-0.8^2}=0.6$

所以有

$P=\sqrt{3}U_1I_1\cos\varphi=\sqrt{3}\times800\times120\times0.8\ \mathrm{W}=133\ \mathrm{kW}$

$Q=\sqrt{3}U_1I_1\sin\varphi=\sqrt{3}\times800\times120\times0.6\ \mathrm{var}=99.8\ \mathrm{kvar}$

$S=\sqrt{P^2+Q^2}=\sqrt{133^2+99.8^2}\ \mathrm{kV\cdot A}=166.3\ \mathrm{kV\cdot A}$

5. 解：由 $Z=(12+\mathrm{j}7)\ \Omega$ 可得：$|Z|=\sqrt{12^2+7^2}\ \Omega=13.9\ \Omega$，$R=12\ \Omega$

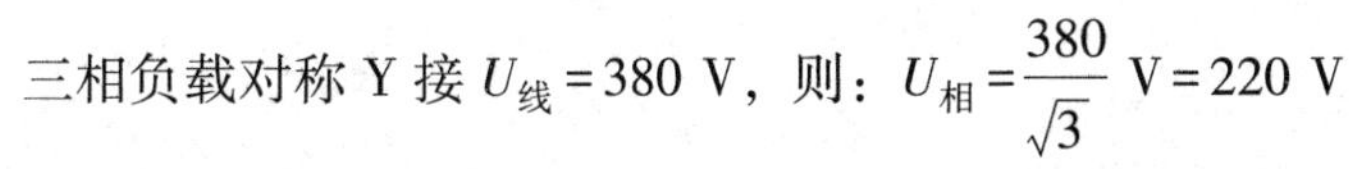

三相负载对称 Y 接 $U_{线}=380\ \text{V}$，则：$U_{相}=\frac{380}{\sqrt{3}}\ \text{V}=220\ \text{V}$

$I_{相}=\frac{U_{相}}{|Z|}=\frac{220}{13.9}\ \text{A}=15.8\ \text{A}$

$P=3I_{相}^2R=3\times15.8^2\times12\ \text{W}=8\ 987\ \text{W}$

第 5 章　电路暂态分析

一、填空题

1. 能量
2. 电流　电压
3. 含有储能元件的电路
4. 经典法　变换域分析法
5. τ　RC
6. $y(0_+)$　$y(\infty)$　τ
7. 略

二、选择题

1. C　2. A　3. B　4. A　5. A

三、计算题

1. 略
2. 略

第 6 章　变　压　器

一、填空题

1. 铁心　绕组
2. 副绕组电流
3. 直流铁心线圈　交流铁心线圈
4. 铜损　铁损
5. 不变　增大
6. 磁滞损耗　涡流损耗
7. 额定电流　额定容量
8. 1　$\sqrt{3}$
9. 磁　电
10. 小

二、选择题

1. B　2. A　3. C　4. C　5. A　6. C　7. A　8. B　9. B　10. C　11. C

三、计算题

1. 略

2. 38 V，4 A，10，1/10

3. 220 V，4 A

4. 不能。因为绕组的直流阻抗很小，当加上直流电时，会产生很大的电流而使绕组过热而烧毁。

5. 因为原、副绕组之间有电的直接联系。

第7章　交流电动机

一、填空题

1. 笼型　绕线转子

2. 定子（固定部分）　转子（旋转部分）

3. 定子铁心　定子绕组　机座

4. 转子铁心　转子绕组　转轴

5. 频率　电机的极对数

6、转速差　同步转速

7. 转子电流　旋转磁场

8. 电磁转矩　转子转速

9. 不变损耗　可变损耗

10. 定子　转子

11. 起动电流　起动转矩

12. 闸刀开关　接触器

13. 定子串电阻或电抗降压起动　自耦变压器降压起动　星形-三角形降压起动　延边三角形降压起动

14. 定子绕组

15. 转子电路串入对称电阻起动　转子电路串入频敏变阻器起动

16. 改变磁极对数调速　变频调速　改变转差率调速

17. 设备简单　运行可靠　机械特性硬

18. 很大的调速范围　很好的调速平滑性　有足够强度

19. 回馈制动　反接制动　能耗制动

20. 转子旋转方向　定子旋转磁场

二、选择题

1. B　2. C　3. A　4. D　5. C　6. C　7. B　8. D　9. D　10. A

三、计算题

1. 略

2. $I_N = 44.647$ A；$I_{Np} = 25.777$ A

3. $2p = 8$ 极；$S_N = 0.013\,333$；$\eta_N = 91.968\%$

4. $n_N = 965$ r/min ；$S=1.965$（为反接制动状态）

5. $n_1=750$ r/min；$n_N=740$ r/min；$S=0.026\ 667$；$S=-0.04$，电机处于发电机工作状态；$S=1$

6. $P_m=11.799$ kW ；$P_1=12.489$ kW；$n=2\ 939.2$ r/min

7. 略

8. 略

9. 略

10. 略

11. 略

第 8 章　供电与安全用电

一、填空题

1. 电力网
2. 电力网
3. 有功负荷　无功负荷
4. 输送电能的距离
5. 大小　途径　时间
6. 两相触电　单相触电　跨步触电
7. 低压接零保护

二、选择题

1. A　2. B　3. B　4. B　5. C　6. C

三、思考题

1. 因为传输一定的电功率，电压越高，电流越小。远距离高压传输电既可以节省导线材料（电流小，导线截面积可减小）及其架设费用（导线细，塔杆也可小），又可以减小送电时导线上的损耗。

2~8 题：略

第 9 章　电 工 测 量

一、填空题

1. 真值
2. 基本误差　附加误差
3. 系统误差　粗大误差　随机误差
4. 测量电路　转换开关
5. 磁电式电流表　电磁式电流表

二、选择题

1. A　2. A　3. C　4. B　5. C

三、思考题

1. 略

2. 绝对误差 $\Delta = A_x - A_o = 219 - 220 = -1$ V

   绝对误差 $\Delta = -1$ V；$r = \dfrac{|\Delta|}{A_o} \times 100\% = 0.45\%$

3. 略

4. 略

5. 略

测试卷1及答案

测试卷2及答案

测试卷3及答案

测试卷4及答案

测试卷5及答案

测试卷6及答案

参考文献

[1] 孔晓华，等．电工基础 [M]．北京：电子工业出版社，2005.
[2] 刘青松，李巧娟．电子测试基础 [M]．北京：中国电力出版社，2004.
[3] 王兆奇．电工基础 [M]．北京：机械工业出版社，2003.
[4] 秦曾煌．电工学（上册）[M]．北京：高等教育出版社，2003.
[5] 陈化钢．企业供配电 [M]．北京：中国水利水电出版社，2003.
[6] 魏家轼，黄金花．电子技术基础 [M]．武汉：华中科技大学出版社，2002.
[7] 劳动和社会保障部教材办公室．电工基础 [M]．北京：中国劳动社会保障出版社，2001.
[8] 陈小虎．电工电子技术 [M]．北京：高等教育出版社，2000.
[9] 刘子林．电机与拖动基础 [M]．北京：机械工业出版社，2000.
[10] 王乃厚．电子技术 [M]．合肥：中国科学技术大学出版社，1992.
[11] 王霁宗．工企电气设备及其运行——变、配电部分 [M]．北京：中国电力出版社，1998.
[12] 吕砚山．电子技术基础 [M]．北京：化学工业出版社，1987.
[13] 林其壬，赵佑民．磁路设计原理 [M]．北京：机械工业出版社，1987.
[14] 王兆晶．安全用电（第4版）[M]．北京：中国劳动社会保障出版社，2007.

参考文献

[illegible]